学术中国·网络空间安全系列

密态计算理论与应用

Encrypted Computing Theory and Application

刘西蒙　熊金波　著

人 民 邮 电 出 版 社
北 京

图书在版编目（CIP）数据

密态计算理论与应用 / 刘西蒙，熊金波著. -- 北京：人民邮电出版社，2021.12（2022.2重印）
（学术中国. 网络空间安全系列）
ISBN 978-7-115-55889-3

Ⅰ. ①密… Ⅱ. ①刘… ②熊… Ⅲ. ①计算机网络－网络安全－密码算法－研究 Ⅳ. ①TP393.08

中国版本图书馆CIP数据核字(2021)第000145号

内 容 提 要

密态计算可以在不解密加密数据的前提下对授权用户的资源和服务进行使用，并防止非授权用户对用户数据进行窃取与利用。该技术弥补了加密数据无法在云端有效利用的瓶颈，实现了“万物计算，安全互通”。本书从大数据、云计算环境面临的隐私挑战出发，以密态计算理论框架与工具集研究为主线，从理论模型到实际应用，系统阐述了密态计算理论与技术。密态计算能够随时随地对加密数据进行安全处理，无处不在地利用加密信息资源，安全实现“服务在云端，信息随心行”的理想境界。

本书适合密码学、云数据安全、大数据安全相关科研人员和企业研发人员参考，可以作为网络空间安全一级学科博士生、硕士生的专业教材，也可以作为计算机相关专业高年级本科生的补充读物。

◆ 著　　　　刘西蒙　熊金波
责任编辑　王　夏
责任印制　焦志炜

◆ 人民邮电出版社出版发行　　北京市丰台区成寿寺路 11 号
邮编　100164　　电子邮件　315@ptpress.com.cn
网址　https://www.ptpress.com.cn
固安县铭成印刷有限公司印刷

◆ 开本：720×1000　1/16
印张：18　　　　2021 年 12 月第 1 版
字数：333 千字　　2022 年 2 月河北第 2 次印刷

定价：159.90 元

读者服务热线：(010)81055493　印装质量热线：(010)81055316
反盗版热线：(010)81055315

《国之重器出版工程》
编辑委员会

专家委员会委员（按姓氏笔画排列）：

于　全	中国工程院院士
王　越	中国科学院院士、中国工程院院士
王小谟	中国工程院院士
王少萍	“长江学者奖励计划”特聘教授
王建民	清华大学软件学院院长
王哲荣	中国工程院院士
尤肖虎	“长江学者奖励计划”特聘教授
邓玉林	国际宇航科学院院士
邓宗全	中国工程院院士
甘晓华	中国工程院院士
叶培建	人民科学家、中国科学院院士
朱英富	中国工程院院士
朵英贤	中国工程院院士
邬贺铨	中国工程院院士
刘大响	中国工程院院士
刘辛军	“长江学者奖励计划”特聘教授
刘怡昕	中国工程院院士
刘韵洁	中国工程院院士
孙逢春	中国工程院院士
苏东林	中国工程院院士
苏彦庆	“长江学者奖励计划”特聘教授
苏哲子	中国工程院院士
李寿平	国际宇航科学院院士

李伯虎 中国工程院院士

李应红 中国科学院院士

李春明 中国兵器工业集团首席专家

李莹辉 国际宇航科学院院士

李得天 国际宇航科学院院士

李新亚 国家制造强国建设战略咨询委员会委员、中国机械工业联合会副会长

杨绍卿 中国工程院院士

杨德森 中国工程院院士

吴伟仁 中国工程院院士

宋爱国 国家杰出青年科学基金获得者

张　彦 电气电子工程师学会会士、英国工程技术学会会士

张宏科 北京交通大学下一代互联网互联设备国家工程实验室主任

陆　军 中国工程院院士

陆建勋 中国工程院院士

陆燕荪 国家制造强国建设战略咨询委员会委员、原机械工业部副部长

陈　谋 国家杰出青年科学基金获得者

陈一坚 中国工程院院士

陈懋章 中国工程院院士

金东寒 中国工程院院士

周立伟 中国工程院院士

郑纬民　中国工程院院士
郑建华　中国科学院院士
屈贤明　国家制造强国建设战略咨询委员会委员、工业和信息化部智能制造专家咨询委员会副主任
项昌乐　中国工程院院士
赵沁平　中国工程院院士
郝　跃　中国科学院院士
柳百成　中国工程院院士
段海滨　“长江学者奖励计划”特聘教授
侯增广　国家杰出青年科学基金获得者
闻雪友　中国工程院院士
姜会林　中国工程院院士
徐德民　中国工程院院士
唐长红　中国工程院院士
黄　维　中国科学院院士
黄卫东　“长江学者奖励计划”特聘教授
黄先祥　中国工程院院士
康　锐　“长江学者奖励计划”特聘教授
董景辰　工业和信息化部智能制造专家咨询委员会委员
焦宗夏　“长江学者奖励计划”特聘教授
谭春林　航天系统开发总师

前 言

随着信息技术的持续发展，电子信息技术形成了包含云计算、物联网、边缘计算、工业控制系统等具有移动性、异构性、大数据、多安全域等诸多特性的复杂环境系统。复杂环境系统孕育和催生出了新的信息传播方式和信息服务模式，通过“边缘之计算（Edge Computing）”协同“云中之决策（Cloud Decision）”，实现“数据之挖掘（Data Mining）”，已经成为信息化发展的必然趋势，表现出“智慧互通，万物互联”的新服务模式与新形态，使人们对信息的获取和利用方式已经或者即将达到“服务在远端，信息随心行”的理想境界。在这种新型信息传播方式和服务模式下，信息资源、服务等面临新的安全需求和挑战，网络空间安全已经被提升到国家安全战略层面，数据安全则成为整个网络空间安全防护的核心。

密态计算作为一种极为重要的数据防护技术，在不解密的前提下实现资源和服务被合法使用，并防止非授权用户对数据进行窃取与利用。该技术弥补了加密数据无法在云端利用的不足，实现了“万物计算，安全互通”，并实现了加密数据实用化。本书从大数据、云计算环境下的隐私挑战出发，以密态计算理论与模型为主线，结合作者多年的科研实践经验，从理论模型到实际应用，系统阐述了密态计算相关理论与技术。传统加密方法在密文不解密的情况下，无法对密态消息进行处理，限制了加密数据的应用。而密态计算可以随时随地对加密数据进行安全处理，对加密信息资源进行利用。

全书共 4 章，主要内容如下。第 1 章为绪论，从信息技术发展和服务需求的角度出发，阐述了云计算、大数据与数据挖掘、物联网和人工智能技术的发展背景，系统介绍了其发展历程及关键技术，并对其实际应用进行了详细分析，最后分别指出了这些技术在迅猛发展的同时所面临的隐私挑战。第 2 章概述了相关的理论基础，包括密态计算所需的代数基础、公钥密码体制、安全模型、困难问题等密码学基础知识，以及一些常用的安全协议。第 3 章详细介绍密态计算理论，系统阐述了几种密态计算框架和工具集，包括隐私保护的外包计算有理数框架和外包计算浮点数框架、支持多密钥下高效的隐私保护外包计算框架与工具包，并介绍了支持非线性函数计算的混合隐私保护临床决策支持系统。第 4 章从车联网、身份认证和关键字搜索等方面介绍了密态计算的相关应用，介绍了在不同场景下的隐私问题，根据对隐私保护的不同需求，从安全性、隐私性和效率等多个角度出发，提出了基于密态计算的不同解决方案，并在此基础上通过大量的实验加以验证。

本书内容系统且新颖，从传统加密的发展模式，到新的信息服务模式对数据安全利用提出的新需求和新挑战，再到各种密态计算的基础理论、关键技术及实用性，全面阐述了密态计算的内涵。本书所介绍的很多内容超越当前已有技术，是领域前沿，极具新颖性。例如，面向多密钥的高效密态计算模型，综合考虑不同的实体间数据的相互独立性。该模型不仅可以实现相同数据实体的密态计算，也可以实现不同数据实体的跨域高速密态计算，并可以实现对整数、有理数、浮点数的安全操作。授权用户仅需一轮安全交互，即可获得所需密文数据结果，在授权的情况下，可对加密数据进行解密操作。该模型可在同一种加密模式下，实现对复杂数据的各种运算，以适应未来数据安全处理与隐私信息服务模式的新发展。

本书主要由刘西蒙研究员、熊金波教授完成，是刘西蒙研究员团队多年来在密态计算理论方面的研究成果。在编写过程中得到西安电子科技大学马建峰教授、李晖教授、朱辉教授、苗银宾副教授，中国科学院信息工程研究所李凤华研究员，福州大学郭文忠教授及其团队，福建师范大学黄欣沂教授、许力教授、姚志强教授的支持，并得到了网络系统信息安全福建省高校重点实验室（福州大学）团队杨旸教授、董晨博士，李家印、刘洋、柳林等博士生，郑汀杰、张郁芳、钟洋、陈前昕、毕仁万、柳煌达、刘灵清、赵明烽、王耀鹏等硕士生的协助，他们做了大量的细致工作，在此表示衷心感谢！感谢人民邮电出版社的大力支持，并对本书出版的所有相关人员的辛勤工作表示感谢！

本书的出版得到国家自然科学基金项目（No.62072109，No.61702105，No.61872088）、国家自然科学基金项目重点项目（No.U1804263，No.U1905211）、福建省自然科学基金项目（No.2021J06013）、福建省“雏鹰计划”青年拔尖人才奖励支持计划、福建省“闽江学者”特聘教授奖励支持计划的支持和资助。

本书代表作者对于密态计算理论与应用的观点。由于作者水平有限，书中难免有不妥之处，敬请各位读者赐教与指正！

刘西蒙
中国 · 福州
2021 年 11 月

目 录

第1章 绪　论

信息通信技术的发展与人类社会的进步相互促进。云计算、大数据和智慧物联网依托人工智能取得迅猛发展，共同促进信息传播方式和信息服务模式的不断创新，变革人们的学习、工作和生活方式。通过“边缘之计算（Edge Computing）”协同“云中之决策（Cloud Decision）”，实现“数据之挖掘（Data Mining）”，已经成为信息通信技术发展的必然趋势。“智慧互通、万物互联”成为新型服务模式与业务形态，将使人们对信息的获取和共享方式在密态环境下也能实现“服务在云端，信息随心行”的理想境界。

本章对云计算、大数据与数据挖掘、物联网和人工智能等进行归纳与总结，对其定义、发展与应用、关键技术进行系统阐述，并重点梳理了其各自面临的安全问题与隐私挑战。

1.1 云计算

1.1.1 引言

近年来，随着无线通信与移动互联网技术的快速发展，大量新型的移动互联网应用迅速普及，如短视频、移动支付、智慧城市等。这些应用需要传输和处理海量数据，对服务器的计算和负载能力提出了较高要求。此外，数据中心的建设和维护成本也不断上升，如硬件设备的采购、维护以及电能等资源的消耗。同时，人们对云计算网络资源的需求和利用出现失衡。针对不同用户的实时需求，如视频会议等应用可能在某一时刻需要占用大量的网络资源，而同一时刻其他应用仅需少量资源，这将导致传统的网络资源分配方式无法实现资源的充分利用。网络学习也面临类似问题，学习者对获取信息和服务的需求不断增长，移动学习的发展对数据和服务提出了进一步的要求。如何处理海量的数据与服务，并有效地为用户提供方便、快捷的网络服务，成为目前互联网，尤其是移动互联网发展面临的一个重要问题。在这种背景下，作为一种新型的服务计算模型，云计算（Cloud Computing）应运而生。

1.1.2　概念

2006 年，Google 等公司提出了“云计算”的构想。目前，主流厂商的云计算理念不同，对云计算的理解也不同。

维基百科对云计算的定义也在不断更新，2020 年的定义为：云计算是一种基于互联网的计算方式，通过这种方式，共享的软硬件资源和信息可以按需求提供给计算机等各种终端和其他设备。云计算是继 20 世纪 80 年代大型计算机到客户端-服务器的大转变之后的又一种巨变。用户不再需要了解“云”中基础设施的细节，也不必具有相应的专业知识，更不需要直接对其进行控制。

根据百度百科的定义，云计算是一种分布式计算。首先，通过网络“云”将巨大的数据计算处理程序分解成无数个小程序；然后，通过多台服务器组成的系统处理和分析这些小程序得到结果并返回给用户。云计算在发展早期，是一种分布式计算，主要解决任务分发，并进行计算结果的合并，因此，又称为网格计算。通过这项技术，可以在很短的时间（几秒钟）内完成对海量数据的科学计算等处理，从而实现强大的网络服务。现阶段的云服务已经不仅仅是一种分布式计算，而是分布式计算、效用计算、负载均衡、并行计算、网络存储、热备份冗余和虚拟化等计算技术混合演进并跃升的结果，是基于互联网相关服务的增加、使用和交付模式。云计算可以将虚拟资源通过互联网提供给每一个有需求的客户，从而实现拓展数据处理[1]。

Sun 公司认为，云的类型有很多种，许多不同类型的应用程序都可以使用云来构建。由于云计算有助于提高应用程序部署速度，加快创新步伐，因此，云计算未来可能会出现我们现在无法想象的形式。

1.1.3　发展与应用

云计算的历史可以追溯到 1956 年，Christopher Strachey 发表了一篇关于虚拟化的论文，而虚拟化正是今天云计算基础架构的核心，是云计算发展的基础。计算机网络技术的不断发展逐渐孕育和催生出云计算。20 世纪 90 年代，计算机网络快速发展为互联网并出现了“技术大爆炸”。随后，互联网进入泡沫时代。2004 年，Web 2.0 会议的举行标志着互联网泡沫的破灭，计算机网络进入一个新的发展阶段。在这一阶段，让更多用户方便快捷地使用网络服务成为互联网发展亟待解决的问题。与此同时，一些大

型公司也开始致力于开发大型计算的技术，为用户提供更加强大的计算处理服务。2006 年 8 月 9 日，Google 首席执行官埃里克·施密特在搜索引擎大会（SESSanJose 2006）上首次提出“云计算”的概念。这是云计算发展史上第一次正式提出这一概念，具有重大的历史意义。2007 年以来，云计算逐渐成为计算机领域最令人关注的话题之一，也是大型企业、互联网建设研究的重要方向。因为云计算的提出，互联网技术出现了新的服务模式，引发了一场信息变革。2008 年，微软发布其公共云计算平台——Windows Azure Platform，由此拉开了微软的云计算大幕。云计算在国内也备受关注，许多大型网络公司纷纷加入云计算的阵列。2009 年 1 月，阿里软件在江苏南京建立首个“电子商务云计算中心”。同年 11 月，中国移动云计算平台“大云”计划启动。目前，云计算已经发展到较为成熟的阶段[2]。

云计算由概念形成发展到今天经历了数十年时间，经过不断的探索与研究，云计算实现了突飞猛进的发展。云计算是计算机领域的一次重要技术革命，正是由于云计算技术的应用，现代社会发展、人们日常工作、各行业商业经营均产生了天翻地覆的变化。云计算已经得到 Google、Microsoft、IBM、Yahoo、Amazon 等服务提供商的重视，各大服务提供商都在积极推进云计算的研究和应用，分别提出了针对云计算的解决方案和系统实现方法[3]。

1. Amazon 云计算

Amazon 是最早的云计算实践者之一。Amazon 将其购物平台构建在云计算基础之上。Amazon 的云计算服务被称为 AWS（Amazon Web Service），它包括以下 4 种主要的服务：S3（Simple Storage Service）、EC2（Elastic Compute Cloud）、SQS（Simple Queuing Service），以及仍处在测试阶段的 SDB（Simple Database）[4]。

2. Google 云计算

Google 云计算技术是针对 Google 的应用程序定制的。针对内部超大数据规模的特点，Google 提出了一整套基于分布式并行集群方式的基础架构，该架构利用软件处理集群中经常发生的节点失效问题。为了满足迅速增长的数据处理需求，Google 设计并实现了 Google 文件系统（GFS，Google File System）。GFS 与过去的分布式文件系统有许多相同的目标[5]，例如可伸缩性、可靠性以及可用性。Google 设计并实现了一套大规模数据处理的编程规范，即 MapReduce 框架，使非分布式专业的程序编写人员也能够为大规模集群编写应用程序，而不需要考虑集群的可靠性、可扩展性等问题。应用程序编写人员只需要将精力放在程序本身，而关于集群的问题则交由 MapReduce 来处理[6]。

Google 还在其云计算架构上建立了一系列新型网络应用程序，为用户提供全新的用户体验和更加强大的多用户交互能力。典型的 Google 云计算应用程序就是与 Microsoft Office 软件进行竞争的 Docs 在线网络服务。

3. IBM 蓝云

IBM 在 2007 年 11 月推出了蓝云计算平台，为客户提供即买即用的云计算服务。它包括一系列的云产品，使计算不仅仅局限在本地机器或远程服务器集群，通过构建一套分布式的、可全球访问的资源结构，其包括一系列自动化、自我管理和自我修复的虚拟化云计算软件，形成分布式的、可全球访问的资源共享池，来自全球的应用可访问该资源共享池，使数据中心在类似于互联网的环境下运行计算。

1.1.4 云计算的关键技术

以数据为中心的云计算是一种拥有新型计算方式和服务模式的超级计算。它运用了多种计算机技术，其中，数据管理、数据存储、编程模型等技术最为关键。下面分别介绍云计算的关键技术[1,7]。

1. 数据管理技术

云计算通过云计算系统对大数据集进行处理、分析，并向用户提供高效的服务。因此，云计算数据管理技术首先必须能够高效地管理大数据集。其次，如何在规模巨大的数据集中找到特定的数据，也是云计算数据管理技术所必须解决的问题。云计算系统的特点是对海量的数据存储、读取后进行分析，数据的读操作频率远大于数据的更新频率，云计算系统的数据管理是一种读优化的数据管理。因此，云计算系统的数据管理往往采用数据库领域中列存储的数据管理模式。云计算系统的数据管理技术中最著名的是 Google 提出的数据管理技术 Big Table。由于其采用列存储的方式管理数据，如何提高数据的更新速率以及进一步提高随机读速率是未来数据管理技术必须解决的问题。

2. 数据存储技术

云计算系统采用分布式存储的方式存储数据，用冗余存储的方式保证数据的可靠性。云计算系统中广泛使用的数据存储系统是 GFS 和开源 Hadoop 分布式文件系统（HDFS，Hadoop Distributed File System）。GFS 是一个可扩展的分布式文件系统，用于大型的、分布式的、对大量数据进行访问的应用。GFS 的设计思想不同于传统的文件系统，它是针对大规模数据处理和 Google 应用特性而设计的，它虽然运行于普通的硬件上，但能够提供容错功能，它可以给大量的用户提供总体性能较高的服务。一个 GFS 集群由一个主服务器和大量的块服务器构成，并被许多客户访问。主服务器存储文件系统的所有元数据，包括名字空间、访问控制信息、从文件到块的映射以及块的当前位置，它还控制系统活动范围，如块租约管理、孤立块的垃圾收集、块服务器间的块迁移。主服务器定期通过心跳消息与每一个块服务器通信，并收集它们的状态信息。HDFS 是一种具有高度容错性、适合部署在廉价的通用或个人计算机上的分布式文件系统，能提供高吞吐量的数据访问，非常适合大规模数据集上的应用。

3. 编程模型

为了使用户能更加便捷地享受云计算提供的服务，并能编写简单的程序，云计算系统的编程模型必须十分简单，并且保证后台复杂的并行执行和任务调度对用户和编程人员透明。云计算系统大部分采用 MapReduce 编程模型。现在大部分 IT 服务提供商提出的"云"计划中采用的编程模型都是基于 MapReduce 的思想开发的。MapReduce 不仅仅是一种编程模型，也是一种高效的任务调度模型。MapReduce 不仅适用于云计算，在多核处理器、单元处理器以及异构机群上同样具有良好的性能。MapReduce 的编程模式仅适用于编写任务内部松耦合、能够高度并行化的程序。如何改进编程模式，使程序员能够轻松地编写紧耦合的程序，运行时能高效地调度和执行任务，是 MapReduce 未来的发展方向。

1.2 大数据与数据挖掘

1.2.1 引言

自上古时代的结绳记事起，人类就开始用数据来表征自然和社会，伴随着科技和社会的发展进步，数据的数量不断增多，质量不断提高。工业革命以来，人类更加注重数据的作用，不同的行业先后确定了数据标准，并积累了大量的结构化数据，计算机和网络的兴起，大量数据分析、查询、处理技术的出现使高效处理大量的传统结构化数据成为可能。随着云计算和物联网概念的提出，信息技术得到了前所未有的发展，而大数据则是在此基础上对现代信息技术革命的又一次颠覆。大数据技术主要是从多种海量的数据中快速挖掘和获取有价值信息的技术。在云计算时代，大数据技术已经被各行各业所关注。数据挖掘是大数据最核心的技术手段，在当前日常信息关联和处理中显得尤为重要。

1.2.2 概念

随着大数据技术的不断发展，大数据的概念呈现多样化的趋势，达成共识非常困难。本质上，大数据不仅意味着数据的大容量，还体现了一些区别于海量数据和非常大的数据的特点。

根据维基百科的定义，大数据又称为巨量资料，是指传统数据处理软件不足以处理的、大或复杂的数据集。同时，大数据也可以定义为大量异源的非结构化或结构化数据。从学术角度而言，大数据的出现促进了广泛主题的创新研究，推动了各种大数据统计方法的发展[8]。

根据百度百科的定义，大数据指无法在一定时间范围内用常规软件工具进行捕捉、管理和处理的数据集合，是需要新处理模式才能具有更强的决策力、洞察力和流程优化能力的海量、高增长率和多样化的信息资产。

当前，较为统一的认识是大数据具有 4 个基本特征：数据规模大（Volume）、数据种类多（Variety）、数据要求处理速度快（Velocity）和数据价值密度低（Value），即所谓的四 V 特性。这些特性使大数据区别于传统的数据概念。

数据挖掘一般是指从大量的数据中通过算法搜索隐藏信息的过程。数据挖掘通常与计算机科学有关，并通过统计、在线分析处理、情报检索、机器学习、专家系统和模式识别等诸多方法来实现上述目标。

数据挖掘利用了来自不同领域的思想，如统计学的抽样、估计和假设检验，人工智能、模式识别和机器学习的搜索算法、建模技术和学习理论。数据挖掘迅速接纳了来自其他领域的思想，这些领域包括最优化、进化计算、信息论、信号处理、可视化和信息检索。还有一些领域的技术在数据挖掘中起到重要的支撑作用，特别地，需要数据库系统提供有效的存储、索引和查询处理支持；源于高性能（并行）计算的技术对于处理海量数据集非常重要；分布式技术也能帮助处理海量数据，当数据不能集中到一起处理时更是至关重要的[9-10]。

1.2.3 发展与应用

1980 年，美国著名学者阿尔文・托夫勒的《第三次浪潮》一书中最早出现“大数据”一词，然而，其价值在互联网时代才真正得以呈现。大数据的发展促使当时的资本市场集中于数据价值挖掘的同时，也注重大数据与技术的融合，加速了大数据技术的迅速发展和大数据应用的产生。崔小委、吴新年以 Google 为例，分析了数据应用如何促进大数据产业的落地。2000 年 Google 为应对庞大的信息检索而建立的覆盖数十亿网页的索引库成为大数据应用的起点。随后，相继出现的智能翻译系统、电子商务自动推荐系统、用户位置分析等大数据应用，都使大数据逐渐向传统产业延伸并与之结合形成大数据产业。近年来，数据挖掘引起了信息产业界的极大关注，其主要原因是可以通过相关模型和算法，从各行业的海量数据中提炼、挖掘出有价值的信息和知识，获取的信息和知识可以更精准地应用于各种领域，包括商务管理、生产控制、市场分析、工程设计和科学探索等[11]。

随着大数据时代的到来，社会对挖掘到的数据要求得更加严格，每一个精准的结果都具备独自的价值，这时，大数据时代的新增属性——价值被演绎得有声有色。数据挖掘（DM，Data Mining）是一门新兴的、汇聚多个学科的交叉性学科，是指一个不平凡的处理过程，即从庞大的数据中，将未知、隐含及具备潜在价值的信息进行提取的过程。1989 年 8 月，在美国底特律召开的第十一届人工智能联合会议的专题讨论会上，知识发现（KDD，Knowledge Discover）初次被提出，也有人将知识发现称为数据挖掘，但两者并不完全等同。1995 年，KDD 这个术语在加拿大蒙特利尔市召开的第一届知识发现和数据挖掘国际学术会议上被人们接受，会议分析了数据挖掘的整个流程。实质上，数据挖掘是知识发现的子过程。

经过了大约 20 年的发展，数据挖掘研究取得了可观的成绩，渐渐形成了一套基本的理论基础，主要包括分类、聚类、模式挖掘和规则提取等。数据挖掘是一种从海量数据里挖掘出潜在的、前所未有的知识的技术。处理大数据需要一个综合、复杂、多方位的系统，系统中有很多处理模块，而数据挖掘以一个独立的身份存在于处理大数据的整个系统之中，与其他模块之间相辅相成、协调发展。在大数据时代中，数据挖掘的地位是无可比拟的。

在大数据时代下，数据挖掘已经广泛应用于生活中的各个领域，成为当今科技发展的热点问题。无论在制造业、物联网，还是在能源行业、社交领域等方面都可以看到数据挖掘的影子，可以使用数据挖掘发现大数据的内在的巨大价值。

1. **大数据在制造业的应用**

丰田公司利用数据分析在试制样车之前避免了 80%的设计缺陷。美国通用汽车公司通过对其生产的 2 万台喷气引擎进行数据分析，开发的算法能够提前一个月预测其维护需求，准确率达到 70%。企业通过对数据分析了解市场动向，管理采购和合理库存。华尔街对冲基金依据购物网站顾客评论分析企业销售状况。华尔街银行根据求职网站的岗位数量推断就业率。百度将网民对汽车的各类搜索请求进行大数据挖掘，帮助汽车企业深入了解消费者需求，设计新品及资源调配。

2. **大数据在物联网的应用**

物联网不仅是大数据的重要来源，还是大数据应用的主要市场。对于物流企业，在物联网中现实世界的每个物体都可以是数据的生产者和消费者，由于物体种类繁多，物联网应用也层出不穷。物流企业对于物联网大数据已有深度应用。UPS（United Parcel Service）为了在车辆出现晚点的时候跟踪车辆的位置和预防引擎故障，为其货车安装了传感器、无线适配器和 GPS；同时，这些设备也方便公司管理员工并优化行车路线，UPS 为货车定制的最佳行车路线是根据过去的行车经验总结而来的。

3. **大数据在能源行业的应用**

能源勘探开发数据的类型众多，不同类型数据包含的信息各具特点，只有综合各种数据所包含的信息才能得出真实的地质状况。对于能源行业，企业对大数据产品和解决方案的需求集中体现为可扩展性、高带宽、可处理不同格式数据的分析方案。在德国，为了鼓励利用太阳能，会在住户屋顶安装太阳能相关设备。当天气不好，太阳能产出的电能不够家用时，住户需要向电力公司购买电能；当太阳能产出的电能有余量的时候，住户可以出售电能给电力公司以获得盈利。智能电表通过电网每隔 5～10 min 收集一次数据，收集的数据可以用来预测用户的用电习惯等，从而推断出未来 2～3 个月整个电网大概需要多少电，用户根据这些数据向发电或者供电企业购买一定数量的电能，通过预测可以降低采购成本。维斯塔斯风力系统依靠 Big Insights 软件和 IBM 超级计算机对气象数据进行分析，找出安装风力涡轮机和整个风电场的最佳地点。利用大数据，以往需要数周的分析工作，现在仅需要不到 1 小时便可完成。

4. 大数据在社交领域的应用

大数据在社交领域的应用主要是指通过博客、微博、论坛等社会媒体维持社交关系，这方面的研究主要包括在线社会网络分析、社会媒体挖掘和社区发现等。社会网络分析已有大量研究工作，包括分析社会网络的影响力、发现参与的机会、共享用户对特定的话题、品牌、产品的看法。社会媒体挖掘和社区发现探测网络环境中的社区结构，发现内聚的子群，对于定量分析社会群体演化、预测用户行为有重要意义。社会媒体挖掘对个人或企业的声誉、信任等方面的管理也有重大意义。

1.2.4 大数据与数据挖掘关键技术

1. 大数据分布并行技术

目前，领域应用中基于分布并行的特征提取、视频摘要加速技术效率较低，非常耗费时间。对于特征提取、视频摘要的处理，采用并行处理进行加速可以提高效率，例如，采用 CUDA（Compute Unified Device Architecture）实现特征提取、视频摘要的高速处理。CUDA 提供了一个非常强大方便的 GPU（Graphics Processing Unit）处理平台，被广泛应用于科学计算、图形图像等众多领域，并且在很多应用中获得了几倍～上百倍的加速比[12]。

2. 云计算环境下的并行数据挖掘算法与策略

大规模海量数据的处理需要采用云计算环境下的并行数据挖掘算法与策略。算法和策略模型为并行数据挖掘的核心环节，本书将对现有应用较多的聚类算法、分类算法、关联规则算法等方法基于 MapReduce 计算模型进行改进，主要从数据集的扫描及分解和归约等方面开展并行性的改进研究，并结合具体应用比较不同方法的性能及适用的数据类型。

1.3 物联网

1.3.1 引言

物联网（IoT，Internet of Things）的概念来源于美国麻省理工学院自动识别中心提出的网络无线射频识别（RFID，Radio Frequency Identification）系统。物联网把所有物品通过 RFID 等信息传感设备与互联网连接起来，构成互联的传感器网络，实现对物品的智能化识别和管理。随后，物联网的定义和范围不断拓展和延伸，是继计算机、互联网与移动通信网之后的又一次信息产业浪潮，对促进互联网发展、推动人类的进步发挥着重要的作用，将成为未来经济发展的新增长点。

1.3.2　概念

物联网的定义是，通过 RFID 系统、红外感应系统、全球定位系统（GPS，Global Positioning System）、激光扫描仪等信息传感设备，按照约定的协议赋予物体智能，并通过接口把需要连接的物品与互联网连接起来，形成一种物品与物品相互连接的巨大的分布式网络，从而实现对物品的智能化识别、物品定位、物品跟踪、物品监控和管理[13]。

1.3.3　发展与应用

我国物联网发展在 2006 年后取得了重大进展。《国家中长期科学和技术发展规划纲要（2006—2020 年）》的“新一代宽带无线移动通信”重大专项中将传感网列入重点研究领域。至 2009 年，我国传感网标准体系已形成初步框架，向国际标准化组织提交的多项标准提案被采纳，传感网标准化工作已经取得积极进展。2009 年 9 月，经国家标准化管理委员会批准，全国信息技术标准化技术委员会传感器网络标准工作组成立。2010 年 3 月，在第十一届全国人民代表大会第三次会议上，“物联网”首次被写入政府工作报告。同年，我国 973 计划特别资助了 3 项物联网研究项目，分别为无锡物联网产业研究院牵头的“物联网的基础理论与实践研究”、同济大学牵头的“物联网基础理论和设计方法研究”和北京邮电大学牵头的“物联网体系结构基础研究”。国外许多大学的研究机构在无线传感器网络方面开展了大量工作，例如，美国加州大学洛杉矶分校的 NESL（Networked and Embedded Systems Laboratory）、LECS（Laboratory for Embedded Collaborative System）及 CENS（Center for Embedded Networked Sensing）等实验室，奥本大学和麻省理工学院开展了自组织无线传感网的相关研究，并成功开发了一系列实验系统；宾汉顿大学成立了计算机系统研究实验室，对传感器网络系统的应用层设计、移动自组织网络协议开展了相关研究；新加坡国立大学的无线传感器网络实验室等也开展了无线传感器网络方面的研究[14]。上述工作为物联网的发展提供了理论基础与技术支撑。下面给出物联网的典型应用领域。

1. 城市管理

随着网络化的发展与实施,城市管理演化成静态的部件管理和动态的事件管理。在智慧地球和数字城市的理念指导下，在地理信息系统、全球定位系统和遥感技术与物联网等关键技术的支撑下，可将城市管理中所需的分散、独立的图像采集点进行联网，实时进行远程监控、传输、存储和管理等业务。通过建立城市 EPC（Engineering Procurement Construction）信息港、城市电子商务平台，把各种资源应用平台紧密联系起来，建设可持续发展的城市管理信息基础设施和信息系统，为城市管理和建设者提供一种全新又直观的管理工具，为城市统一的安全监控、存储和管理打下坚实的基础。

2. 物流管理

物流领域是物联网相关技术最有现实意义的应用领域之一。通过在物流商品中引入传感节点，可以从采购、生产制造、包装、运输、销售到服务的供应链上的每一个环节实现精确了解和掌握，对物流全程传递和服务实现信息化的管理，最终减少货物装卸、仓储等物流成本，提高物流效率和效益。物联网与现代物流有着天然紧密的联系，其关键技术如物体标识及标识追踪、无线定位等新型信息技术应用，能够有效实现物流的智能调度管理、整合物流核心业务流程、加强物流管理的合理化、低物流消耗，从而降低物流成本、减少流通费用、增加利润。物联网将加快现代物流的发展，增强供应链的可视性和可控性。

3. 个人健康

人们身上可以携带不同的可穿戴设备，包含各种类型的传感器，对人体健康参数进行动态监控，并且实时传送到相关的医疗保健中心。如果发现异常，医疗保健中心可以通过移动终端，提醒人们去医院检查身体。

1.3.4 物联网关键技术

物联网涉及许多新型技术，其中的关键技术主要有 RFID 技术、传感器技术、网络通信技术和云计算（移动计算、边缘计算）等[15-16]。

1. RFID 技术

RFID 技术是一种非接触式的自动识别技术，它通过射频信号自动识别目标对象并获取相关数据，识别过程不需要人工干预，可工作于各种恶劣环境。RFID 技术可识别高速运动的物体，并可同时识别多个标签，操作快捷方便。RFID 技术与互联网、通信等技术相结合，可实现全球范围的物品跟踪与信息共享。

2. 传感器技术

传感器是物联网中物品（机器）感知物质世界的“感觉器官”，用于感知信息采集点的环境参数。它可以感知热、力、光、电、声、位移等信号，为物联网系统的处理、传输、分析和反馈提供最原始的信息。随着电子技术的不断进步，传感器正逐步实现微型化、智能化、信息化、网络化；同时，我们也正经历一个从传统传感器到智能传感器再到嵌入式 Web 传感器的不断发展的过程。目前，市场上已经有大量种类齐全且技术成熟的传感器产品可供选择。

3. 网络通信技术

在物联网的机器到机器、人到机器和机器到人的信息传输中，有多种通信技术可供选择，主要分为两大类：有线通信技术，如 DSL（Digital Subscriber Line）、PON（Passive Optical Network）等；无线通信技术，如 CDMA（Code Division Multiple Access）、GPRS（General Packet Radio Service）、IEEE 802.11a/b/g WLAN 等。

1.4　人工智能

1.4.1　引言

人工智能（AI，Artificial Intelligence）技术由来已久，随着“互联网+”热潮来袭，各行各业对智能化的需求迈入了新阶段，人工智能更多地作为技术载体来促成不同行业的智能化应用。人工智能作为研究机器智能和智能机器的一门综合性高技术学科，产生于 20 世纪 50 年代，它是一门涉及心理学、认知科学、思维科学、信息科学、系统科学和生物科学等多学科的综合型技术学科。

1.4.2 概念

1956年，以麦卡赛、明斯基、罗切斯特和申农等为代表的一批科学家，共同研究和探讨了用机器模拟智能的一系列相关问题，并首次提出了“人工智能”这一概念，这标志着“人工智能”这门新兴学科的正式诞生。IBM公司的“深蓝”电脑击败了人类的国际象棋世界冠军就是人工智能技术的一次完美表现。

人工智能是计算机科学、控制论、信息论、神经生理学、心理学、语言学、哲学等多种学科互相渗透而发展起来的一门交叉学科，是21世纪三大尖端技术（基因工程、纳米科学、人工智能）之一。关于人工智能，目前研究界尚无统一的定义，斯坦福大学人工智能研究中心尼尔逊教授认为人工智能是关于知识的学科——怎样表示知识以及怎样获得知识并使用知识的科学。而麻省理工学院的温斯顿教授则认为，人工智能就是研究如何使计算机去做过去只有人才能做的智能工作。可以说，人工智能就是研究怎样用人工的方法在机器（计算机）上模拟、实现和扩展人类智能的一门技术和科学。

1.4.3 发展与应用

人工智能技术最早可以追溯至20世纪40年代，英国数学家图灵提出了人工智能的基础问题——机器是否可以思考，从而拉开了人工智能技术的研究序幕。经历了几个时期的起伏，历经几代研究者的努力，人工智能终于发展为一门重要学科。20世纪40年代，人工神经网络模型诞生，成为人工智能学科的基石。20世纪50年代，人工智能迎来了第一个上升期，得到了飞速发展，一系列理论和方法在当时被提出。然而，由于计算能力的限制和智能化实现程度的不足，在20世纪60—70年代大部分人工智能项目停摆，人工智能研究进入衰退期。进入20世纪80年代，机器学习算法的出现大大增强了神经网络能力，完成了人工神经网络在理论和应用方面的重生。之后，随着基础设施的提升，数据处理能力和计算水平逐步增强，人工智能领域内的大部分算法得到了改进和融合，人工智能技术进入一个飞速发展的时期。而移动互联网和大数据产业的繁荣，又进一步推动了人工智能技术的行业融合，自动驾驶、健康医疗、生物识别、自然语言处理等应用场景都出现了人工智能技术的身影，人工智能正在深刻地影响人们生活的各个方面。

1. 人工智能在医疗领域中的应用

人工智能在医疗领域的应用主要体现在辅助诊断、康复医疗设备、病历和医学影像理解、手术机器人等方面。其作用主要有以下两方面：一是通过机器视觉技术识别医疗图像，帮助医务人员缩短读片时间，提高工作效率，降低误诊率；二是基于自然语言处理，"听懂"患者对症状的描述，然后根据疾病数据库进行内容对比和深度学习，从而辅助疾病诊断。部分公司已经开始尝试基于海量数据和机器学习为患者量身定制诊疗方案。据有关资料，哈佛医学院研发的人工智能系统对乳腺癌病例图片中癌细胞的识别准确率已达到 92%，结合人工病理学分析，其诊断准确率可达 99.5%。此外，可利用机器学习算法建立多种疾病辅助诊断模型，通过分析患者的检查数据识别病症，得出诊断意见。目前，结合医学专家的分析，人工智能在肿瘤、心血管、五官以及神经内科等领域的辅助诊断模型已接近临床医生的诊断水平。

2. 人工智能技术在问题解答方面的应用

人工智能技术应用于问题解答方面，主要根据问题解答系统的实际需求，对其进行人工智能的模拟和开发，使问题解答能够更加人性化和智能化。目前，很多用户习惯用问题解答系统进行学习与查询，人工智能问题解答的优势愈发显著。人工智能问题解答可以最大化模拟人的脑力思维，使其能够根据用户提出的问题与范围，进行仿人工化的思维思考，从而根据人类脑力思维为用户提供相关答案。教学方面新课程标准体制改革不断深化，促使教育教学与计算机技术实现融合。人工智能计算中的辅助教学系统为教学注入了新动力，通过知识形式来表达教学内容、方法等，从而提高教学质量和效率。知识库是人工智能技术中的重要组成部分，将教学中的定义等内容存储到知识库中，教师在开展教学活动的过程中，可以对知识库中的知识进行推理，为学生展现直观的运算、推理过程，最终得出结果。对教育教学来说，这不仅是一次方法上的革新，更是教育领域的突破。

1.4.4　机器学习核心算法

1. 线性回归

在统计学中，线性回归（LR，Linear Regression）是利用被称为线性回归方程的最小平方函数对一个或多个自变量和因变量之间关系进行建模的一种回归分析。这种函数是一个或多个被称为回归系数的模型参数的线性组合。线性回归中，只有一个自变量的情况称为简单回归，大于一个自变量情况的称为多元回归。其主要优点是模型十分容易理解，结果具有很好的可解释性，有利于决策分析等；主要缺点是对于非线性数据或者数据特征间具有相关性的多项式回归难以建模，难以表达高度复杂的数据等。

2. 支持向量机

支持向量机（SVM，Support Vector Machine）是一类按监督学习方式对数据进行二元分类的广义线性分类器，其决策边界是对学习样本求解的最大边距超平面。SVM 使用铰链损失计算经验风险并在求解系统中加入了正则化项以优化结构风险，是一个具有稀疏性和稳健性的分类器。SVM 可以通过核方法（Kernel Method）进行非线性分类，是常见的核学习方法之一。其主要优点是分类效果好，核方法可以向高维空间进行映射等；主要缺点是对大规模训练样本难以实施，解决多分类问题存在困难等。

3. k近邻算法

k 近邻（k-NN，k-Nearest Neighbor）算法的核心思想是，如果一个样本在特征空间中的 k 个最邻近样本中的大多数属于某一个类别，则该样本也属于这个类别。该方法在确定分类决策上只依据最邻近的一个或者几个样本的类别来决定待分类样本所属的类别。k-NN 算法在类别决策时，只与极少量的相邻样本有关。由于 k-NN 算法主要靠周围有限的邻近样本，而不是靠判别类域的方法来确定所属类别，因此对于类域的交叉或重叠较多的待分样本集来说，k-NN 算法较其他方法更适用。其主要优点是适合对稀有事件进行分类，适用于多分类问题等；主要缺点是计算量较大，可理解性差等。

4. 逻辑回归

逻辑回归一般用于需要明确输出的场景，如某些事件是否会发生。通常，逻辑回归使用某种函数将概率值压缩到某一特定范围。例如，Sigmoid 函数是一种具有 S 形曲线、用于二元分类的函数。它将发生某事件的概率值用 0～1 表示。该算法常用于数据挖掘、疾病自动诊断、经济预测等领域。例如，探讨引发疾病的危险因素，并根据危险因素预测疾病发生的概率等。这种算法的主要优点是分类时计算量非常小，速度很快，存储资源小等；主要缺点是容易欠拟合，准确率不高等。

5. 决策树算法

决策树（DT，Decision Tree）算法是一种基本的分类与回归算法，在分类问题中，表示基于特征对实例进行分类的过程。DT 算法可以作为 if-then 规则的集合，也可以作为定义在特征空间与类空间上的条件概率分布。其主要优点是模型可读性高，分类速度快等；主要缺点是容易过拟合，忽略了属性之间的相关性等。

6. K 均值聚类算法

K 均值聚类（KMC，K-Means Clustering）算法是一种迭代求解的聚类分析算法。要将数据分为 K 组，则首先随机选取 K 个对象作为初始的聚类中心；然后计算每个对象与各个种子聚类中心之间的距离，把每个对象分配给距离它最近的聚类中心。聚类中心以及分配给它们的对象就代表一个聚类。每分配一个样本，聚类的聚类中心会根据聚类中现有的对象重新计算。这个过程不断重复直到满足某个终止条件。终止条件可以是以下几种：没有（或最小数目的）对象被重新分配给不同的聚类，没有（或最小数目的）聚类中心再发生变化，误差平方和局部最小。这种算法的主要优点是可解释性较强，容易实现等；主要缺点是对噪声和异常点敏感，样本需存在均值等。

7. 随机森林算法

随机森林（RF，Random Forest）算法是用随机的方式建立一个森林，森林由很多的决策树组成，随机森林的每一棵决策树之间是没有关联的，当有一个新的输入样本时，让森林中的每一棵决策树分别判断这个样本属于哪一类，最后预测这个样本为被选择最多的那一类。这种算法的主要优点是能够处理高维数据，可以平衡误差等；主要缺点是存在噪声会出现过拟合现象，计算成本高等。

8. 朴素贝叶斯算法

朴素贝叶斯（NB，Naive Bayes）算法是以贝叶斯定理为基础并且假设特征条件之间相互独立的方法。它首先通过已给定的训练集，以特征词之间相互独立作为前提假设，学习从输入到输出的联合概率分布；再基于学习到的模型作为输入，得到后验概率最大值作为输出。这种算法的主要优点是对缺失数据不太敏感，有稳定的分类效率等；主要缺点是对输入数据的表达形式很敏感，属性相关性越多分类效果越差等。

9. 降维算法

机器学习中的降维（DR，Dimension Reduction）算法是指采用某种映射方法，将原高维空间中的数据点映射到低维空间中。降维的本质是学习一个映射函数 $f: x \rightarrow y$。其中，x 是原始数据点的表达，目前使用最多的是向量表达形式；y 是数据点映射后的低维向量表达，通常 y 的维度小于 x 的维度；f 可能是显式的或隐式的、线性的或非线性的。这种算法的主要优点是可处理大规模数据集，不需要在数据上进行假设；主要缺点是很难处理非线性数据等。

10. 梯度提升算法

梯度提升（GB，Gradient Boosting）算法是一种解决回归和分类问题的机器学习算法，它通过对弱预测模型（如决策树）的集成产生预测模型。GB 算法与其他提升方法类似，以分步的方式构建模型，并且允许使用任意可微分的损失函数来推广它们。这种算法的主要优点是调参时间相对少，可灵活处理各种类型数据等；主要缺点是难以并行训练数据等。

1.5 面临的隐私挑战

下面分别阐述云计算、大数据、物联网和人工智能等面临的威胁与隐私挑战。

1.5.1 云计算面临的隐私挑战

1. 云端数据的全生命周期安全性

云计算具有庞大的共享数据资源，对于企业与用户而言，最初选择云计算不是由于云计算的“安全”，而是由于云计算足够便捷，以及具有高性价比和弹性。一旦某云计算平台泄露用户的数据隐私，或数据在云端存储的过程中由于设备故障而导致大量丢失，或数据在传输过程中被其他用户任意篡改，则会造成难以估量的不良影响。确保云端数据安全需要从 3 个维度出发：数据可用性、数据完整性、数据隐私性。数据可用性是指不因黑客攻击、物理设备故障等问题而导致数据不可使用的要素。数据完整性是指在数据传输、存储的过程中，确保数据不被未授权的用户篡改，或在篡改后能被系统迅速发现的要素。数据隐私性是非常重要的维度，指在海量数据传输、存储和处理的每个环节保护用户数据及其信息不泄露。为了实现上述目标，需要打造一个云数据安全保护的闭环网络，即数据生成—数据迁移—数据使用—数据共享—数据存储—数据销毁的全生命周期安全管理平台。

2. 云计算访问控制技术

传统计算的访问控制能够有效地对信息资源进行安全保护。但是，在云计算时代，用户数据的所有权和管理权分离，计算的模式以及存储方式都发生了巨大变化。

所以云计算对访问控制提出了许多新的挑战。访问控制的目的是通过限制用户对数据信息的访问能力以及访问范围，保证数据资源不被不可信的第三方非法滥用。在云计算的背景下，云服务提供商对用户数据的非法访问以及恶意用户的非法窃取问题变得尤为棘手[17-19]。云端访问控制技术的研究是面向复杂、多变的云计算环境，要面对用户的随机访问、权限描述的多变、资源描述的细粒度以及安全策略的动态调整等问题，还要建立云端数据可信、可靠、可控的安全管理需求，这是非常困难的。要让用户放心地将其数据交付云服务提供商，就必须解决云计算面临的访问控制的安全问题。

3. 云端数据的密态可用性

目前，诸多的个人信息、重要数据等都以加密的方式存储在云端，通过使用具有加密功能的数据库或者数据库引擎，将数据写入文件时对数据进行加密，读取数据时进行解密。数据文件被加密后，无法通过直接复制用户数据文件盗取用户数据。然而，云端密态数据类型繁多，数据规模大，动态性高，异构性强，云端密态数据处理为加密数据的可用性带来了巨大挑战。因此，云端密态数据处理技术是一个探索性强，理论、实践难度大的研究方向。在大数据密态处理领域，目前绝大多数的相关研究都集中在对数据本身与内容的隐私保护上，即保证数据在不可信服务器上进行安全存储，而对云端内容密态处理方面的投入十分有限，导致现有信息安全与公钥密码技术难以为实际应用提供必要的理论支持和技术支撑，限制了云端密态数据的实用化进展。

1.5.2　大数据面临的隐私挑战

1. 大数据资源的安全性

大数据资源根据其应用领域不同而具有不同特性，各类应用对数据本身的计算精度、存储空间、安全需求等多项资源指标的需求差异明显，这决定了单一固定的加密存储模式难以满足所有应用的需求。传统的密态计算系统复杂度高，隐私防护手段单一，可支持的用户规模小，而且密态计算过程需要与用户频繁交互，只支持固定的计算模式。此外，密态数据处理精确性低，无法处理某些特定领域的大数据应用，也未形成面向多样化应用需求的密态数据处理和存储技术。因此，如何保证数据资源的安全性并满足大数据日益多样化的需求是一个亟待解决的高难度问题。

2. 大数据资源的安全共享

大数据已成为互联网的重要资产和资本要素，加快大数据挖掘和网络智能技术的发展、开放大数据将成为趋势。如今，大数据仍掌握在少数企业和政府机构中，不同部门、地域离线单独存储数据，积累了大量的历史数据，出于安全性考虑，各个部门之间的信息系统并不互通，形成了多个“数据孤岛”。此类数据结构多样，数据类型复杂，现有的数据安全存储模式已不能满足管理使用的需求。此外，个人数据往往分别存储于多个部门，在一定程度上也形成了数据存储冗余。未来，亟须提供灵活的数据安全迁移方案，实现“数据孤岛”中大量数据的外包存储灵活共享模式，并提供安全的数据融合方案，将不同类型、不同结构、不同部门的数据进行安全融合，即在不泄露数据本身隐私的条件下对其进行统一的存储与管理。

3. 大数据的隐私智能化搜索

大数据搜索是大数据利用的前提，数据资源的多模态性导致新型的搜索模式不断涌现，包括位置搜索、图搜索、视频搜索等。因为数据加密后失去了具体的语义含义，所以对数据进行密态数据搜索是保证数据安全的前提。然而，数据的多模态性严重制约了密态数据的多样化搜索。现有的可搜索加密技术在不可信环境下，实现了密态数据的关键词搜索，但它们的构造多将密文关键词局限在某些特定的代数结构上（如双线性映射等），支持的密态关键词结构单一，无法满足大数据多样化搜索模式，大大限制了大数据资源的实际利用。如何为大数据提供安全的广义搜索模式以适应异构资源的需求是解决隐私智能化搜索的关键。

1.5.3 物联网面临的隐私挑战

1. 物联网数据的安全性

物联网技术可以为用户提供多样化的服务，但也面临隐私泄露威胁。保障用户享受物联网技术带来便捷服务的同时保障物联网数据隐私是极为困难的问题。从物联网体系结构来看，数据隐私问题主要集中在感知层和处理层，如感知层数据聚合、数据查询和 IoT 设备产生的数据传输过程中的数据隐私泄露问题，处理层中进行各种数据计算时面临的隐私泄露问题[20-21]。位置隐私是物联网隐私保护的重要内容，主要解决物联网中各节点的位置隐私以及物联网在提供各种位置服务时面临的位置隐私泄露问题，具体包括 IoT 传感器的位置隐私、用户位置隐私、传感器节点位置隐私以及基于位置服务中的位置隐私。

在物联网应用中，基于位置服务的应用很容易导致不可信的第三方在未授权的情况下，通过定位传输设备、窃听位置信息等方式获取信息。此外，物联网在信息共享、智能管理与识别等网络技术方面也存在各种各样的数据安全性问题。

2. 数据传输安全问题

物联网数据会在无线传感器、传感器节点、网络等设备中传输，其中无线传感器采集数据，传感器节点计算和分配数据，网络是数据传输的通道。大量的物联网传感器节点和设备都部署在开放环境中，其节点和设备能量、处理能力和通信范围有限，无法进行高强度的加密运算，导致缺乏复杂数据的传输能力；由于物联网感知信息多种多样，如温度测量、水温监控、道路导航、自动控制等，其中的数据传输没有特定的标准，因此无法提供统一的安全保护体系，严重影响了感知信息的采集、传输，这些会导致物联网面临中断、窃听、拦截、篡改、伪造等威胁，例如攻击者可以通过节点窃听和流量分析获取节点上的数据信息。所以，如何建立安全的隐私数据传输模型来解决物联网数据传输成了一个需要解决的高难度问题。

3. 物理设备的安全性

随着物联网设备的流行，随之而来的安全问题也受到了越来越多的关注。物联网设备面临的安全风险主要分为硬件风险、软件风险、数据风险。其中，硬件风险是指因硬件设计的安全考虑不足导致攻击者可能通过侧信道攻击获取数据，或者未有效控制和管理用于远程调试的接口而构成重大安全隐患；软件风险包括软件漏洞、缺乏安全有效的更新机制等；数据风险包括不安全的通信机制以及缺少本地敏感数据保护机制等。例如 2017 年 7 月，美国自动售货机供应商 Avanti Markets 曾遭遇黑客入侵内网，攻击者在终端支付设备中植入恶意软件，并窃取了用户信用卡账户以及生物特征识别数据等个人信息。如今，海量的物联网智能设备部署在各个角落，并与云端数据相连，这些终端设备的安全性值得重视。

1.5.4　人工智能面临的隐私挑战

1. 人工智能数据的安全性

2019 年，中国信息通信研究院发布了《人工智能数据安全白皮书》，文中强调

图揭示相关技术的关键点。在此基础上，分别阐述了云计算、大数据、物联网和人工智能各自面临的安全问题和隐私挑战，为后续研究提供应用场景。

由于本章是对已有技术发展的高度概括，主要陈述现有材料，鉴于某些结论性的共识不能归到某个单一文献，因此仅列出其中的代表性文献，作者对所涉及的相关文献表示感谢。针对本章中所提出的各类隐私挑战问题，本书第 2 章给出解决这些问题所涉及的基本安全问题、常用安全协议和相关算法等基础知识。后续章节给出解决这些问题的基本密态计算原语、密态机器学习与数据挖掘和外包密态计算应用等，使人们对信息的获取和共享方式在密态环境下也能实现“服务在云端，信息随心行”的理想境界。

参考文献

[1] 冯登国, 张敏, 张妍, 等. 云计算安全研究[J]. 软件学报, 2011, 22(1):71-83.

[2] XIONG J B, LIU X M, YAO Z, et al. A secure data self-destructing scheme in cloud computing[J]. IEEE Transactions on Cloud Computing, 2014, 2(4): 448-458.

[3] DILLON T, WU C, CHANG E. Cloud computing: issues and challenges[C]//24th IEEE International Conference on Advanced Information Networking and Applications. Piscataway: IEEE Press, 2010: 27-33.

[4] CHANG F, DEAN J, GHEMAWAT S, et al. Bigtable: a distributed storage system for structured data[J]. ACM Transactions on Computer Systems, 2008, 26(2):1-26.

[5] MCKUSICK M K, QUINLAN S. GFS: evolution on fast-forward[J]. Queue, 2009, 7(7):10-20.

[6] BERTHOLD J, DIETERLE M, LOOGEN R. Implementing parallel Google map-reduce in Eden[C]//European Conference on Parallel Processing. Berlin: Springer, 2009: 990-1002.

[7] LI F H, LI H, NIU B, et al. Privacy computing: concept, computing framework, and future development trends[J]. Engineering, 2019, 5(6): 1179-1192.

[8] CHEN M, MAO S W, LIU Y H. Big data: a survey[J]. Mobile Networks and Applications, 2014, 19(2): 171-209.

[9] 马建光, 姜巍. 大数据的概念、特征及其应用[J]. 国防科技, 2013, 34(2):10-17.

[10] 邬贺铨. 大数据思维[J]. 科学与社会, 2014, 4(1): 1-13.

[11] 沈继云. 网络安全分析与大数据技术的应用[J]. 网络安全技术与应用, 2017(12): 78,96.

[12] 董祥千, 郭兵, 沈艳, 等. 一种高效安全的去中心化数据共享模型[J]. 计算机学报, 2018, 41(5):1021-1036.

[13] LEE I, LEE K. The Internet of things (IoT): applications, investments, and challenges for

enterprises[J]. Business Horizons, 2015, 58(4): 431-440.

[14] XIONG J B, CHEN L, BHUIYAN A, et al. A secure data deletion scheme for IoT devices through key derivation encryption and data analysis[J]. Future Generation Computer Systems, 2020, 111: 741-753.

[15] 张新程, 付航, 李天璞, 等. 物联网关键技术[M]. 北京: 人民邮电出版社, 2011.

[16] 田良. 人工智能技术在计算机中的发展和应用[J]. 信息通信, 2015(1): 156.

[17] 王于丁, 杨家海, 徐聪, 等. 云计算访问控制技术研究综述[J]. 软件学报, 2015, 26(5): 1129-1150.

[18] 李凤华, 熊金波. 复杂网络环境下访问控制技术[M]. 北京: 人民邮电出版社, 2015.

[19] 冯朝胜, 秦志光, 袁丁, 等. 云计算环境下访问控制关键技术[J]. 电子学报, 2015, 43(2):312-319.

[20] 冯登国, 张敏, 李昊. 大数据安全与隐私保护[J]. 计算机学报, 2014, 37(1):246-258.

[21] 任伟. 物联网安全[M]. 北京: 清华大学出版社, 2012.

[22] 李俊平. 人工智能技术的伦理问题及其对策研究[D]. 武汉: 武汉理工大学, 2013.

第2章 基础知识

密态计算理论涉及许多基础理论知识，包括群、环、域，公钥密码体制、安全模型和困难问题，以及同态加密算法，常用的有安全协议、机器学习和深度学习算法等。本章将对这些基础知识进行系统梳理，介绍它们的概念和原理，为解决云计算、大数据与数据挖掘、物联网、人工智能的隐私问题、构造密态计算算法提供理论基础与技术支撑。

2.1 基本代数系统

2.1.1 群、环、域

群、环、域是代数系统中相当重要的组成部分，在许多领域有着广泛的应用。集合和集合上的运算可以构成一个代数系统[1]。

设$*$是$\mathbb{S}$上的一个运算，若对$\forall a,b\in\mathbb{S}$，有$a*b\in\mathbb{S}$，则称$\mathbb{S}$对运算$*$是封闭的。若$*$是一元运算，对$\forall a\in\mathbb{S}$，有$*a\in\mathbb{S}$，则称$\mathbb{S}$对运算$*$是封闭的。

定义 2.1 设A为集合，函数f为$A*A\to A$，则称$*$为A上的一个二元运算。

定义 2.2 设$\mathbb{S}=\langle\mathbb{G},*\rangle$是一个代数系统，如果$*$满足以下条件，则称$\mathbb{S}$为半群：（1）$*$为二元运算；（2）$*$满足结合律。

定义 2.3 设$\mathbb{S}=\langle\mathbb{G},*\rangle$一个是代数系统，如果$*$满足以下条件，则称$\mathbb{S}$为群：（1）$*$为二元运算；（2）$*$满足结合律；（3）$\exists e\in\mathbb{S}$，对于$\forall b\in\mathbb{S}$，有$b*e=e*b=b$，则$e$为$\mathbb{S}$的单位元；（4）$\forall b\in\mathbb{S}$，$\exists b^{-1}$，有$b*b^{-1}=b^{-1}*b=e$，则$b^{-1}$为$b$的逆元。

通常，群的运算$*$为乘法运算，该群为乘法群；若运算$*$为加法运算，则称该群为加法群，此时逆元a^{-1}写作$-a$。

定理 2.1 设$\langle\mathbb{G},*\rangle$是具有一个可结合二元运算的代数系统，若存在$\forall a\in\mathbb{G}$，

有 $a*e=a$，且 $\forall a\in\mathbb{G}$，$\exists a'\in\mathbb{G}$ 满足 $a*a'=e$，则 $\mathbb{G}$ 是一个群。

定义 2.4　在群 $\mathbb{S}$ 中，若只有一个元素，即 $\mathbb{S}=\{e\}$，则 $\mathbb{S}$ 为平凡群。

定义 2.5　若群 $\langle\mathbb{G},*\rangle$ 满足交换律，即对于 $\forall b,c\in\mathbb{S}$，有 $b*c=c*b$，则称 $\langle\mathbb{G},*\rangle$ 为交换群或 Abel 群。

定理 2.2　对于群 $\mathbb{G}$，$\forall a,b\in\mathbb{G}$，有

（1）$(a^{-1})^{-1}=a$；

（2）$(ab)^{-1}=b^{-1}a^{-1}$；

（3）$a^n a^m=a^{n+m},m,n\in\mathbb{Z}$；

（4）$(a^n)^m=a^{nm},m,n\in\mathbb{Z}$；

（5）若 $\mathbb{G}$ 为 Abel 群，$(ab)^n=a^n b^n,n\in\mathbb{Z}$。

定义 2.6　若群 $\mathbb{S}$ 中的元素个数有限，则称 $\mathbb{S}$ 为有限群，否则称 $\mathbb{S}$ 为无限群。

定义 2.7　$\langle\mathbb{F},+,\cdot\rangle$ 是有 2 个二元运算的代数系统，如果满足以下条件，则称 $\langle\mathbb{F},+,\cdot\rangle$ 为环：（1）$\langle\mathbb{F},+\rangle$ 为 Abel 群；（2）$\langle\mathbb{F},\cdot\rangle$ 为半群；（3）$\mathbb{F}$ 中的·对+满足分配律。

定义 2.8　设 a、b 是环 $\mathbb{R}$ 中的 2 个非零元素，如果 $ab=0$，则称 a 是 $\mathbb{R}$ 中的一个左零因子，b 是 $\mathbb{R}$ 中的一个右零因子，若一个元素既是左零因子又是右零因子，则称它是一个零因子。

例如，在模 6 的整数环中，3 是左零因子，4 是右零因子。由于模 6 整数环是可交换的，可知 3 也是右零因子，4 也是左零因子，因此 3 和 4 都是零因子。

定义 2.9　设 $\mathbb{O}$ 是一个环，对于 $\forall a$、$b\in\mathbb{O}$，若 $ab=0$，则 $a=0$ 或 $b=0$，就称 $\mathbb{O}$ 是一个无零因子环。

定义 2.10　设 $\mathbb{O}$ 是一个环，若 $\mathbb{O}$ 中乘法满足交换律，则称 $\mathbb{O}$ 是交换环；若 $\mathbb{O}$ 中乘法含有单位元，则称 $\mathbb{O}$ 是含幺环；若 $\mathbb{O}$ 是交换、含幺的无零因子环，则称 $\mathbb{O}$ 是整环。

例如，有理数环 $\mathbb{Q}$、实数环 $\mathbb{R}$、复数环 $\mathbb{C}$ 都是整环。整数环 $\mathbb{Z}$ 也是整环，但模 n 整数环 $\mathbb{Z}_n$ 只有当 n 是素数时才是整环。当 $n\geqslant 2$ 时，n 阶实矩阵环 $\mathbb{M}_n\{\mathbb{R}\}$ 不是整环，因为矩阵乘法不是可交换的。

定理 2.3　设 $\mathbb{O}$ 是一个环，则有

（1）$\forall a\in\mathbb{O}$，$a0=0a=0$；

（2）$\forall a,b\in\mathbb{O}$，$(-a)(-b)=ab$；

（3）$\forall a,b\in\mathbb{O}$，有 $a(b-c)=ab-ac,(b-c)a=ba-ca$。

定义 2.11 设$\mathbb{O}$是一个环，若$\mathbb{O}$中至少有 2 个元素，令$\mathbb{O}'=\mathbb{O}-\{0\}$，且$\langle\mathbb{O}',*\rangle$为一个群，则称$\mathbb{O}$为一个除环；若$\mathbb{O}$是一个交换的除环，则称$\mathbb{O}$是一个域。

2.1.2 多项式环

变量X关于$\mathbb{R}$的多项式环是$\mathbb{R}$中所有序列的集合$\mathbb{R}[X]$，只有有限个非零项。如果$(\cdots,a_3,a_2,a_1,a_0)$是$\mathbb{R}[X]$中的一个元素，对于所有的$n>N$，$a_n=0$，这个元素通常被写成

$$\sum_{i=1}^{N}a_iX^i=a_nX^n+\cdots+a_1X+a_0$$

一般多项式商环$\frac{\mathbb{R}[X]}{f(x)}$表示为$c_{n-1}X^{n-1}+\cdots+c_1X+c_0$，可写为$(c_{n-1},\cdots,c_2,c_1,c_0)$，其中，$f(x)$可以表示为一个一元多项式，即$f(x)=X_n+a_{n-1}X_{n-1}+\cdots+a_1X+a_0$。

因此，X^n可以写作$X^n\equiv-(a_{n-1}X_{n-1}+\cdots+a_1X+a_0)$。这里，我们用一个例子来说明$\frac{\mathbb{R}[X]}{f(x)}$的结构。

例 2.1 给定$\frac{\left(\frac{\mathbb{Z}}{2\mathbb{Z}}\right)[X]}{(x^4+1)}=\left\{[c_3X^3+c_2X^2+c_1X+c_0]:c_i\in\frac{\mathbb{Z}}{2\mathbb{Z}}\right\}$①，我们需要借助$x^4\equiv-1$（相当于$x^4\equiv1$，$-1\equiv1$模 2）。当我们使用普通的加法或乘法运算时，余数应该是对 2 取模的。例如，$(1+x)(1+x^3)=(1+x^3+x+x^4)=(x+x^3)$。

定理 2.4 中国剩余定理。$\mathbb{R}$是一个环，且$\mathbb{R}$中的$\mathcal{I}_1,\cdots,\mathcal{I}_n$是两两互素的，即$\mathcal{I}_i+\mathcal{I}_j=\mathbb{R}$，$i\neq j$。定义$\mathcal{I}=\mathcal{I}_1\cap\cdots\cap\mathcal{I}_n$，且$\frac{\mathbb{R}}{\mathcal{I}}\cong\frac{\mathbb{R}}{\mathcal{I}_1}\times\cdots\times\frac{\mathbb{R}}{\mathcal{I}_n}$是环的一个同构。

也就是说，如果$a_1,\cdots,a_n\in\mathbb{R}$，那么$\exists a\in\mathbb{R}$，$a\equiv a_i \bmod \mathcal{I}_i$。如果$b$是$\mathbb{R}$的另一个满足$b\equiv a_i \bmod \mathcal{I}_i$的元素，那么$b\equiv a \bmod \mathcal{I}$。如果$\mathcal{I}_i=\frac{\mathbb{Z}}{m_i\mathbb{Z}}$，且这些$m_i$是互素的，对于$a$模$M=m_1,\cdots,m_n$，通过$a\equiv\sum_{i=1}^{n}a_ib_ib_i' \bmod M$，我们可以计算唯一的解，其中$b_i=\frac{M}{m_i}$，$b_i'\equiv b_i^{-1} \bmod m_i$。接下来，我们给出一个简单的例子来说明如何使用中国剩余定理[2]来查找$\mathcal{I}$中的元素。

① 这里使用括号来表示剩余类。此外，群$\frac{\mathbb{Z}}{2\mathbb{Z}}$是有 2 个元素的循环群，与集合$\{0,1\}$的模 2 加同构。

例 2.2　给定 2 个环$\dfrac{\mathbb{Z}}{5\mathbb{Z}}$和$\dfrac{\mathbb{Z}}{7\mathbb{Z}}$，我们希望求解$a \equiv 2 \bmod 5$和$a \equiv 3 \bmod 7$。根据公式$a \equiv \sum_{i=1}^{n} a_i b_i b_i' \bmod M$可计算得到$a \equiv 2\times7\times3+3\times5\times3 \bmod 35 \equiv 17 \bmod 35$，其中$3 \equiv 7^{-1} \bmod 5$，$3 = 5^{-1} \bmod 7$。

2.1.3　割圆多项式

本章介绍一种周期多项式的构造及其相关概念。

定义 2.12　m次单位根。m是一个正整数，如果$\omega^m = 1$，则复数ω是一个m次单位根。

易知，有k个不同的m次单位根，分别由$\mathrm{e}^{\frac{2\pi i}{m}}, \mathrm{e}^{\frac{2\pi i}{m}2}, \cdots, \mathrm{e}^{\frac{2\pi i}{m}k}$给出。其中，$(k,m)=1$，且$k \in \mathbb{Z}$是一个$m$次单位根。

定义 2.13　原始m次单位根。一个原始的m次单位根就是一个阶数为m的m次单位根。

定理 2.5　如果n是一个正整数，那么原始m次单位根为$\{\mathrm{e}^{\frac{2\pi i}{m}k} : 1 \leqslant k \leqslant m, \gcd(k,m)=1\}$，其中，$\gcd(k,m)$是求$k$和$m$最大公约数的函数。

证明　借助文献[3]可知，$\mathbb{Z}_m$的元素k是m阶，当且仅当$\gcd(m,k)=1$。同样地，一个m次单位根是m阶，当且仅当$\gcd(m,k)=1$。证毕。

定义 2.14　m次割圆多项式（也称为m次分圆多项式）。对于任意正整数m，m次割圆多项式$\Phi_m(x)$可表示为$\Phi_m(X) = \prod(X-\omega)$。

根据定理 2.5，我们可以把该m次割圆多项式写成

$$\Phi_m(X) = \prod_{\substack{1\leqslant k\leqslant m \\ \gcd(k,m)=1}} (X - \mathrm{e}^{2i\pi\frac{k}{m}})$$

一个割圆域是分裂的割圆多项式$\Phi_m(X)$，因此$\Phi_m(X)$是一个伽罗瓦有理数$\mathbb{Q}$域的延伸。该m次割圆域$\mathbb{Q}(\omega_m)$（$m>2$）是通过相邻的一个原始m次单位根ω_m结合的有理数。

2.1.4　割圆域的归一化

令$\Phi_m(X)$为一个m次割圆多项式，$K=\mathbb{Q}(\omega_m)$为相邻的数域。$\Phi_m(X)$的阶是

$\phi(m)$，其中 $\phi(m)=n\prod_{p|n}\left(1-\frac{1}{p}\right)$ 是欧拉函数。给定一个素数 p，它既不是 K 的分式，也不是可约因子(即 p 不能整除 m)。我们定义 $\mathbb{A}_p:\frac{\left(\frac{\mathbb{Z}}{p\mathbb{Z}}\right)[X]}{\Phi_m(X)}$ 为多项式的环，模 $\phi(m)$ 和 p 为 $\frac{\mathbb{Z}}{p\mathbb{Z}}$ 上乘法和加法的定义。

注意，假设 $\mathbb{A}_p$ 上的多项式的系数属于 $\left(-\frac{p}{2},\frac{p}{2}\right]$。一般 $\mathbb{A}_p$ 不是域，而是一个代数，因为 $\Phi_m(X)$ 模 p 通常不是可约的。由于 p 既不是指数因子也不是可约因子，且 $\frac{K}{\mathbb{Q}}$ 是伽罗瓦数，因此多项式 $\Phi_m(X)$ 对模 p 划分成的 l 个不同因子 $F_i(X)$ 的阶都是 d，其中 $ld=\phi(m)$。则其同构为

$$\mathbb{A}_p\cong\mathbb{L}_{l-1}\times\cdots\times\mathbb{L}_0:=A_p$$

其中，$\mathbb{L}_i=\frac{\left(\frac{\mathbb{Z}}{p\mathbb{Z}}\right)[X]}{F_i(X)}$，$i=0,\cdots,l-1$。

$\mathbb{A}_p$ 可以借助多项式模 Φ_m 表示为代数，$\mathbb{A}_p$ 是由一组 l 多项式域 $F_i(X)$ 构成的代数。除了多项式的加法和乘法 $\mathbb{A}:=\frac{\mathbb{Z}[X]}{\Phi_m(X)}$，还一个有用的操作称为自同构。自同构是指变换一个多项式 $a(X)\in\mathbb{A}$ 为 $a^{(i)}(X)=a(X)\bmod\Phi(X)$。记 κ_i 的变换为 $\kappa_i:a\to a^{(i)}$，变换的集合 $\kappa_i:i\in\left(\frac{\mathbb{Z}}{m\mathbb{Z}}\right)^*$ 组成一个组合。

2.2 公钥密码体制

2.2.1 公钥密码的原理

在对称密码体制中，加密和解密的密钥相同，在使用密钥加密之后，发送者必须向接收者分发密钥，这就产生了密钥分发问题。在一次通信过程中，假如发送者仅将密文发送给接收者，接收者无法通过密文来得到明文，则通信无法完成；将密

钥同密文一同发送给接收者又无法保证不被窃听，因为密码算法是公开的，故窃听者在得到密钥之后即可对密文进行解密。因此，密钥必须被分发，但分发过程中密钥的安全无法得到保证，这就是对称密码体制的密钥分发问题。

对于密钥分发问题有许多解决方案，如事先共享密钥、建立密钥分发中心等，本章不一一叙述。但是，这些解决方案均存在密钥分发的通信开销大、存储开销大、密钥管理复杂等问题。为此，学者们设计了公钥密码体制。公钥密码体制能够解决上述密码分发的相关问题，并不是因为对密钥的保密措施做得好，而是因为对密钥进行了拆分。在公钥密码体制中，加密和解密所使用的密钥并不相同，分别称为公钥和私钥。公钥和私钥成对出现，公钥公开给信息发送者，私钥则由接收者秘密保存。由私钥可以容易地计算出公钥，但由公钥不能逆向计算出私钥。

公钥密码体制[4]的设计思想是由 Diffie 和 Hellmann 于 1976 年提出的，他们当时并没提出具体的加密算法，但是他们提出应该把加密密钥和解密密钥分开，并且对公钥密码体制应有的特点进行了描述。

下面介绍使用公钥密码体制的通信过程。假设发送者为 Alice，接收者为 Bob，Alice 要发送一条消息给 Bob，而窃听者 Eve 可以窃听到他们通信中的每一条通信内容。

（1）Bob 生成一对密钥，包括一个加密密钥和一个解密密钥。

（2）Bob 将加密密钥发送给 Alice。

（3）Alice 使用 Bob 的加密密钥对明文进行加密得到密文。

（4）Alice 将密文发送给 Bob。

（5）Bob 使用解密密钥对密文解密得到明文。

在公钥密码体制中，加密密钥被称为公钥，解密密钥被称为私钥。在这个过程中公钥并不需要做任何保密，由于公钥和密码算法公开，所有人都可以加密，但是只有拥有私钥的人才可以解密密文，且由于公钥和私钥之间的巧妙关系，可以由私钥计算出公钥，却无法由公钥计算出私钥。由于在整个过程中私钥一直由接收者保存，且不做任何的分发操作，因此不会产生密钥分发问题。

公钥密码体制具有众多优点，但仍有一些无法克服的局限性。例如，公钥加密的处理速度相对较慢，只有对称密码的几百分之一。虽然公钥密码体制解决了密钥分发的问题，但其并不能解决所有的攻击问题。例如，窃听者可以通过中间人攻击的手段对公钥密码体制进行攻击。下面详细介绍经典的公钥密码算法，即 RSA 算法。

2.2.2 RSA 算法

在公钥密码体制的思想提出之后，1978 年，Rivest、Shamir 和 Adleman[5]提出了一种由数论构造的公钥密码算法，即 RSA 算法。RSA 算法是目前应用最广泛的公钥密码算法。

1. **密钥的生成**

选择 2 个大素数 p 和 q。

（1）计算 $n=pq$，$\Phi(n)=(p-1)(q-1)$，$\Phi(n)$ 为欧拉函数。

（2）选择 e，使 $1<e<\Phi(n)$ 且与 $\Phi(n)$ 互素。

（3）计算 $d=e^{-1} \bmod \Phi(n)$。

将密钥对 (e,n) 作为公钥，(d,n) 作为私钥。

2. **加密操作**

首先，以 n bit 为一组将要加密的明文进行分组，得到 m 组明文分组；然后，依次对 m 组明文分组进行加密，将加密后的分组重新组成一个序列，即加密后的密文。加密算法为

$$c \equiv m^e \bmod n$$

其中，c 为密文。

3. **解密操作**

解密操作为加密操作的逆过程。解密算法为

$$m \equiv c^d \bmod n$$

4. **RSA 算法的安全性**

RSA 算法的安全性建立在分解大整数的困难性之上，至今不能证明 RSA 算法的破译问题等价于大整数分解问题，但破译 RSA 算法不比分解大整数更难。

对 RSA 算法最常见的攻击分为以下 3 类。

（1）大整数分解攻击。如果 n 能够被成功地分解为 pq，则可以获得 $\Phi(n)=(p-1)(q-1)$，从而能够计算出私钥，到目前为止还不能有效地分解 n。

（2）穷举攻击。穷举攻击是将所有可能的密钥都尝试一次。如果密钥对 (e,d) 的长度越长，则使用穷举攻击对其进行破解的难度越高，但加密、解密的效率越低。

（3）计时攻击。计时攻击利用测定 RSA 算法解密所进行的模指数运算的时间来估计解密指数 d，然后确定 d 的取值。

2.2.3 其他公钥密码算法

1. ElGamal 算法

ElGamal 算法是 Elgamal[6]设计的公钥算法，该算法利用了 mod N 下求离散对数的困难问题。

（1）密钥的生成

利用生成元 g 产生一个 q 阶循环群 $\mathbb{G}$ 的有效描述，该循环群需要满足一定的安全性质。从 $\{1,\cdots,q-1\}$ 中随机选择一个 x，计算 $h=g^x$，以 h、$\mathbb{G}$、q、g 为公钥，x 为私钥。

（2）加密操作

步骤 1 从 $\{1,\cdots,q-1\}$ 中随机选择一个 y，计算 $c_1=g^y$。

步骤 2 计算秘密信息 $s=h^y$。

步骤 3 把密文 m 映射为 $\mathbb{G}$ 上的一个元素 m'。

步骤 4 计算 $c_2=m's$。

将密文对 (c_1,c_2) 作为密文发送。

（3）解密操作

步骤 1 计算秘密信息 $s=c_1^x$。

步骤 2 计算 $m'=c_2s^{-1}$，并将 m' 在 $\mathbb{G}$ 上映射得到 m。

2. Rabin 算法

Rabin 算法是由 Rabin[7]设计的公钥算法，该算法利用了 mod n 下求平方根的困难性问题。

（1）密钥的生成

随机选择 2 个大素数 p 和 q，能够满足 $p \equiv q \equiv 3 \bmod 4$，这 2 个素数的大小应该满足 $4k+3$，并且计算 $n=pq$，以 n 为公钥，p 和 q 为私钥。

（2）加密操作

设 c 为密文分组，m 为明文分组，则加密算法为

$$c \equiv m^2 \bmod n$$

（3）解密操作

解密操作是加密操作的逆操作，求解 c 模 n 的平方根，解密算法为

$$x^2 \equiv c \bmod p$$

$$x^2 \equiv c \bmod q$$

求解可得

$$x \equiv m \bmod p$$

$$x \equiv -m \bmod p$$

$$x \equiv m \bmod q$$

$$x \equiv -m \bmod q$$

解密操作一共可以得到 4 个解，密文经过解密之后得到的明文并不是唯一的，故应该在传输中添加一些额外的信息来确定明文。

3. **椭圆曲线密码**

椭圆曲线密码（ECC，Elliptic Curve Cryptography）[8]可用短得多的密钥获得与 RSA 算法相当的安全性，最近备受业界关注。椭圆曲线密码是通过将椭圆曲线上的特定点进行特殊的乘法运算来实现的，它利用了这种乘法运算的逆运算非常困难这一特性，即在给定 P 和 kP 的条件下很难推导出 k。

（1）确定椭圆曲线参数

选定某一椭圆曲线 $E: y^2 \equiv x^3 + ax + b (\bmod p)$。该椭圆曲线可以由一组参数（$p$、$a$、$b$、$G$）描述，其中，$p$ 是一个足够大的素数，表示一个有限域 $\mathbb{F}_p$；$a,b \in \mathbb{F}_p$ 且满足 $4a^3 + 27b^2 (\bmod p) \neq 0$；$G(x, y)$为 $E: y^2 = x^3 + ax + b$ 上的一个点，称为基点。选择基点 G 的准则是满足 $nG = 0$ 的最小 n 值是一个足够大的素数。

（2）生成公钥、私钥以及共享密钥

设有用户 A 和 B，则它们的私钥和公钥以及共享密钥按如下步骤产生。

步骤 1 用户 A 随机选取一个整数 S_A 作为自己的私钥，计算 $P_A = S_A G$ 作为自己的公钥。

步骤 2 用户 B 用类似的方法产生自己的私钥和公钥 S_B 和 P_B。

步骤 3 用户 A 产生共享密钥 $K_A = S_A P_B$，用户 B 产生共享密钥 $K_B = S_B P_A$。显然 $K_A = S_A P_B = S_A(S_B G) = S_B(S_A G) = S_B P_A = K_B$。

（3）将明文映射到椭圆曲线上

首先，对 M 进行分段处理。设 m 为 M 的一个分段，m 满足如下条件

$$0 \leqslant m \leqslant \left[\frac{p}{256}\right]-1$$

然后，将 m 映射到点 $P_m(x,y)$ 上，使

$$\begin{cases}256m \leqslant x \leqslant 256(m+1)\\ P_m(x,y) \in \mathbb{F}_p\end{cases}$$

（4）加密操作

明文分段 m 映射到点 $P_m(x,y)$ 上之后并不能直接发送，还需要进行如下加密操作才能得到密文 C_m。

$$C_m = P_m + S_A P_B$$

（5）解密操作

接收端收到密文 C_m 后，进行如下操作恢复明文 P_m。

$$P_m = (P_m + S_A P_B) - S_B P_A$$

取出 P_m 的 X 坐标值 x，再利用下式得到明文 m。

$$m = \left[\frac{x}{256}\right]$$

2.3 安全模型

大多数信息系统的基本安全模型如图 2-1 所示。通信双方在互联网上将消息传递给对方，首先需要在网络空间中建立一条逻辑的信息通道，建立过程分为以下两步。

步骤 1 在网络空间中建立一条将通信双方联络起来的路由。

步骤 2 在路由上通信双方使用相同的通信协议进行信息传递。

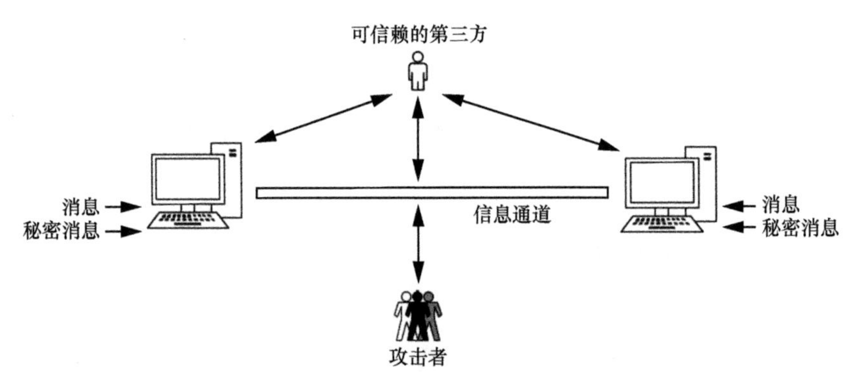

图 2-1　信息系统的基本安全模型

由于一般情况下所建立的信息通道并不是一条安全可靠的信息传输线路，要保证通信的安全性，则需要使用安全传输技术对通信过程进行保护，安全传输技术有以下几种。

（1）消息的加密和认证。加密使窃听者无法得到消息的真实内容，认证是为了验证发送者的身份。

（2）通信双方共享密钥等秘密内容。

以上技术可能并不足以保护消息不被泄露，必要时通信过程中需要一个可信赖的第三方，作用是将消息安全转交给通信双方。

上述说明表示，在网络空间中，要实现安全的网络通信，需要考虑以下 4 个方面的内容。

（1）加密、解密所用的算法。

（2）加密所需要的秘密信息，如密钥。

（3）秘密信息的传输过程。

（4）通信双方在通信过程中使用的协议。

以上考虑的是基本的安全模型，然而还有其他情况出现。如图 2-2 所示，信息系统的保护模型表示系统希望保护信息不受未授权的入侵者访问。

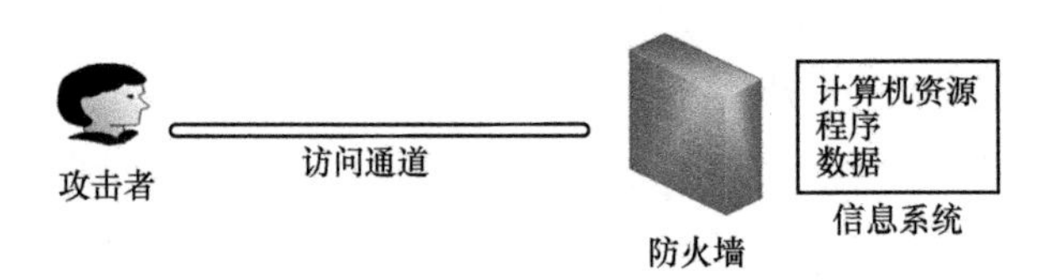

图 2-2　信息系统的保护模型

2.4　困难问题

一个算法可以被定义为输入是长度为 n 的函数，而输出是 $f(n)$，算法的复杂度可以用计算时间和存储空间来描述，分别称为时间复杂度和空间复杂度。如果一个算法能够在多项式时间内完成，则称算法是可行的；而如果一个算法仅能够在指数时间内完成，则称算法是不可行的。

对于一个密码体制来说，在知道密钥的情况下，加密和解密操作应是可行的，而在缺少密钥的情况下，通过密文推导出密钥和明文应是不可行的。

在公钥密码体制中，公钥密码的算法应该为一个陷门单向函数。单向函数是指在 2 个集合 X 和 Y 中，X 和 Y 之间有一个单向映射，使每个在 Y 中的元素 $y \in Y$ 都能够在 X 中找到一个唯一的原像 $x \in X$，并且从 x 得到 y 是计算可行的，但从 y 得到 x 是计算不可行的。而陷门单向函数是指在知道陷门的情况下计算该函数是可行的，但在不知道陷门的情况下对该函数求逆是不可行的。此时使用的陷门单向函数即基于一个困难问题。

2.4.1　大整数因数分解问题

大整数因数分解（下文简称为大数分解）问题描述如下。

给定 2 个大素数 p 和 q。

（1）计算 $pq = n$ 可行。

（2）对于一个整数 n，要计算 n 的 2 个素因数 p 和 q，使 $n = pq$ 不可行。

给出 2 个大素数，得到它们的乘积十分容易。但如果只给出它们的乘积，要找出它的因子就相当困难，这也是许多现代密码系统的关键所在。

目前，大数分解已经完全脱离了暴力分解的时代，研究者已经提出了 P 方法、$P-1$ 法和数域筛法等大数分解技术。为了保证安全，RSA 算法密钥的二进制长度由 512 bit 增长到了现在的 1 024 bit。但如果能够找到解决整数分解问题的快速方法，几种重要的密码系统将会被攻破，包括 RSA 算法和 Blum Blum Shub 随机数发生器。

2.4.2 离散对数问题

离散对数问题描述如下。

设有一个有限循环群 $\mathbb{G}=\langle g\rangle=\{g^k|k=0,1,\cdots\}$ 及其生成元 g 和阶 $n=|\mathbb{G}|$。

（1）给定一个整数 b，使 $g^b=h$ 可行。

（2）给定一个数 h，计算 x（$0\leqslant x\leqslant n$），使 $g^x=h$ 不可行。

经典离散对数问题（DLP，Discrete Logarithm Problem）在现代密码学和数论中都扮演着重要的角色，许多密码系统和协议的安全性都是基于离散对数问题的困难性，如 Diffie-Hellman 密钥交换协议、ELGamal 加密系统、ELGamal 数字签名系统、DSA（Digital Signature Algorithm），以及基于椭圆曲线的加密和签名系统。

2.4.3 椭圆曲线离散对数问题

椭圆曲线离散对数问题描述如下。

已知有限域 $\mathbb{F}_p$ 上的椭圆曲线群为 $\mathbb{E}=\{(x,y)|y^2=x^3+ax+b\}\cup\{0\}$，且点 $P=(x,y)$ 的阶是一个大素数。

（1）给定一个整数 a，计算点 $aP=(x_a,y_a)=Q$ 可行。

（2）给定一个整数 Q，计算整数 x，使 $xP=Q$ 不可行。

ECC 是一种基于椭圆曲线数学的公钥加密算法，是由 Koblitz[8]和 Miller[9]分别独立提出的。

与大数分解问题和有限域上离散对数问题相比，椭圆曲线离散对数问题的求解难度要大得多。因此，在相同安全性要求下，椭圆曲线密码要求的密钥长度要小得多，在计算力相当的情况下使用 ECC 可在较短的时间里产生符合条件的密钥。

2.5 全同态加密

云计算的发展带来了一个巨大的信息处理平台，依托于互联网和移动互联网将计算能力部署在云端。用户不需要关心软硬件设施的购买、维护、管理和升级，只需要通过网络按需向云服务提供商租借计算和存储服务。由于云计算的规模优势，可以大大节省软硬件设施的购买、升级和维护费用，因此其具有巨大的经济效益和市场空间。

在云计算带来经济效益的同时，其本身却存在众多的安全问题。由于用户需要将数据上传到云端进行计算，如果机密数据无法得到有效保障，对用户和云服务提供商都会造成致命的打击。因此，在云计算中如何保障数据的安全是用户和云服务提供商最关心的问题。

全同态加密（FHE，Fully Homomorphic Encryption）的诞生使云计算安全问题有了理论上的解决方案，即可在保证不泄露敏感信息的前提下在云端完成计算任务。用户将数据加密后可以放心地上传至云端进行计算，由于用户的数据是加密的，仅拥有密钥的用户才可以获得原始数据。

目前的同态加密（HE，Homomorphic Encryption）方案大致上可以分为 3 种：部分同态加密（PHE，Partial Homomorphic Encryption）[10]、浅同态加密[11]和全同态加密[12]。部分同态加密只能实现某一种运算（如或运算、乘运算、加运算等）；浅同态加密能同时实现有限次数的加运算和乘运算；全同态加密能实现任意次的加运算和乘运算。

同态加密发展的历史大致经历了 3 个时期。1978—1999 年是部分同态加密的快速发展时期；1996—2009 年是部分同态加密与浅同态加密的交叉发展时期，也是浅同态加密的快速发展时期；2009 年以后是全同态加密的快速发展时期。

2009 年，Gentry[12]设计了首个全同态加密方案。这个方案引起了密码学界的极大反响，专家和学者对其进行了大量细致的研究，并取得了一系列研究成果。对于设计全同态加密技术，学者们创新性地提出并使用了压缩解密电路[12]、自举[12]、再线性化[13-14]、模数转换[13-14]、近似特征向量[15]等技术。

2.5.1 全同态加密的发展历程

1. 第一代全同态加密

2009 年，Gentry[12]设计了第一种能够实现全同态加密的方案，步骤如下。首先构造一个类同态加密方案；然后经过一个压缩电路，使它能够同态计算它本身，即可以得到一种可自举的同态加密方案；随后按照顺序执行自举操作，就能够得到一种全同态加密方案。

2. **第二代全同态加密**

根据 Gentry 的全同态加密方案，人们开始尝试基于格上困难问题和环上的容错学习问题来构造全同态加密方案，该方案取得了巨大的成功。Brakerski 和 Vaikuntanathan 分别提出了全同态加密方案，分别基于容错学习（LWE，Learning with Error）[13]与环上容错学习（RLWE，Ring Learning with Error）[14]技术，其核心是再线性化和模数转换。这些新技术不需要压缩解密电路，其安全性完全基于 LWE 的困难性。

3. **第三代全同态加密**

由于前两代的全同态加密方案都需要使用计算密钥才能实现全同态加密，但是一般计算密钥都太大导致无法在现实中使用。2013 年，Gentry 等[15]采用了一种“近似特征向量”技术，设计出了一种不需要计算密钥的全同态加密方案 GSW（Gentry-Sahai-Waters），使全同态加密再次被众人所关注。

2.5.2 全同态加密方案

实际的全同态加密方案主要利用电路来构造，所以全同态加密方案也用电路来定义。电路计算是计算理论中一种非常重要的计算模型，只有理解了电路计算，才能理解全同态加密方案的定义。我们可以将电路计算模型理解成一个函数。由于“一个电路理论上等价于一个函数”，因此对于电路 C，当出现 $C(x_1,\cdots,x_n)$ 时，可以认为它等价于某个函数 $F(x_1,\cdots,x_n)$。

一个常规的公钥加密方案 ε 由 $\text{KeyGen}_\varepsilon$、$\text{Encrypt}_\varepsilon$ 和 $\text{Decrypt}_\varepsilon$ 这 3 个随机算法组成。$\text{KeyGen}_\varepsilon$ 接收安全参数 λ 作为输入，输出私钥 sk 与公钥 pk，pk 定义了明文空间 P 和密文空间 X。$\text{Encrypt}_\varepsilon$ 接收 pk 和明文 $\pi \in P$ 作为输入，输出用公钥 pk 加密明文 π 所得的密文 $\psi \in X$，记作 $\psi = \text{Encrypt}_\varepsilon(\text{pk},\pi)$，那么解密算法为 $\text{Decrypt}_\varepsilon(\text{sk},\psi)=\pi$。

同态加密方案除了上述 3 个随机算法外，还有一个评估算法 $\text{Evaluate}_\varepsilon$，即输入公钥 pk、从电路集合 C_ε 中选取的一个电路 C 以及一组密文 $Y=(\psi_1,\cdots,\psi_t)$，输出密文 $\psi_i \in C$。如果 $\psi_i = \text{Encrypt}_\varepsilon(\text{pk},\pi_i), i=1,\cdots,t$，那么 $\text{Evaluate}_\varepsilon(\text{pk},Y,C) = \text{Encrypt}_\varepsilon(\text{pk},C(\pi_1,\cdots,\pi_t))$。

定义 2.15 同态加密方案 ε 对于 $\text{KeyGen}_\varepsilon(\lambda)$ 生成的任何密钥（sk, pk），任意

电路 $C \in C_\varepsilon$，任意密文 $Y=(\psi_1,\cdots,\psi_t)$，其中 $\psi_i = \text{Encrypt}_\varepsilon(\text{pk},\pi_i)$，如果 $\psi = \text{Evaluate}_\varepsilon(\text{pk},Y,C)$，则 $\text{Decrypt}_\varepsilon(\text{sk},\psi)=C(\pi_1,\cdots,\pi_t)$，就可以说同态加密方案 ε 对于电路集合 C_ε 是正确的。

定义 2.16　如果存在一个多项式 f，对于任意的安全参数值 λ，同态加密方案 ε 的解密算法可以用一个规模最多为 $f(\lambda)$ 的电路 D_ε 表示，则称同态加密方案 ε 是紧凑的。

定义 2.17　如果同态加密方案 ε 对于 C_ε 中的电路是紧凑且正确的，则称同态加密方案 ε 能够紧凑地计算 C_ε 中的电路。

定义 2.18　如果一个同态加密方案 ε 能够紧凑地计算所有电路，就称它是全同态的。

定义 2.19　层级全同态加密。令 $L=L(\lambda)$ 为一个固定的函数，该函数是深度为 L 的一类电路 $\{C_\lambda\}_{\lambda\in N}$ 构造的一种 L-层级全同态加密方案[16]。该方案包括 4 个概率多项式时间（PPT，Probabilistic Polynomial Time）算法：KeyGen, Encrypt, Decrypt, Evaluate，具体说明如下。

密钥生成算法 KeyGen 是一个随机化算法，它以安全参数 l^λ 为输入，并输出一对密钥，即公钥 pk 和私钥 sk。

加密算法 Encrypt 是一个随机化算法，它以一个公钥 pk 和一个明文消息 $m\in\{0,1\}$ 为输入，并输出一个密文 c。

解密算法 Decrypt 是一个确定性算法，它以一个私钥 sk 和一个密文 c 为输入，并输出一个明文消息 $m\in\{0,1\}$。

同态运算算法 Evaluate 输入一个公钥 pk、一个运算电路 $C\in C_\lambda$ 和一个密文列表 $c_1,\cdots,c_{l(\lambda)}$，并输出一个密文 c^*。

该算法要求下述性质成立。

（1）正确性

① 对于任意 λ、任意 $m\in\{0,1\}$ 和由 $\text{KeyGen}(l^\lambda)$ 输出的任意 (pk,sk)，有

$$m=\text{Decrypt}(\text{sk},(\text{Encrypt}(\text{pk},m)))$$

② 对于任意 λ、任意 $m_1,\cdots,m_t$ 和任意 $C\in C_\lambda$，有

$$C(m_1,\cdots,m_t)=\text{Decrypt}(\text{sk},(\text{Evaluate}(\text{pk},C,\text{Encrypt}(\text{pk},m_1),\cdots,\text{Encrypt}(\text{pk},m_t))))$$

（2）紧凑性

令 $c=\text{Eval}\left(C,(c_1,\text{pk}_1,\text{evk}_1),\cdots,(c_t,\text{pk}_t,\text{evk}_t)\right)$，那么存在一个多项式 P 满足

$|c| \leqslant P(k,N)$。也就是说，密文 c 的大小与 l 和 $|C|$ 无关。

（3）安全性

使用选择明文攻击（CPA，Chosen Plaintext Attack）安全性的标准概念来定义安全性。如果对于任意多项式时间敌手 $\mathcal{A}$ 来说，下面的公式在 λ 上是可忽略的，那么就可以认为一个同态加密方案是不可区分选择明文攻击（IND-CPA，Indistinguishability Under CPA）安全的。

$$\left|\Pr\left[A\left(\mathrm{pk},\mathrm{Encrypt}\left(\mathrm{pk},0\right)\right)=1\right]-\Pr\left[A\left(\mathrm{pk},\mathrm{Encrypt}\left(\mathrm{pk},1\right)\right)=1\right]\right|=\mathrm{negl}\left(\lambda\right)$$

其中，$(\mathrm{pk},\mathrm{sk}) \leftarrow \mathrm{KeyGen}(1^{\lambda})$，$\mathrm{negl}\,()$为可忽略的函数。

1. 加法同态加密

加法同态加密（AHC，Additive Homomorphic Cryptosystem）方案[17]能够对密文进行直接操作而不泄露相应的明文信息，是一种支持加法运算的公钥加密方案。任意给定 2 个密文 $[\![m_1]\!]_{\mathrm{pk}}$ 和 $[\![m_2]\!]_{\mathrm{pk}}$，它们都能满足加法同态的性质，即

$$[\![m_1]\!]_{\mathrm{pk}}[\![m_2]\!]_{\mathrm{pk}}=[\![m_1+m_2]\!]_{\mathrm{pk}}$$

$$[\![m_1]\!]_{\mathrm{pk}}^{k}=[\![km_1]\!]_{\mathrm{pk}}$$

2. BCP 密码系统

BCP（Bresson-Catalano-Pointcheval）密码系统是 Bresson 等[18]提出的一种加法同态加密系统。BCP 密码系统具有双重解密机制，这意味着它提供了 2 种独立的解密机制。如果知道该密码系统的主密钥，就可以成功解密任何密文，这是该系统最显著的特点。BCP 密码系统的工作原理如下。

$\mathrm{Setup}(k)$。已知安全参数为 k，选择一个比特长度为 k 的安全素数（RSA 算法的模数）$N=pq$（对不同的素数 p' 和 q'，分别有 $p=2p'+1$，$q=2q'+1$），定义 $|N|$ 为 N 的长度。选择一个阶为 $pp'qq'$ 的随机数 $g \in \mathbb{Z}_{N^2}^{*}$，满足 $g^{p'q'} \bmod N^2 = 1+\lambda N, \lambda \in [1, N-1]$。该算法输出公共参数 $\mathrm{PP}=(N,\lambda,g)$ 和主密钥 $\mathrm{MK}=(p',q')$。

$\mathrm{KeyGen(PP)}$。随机选择 $a \in \mathbb{Z}_{N^2}^{*}$，计算 $h=g^{a} \bmod N^2$，输出公钥 $\mathrm{pk}=h$ 和私钥 $\mathrm{sk}=a$。

$\mathrm{Encrypt}_{(\mathrm{PP},\mathrm{pk})}(m)$。输入明文 $m \in \mathbb{Z}_N$，随机选择 $r \in \mathbb{Z}_{N^2}$，输出密文(A, B)为 $A=g^{r} \bmod N^2$ 和 $B=h^{r}(1+mN) \bmod N^2$。

$\text{Decrypt}_{(\text{PP},\text{sk})}(A,B)$。输入密文$(A,B)$和私钥$\text{sk}=a$，解密输出明文$m=\dfrac{\dfrac{B}{A^a}-1 \bmod N^2}{N}$。

$m\text{Decrypt}_{(\text{PP},\text{pk},\text{MK})}(A,B)$。使用该密码系统的主密钥，可通过计算下述步骤解密输出明文：计算 $a \bmod N=\dfrac{h^{p'q'}-1 \bmod N^2}{Nk^{-1} \bmod N}$，其中 k^{-1} 表示 $k \bmod N$ 的乘法逆元，计算 $r \bmod N=\dfrac{A^{p'q'}-1 \bmod N^2}{Nk^{-1} \bmod N}$，$m=\dfrac{\left(\dfrac{B}{g^{ar}}\right)^{p'q'}-1 \bmod N^2}{N(p'q')^{-1} \bmod N}$，其中 $(p'q')^{-1}$ 是 $p'q' \bmod N$ 的逆。

BCP 密码系统具有加法同态和数乘同态性质，因此满足 $\text{Decrypt}_{\text{sk}}([\![m_1]\!]_{\text{pk}}[\![m_2]\!]_{\text{pk}})=m_1+m_2$，对任意 $m,k \in \mathbb{Z}_N$，满足 $([\![m]\!]_{\text{pk}})^k=[\![k \cdot m]\!]_{\text{pk}}$。特别地，如果 $k=N-1$，那么满足 $([\![m]\!]_{\text{pk}})^{N-1}=[\![-m]\!]_{\text{pk}}$。简便起见，这里用 $[\![m]\!]_{\text{pk}}$ 代替 $\text{Encrypt}_{(\text{PP},\text{pk})}(m)$。有关 BCP 密码系统的正确性和语义安全性证明可以参考文献[18]。

3. 完全同态加密方案

本节介绍完全同态加密方案中的 BGV（Brakerski-Gentry-Vaikuntanathan）方案[19]，它可以对密文进行完全同态运算。已知 2 个密文 $\tilde{c}(a^*)$ 和 $\tilde{c}(b^*)$，同态加法 $H.\text{add}(\tilde{c}(a^*);\tilde{c}(b^*))$ 可以生成明文 $(a^*+b^*) \in \mathbb{A}$ 的新密文，同态乘法 $H.\text{mul}(\tilde{c}(a^*);\tilde{c}(b^*))$ 可以生成明文 $a^*b^* \in \mathbb{A}$ 的新密文。此外，同态常数乘法 $H.\text{cmul}(\tilde{c}(a^*);k^*)$ 可以产生明文 a^*k^* 的新密文，其中 $k^* \in \mathbb{A}_2$。

由于 BGV 加密方案添加了高斯噪声来保护数据，因此需要 2 种密文降噪技术：密钥交换（KeySwitch）[9]和自举（Bootstrap）[20]。在 BGV 方案中，每个密文都与“加密电路层”相关联，KeySwitch 首先将第 i+1 层的密文转换成第 $i\,(i \geqslant 0)$ 层的密文，而不改变相应的私钥（密文中的噪声是随着比值$\dfrac{q_i}{q_{i+1}}$减少的）。然后，该方案使用转换密钥 $W_{s_{i+1} \to s_i}$ 将第 i+1 层私钥 s_{i+1} 对应的密文转换成第 i 层私钥 s_i 对应的密文，通过将密文逐层地解密，即从第 L−1 层转换至第 0 层来实现降噪效果。KeySwitch 除了可以实现降噪之外，还可以实现加密域转换，记为 $\tilde{c}^{\langle \text{pk}_j \rangle} \leftarrow \text{KeySwitch}(\tilde{c}^{\langle \text{pk}_i \rangle},W_{s_i \to s_j})$，将用户 i 加密的密文 $\tilde{c}^{\langle \text{pk}_i \rangle}$ 转换成用户 j 加密的密文 $\tilde{c}^{\langle \text{pk}_j \rangle}$。

一旦密文转换至第 0 层，KeySwitch 便不能被用来降噪。在这个阶段，Bootstrap 需要对第 0 层的密文 $\tilde{c}$ “重新加密”，进而生成一个更高层的新密文。简言之，第 0 层的私钥 s_0 可以被加密成第 L−1 层的私钥 s_{L-1}，第 0 层的密文 $\tilde{c}$ 也可以被加密成

第 $L-1$ 层的密文。同时，该方案可以在 $L-1$ 层内同态执行解密电路。为了获得第 i（$i<L-1$）层的新密文，重新加密过程也应该使用 KeySwitch。

4. BGV 方案的单指令多数据

BGV 方案允许一个密文携带大量独立的明文，这样可以更有效地利用可用的内存空间。Smart 和 Vercauteren 观察到利用中国剩余定理[2]，明文空间 $\mathbb{A}_2$ 等同于明文槽（Slot）向量，因此，单指令多数据（SIMD，Single Instruction Multiple Data）运算可被定义为在明文空间 $\mathbb{A}_2$ 中执行 XOR 和 AND 运算，可视作对明文槽向量的分量执行运算。

5. BGN 同态加密

BGN（Boneh-Goh-Nissim）是一种流行的同态加密方法[13]，由密钥生成、加密和解密这 3 种 PPT 算法组成。

密钥生成（Gen(k)）。已知安全参数 $k \in \mathbb{Z}^+$，选择 2 个 k bit 的素数 q_1 和 q_2，计算 $n = q_1 q_2 \in \mathbb{Z}$，构造阶数为 n 的双线性群 $\mathbb{G}$，g 和 u 是群 $\mathbb{G}$ 的 2 个生成元。然后，构造群 $\mathbb{G}$ 的阶为 q_1 的子群，并将 $h = u^{q_2}$ 作为该子群的随机生成元。最后，输出私钥 $\mathrm{SK} = q_1$ 和公钥 $\mathrm{PK}=(n, \mathbb{G}, \mathbb{G}_T, e, g, h)$。

加密。假设消息空间由集合中的整数 $0,1,2,\cdots,T$ 构成，满足 $T < q_2$。然后，从 $0,1,2,\cdots,n-1$ 中选择随机数 r，使用公钥 PK 加密消息 m，密文可以被计算为 $C = g^m h^r \in \mathbb{G}$。

解密。为了使用私钥 $K = q_1$ 解密密文 C，注意到 $C^{q_1} = (g^m h^r)^{q_1} = (g^{q_1})^m$，令 $\hat{g} = g^{q_1}$，只需计算以 $\hat{g}$ 为底的 C^{q_1} 的离散对数，便可以恢复明文 m。由于 $0 \leqslant m \leqslant T$，因此，使用 Pollard 的 Lambda 方法恢复 m 的时间开销为 $\hat{O}(\sqrt{T})$。

注意，BGN 方案的解密时间是消息空间 M 大小的多项式时间。因此，该加密系统显然适用于短消息加密。

2.5.3 全同态加密的安全性研究

全同态加密除了上面提到的计算效率或性能面临诸多挑战外，其自身的安全性也广受质疑。究其原因，现代密码学是以可证明安全为基石的，而可证明安全将密码体制安全的强弱根据攻击者能力不同划分为 3 类，分别是较弱的选择明文攻击安全性、非适应性选择密文攻击（CCA1，Chosen Ciphertext Attack 1）安全性以及最强的适应性选择密文攻击（CCA2，Chosen Ciphertext Attack 2）安全性。然而，由于全同态加密具备密文同态运算的属性，同态特性意味着延展性。因此，全同态加密体制不可能抵抗适应性选择密文攻击，即不能达到 CCA2 安全。在安全性研究方面，只要相应的 FHE 方案的加密算法是非确定性的，那么 FHE 方案就可以达到 CPA 安全。现阶段，大部分的工作都只给出了 CPA 的安全性证明。Loftus 等[21]研究 Gentry 基于理想格的全同态加密方案[12]（及其变体）在自适应攻击下私钥的安全性，他们证明了 Gentry-Halevi 的方案[22]不是 CCA1 安全的，并证明如果敌手能够访问解密预言机，就能确定私钥。此外，文献[23]给出 SV（Smart-Vercauteren）密码系统的一个变体，在该方案中，即使敌手有一个解密预言机，私钥似乎仍然安全。该结果是基于"有效密文"的概念，由解密算法所保证，并且其安全性依赖于一个非常强的知识假设。随后，由于构造 Smart-Vercauteren 密码系统所依赖的计算假设被攻破[24]，该方案不再被认为是安全的。之后，若干工作尝试构造 CCA1 安全的 FHE 方案，直到 2017 年，Canetti 等[25]提出了第一个真正意义上的 CCA1 安全的全同态加密，但他们并没有完全解决密文长度仍然依赖于电路输入长度的问题。因此 CCA1 层级全同态加密问题仍旧没有得到完全解决。

在短短的几年内，全同态加密从第一代迅速发展到了第三代，其效率与安全性都得到了极大的提升。但是，其与实际应用还有很大的距离，需要更全面、深入的研究。下面介绍几种常用的安全协议。

2.6 常用安全协议

2.6.1 隐私保护余弦相似度计算协议

已知参与方 P_A 的向量 $\boldsymbol{a}=(a_1,a_2,\cdots,a_n)\in\mathbb{F}_q^n$ 和参与方 P_B 的向量 $\boldsymbol{b}=(b_1,b_2,\cdots,b_n)\in\mathbb{F}_q^n$，这里可以直接以隐私保护的方式高效地计算 2 个向量之间的余弦相似度 $\cos(\boldsymbol{a},\boldsymbol{b})$ [26]。

步骤 1　（@ P_A）。已知安全参数 k_1、k_2、k_3、k_4，选择 2 个大素数 p 和 α，满足 $|p|=k_1$ 和 $|\alpha|=k_2$，初始化 $a_{n+1}=a_{n+2}=0$，选择一个大随机数 $s\in\mathbb{Z}_p$ 和 $n+2$ 个

随机数 $|c_i| = k_3\ (i = 1,2,\cdots,n+2)$。然后，$P_A$ 计算 $C_i = \begin{cases} s(a_i\alpha + c_i) \bmod p, a_i \neq 0 \\ sc_i \bmod p, a_i = 0 \end{cases}$ 和 $A = \sum_{i=1}^{n} a_i^2$。此外，由 P_A 保密 $s^{-1} \bmod p$，并将 $\langle \alpha, p, C_1, \cdots, C_{n+2} \rangle$ 发送给 P_B。

步骤 2 （@ P_B ）。初始化 $b_{n+1} = b_{n+2} = 0$，选择随机数 $|r_i| = k_4$，然后，P_B 计算 $D_i = \begin{cases} (b_i\alpha C_i) \bmod p, b_i \neq 0 \\ r_i C_i \bmod p, b_i = 0 \end{cases}$、$B = \sum_{i=1}^{n} b_i^2$ 和 $D = \sum_{i=1}^{n+2} D_i \bmod p$，并将 $\langle B, D \rangle$ 发送给 P_A。

步骤 3 （@ P_A ）。P_A 计算 $E = s^{-1}D \bmod p$、$\boldsymbol{ab} = \sum_{i=1}^{n} a_i b_i = \frac{E - (E \bmod \alpha^2)}{\alpha^2}$ 和 $\cos(\boldsymbol{ab}) = \frac{\boldsymbol{ab}}{\sqrt{A}\sqrt{B}}$。

易见，P_A 和 P_B 的向量是相互保密的。

2.6.2 安全欧几里得距离计算协议

本节介绍一种安全欧几里得距离计算（SEDC，Secure Euclid Distance Computation）协议[27]，使用指纹作为候选生物特征，用指纹码表示。指纹码[28]通常是一个 N 维（例如 N=640）特征向量，每个元素都是一个 8 位整数。参考生物特征 $\mathcal{B} = (v_1,\cdots,v_N)$ 与候选生物特征 $\mathcal{B}' = (v_1',\cdots,v_N')$ 之间的欧几里得距离 $d = \text{dist}(\mathcal{B},\mathcal{B}')$，有

$$d = \sum_{j=1}^{N}\left(v_j - v_j'\right)^2 = \left(v_1 - v_1'\right)^2 + \left(v_2 - v_2'\right)^2 + \cdots + \left(v_N - v_N'\right)^2 =$$

$$\sum_{j=1}^{N} v_j^2 + \sum_{j=1}^{N}\left(-2v_j v_j'\right) + \sum_{j=1}^{N} v_j'^2$$

注意，云平台 CP 和辅助计算服务器 CSP 执行 2 个加密向量 $[\![\mathcal{B}]\!] = \left\{[\![v_j]\!]\right\}_{j=1}^{N}$ 和 $[\![\mathcal{B}']\!] = \left\{[\![v_j']\!]\right\}_{j=1}^{N}$ 的生物特征匹配。SEDC 协议如下所述，其中 PD1 和 PD2 算法详见 2.8.10 节。

$\text{CP}[\text{msk}^{(1)}]$ $\qquad\qquad$ $\text{CP}[\text{msk}^{(2)}]$

Input(Two Encrypted Vectors):

$(\{[\![v_j]\!]\}_{j=1}^{N}, \{[\![v_j]\!]\}_{j=1}^{N})$

$\{(r_{(j,1)}, r_{(j,2)})\}_{j=1}^{N} \xleftarrow{R} \mathbb{Z}$

$[\![w_j]\!] = \underline{[\![v_j - v_j']\!][\![r_{(j,1)}]\!]}$

$$[\![w'_j]\!] = \underline{[\![v_j - v'_j]\!][\![r_{(j,2)}]\!]}$$

$$[\![m]\!] = [\![\sum_j^N w_j]\!]$$

$$[\![m']\!] = [\![\sum_j^N w'_j]\!]$$

$w = \mathrm{PD1}_{\mathrm{msk}(1)}[\![m]\!]$ $\xrightarrow{[\![m]\!],[\![m']\!]}$

$w' = \mathrm{PD1}_{\mathrm{msk}(1)}[\![m']\!]$ $\xrightarrow{w,w'}$

$m \leftarrow [\mathrm{PD2}_{\mathrm{msk}(2)}[\![m]\!]; w]$

$m' \leftarrow [\mathrm{PD2}_{\mathrm{msk}(2)}[\![m']\!]; w']$

$S_1 = \prod_{j=1}^{N} = 1[\![r_{(j,1)} r_{(j,2)}]\!]^{N-1}$ $h = mm'$

$S_2 = \prod_{j=1}^{N} = 1[\![v_j - v'_j]\!]^{N - r_{(j,1)}}$ $H = [\![h]\!] \leftarrow \mathrm{Encrypt}_{\mathrm{pk}}(h)$

$S_3 = \prod_{j=1}^{N} = 1[\![v_j - v'_j]\!]^{N - r_{(j,2)}}$ $\xleftarrow{H}$

$\underline{d = HS_1 S_2 S_3}$

d 的正确性由如下计算说明，且 $h = mm' = \sum_{j=1}^{N} [\![\left(v_j - v'_j\right) r_{(j,1)}]\!]\ \ [\![\left(v_j - v'_j\right) r_{(j,2)}]\!]$。

$$d = HS_1 S_2 \mid S_3 = \sum_{j=1}^{N} [\![\left(v_j - v'_j\right) r_{(j,1)}]\!][\![\left(v_j - v'_j\right) r_{(j,2)}]\!] -$$

$$\sum_{j=1}^{N} [\![r_{(j,1)}\left(v_j - v'_j\right) + r_{(j,2)}\left(v_j - v'_j\right) + r(j,1) r(j,2)]\!] = [\![\sum_{j=1}^{N}\left(v_j - v'_j\right)^2]\!]$$

2.6.3 安全比特分解协议

假设该协议有 2 个参与方 Alice 和 Bob，Bob 拥有加法同态加密的密文 $[\![x]\!]$，并满足 $0 \leqslant x < 2^{\mu}$，其中 μ 是 x 的比特长度。注意，Alice 和 Bob 均不知道明文 x。假设 $(x_0, \cdots, x_{\mu-1})$ 为 x 的二进制表示，x_0 和 $x_{\mu-1}$ 分别是最低位和最高位。安全比特分解（SBD，Secure Bit-Decomposition）协议[29]的目的是将对 x 的加密转换为对 x 各个比特的加密，而不会向双方泄露任何关于 x 的信息。更正式地，SBD 协议的定义为

$$\left\langle [\![x_0]\!], \cdots, [\![x_{u-1}]\!] \right\rangle \leftarrow \mathrm{SBD}([\![x]\!])$$

感兴趣的读者请参阅文献[30]以获得 SBD 协议的详细构造。

2.6.4 安全整数与分数计算协议

下述协议均是在 2 个非共谋服务器之间进行的，对协议构造感兴趣的读者可参阅文献[29-30]。

已知 2 个加密数据$[\![x]\!]$和$[\![y]\!]$，安全乘法（SM，Secure Multiplication）协议负责计算$[\![z]\!]=[\![xy]\!]\leftarrow \mathrm{SM}([\![x]\!],[\![y]\!])$。安全小于（SLT，Secure Less Than）协议负责计算$[\![u]\!]=\mathrm{SLT}([\![x]\!],[\![y]\!])$，如果$x\geqslant y$，那么$u=0$；如果$x<y$，那么$u=1$。安全相等测试（SEQ，Secure Equivalent Testing）协议负责计算$[\![u]\!]=\mathrm{SEQ}([\![x]\!],[\![y]\!])$，如果$x=y$，那么$u=0$；如果$x\neq y$，那么$u=1$。SBD 协议可以安全地输出比特分解密文$([\![x_{u-1}]\!],\cdots,[\![x_0]\!])\ \leftarrow \mathrm{SBD}([\![x]\!])$，其中$\sum_{i=0}^{\mu-1} x_i 2^i = x$，且$x_i\in\{0,1\}$。安全符号位获取（SSBA，Secure Sign Bit Acquisition）协议可以安全地输出密文$([\![x^*]\!],[\![s^*]\!])\leftarrow \mathrm{SSBA}([\![x]\!])$，当$x\geqslant 0$时，$x^*=x$，$s^*=1$；当$x<0$时，$x^*=N-x$，$s^*=0$。输入$[\![x_0]\!],\cdots,[\![x_{t-1}]\!]$和$[\![y_0]\!],\cdots,[\![y_{t-1}]\!]$，安全内积（SIP，Secure Inner Product）协议可以安全地计算两组密文向量间的内积，输出加密整数$[\![z]\!]\leftarrow \mathrm{SIP}([\![x_0]\!],\cdots,[\![x_{t-1}]\!];[\![y_0]\!],\cdots,[\![y_{t-1}]\!])$，其中$z=\sum_{i=0}^{t-1} x_i y_i$。

为了实现十进制数的安全存储，一个十进制数x^*可以被存储为 2 个密文$\langle x^*\rangle=([\![x^+]\!],[\![x^-]\!])$，且满足$x^*\approx \frac{x^+}{x^-}$[29]。已知$([\![x^+]\!],[\![x^-]\!])$和$([\![y^+]\!],[\![y^-]\!])$，可以直接利用安全整数协议构建安全分数加法、安全分数减法、安全分数乘法、安全分数除法、安全分数比较、安全分数相等测试和安全分数内积协议。

2.7 整数电路

2.7.1 基本的安全整数计算电路

本节将介绍一些基本的整数计算电路[31]，并构造它的安全版本。

（1）基本的布尔电路

2 个无符号 μ 位整数 a 和 b 的向量形式为 $\boldsymbol{a}=(a_{\mu-1},\cdots,a_0)$ 和 $\boldsymbol{b}=(b_{\mu-1},\cdots,b_0)$，它们可以构造整数加法、比较、相等和乘法等布尔电路。

加法电路。该电路输出 $\mu+1$ 位的结果 $\boldsymbol{n}=(n_\mu,\cdots,n_0)$，其中 $n_i=a_i\oplus b_i\oplus c_{i-1}$，$c_i=(a_i\wedge b_i)\oplus(a_i\oplus b_i\wedge c_{i-1})$，$i\in[1,\mu]$，初始值为 $n_0=a_0\oplus b_0$，$c_0=a_0\wedge b_0$，$a_\mu=b_\mu=0$。本节将上述式子写为 $n_i=a_i\oplus b_i\ \oplus_{j=0}^{i-1}t_{i,j}$，其中 $t_{i,j}=(a_j\wedge b_j)\wedge(\Lambda_{j+1\leqslant k\leqslant i-1}(a_k\oplus b_k))$，且 $t_{i,i-1}=a_{i-1}\wedge b_{i-1}$。

比较电路。该电路输出一个比特 $n_{\mu-1}$，如果整数 $a\geqslant b$，则 $n_{\mu-1}=0$，否则 $n_{\mu-1}=1$，其中 $n_i=((1\oplus a_i)\wedge b_i)\oplus((1\oplus a_i\oplus b_i)\wedge n_{i-1})$，$i\geqslant 1$，且初始值为 $n_0=(1\oplus a_0)\wedge b_0$。本节可以进一步将上述式子写为 $n_{\mu-1}=((1\oplus a_{\mu-1})\wedge b_{\mu-1})\oplus(\oplus_{i=0}^{\mu-2}(1\oplus a_i)\wedge b_i\wedge d_{i+1}\wedge d_{i+2}\wedge\cdots\wedge d_{\mu-1}))$，其中 $d_j=(1\oplus a_j\oplus b_j)$，$i+1\leqslant j\leqslant \mu-1$。

相等电路。该电路输出一个比特 $n_0=\Lambda_{i=0}^{\mu-1}(1\oplus a_i\oplus b_i)$，如果整数 $a=b$，则 $n_0=1$，否则为 $n=0$。

乘法电路。该电路输出 2μ 位二进制向量 $\boldsymbol{n}$。首先初始化 $\boldsymbol{n}=0$；然后调用加法电路将 $\boldsymbol{c}_i(i=0,\cdots,\mu-1)$ 加到 $\boldsymbol{n}$ 上，其中 $\boldsymbol{c}_i$ 是大小为 2μ 的向量 $(c_{i,2\mu-1},\cdots,c_{i,0})$ 且 $c_{i,j+i}=a_j\wedge b_i$。

接下来，利用示例简单解释上述电路的使用。已知 $\boldsymbol{a}=(a_2,a_1,a_0)=(0,1,0)$ 和 $\boldsymbol{b}=(b_2,b_1,b_0)=(0,0,1)$，若转换为十进制整数，则 a=2，b=1。

如果 Bob 想要判断 a 与 b 是否相等，则只需要调用相等电路计算：$1\oplus a_0\oplus b_0=0$，$1\oplus a_1\oplus b_1=0$，$1\oplus a_2\oplus b_2=1$，若最终结果 $n_0=0$，则 $a\neq b$。如果想要判断 a 和 b 的大小关系，则调用比较电路计算 $d_2=1$ 和 $d_1=1$，若输出结果 $n_2=((1\oplus a_2)\wedge b_2)\oplus((1\oplus a_0)\wedge b_0\wedge d_1\wedge d_2)\oplus((1\oplus a_1)\wedge b_1\wedge d_2)=0$，则 $a\geqslant b$。如果想要计算 a+b，则调用加法电路计算：$t_{1,0}=0$，$t_{2,0}=t_{2,1}=0$，$t_{3,0}=t_{3,1}=t_{3,2}=0$，$n_0=a_0\oplus b_0=1$，$n_1=a_1\oplus b_1\oplus t_{1,0}=1$，$n_2=a_2\oplus b_2\oplus t_{2,0}\oplus t_{2,1}=0$，$n_3=a_3\oplus b_3\oplus t_{3,0}\oplus t_{3,1}\oplus t_{3,2}=0$，如果输出加法结果为（0,0,1,1），即 a+b 等于十进制整数 3。

（2）安全无符号整数 SIMD 加法电路

给定 2 个未封装的密文 $\tilde{c}(a)$ 和 $\tilde{c}(b)$，通过电路计算可获得加法结果的密文 $\tilde{c}(n)$，其中 $n=(n_{l-1},\cdots,n_0)$，$n_{l-1},\cdots,n_{\mu-1}=0$，加密方法和数据的存储结构详见 3.4 节。安全无符号整数 SIMD 加法电路 I.add 的构建如算法 2.1 所示。算法 2.1 在步骤 1 计算 $\tilde{c}_+$ 和 $\tilde{c}_\times$，每一位置 j 分别存储 $a_j\oplus b_j$ 和 $a_j\wedge b_j$。在步骤 2，该算法初始化密文 $\tilde{c}'$，即

所有的明文位置存储 1；初始化密文 $\tilde{c}(w)$，即所有的位置存储 0；初始化密文 $\tilde{t}_{0,j}$，即位置 $j(j=0,\cdots,\mu-1)$ 存储 1，其他位置存储 0。在步骤 3~步骤 8，该算法计算 $\tilde{t}_{i,j}(i=1,\cdots,\mu-1)$，即位置 $j(j=0,\cdots,\mu-i-1)$ 存储 $\Lambda_{j+1\leqslant k\leqslant i+j}(a_k\oplus b_k)$，其他位置存储 0，$\pi_j^*$ 与 H.rotate 算法的定义详见 3.4 节。在步骤 9～步骤 12，该算法计算密文 $\tilde{z}_0$，即位置 0 存储 $a_0\wedge b_0$，其他位置存储 0；计算密文 $\tilde{z}_i(i=1,\cdots,\mu-1)$，即位置 $j(j=0,\cdots,i-1)$ 存储 $(a_j\wedge b_j)\wedge(\Lambda_{j+1\leqslant k\leqslant i}(a_k\oplus b_k))$，位置 i 存储 $(a_j\wedge b_j)$，其他位置存储 0。在步骤 13~步骤 17，该算法使用 $\tilde{z}_i$ 计算密文 $\tilde{c}(w)$ 在位置 $i+1$ 的数据，将位置 $0,\cdots,i$ 存储的数据加到位置 $i+1$ 上，即位置 $i+1$ $(0\leqslant i\leqslant\mu-1)$ 存储 $w_{i+1}=(a_i\wedge b_i)\oplus\left(\oplus_{j=0}^{i-1}((a_j\wedge b_j)\wedge(\Lambda_{j+1\leqslant k\leqslant i}(a_k\oplus b_k)))\right)$，其他位置存储 0。最后，在步骤 19～步骤 20，该算法得到 $\tilde{c}(n)$，即明文位置 μ 存储 w_μ，位置 $i(1\leqslant i\leqslant\mu-1)$ 存储 $(a_i\oplus b_i)\wedge w_i$，位置 0 存储 $a_0\oplus b_0$，其他位置则存储 0。

算法 2.1 安全无符号整数 SIMD 加法电路 I.add$(\tilde{c}(a),\tilde{c}(b))$

输入 2 个 μ bit 明文的密文 $\tilde{c}(a)$和$\tilde{c}(b)$

输出 加密的整数加法结果 $\tilde{c}(n)$

步骤 1 运行 $\tilde{c}_+\leftarrow H.\text{add}(\tilde{c}(a),\tilde{c}(b))$，$\tilde{c}_\times\leftarrow H.\text{mul}(\tilde{c}(a),\tilde{c}(b))$

步骤 2 初始化 $\tilde{c}',\tilde{t}_{0,0},\cdots,\tilde{t}_{0,\mu-1},\tilde{c}(w)$

步骤 3 for $i=1$ to $\mu-1$

步骤 4 　　计算 $\tilde{c}_{i,+}\leftarrow H.\text{rotate}(\tilde{c}_+,l-i)$

步骤 5 　　$\tilde{c}'\leftarrow H.\text{mul}(\tilde{c}_{i,+},\tilde{c}')$

步骤 6 　　for $j=0$ to $\mu-i-1$

步骤 7 　　　$\tilde{t}_{i,j}\leftarrow H.\text{cmul}(\tilde{c}',\pi_j^*)$

　　end for

步骤 8 end for

步骤 9 for $i=0$ to $\mu-1$

步骤 10 　　初始化 $\tilde{o}_i\leftarrow 0,\tilde{T}_i\leftarrow 0$

步骤 11 　　for $j=0$ to i

步骤 12 　　　$\tilde{o}_i\leftarrow H.\text{add}(\tilde{o}_i,\tilde{t}_{j,i-j})$

　　end for

步骤 13 　　执行 $\tilde{z}_i\leftarrow H.\text{mul}(\tilde{c}_\times,\tilde{o}_i)$

步骤 14 　　for $t=0$ to i

步骤 15　　　计算 $\tilde{U} \leftarrow H.\text{rotate}(\tilde{z}_i, i+1-t)$

步骤 16　　　$\tilde{T}_i \leftarrow H.\text{add}(\tilde{T}_i, \tilde{U})$

　　end for

步骤 17　　执行 $\tilde{V}_i \leftarrow H.\text{cmul}(\tilde{T}_i, \pi^*_{i+1})$

步骤 18　　$\tilde{c}(w) \leftarrow H.\text{add}(\tilde{c}(w), \tilde{V}_i)$

　end for

步骤 19　计算 $\tilde{c}(n) \leftarrow H.\text{add}(\tilde{c}(w), \tilde{c}_+)$

步骤 20　返回 $\tilde{c}(n)$

（3）安全无符号整数 SIMD 比较电路

给定 2 个未封装的密文 $\tilde{c}(a)$ 和 $\tilde{c}(b)$，本节得到 $\tilde{c}(n)$，其中 n_0 存储最终的结果，其他位置则存储 0。安全无符号整数 SIMD 比较电路 I.cmp 的构建如算法 2.2 所示。算法 2.2 在步骤 1 初始化 $\tilde{c}_o$，即所有位置存储 1（步骤 1）。在步骤 2，该算法计算 $\tilde{c}(f)$，即位置 i 存储 $(a_i \oplus 1) \wedge b_i$（$i \leqslant \mu-1$）或 1（$i \geqslant \mu$）。在步骤 3，该算法计算 $\tilde{c}(w)$，即位置 i 存储 $a_i \oplus b_i \oplus 1$（指 $w_i, 0 \leqslant i \leqslant \mu-1$），其他位置存储 0，而 $\pi^*_{I_{\mu-1}} \in \mathbb{A}_2$ 在位置 0～位置 $\mu-1$ 存储 1，其他位置存储 0。在步骤 4～步骤 6，该算法计算 $\tilde{k}_1$，即位置 $\mu-1$ 存储 1，位置 i 存储 $w_{i+1} \wedge \cdots \wedge w_{\mu-1} (0 \leqslant i \leqslant \mu-1)$，其他位置存储 0。在步骤 7，该算法计算 $\tilde{k}$ 即位置 $\mu-1$ 存储 $(a_{\mu-1} \oplus 1) \wedge b_{\mu-1}$，位置 i 存储 $(a_i \oplus 1 \wedge b_i) \wedge w_{i+1} \wedge \cdots \wedge w_{\mu-1} (0 \leqslant i \leqslant \mu-1)$，其他位置存储 0。在步骤 8~步骤 11，该算法将位置 $0, 1, \cdots, \mu-1$ 上的值加到位置 0 上进行存储。特别地，使用 $\lceil \text{lb}\mu \rceil$ 同态加法操作把所有位置上的值加到位置 0 上。因此，如果 $a_{\text{ten}} \geqslant b_{\text{ten}}$，则 $n_0 = 0$；否则 n_0–1。其中，a_{ten} 和 b_{ten} 是 a 和 b 的十进制形式。

算法 2.2　安全无符号整数 SIMD 比较电路 $I.\text{cmp}(\tilde{c}(a), \tilde{c}(b))$

输入　2 个 μbit 明文的密文 $\tilde{c}(a)$ 和 $\tilde{c}(b)$

输出　加密的比较结果 $\tilde{c}(n)$

步骤 1　初始化 $\tilde{c}_o$，每个位置都存储 1

步骤 2　计算 $\tilde{c}_d \leftarrow H.\text{add}(\tilde{c}(a), \tilde{c}_o)$，$\tilde{c}(f) \leftarrow H.\text{mul}(\tilde{c}(b), \tilde{c}_d)$

步骤 3　$\tilde{c}(w) \leftarrow H.\text{add}(\tilde{c}(b), \tilde{c}_d)$，$\tilde{o} \leftarrow H.\text{rotate}(\tilde{c}(w), l-1)$，$\tilde{o}' \leftarrow H.\text{cmul}(\tilde{o}, \pi^*_{I_{\mu-1}})$，$\tilde{k}_1 \leftarrow \tilde{o}'$

步骤 4　　for $i = \mu-2$ to 1

步骤 5　　　$\tilde{t} \leftarrow H.\text{cmul}(\tilde{k}_1, \pi^*_i)$，$\tilde{t}_1 \leftarrow H.\text{rotate}(\tilde{t}, l-1)$

步骤 6 $\tilde{t}^* \leftarrow H.\text{add}(\tilde{t}_1, \tilde{c}(\tilde{\pi}^*_{i-1}))$， $\tilde{k}_1 \leftarrow H.\text{mul}(\tilde{k}_1, \tilde{t}^*)$

end for

步骤 7 $\tilde{k} \leftarrow H.\text{mul}(\tilde{c}(f); \tilde{k}_1)$

步骤 8 for i=0 to $\lceil \text{lb}\mu \rceil - 1$

步骤 9 $\tilde{p} \leftarrow H.\text{rotate}(\tilde{k}, l-2^i)$， $\tilde{k} \leftarrow H.\text{add}(\tilde{k}, \tilde{p})$

end for

步骤 10 $\tilde{c}(n) \leftarrow H.\text{cmul}(\tilde{k}, \pi^*_0)$

步骤 11 返回 $\tilde{c}(n)$

（4）安全 SIMD 相等电路

给定 2 个未封装的密文 $\tilde{c}(a)$ 和 $\tilde{c}(b)$，本节得到 $\tilde{c}(n)$，其中 $n = \{n_{\ell-1}, \cdots, n_0\}$，$n_{\ell-1} = \cdots = n_1 = 0$，且如果 $a = b$， $n_0 = 1$；否则 $n_0 = 0$。该算法构建如下。

算法 2.3 安全 SIMD 相等电路

输入 2 个未封装的密文 $\tilde{c}(a)$ 和 $\tilde{c}(b)$

输出 未封装的密文 $\tilde{c}(n)$

步骤 1 初始化 $\tilde{c}_o$，每一位置存储 1。

步骤 2 计算 $\tilde{c}_d \leftarrow H.\text{add}(\tilde{c}(a), \tilde{c}_o)$，$\tilde{c}(g) \leftarrow H.\text{add}(\tilde{c}(b), \tilde{c}_d)$，即当位置标签 $i < \mu$ 时，$g_i = (a_i \oplus 1) \oplus b_i$；否则 $g_i = 1$。然后，$\tilde{t} \leftarrow \tilde{c}(g)$。

步骤 3 执行下列步骤 $\lceil \text{lb}\mu \rceil$ 次，即对 $i = 0 \sim \lceil \text{lb}\mu \rceil - 1$，有

$\tilde{c}' \leftarrow H.\text{rotate}(\tilde{t}, l-2^i)$， $\tilde{t} \leftarrow H.\text{mul}(\tilde{t}; \tilde{c}')$

步骤 4 计算 $\tilde{c}(n) \leftarrow H.\text{cmul}(\tilde{t}, \pi^*_0)$。

2.7.2 封装安全整数计算电路

为了实现封装数据的计算，本节选择用 $\mu_- = 0$ 封装 μ' 为新的块大小 $\mu' = \mu_+ + \mu$。因此，每一密文可以存储 β 个整数（ $0 < \beta \leqslant \left\lfloor \frac{l}{\mu'} \right\rfloor$ ）。$\eta^*_{j,\mu'}, \overline{\eta}^*_{j,\mu'}, \eta^*_{I_{\mu-1},\mu'}$ 的定义详见文献[31]。接下来，本节将给出封装的安全无符号/有符号整数电路的详细结构[31]。

（1）封装的安全无符号整数 SIMD 加法电路

给定 2 个块大小为 μ 的密文 $\tilde{c}(a)$ 和 $\tilde{c}(b)$，可以得到 $\tilde{c}(n)$，其中 $n = \{n_{l-1}, \cdots, n_0\}$。PI.add 的构建如算法 2.4 所示。算法 2.4 在步骤 1 计算 $\tilde{c}_+$ 和 $\tilde{c}_\times$，即每一位置 j 分别

存储$a_j \oplus b_j$和$a_j \wedge b_j$。在步骤 2，该算法初始化密文$\tilde{c}'$，即所有的明文位置存储 1；初始化密文$\tilde{c}(w)$，即所有的明文位置存储 0；初始化密文$\tilde{t}_{0,j}$，即位置$\mu'\beta + j(\beta = 0, \cdots, \left\lfloor \frac{l}{\mu'} \right\rfloor - 1; j = 0, \cdots, \mu - 1)$存储 1，其他位置存储 0。在步骤 3～步骤 7，该算法计算$\tilde{t}_{i,j}(i = 1, \cdots, \mu - 1)$，即位置$\mu'\beta + j(j = \mu', \cdots, \mu - i - 1; \beta = 0, \cdots, \left\lfloor \frac{l}{\mu'} \right\rfloor - 1)$存储$\Lambda_{j+1 \leqslant k \leqslant i+j}(a_{\mu'\beta+k} \oplus b_{\mu'\beta+k})$，其他位置存储 0。在步骤 8～步骤 12，该算法计算密文$\tilde{z}_0$，即位置$\mu'\beta$存储$a_{\mu'\beta} \wedge b_{\mu'\beta}$，其他位置都存储 0；计算密文$\tilde{z}_i(i = 1, \cdots, \mu - 1)$，即位置$j + \mu'\beta$ ($j = 0, \cdots, i - 1$)存储$(a_{j+\mu'\beta} \wedge b_{j+\mu'\beta}) \wedge (\Lambda_{j+1 \leqslant k \leqslant i}(a_{i+\mu'\beta} \wedge b_{i+\mu'\beta}))$，位置$i + \mu'\beta$存储$(a_{i+\mu'\beta} \wedge b_{i+\mu'\beta})$，其他位置存储 0。在步骤 13~步骤 17，该算法用$\tilde{z}_i$计算密文$\tilde{c}(w)$的位置$\mu'\beta + i + 1$存储的值，即把位置$\mu'\beta, \cdots, \mu'\beta + i$上的值加到位置$\mu'\beta + i + 1$上，位置$\mu'\beta + i + 1 (0 \leqslant i \leqslant \mu - 1)$存储$w_{\mu'\beta+i+1} = (a_{\mu'\beta+k} \wedge b_{\mu'\beta+k}) \oplus (\oplus_{j=0}^{i-1}((a_{\mu'\beta+j} \wedge b_{\mu'\beta+j}) \wedge (\Lambda_{j+1 \leqslant k \leqslant i}(a_{\mu'\beta+k} \oplus b_{\mu'\beta+k}))))$，其他位置存储 0。在步骤 18～步骤 19，该算法得到$\tilde{c}(n)$，即明文位置$\mu' + \mu'\beta$存储$w_{\mu+\mu'\beta}$，位置$i + \mu'\beta (1 \leqslant i \leqslant \mu - 1)$存储$(a_{i+\mu'\beta} \oplus b_{i+\mu'\beta}) \wedge w_{i+\mu'\beta}$，位置$\mu'\beta$存储$a_{\mu'\beta} \oplus b_{\mu'\beta}$，其他位置都存储 0。

算法 2.4　封装的安全无符号整数 SIMD 加法电路 PI.add($\tilde{c}(a), \tilde{c}(b)$)

输入　2 个μ bit 明文的封装密文$\tilde{c}(a), \tilde{c}(b)$和$\mu'$ bit 的块

输出　加密的整数加法结果$\tilde{c}(n)$

步骤 1　运行$\tilde{c}_+ \leftarrow H.\text{add}(\tilde{c}(a), \tilde{c}(b))$，$\tilde{c}_\times \leftarrow H.\text{mul}(\tilde{c}(a), \tilde{c}(b))$

步骤 2　初始化$\tilde{c}', \tilde{t}_{0,0}, \cdots, \tilde{t}_{0,\mu-1}, \tilde{c}(w)$

步骤 3　for $i = 1$ to $\mu - 1$

步骤 4　　　计算$\tilde{c}_{i,+} \leftarrow H.\text{rotate}(\tilde{c}_+, l - i)$

步骤 5　　　$\tilde{c}' \leftarrow H.\text{mul}(\tilde{c}_{i,+}, \tilde{c}')$

步骤 6　　　for $j = 0$ to $\mu - i - 1$

步骤 7　　　　$\tilde{t}_{i,j} \leftarrow H.\text{cmul}(\tilde{c}', \eta^*_{j,\mu'})$

　　　　end for

　　end for

步骤 8　for $i = 0$ to $\mu - 1$

步骤 9　　　初始化$\tilde{o}_i \leftarrow 0, \tilde{T}_i \leftarrow 0$

步骤 10　　　对$j = 0, \cdots, i$

步骤 11 $\quad\quad\quad \tilde{o}_i \leftarrow H.\text{add}(\tilde{o}_i, \tilde{t}_{j,i-j})$

步骤 12 $\quad\quad$ 执行 $\tilde{z}_i \leftarrow H.\text{mul}(\tilde{c}_\times, \tilde{o}_i)$

步骤 13 $\quad\quad$ for $t=0$ to i

步骤 14 $\quad\quad\quad$ 计算 $\tilde{U} \leftarrow H.\text{rotate}(\tilde{z}_i, i+1-t)$

步骤 15 $\quad\quad\quad \tilde{T}_i \leftarrow H.\text{add}(\tilde{T}_i, \tilde{U})$

$\quad\quad$ end for

步骤 16 $\quad\quad$ 执行 $\tilde{V}_i \leftarrow H.\text{cmul}(\tilde{T}_i, \eta^*_{i+1,\mu'})$

步骤 17 $\quad\quad \tilde{c}(w) \leftarrow H.\text{add}(\tilde{c}(w), \tilde{V}_i)$

$\quad$ end for

步骤 18 计算 $\tilde{c}(n) \leftarrow H.\text{add}(\tilde{c}(w), \tilde{c}_+)$

步骤 19 返回 $\tilde{c}(n)$

（2）封装的安全无符号整数 SIMD 比较电路

给定 2 个封装的密文 $\tilde{c}(a)$ 和 $\tilde{c}(b)$，可以得到 $\tilde{c}(n)$，其中 $n_{\mu'\beta}$ 在 β 个整数位（$\beta=0,\cdots,\left\lfloor \frac{l}{\mu'} \right\rfloor -1$）存储最终的结果，其他位置则存储 0。该算法的构建如算法 2.5 所示。算法 2.5 在步骤 1 初始化 $\tilde{c}_o$，即所有的位置存储 1。在步骤 2，该算法计算 $\tilde{c}(f)$，即位置 i 存储 $(a_i \oplus 1) \wedge b_i$（对于 $\mu'\beta \leqslant i \leqslant \mu'\beta+\mu-1$），或存储 1（对于 $\mu+\mu'\beta \leqslant i \leqslant \mu'(\beta+1)-1$）。在步骤 3，该算法计算 $\tilde{c}(w)$，即位置 i 存储 $a_i \oplus b_i \oplus 1$（对于 $\mu'\beta \leqslant i \leqslant \mu'\beta+\mu-1$），或存储 1（对于 $\mu+\mu'\beta \leqslant i \leqslant \mu'(\beta+1)-1$）；计算 $\tilde{o}'$，即位置 $\mu-1$ 存储 1，位置 i 存储 $a_{i+1} \oplus b_{i+1} \oplus 1$（$w_i$，$\mu'\beta \leqslant i \leqslant \mu'\beta+\mu-1$），其他位置存储 0；$\eta^*_{I_{\mu-1},\mu'}$ 在位置 $\mu'\beta$ ～位置 $\mu-1+\mu'\beta$ 存储 1，$\beta=0 \sim \left\lfloor \frac{l}{\mu'} \right\rfloor -1$，其他位置存储 0。在步骤 4~步骤 6，该算法计算 $\tilde{k}_1$，即位置 $\mu-1$ 存储 1，位置 i 存储 $w_{i+1} \wedge \cdots \wedge w_{\mu'\beta+\mu-1} (\mu'\beta \leqslant i \leqslant \mu\beta+\mu-1)$，其他位置存储 0。在步骤 7，该算法计算 $\tilde{k}$，即位置 $\mu-1+\mu'\beta$ 存储 $(a_{\mu'\beta+\mu-1} \oplus 1) \wedge b_{\mu'\beta+\mu-1}$，位置 i 存储 $((a_i \oplus 1) \wedge b_i) \wedge w_{i+1} \wedge \cdots \wedge w_{\mu'\beta+\mu-1}$ $(\mu'\beta \leqslant i \leqslant \mu'\beta+\mu-1)$，其他位置存储 0。在步骤 8~步骤 11，该算法将位置 $\mu'\beta, \mu'\beta+1, \cdots, \mu'\beta+\mu-1$ 的值都加到位置 $\mu'\beta$ 上进行存储。特别地，本节可以使用 $\lceil \text{lb}\mu \rceil$ 同态加法操作来实现位置加。因此，对块 β，如果 $(a_{\text{ten}})_\beta \geqslant (b_{\text{ten}})_\beta$，则 $n_{\mu'\beta}=0$；否则 $n_{\mu'\beta}=1$。

算法 2.5 封装的安全无符号整数 SIMD 比较电路 $\text{PI.cmp}(\tilde{c}(a), \tilde{c}(b))$

输入 2 个封装的 μ bit 明文的密文 $\tilde{c}(a)$ 和 $\tilde{c}(b)$

输出　加密的比较结果 $\tilde{c}(n)$

步骤 1　初始化 $\tilde{c}_o$，每个位置都存储 1

步骤 2　计算 $\tilde{c}_d \leftarrow H.\text{add}(\tilde{c}(a),\tilde{c}_o)$，$\tilde{c}(f) \leftarrow H.\text{mul}(\tilde{c}(b),\tilde{c}_d)$

步骤 3　$\tilde{c}(w) \leftarrow H.\text{add}(\tilde{c}(b),\tilde{c}_d)$；$\tilde{o} \leftarrow H.\text{rotate}(\tilde{c}(w),l-1)$；$\tilde{o}' \leftarrow H.\text{cmul}(\tilde{o},\pi^*_{I_{\mu-1}})$

置 $\tilde{k}_1 \leftarrow \tilde{o}'$

步骤 4　for $i=\mu-2$ to 1

步骤 5　　$\tilde{t} \leftarrow H.\text{cmul}(\tilde{k}_1,\eta^*_{i,\mu'})$，$\tilde{t}_1 \leftarrow H.\text{rotate}(\tilde{t},l-1)$

步骤 6　　$\tilde{t}^* \leftarrow H.\text{add}(\tilde{t}_1,\tilde{c}(\overline{\eta}^*_{i-1,\mu'}))$，$\tilde{k}_1 \leftarrow H.\text{mul}(\tilde{k}_1,\tilde{t}^*)$

end for

步骤 7　$\tilde{k} \leftarrow H.\text{mul}(\tilde{c}(f);\tilde{k}_1)$

步骤 8　for $i=0$ to $\lceil \text{lb}\mu \rceil -1$

步骤 9　　$\tilde{p} \leftarrow H.\text{rotate}(\tilde{k},l-2^i)$，$\tilde{k} \leftarrow H.\text{add}(\tilde{k},\tilde{p})$

end for

步骤 10　$\tilde{c}(n) \leftarrow H.\text{cmul}(\tilde{k},\eta^*_{0,\mu'})$

步骤 11　返回 $\tilde{c}(n)$

（3）封装的安全 SIMD 相等电路

给定 2 个封装的密文 $\tilde{c}(a)$ 和 $\tilde{c}(b)$，得到 $\tilde{c}(n)$，其中 $n=\{n_{\ell-1},\cdots,n_0\}$，$n_{\mu'(\beta+1)-1}=\cdots=n_{\mu'\beta+1}=0$，且如果 $(a_{\text{ten}})_\beta=(b_{\text{ten}})_\beta$，$n_{\mu'\beta}=1$；否则 $n_{\mu'\beta}=0$（$\beta=0,\cdots,\left\lfloor \frac{l}{\mu'} \right\rfloor -1$）。该算法构建如下。

算法 2.6　封装的安全 SIMD 相等电路

输入　2 个封装的密文 $\tilde{c}(a)$ 和 $\tilde{c}(b)$

输出　封装的密文 $\tilde{c}(n)$

步骤 1　初始化 $\tilde{c}_o$，即每一位置存储 1。

步骤 2　计算 $\tilde{c}_d \leftarrow H.\text{add}(\tilde{c}(a),\tilde{c}_o)$，$\tilde{c}(g) \leftarrow H.\text{add}(\tilde{c}(b),\tilde{c}_d)$，即当位置标签 $\mu'\beta \leqslant i<\mu'\beta+\mu$ 时，$g_i=(a_i \oplus 1)\oplus b_i$；当 $\mu'\beta+\mu<i<\mu'(\beta+1)$ 时，$g_i=1$。然后，置 $\tilde{t} \leftarrow \tilde{c}(g)$。

步骤 3　执行以下步骤 $\lceil \text{lb}\mu \rceil$ 次，即对 $i=0 \sim \lceil \text{lb}\mu-1 \rceil$，有 $\tilde{c}' \leftarrow H.\text{rotate}(\tilde{t},l-2^i)$，$\tilde{t} \leftarrow H.\text{mul}(\tilde{t};\tilde{c}')$。

步骤 4　计算 $\tilde{c}(n) \leftarrow H.\text{cmul}(\tilde{t},\eta^*_{0,\mu'})$。

(4) 封装的安全无符号整数 SIMD 乘法电路

给定 2 个封装的密文 $\tilde{c}(a)$ 和 $\tilde{c}(b)$，得到 μ' 块大小的 $\tilde{c}(n)$，其中 $n=\{n_{l-1},\cdots,n_0\}$，$n_{\mu'}=\cdots=n_{2\mu}=0$ 且 $n_{2\mu-1},\cdots,n_0$ 存储乘法结果。该算法构建如下。

算法 2.7 封装的安全无符号整数 SIMD 乘法电路 PI.mul

输入 2 个封装的密文 $\tilde{c}(a)$ 和 $\tilde{c}(b)$

输出 封装的密文 $\tilde{c}(n)$

步骤 1 首先，$\tilde{c}(n)$ 置 0。然后，对 $i=0\sim\mu-1$，循环执行

$$\tilde{c}_i \leftarrow H.\text{cmul}(\tilde{c}(b),\eta^*_{i,\mu'}),\tilde{k}_i \leftarrow \text{Scpy}(\tilde{c}_i,\mu-1)$$

$$\tilde{t}_i \leftarrow H.\text{rotate}(\tilde{c}(a),i),\tilde{c}'_i \leftarrow H.\text{mul}(\tilde{t}_i,\tilde{k}_i)$$

步骤 2 利用 PI.add 把 $\tilde{c}'_0,\cdots,\tilde{c}'_{\mu-1}$ 相加，即

$$\tilde{c}(n) \leftarrow \text{PI.add}(\tilde{c}(n),\tilde{c}'_i)$$

上式计算完成后，将 $\tilde{c}(n)$ 中每一块存储的对应块的整数乘法结果作为该算法的输出，其中 Scpy 算法详见 3.4.4 节。

(5) 封装的安全二进制补码转换电路

电路 P.STC 将封装的密文 $\tilde{c}(a)$ 的明文 $\tilde{c}(a')\leftarrow H.\text{add}(\tilde{c}(a),\tilde{c}(\eta^*_{I_{\mu-1},\mu'}))$ 转换为二进制补码形式，存储在 μ' 块大小的 $\tilde{c}(n)$ 中。其构建如下。

$$\tilde{c}_1 \leftarrow I.\text{add}(\tilde{c}(a'),\tilde{c}(\eta^*_{0,\mu'}))$$

$$\tilde{c}(n) \leftarrow H.\text{cmul}(\tilde{c}_1,\eta^*_{I_{\mu-1},\mu'})$$

(6) 封装的显式二进制补码转换电路

该电路输入封装的密文 $\tilde{c}(a)$ 和 $\tilde{c}(s)$，并输出 $\tilde{c}(n)$，其中 $s_{\mu'(\beta+1)-1}=\cdots=s_{\mu'\beta}=s_{\mu'\beta-2}=\cdots=s_{\mu'\beta}=0$。若 $s_{\mu'\beta+\mu-1}=1$，该电路可以转换 a 的块 β 为它的二进制补码 n；否则，该输入不变，其中 μ' 是块的大小，$\beta=0,\cdots,\left\lfloor\dfrac{l}{\mu'}\right\rfloor-1$。该算法构建如下。

算法 2.8 封装的显式二进制补码转换电路

输入 2 个封装的密文 $\tilde{c}(a)$ 和 $\tilde{c}(b)$

输出 封装的密文 $\tilde{c}(n)$

步骤 1 利用 P.STC 计算 $\tilde{c}(a')\leftarrow P.\text{STC}(\tilde{c}(a))$。

步骤 2 最终的输出是根据 $s_{\mu'\beta+\mu-1}$ 安全选择的，即若 $s_{\mu'\beta+\mu-1}=1$，为块 β 选择 a'；

若 $s_{\mu'\beta+\mu-1}=0$，为块 β 选择 a。进行以下计算，$\tilde{c}(s')\leftarrow H.\text{add}(\tilde{c}(s),\tilde{c}(\eta^{*}_{\mu-1,\mu'}))$，$\tilde{c}(s_1)\leftarrow \text{Scpy}(\tilde{c}(s),\mu^{*})$，$\tilde{c}(s_2)\leftarrow \text{Scpy}(\tilde{c}(s'),\mu^{*})$，$\tilde{c}_1\leftarrow H.\text{mul}(\tilde{c}(s_2),\tilde{c}(a))$，$\tilde{c}_2\leftarrow H.\text{mul}(\tilde{c}(s_1),\tilde{c}(a'))$，$\tilde{c}(n)\leftarrow H.\text{add}(\tilde{c}_1,\tilde{c}_2)$，其中 $\mu^{*}=-(\mu-1)$。注意，如果 $s_{\mu'\beta+\mu-1}=a_{\mu'\beta+\mu-1}$，$P$.OTC 中 $\tilde{c}(n)$ 的明文的第 β 块是 a 的第 β 块的绝对值，即 $(n_{\mu'\beta})_{\text{ten}}=|(a_{\mu'\beta})_{\text{ten}}|$。

（7）封装的安全有符号整数 SIMD 加法电路

给定 2 个封装的存储符号位整数的密文 a 和 b，PI.Sadd 输出 2 个密文 $\tilde{c}(n)$ 和 $\tilde{c}(f)$，分别存储加法结果和误差信息。它的构建直接应用 PI.add，只需要为每个块取 μ bit，然后结束执行，如算法 2.9 所示。

算法 2.9　封装的安全有符号整数 SIMD 加法电路

输入　2 个封装的存储符号位整数的密文 a 和 b

输出　2 个密文 $\tilde{c}(n)$ 和 $\tilde{c}(f)$

步骤 1　使用二进制补码系统，PI.add 被用来将 2 个数相加，并为每个块保存 μ bit，即 $\tilde{c}_1\leftarrow \text{PI.add}(\tilde{c}(a),\tilde{c}(b))$，$\tilde{c}(n)\leftarrow H.\text{cmul}(\tilde{c}_1,\eta^{*}_{I_{\mu-1},\mu'})$。

步骤 2　下面 2 种情况中的任何一种都表示错误。对于每一个块（$\beta=0,\cdots,\left\lfloor\frac{l}{\mu'}\right\rfloor-1,1$），2 个正数相加得到一个负数（$a_{\mu'\beta+\mu-1}=0$，$b_{\mu'\beta+\mu-1}=0$，$n_{\mu'\beta+\mu-1}=1$）；2 个负数产生一个正的加法结果（$a_{\mu'\beta+\mu-1}=1$，$b_{\mu'\beta+\mu-1}=1$，$n_{\mu'\beta+\mu-1}=0$）。用 $\tilde{c}(f)$ 的位置 $\mu'\beta$ 来存储溢出信息，即 $f_{\mu'\beta}=(1\oplus a_{\mu'\beta+\mu-1}\oplus b_{\mu'\beta+\mu-1})\wedge\ (b_{\mu'\beta+\mu-1}\oplus n_{\mu'\beta+\mu-1})$，当 $f_{\mu'\beta}-1$ 时发生溢出，$f_{\mu'\beta}=0$ 则不会。执行以下计算：$\tilde{c}_1'\leftarrow H.\text{add}(\tilde{c}(a),\tilde{c}(b))$，$\tilde{c}_2'\leftarrow H.\text{add}(\tilde{c}_1,\tilde{c}(\eta^{*}_{\mu-1,\mu'}))$，$\tilde{c}_3'\leftarrow H.\text{add}(\tilde{c}(b),\tilde{c}(n))$，$\tilde{c}_a\leftarrow H.\text{mul}(c_2',\tilde{c}_3')$，$\tilde{c}_b\leftarrow H.\text{cmul}(\tilde{c}_a,\eta^{*}_{\mu-1,\mu'})$，$\tilde{c}(f)\leftarrow H.\text{rotate}(\tilde{c}_b,l-(\mu-1))$。

（8）封装的安全有符号整数 SIMD 减法电路

给定 2 个封装的密文 $\tilde{c}(a)$ 和 $\tilde{c}(b)$，输出密文 $\tilde{c}(n)$ 以实现 2 个密文之间每个块的减法运算。使用封装的二进制补码，可以把任何减法运算转换成加法运算，即对于每个整数对，$a_{\text{ten}}-b_{\text{ten}}=a_{\text{ten}}+(-b_{\text{ten}})$。安全有符号整数减法电路（PI.Ssub）包括计算 P.STC$(\tilde{c}(b))$ 和 $\tilde{c}'\leftarrow(\tilde{c}(n);\tilde{c}(f))\leftarrow \text{PI.Sadd}(\tilde{c}(a);\tilde{c}(b))$。

（9）封装的安全有符号整数 SIMD 比较电路

给定 2 个封装的密文 $\tilde{c}(a)$ 和 $\tilde{c}(b)$，输出密文 $\tilde{c}(n)$。如果 β $(\beta=0,\cdots,\left\lfloor\frac{l}{\mu'}\right\rfloor-1)$ 块的符号位不同，就为 n 的第 β 个块选择一个更大的正符号位。PI.Scmp 利用 PI.cmp 来比较第 β 个块的 2 个整数。PI.Scmp 如算法 2.10 所示。

算法 2.10 封装的安全有符号整数 SIMD 比较电路

输入 2 个封装的密文 $\tilde{c}(a)$ 和 $\tilde{c}(b)$

输出 封装的密文 $\tilde{c}(n)$

步骤 1 对比密文 $\tilde{c}_a^*$ 和 $\tilde{c}_b^*$，其中位置 $\mu'\beta$ 分别存储 $a_{\mu'\beta+\mu-1}$ 和 $b_{\mu'\beta+\mu-1}$。此外，用 $\tilde{c}(d)$ 在位置 $\mu'\beta$ 存储对比结果，即 $\tilde{c}_a \leftarrow H.\text{cmul}(\tilde{c}(a);\eta^*_{\mu-1,\mu'})$，$\tilde{c}_b \leftarrow H.\text{cmul}(\tilde{c}(b);\eta^*_{\mu-1,\mu'})$，$\tilde{c}_a^* \leftarrow H.\text{rotate}(\tilde{c}_a;l-(\mu-1))$，$\tilde{c}_b^* \leftarrow H.\text{rotate}(\tilde{c}_b;l-(\mu-1))$，$\tilde{c}(d) \leftarrow \text{PI.cmp}(\tilde{c}(a);\tilde{c}(b))$。

步骤 2 计算 $(a_{\mu'\beta+\mu-1} \wedge (a_{\mu'\beta+\mu-1} \oplus b_{\mu'\beta+\mu-1})) \oplus [(1 \oplus a_{\mu'\beta+\mu-1} \oplus b_{\mu'\beta+\mu-1}) \wedge d_{\mu'\beta}]$，$\tilde{c}_y \leftarrow H.\text{add}(\tilde{c}_x, \tilde{c}(\eta^*_{\mu'\beta}))$，并在最终结果 $\tilde{c}(n)$ 的 $\mu'\beta$ 位置存储它，即 $\tilde{c}_x \leftarrow H.\text{add}(\tilde{c}_a^*, \tilde{c}_b^*)$，$\tilde{c}_1 \leftarrow H.\text{mul}(\tilde{c}_a^*, \tilde{c}_x)$，$\tilde{c}_2 \leftarrow H.\text{mul}(\tilde{c}(d), \tilde{c}_y)$，$\tilde{c}(n) \leftarrow H.\text{add}(\tilde{c}_1, \tilde{c}_2)$。

（10）封装的安全有符号整数 SIMD 乘法电路

给定 2 个封装的密文 $\tilde{c}(a)$ 和 $\tilde{c}(b)$，输出密文 $\tilde{c}(n)$，其中位置 $\mu'\beta$ 到位置 $\mu'\beta+2\mu-1$ 存储块 $\beta(\beta=0,\cdots,\left\lfloor \frac{l}{\mu'} \right\rfloor-1)$ 的结果，如算法 2.11 所示。

算法 2.11 封装的安全有符号整数 SIMD 乘法电路

输入 2 个封装的密文 $\tilde{c}(a)$ 和 $\tilde{c}(b)$

输出 封装的密文 $\tilde{c}(n)$

步骤 1 同 PI.mul 的步骤 1。

步骤 2 反转密文 $\tilde{c}_i^*(i=0,\cdots,\mu-2)$ 的位置 $\mu'\beta+i+\mu-1$ 的明文比特，即对 $i=0 \sim \mu-2$，计算 $\tilde{c}_i^* \leftarrow H.\text{add}(\tilde{c}'_i, \tilde{c}(\eta^*_{i+\mu-1,\mu'}))$。对 $\tilde{c}'_{\mu-1}$，本节需要反转位置 $\mu'\beta+\mu-1$～位置 $\mu'\beta+2\mu-3$ 存储的明文比特，即计算 $\tilde{c}^*_{\mu-1} \leftarrow H.\text{add}(\tilde{c}'_{\mu-1}, \tilde{c}(\eta^*_x))$，其中 η^*_x 在位置 $\mu'\beta+\mu-1$～位置 $\mu'\beta+2\mu-3$ 存储 1，其他位置存储 0。然后，对 $i=0 \sim \mu-1$，计算 $\tilde{c}(n) \leftarrow \text{PI.add}(\tilde{c}(n), \tilde{c}_i^*)$。在执行 PI.add μ 次后，计算 $\tilde{c}(n) \leftarrow \text{PI.add}(\tilde{c}(n), \tilde{c}(\eta^*_y))$，其中 η^*_y 在位置 $\mu'\beta+2\mu-1$～位置 $\mu'\beta+\mu$ 存储 1，其他位置存储 0。最后，保持 $\tilde{c}(n)$ 的位置 $\mu'\beta$～位置 $\mu'\beta+2\mu-1$ 的明文，即 $\tilde{c}(n) \leftarrow H.\text{cmul}(\tilde{c}(n), \eta^*_{I_{2\mu-1},\mu'})$。

（11）封装的安全有符号/无符号整数 SIMD 除法电路

给定封装的密文 $\tilde{c}(a)$ 和 $\tilde{c}(b)$，PI.Sdiv 输出分装的密文 $\tilde{c}(q)$ 和 $\tilde{c}(r)$，其分别存储商和余数结果，如算法 2.12 所示。

算法 2.12 封装的有符号/无符号整数 SIMD 除法电路

输入 2 个封装的密文 $\tilde{c}(a)$ 和 $\tilde{c}(b)$

输出 2 个封装的密文 $\tilde{c}(q)$ 和 $\tilde{c}(r)$

步骤 1 为 2 个明文或它们的二进制补码构建密文 $\tilde{c}_a^*$ 和 $\tilde{c}_b^*$，这取决于它们的符号位，即 $\tilde{c}_{\text{sa}} \leftarrow H.\text{cmul}(\tilde{c}(a), \eta^*_{\mu-1,\mu'})$, $\tilde{c}_{\text{sb}} \leftarrow H.\text{cmul}(\tilde{c}(b), \eta^*_{\mu-1,\mu'})$, $\tilde{c}(a^*) \leftarrow P.\text{OTC}(\tilde{c}(a), \tilde{c}_{\text{sa}})$, $\tilde{c}(b^*) \leftarrow P.\text{OTC}(\tilde{c}(b), \tilde{c}_{\text{sb}})$。

步骤 2 初始化 $\tilde{c}_{\text{RQ}} \leftarrow \tilde{c}(a^*)$，执行 μ 次步骤2.1～步骤 2.3。

步骤 2.1 用 $\tilde{c}_{\text{RQ}}$ 的块 β 存储 q 的即时结果，并用块 $\beta+1$ 为第 β 个整数存储 r，旋转 $\tilde{c}_{\text{RQ}}$ 的明文位置，并解封装它们为 $\tilde{c}(q^*)$ 和 $\tilde{c}(r^*)$，即 $\tilde{c}_1 \leftarrow H.\text{rotate}(\tilde{c}_{\text{RQ}}, 1)$，$\tilde{c}(q^*) \leftarrow H.\text{cmul}$，$\tilde{c}_2 \leftarrow H.\text{rotate}(\tilde{c}_1, l-\mu)$，$\tilde{c}(r^*) \leftarrow H.\text{cmul}(\tilde{c}_2, \eta^*_{I_{\mu-1},\mu'})$。

步骤 2.2 在加密域下比较第 β 个整数 $(r^*_{\text{ten}})_\beta$ 和 $(b^*_{\text{ten}})_\beta$（即存储在块 β）。如果 $(r^*_{\text{ten}})_\beta < (b^*_{\text{ten}})_\beta$，则置 q^* 的位置 $\mu'\beta$ 为 0，并计算 $(r'_{\text{ten}})_\beta = (r^*_{\text{ten}})_\beta$；否则，置 q^* 的位置 $\mu'\beta$ 为 1，并计算 $(r'_{\text{ten}})_\beta = (r^*_{\text{ten}})_\beta - (b^*_{\text{ten}})_\beta$，即 $\tilde{c}_q \leftarrow \text{PI.cmp}(\tilde{c}(r^*), \tilde{c}(b^*))$，$\tilde{c}_w \leftarrow H.\text{add}(\tilde{c}_p, \tilde{c}(\eta^*_{0,\mu'}))$，$\tilde{c}(q') \leftarrow H.\text{add}(\tilde{c}(q^*), \tilde{c}_w)$，$\tilde{c}_3 \leftarrow \text{Scpy}(\tilde{c}_w, \mu-1)$，$\tilde{c}_b \leftarrow H.\text{mul}(\tilde{c}(b^*), \tilde{c}_3)$，$\tilde{c}(r') \leftarrow \text{PI.Ssub}(\tilde{c}(r^*), \tilde{c}_b)$。

步骤 2.3 如果这是第 μ 轮，发送 $\tilde{c}(q')$ 和 $\tilde{c}(r')$ 到步骤 3；否则，将 $\tilde{c}(q')$ 和 $\tilde{c}(r')$ 一起封装，并表示为新的 $\tilde{c}_{\text{RQ}}$，即

$$\tilde{c}_4 \leftarrow H.\text{rotate}(\tilde{c}(r'), \mu)$$
$$\tilde{c}_{\text{RQ}} \leftarrow H.\text{add}(\tilde{c}_4, \tilde{c}(q'))$$

步骤 3 求余数和商的符号。余数的符号与除数 a 的符号相同，而第 β 块的商的符号是第 β 块的除数 $(a_{\text{ten}})_\beta$ 的符号和第 β 块的除数 $(b_{\text{ten}})_\beta$ 的符号的"异或"，即 $\tilde{c}(r) \leftarrow P.\text{OTC}\ (\tilde{c}(r'), \tilde{c}_{\text{sa}})$ 和 $\tilde{c}(q) \leftarrow P.\text{OTC}(\tilde{c}(q'),\ H.\text{add}(\tilde{c}_{\text{sa}}, \tilde{c}_{\text{sb}}))$。

此外，若第 β 块被除数 $(b_{\text{ten}})_\beta = 0$，用 $\tilde{c}(f)$ 存储异常的信息，$\tilde{c}(f) \leftarrow \text{PI.equ}(\tilde{c}(b), \tilde{c}(0))$。

PI.div 的构建。如果每一个块的除数 $(a_{\text{ten}})_\beta$ 和被除数 $(b_{\text{ten}})_\beta$ 都是无符号整数，那么 PI.Sdiv 的无符号版本将简单得多，将其表示为 PI.div，如算法 2.13 所示。

算法 2.13 封装的安全无符号整数 SIMD 除法电路

输入 2 个封装的密文 $\tilde{c}(a)$ 和 $\tilde{c}(b)$

输出 2 个封装的密文 $\tilde{c}(q)$ 和 $\tilde{c}(r)$

步骤 1 令 $\tilde{c}(a^*) \leftarrow \tilde{c}(a)$，$\tilde{c}(b^*) \leftarrow \tilde{c}(b)$。

步骤 2 同 PI.Sdiv 的步骤 2。

步骤 3 令 $\tilde{c}(q) \leftarrow \tilde{c}(q')$，$\tilde{c}(r) \leftarrow \tilde{c}(r')$，并计算 $\tilde{c}(f) \leftarrow \text{PI.equ}(\tilde{c}(b), \tilde{c}(0))$。

2.8 其他基础知识点

2.8.1 浮点数

首先，定义浮点格式，由 4 个整数构成[32]。

（1）底数 $\beta \geqslant 2$ 。

（2）精度 $\eta \geqslant 2$（粗略地，η 表示“有效数字”的个数）。

（3）2 个极值指数 $e_{\min}$ 和 $e_{\max}$ ，满足 $e_{\min} < 0 < e_{\max}$ 。这种有限浮点数(FPN, Floating Point Number）存在三元组 (s, m, e) ，使 $x = (-1)^s m \beta^{e-\eta+1}$ 。其中， $s \in \{0,1\}$ 是 x 的符号；m 是绝对值不大于 $\beta^\eta - 1$ 的整数，即 η 位数，称为 x 的有效整数；e 是一个整数，满足 $e_{\min} \leqslant e \leqslant e_{\max}$ ，称为 x 的指数。

注意，浮点数的运算（函数）结果可能不符合该浮点格式，所以必须对结果做近似处理。例如，IEEE754-2008 有 4 种近似（舍入）模式标准[16]。

（1）向$-\infty$取整：$\mathrm{RD}(x) \leqslant x$（可能是$-\infty$）。

（2）向$+\infty$取整：$\mathrm{RU}(x) \geqslant x$（可能是$+\infty$）。

（3）向 0 取整：$\mathrm{RZ}(x)$ 是最接近 x 的浮点数，且 $\mathrm{RZ}(x)$ 的绝对值不大于 x。

（4）向最近取整：$\mathrm{RN}(x)$ 是最接近 x 的浮点数。

上述 4 种近似模式如图 2-3 所示，在不失一般性的前提下，采用向 0 取整模式。

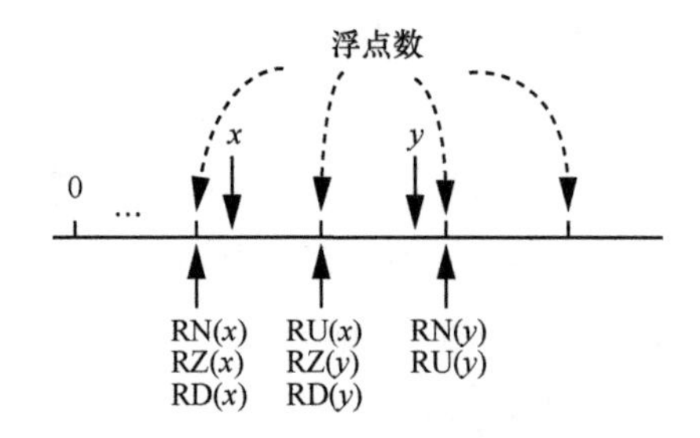

图 2-3 近似模式

2.8.2 BLS 短签名

定义 2.20 双线性参数生成器 Gen 是一种概率性算法，以安全参数 λ 作为输入，输出一个五元组$(q,g,\mathbb{G},\mathbb{G}_T,\hat{e})$。其中，$q$ 是 λ 位大素数，$\mathbb{G}$ 和 $\mathbb{G}_T$ 是 q 阶循环群，g 是群 $\mathbb{G}$ 的生成元，$\hat{e}:\mathbb{G}\times\mathbb{G}\to\mathbb{G}_T$ 是非退化、高效的可计算双线性映射。$\hat{e}$ 具有下列性质，即对于所有的 $u,v\in\mathbb{G}$，$a,b\in\mathbb{Z}_q^*$，有 $\hat{e}(u^a,v^b)=\hat{e}(u,v)^{ab}$。

BLS（Boneh-Lynn-Shacham）短签名[33]具体步骤如下。

（1）生成密钥：签名者随机选择整数 x 作为私钥 SK，其中 $0<x<q-1$，计算可得公钥 $\mathrm{PK}=g^x$。

（2）生成签名：签名者对消息 $m\in\mathbb{G}$ 执行运算 $X=m^x$，得到 m 的签名 X。

（3）验证签名：验证者拥有信息 $<g,X,m,\mathrm{PK}>$，使用 $\hat{e}(g,X)\overset{?}{=}\hat{e}(\mathrm{PK},m)$ 来对签名进行验证。

2.8.3 双线性映射

给出 2 个有相同素数阶 q 的循环群 $\mathbb{G}$ 和 $\mathbb{G}_T$，g 是循环群 $\mathbb{G}$ 的一个生成元。假设 $\mathbb{G}$ 和 $\mathbb{G}_T$ 是配对的，即一种非退化性且可有效计算的双线性映射 $\hat{e}:\mathbb{G}\times\mathbb{G}\to\mathbb{G}_T$，则其具有以下性质[34]。

（1）双线性：$\forall g,h\in\mathbb{G}$，且 $\forall a,b\in\mathbb{Z}_q$，有 $\hat{e}(g^a,h^b)=\hat{e}(g,h)^{ab}$。

（2）非退化性：至少存在一个 $g,h\in\mathbb{G}$，满足 $\hat{e}(g,h)\neq 1_{\mathbb{G}_T}$。

（3）可计算性：$\forall g,h\in\mathbb{G}$，存在一个有效算法计算 $\hat{e}(g,h)$。

定义 2.21 双线性参数发生器 Gen 是一个以安全参数 k 为输入的概率算法，输出一个五元组 $(q,g,\mathbb{G},\mathbb{G}_T,\hat{e})$，其中 q 是一个 k bit 的素数，$\mathbb{G}$、$\mathbb{G}_T$ 是 2 个阶为 q 的群，$g\in\mathbb{G}$ 是生成元，且 $\hat{e}:\mathbb{G}\times\mathbb{G}\to\mathbb{G}_T$ 是一个非退化且可有效计算的双线性映射。

2.8.4 Skyline 计算

Skyline 计算[35]的定义如下。

定义 2.22 Skyline 计算。给定一个 m 维空间中的数据集 $P=\{P_1,\cdots,P_n\}$。假设 P_a 和 P_b 是 P 中 2 个不同的点，将 P_a 主导 P_b 记为 $\mathrm{dom}(P_a,P_b)$，如果其满足以下条件，则称该 Skyline 查询结果是一组优于 P 内任何其他点的点集，$\mathrm{Sky}(P)\subseteq P$。$\mathrm{Sky}(P)$ 中的点被称为 Skyline 点。

（1）$\forall 1\leqslant j\leqslant m$，$P_a[j]\leqslant P_b[j]$。

（2）至少存在一个 j，使 $P_a[j]<P_b[j]$。其中，$P_i[j]$ 是 P_i 的第 j 维度，且 $1\leqslant i\leqslant n$。

2.8.5 0-编码和 1-编码

根据文献[36]，本节引入 0-编码和 1-编码技术来识别 2 个向量之间的关系。

整数 s 可以表示为二进制向量 $\boldsymbol{s}=(s_n,s_{n-1},\cdots,s_1)$，其中，$s_n=\sum_{i=1}^{n}s_i 2^{i-1}$ 且 $s_i\in\{0,1\}$。$\boldsymbol{s}$ 的 0-编码是二进制向量的集合 S_s^0，$S_s^0=\{(s_n,s_{n-1},\cdots,s_{i+1},1)|s_i=0,1\leqslant i\leqslant n\}$；$\boldsymbol{s}$ 的 1-编码是二进制向量的集合 S_s^1，$S_s^1=\{(s_n,s_{n-1},\cdots,s_i,1)|s_i=1,1\leqslant i\leqslant n\}$，$S_s^0$ 和 S_s^1 都有至少 n 个元素。

定理 2.6 当且仅当 S_x^1 和 S_y^0 有一个公共元素，整数 $x>y$。

2.8.6 关键词加密

系统需要将一个关键词编码为 $\mathbb{Z}_N$ 中唯一的整数，然后将其加密为密文，从而消除搜索过程中的错误概率[37]。关键词转换密文（K2C，Key to Cipher）算法实例如图 2-4 所示。首先将关键词中的每个字符编码成十六进制 ASCII 码，然后根据关键词中字符的位置将每个 ASCII 码转换成其对应十进制与系数相乘的形式，最后将所有加权十进制整数相加，得到一个 $\mathbb{Z}_N$ 内的大整数，并将其加密为密文。

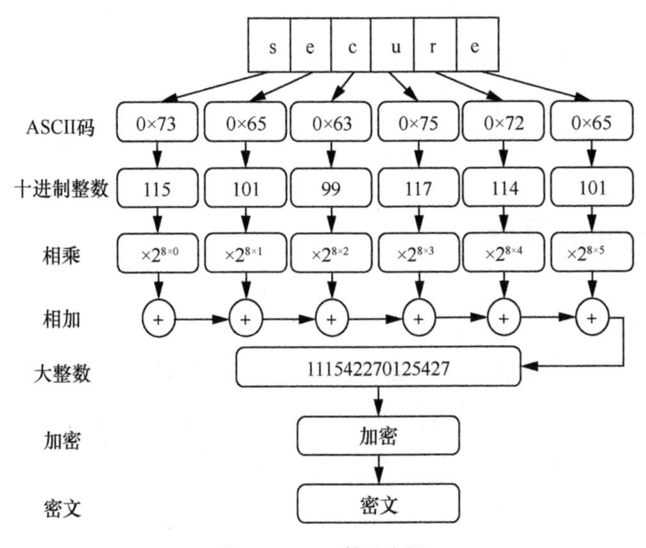

图 2-4 K2C 算法实例

2.8.7 四叉树数据结构

四叉树[38]是一种广泛应用于空间查询的树状数据结构，具体来说，四叉树通过将区域分解为象限、子象限等来表示二维空间的划分。在四叉树中，每个非叶子节点恰好有 4 个子节点，每个叶子节点包含对应子区域的数据。四叉树的高度取决于空间查询中空间划分的细粒度要求，这里使用深度为 n 的四叉树将区域划分成 4^{n-1} 个子区域，深度为 3 的四叉树如图 2-5 所示。

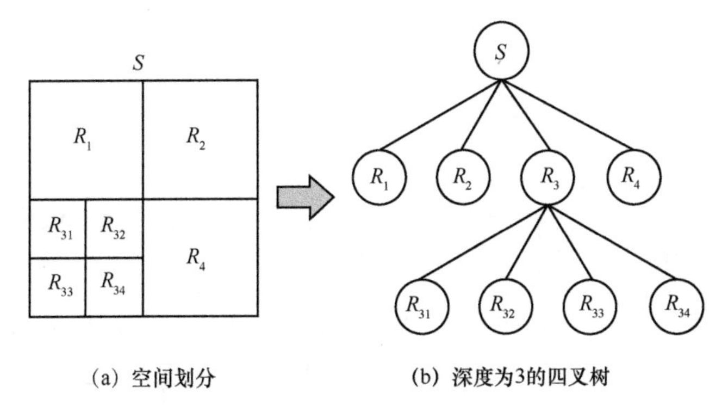

图 2-5 四叉树定义

已知二维空间 S 和 S 中的点 p，查询 p 的子区域的过程如下。

步骤 1 利用四叉树数据结构将二维空间 S 划分为若干个子区域。

步骤 2 从根节点开始，检查点 p 所在的子节点，然后递归至这个子节点。

步骤 3 当到达叶子节点时，返回这个叶子节点，表示为点 p 的近似区域。

2.8.8 叉积——凸多边形中的点

已知凸多边形 P，包含 n 条边和一个点 p，按逆时针方向定义其顶点分别为 P_1、P_2、…、P_n。假设顶点和点的坐标分别定义为 $\langle(x_1,y_1),(x_2,y_2),\cdots,(x_i,y_i),(x_{i+1},y_{i+1}),\cdots,(x_n,y_n)\rangle$ 和 (x_s,y_s)，使用凸多边形中的点可以确定点 p 是否在凸多边形 P 内，可以通过计算点的方向[39]来解决这个问题，如图 2-6 所示，3 个点 $\langle P_{i+1},p,P_i\rangle$ 由多边形的 2 个顶点和点 p 组成，这里定义它们的方向如下。

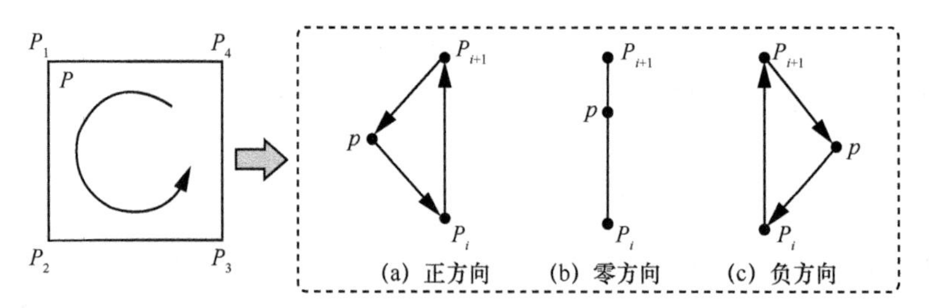

图 2-6　点 p 和多边形顶点的方向

（1）正方向：$\langle P_{i+1}, p, P_i \rangle$ 是逆时针。

（2）零方向：$\langle P_{i+1}, p, P_i \rangle$ 共线。

（3）负方向：$\langle P_{i+1}, p, P_i \rangle$ 是顺时针。

$\langle P_{i+1}, p, P_i \rangle$ 的方向可以计算为

$$S_i = \begin{vmatrix} x_{i+1} & y_{i+1} & 1 \\ x_s & y_s & 1 \\ x_i & y_i & 1 \end{vmatrix} = (x_s y_i + y_s x_{i+1} + x_i y_{i+1}) - (x_s y_{i+1} + y_s x_i + x_{i+1} y_i)$$

接下来，基于凸多边形 P 和点 p，判定点 p 是否在凸多边形内，执行如下步骤。

（1）令 $i \in \{1, 2, \cdots, n\}$，$i' = (i+1) \bmod n$，计算 $\langle P_{i'}, p, P_i \rangle$ 的 S_i，其中顶点 P_i 遵循逆时针顺序。

（2）如果所有 $S_i \geqslant 0$，则点 p 在凸多边形 P 内；否则，点 p 不在凸多边形 P 内。

2.8.9　安全多方计算

安全多方计算（SMPC，Secure Multiparty Computation）[40]是一种交互式计算模式，它允许多方协作地对函数进行评估，同时保持这些函数输入的私有性。

SMPC 是由 Yao[40]在解决两方计算（2PC，Two-Party Computation）的百万富翁问题中提出的。事实证明，两方场景（2PS，Two-Party Setting）[41]的信息理论安全性是不可能的，大多数的解决方案都是基于同态加密、混淆电路（GC，Garbled Circuit）等加密工具的。然而，HE 方案需要大量的计算，因为它们在线上阶段需要代价相对较大的公钥生成操作。尽管 GC 允许预先计算高代价的操作，但它需要为评估函数生成一个混淆电路。生成和存储这样的混淆电路对于大规模计算问题将会是一个挑战[41]。

之后，SMPC 被推广到多方设置，它与安全的两方计算完全不同。已经有研究

者提出了许多基于安全 MPC（Multiparty Computation）的方案，如 VIFF[41]、FairplayMP[42]、Sharemind[43]、SPDZ[44]等，其使用了由 Shamir[45]和 Blakley[46]设计的秘密共享技术。特别地，多个诚实的参与方可以仅使用秘密共享技术来实现 SMPC。2 种常见的秘密共享方案是 Shamir 秘密共享和加法秘密共享。与安全的两方计算相比，它们更加有效，因为其不依赖于任何高代价计算的加密原语。

2.8.10 基于门限解密的 Paillier 密码系统

本节将介绍文献[18, 47]中基于门限解密的 Paillier 密码系统（PCTD，Paillier Cryptosystem with Threshold Decryption）[17]，其可用于后续的数据加密，而不会将私钥泄露给任何参与方，$\mathcal{L}(X)$ 表示 X 的位长。

密钥生成（KeyGen）。设置 $\mathcal{K}$ 为安全参数，p 和 q 是 2 个大素数且满足 $\mathcal{L}(p)=\mathcal{L}(q)=\mathcal{K}$，令 $N=pq$ 和 $\lambda=\operatorname{lcm}(p-1,q-1)$，定义函数 $L(x)=\dfrac{x-1}{N}$，选择阶为 $\operatorname{ord}(g)=\dfrac{(p-1)(q-1)}{2}$ 的生成元 g。系统公共参数为 $\mathrm{PP}=(g,N)$，系统的主私钥为 $\mathrm{SK}=\lambda$，参与方 i 的私钥为 $\mathrm{sk}_i\in\mathbb{Z}_N$，相应的公钥为 $\mathrm{pk}_i=g^{\mathrm{sk}_i}\bmod N^2$。

加密。输入明文 $m\in\mathbb{Z}_N$，用户随机选择 $r\in\left[1,\dfrac{N}{4}\right]$，然后使用个人公钥 pk_i 加密 m 得到密文 $[\![m]\!]_{\mathrm{pk}_i}=(C_1,C_2)$，其中 $C_1=\mathrm{pk}_i^r(1+mN)\bmod N^2$，$C_2=g^r\bmod N^2$。

使用 sk_i 解密。输入密文 $[\![m]\!]_{\mathrm{pk}_i}$ 和私钥 sk_i，可以通过计算 $m=L\left(\dfrac{C_1}{C_2^{\mathrm{sk}_i}}\right)\bmod N^2$ 恢复明文 m。

使用主私钥解密。已知 $\mathrm{SK}=\lambda$，通过计算 $C_1^{\lambda}=(\mathrm{pk}_i^r)^{\lambda}(1+mN\lambda)=(1+mN\lambda)\bmod N^2$ 可以解密任何密文 $[\![m]\!]_{\mathrm{pk}_i}$，由于 $\gcd(\lambda,N)=1$，因此可以恢复明文 $m=L(C_1^{\lambda}\bmod N^2)\lambda^{-1}\bmod N^2$。

主私钥拆分。主私钥 $\mathrm{SK}=\lambda$ 可以随机拆分为 $\mathrm{SK}_1=\lambda_1$ 和 $\mathrm{SK}_2=\lambda_2$，满足 $\lambda_1+\lambda_2\equiv 0\bmod\lambda$ 和 $\lambda_1+\lambda_2\equiv 1\bmod N^2$。

SK_1 部分解密（PD1，Partial Decryption with SK_1）。输入密文 $[\![m]\!]_{\mathrm{pk}_i}=(C_1,C_2)$，使用 $\mathrm{SK}_1=\lambda_1$ 计算部分解密密文 $C_1^{(1)}=C_1^{\lambda_1}=(\mathrm{pk}_i^r)^{\lambda_1}(1+mN\lambda_1)\bmod N^2$。

SK_2 部分解密（PD2，Partial Decryption with SK_2）。输入密文 $[\![m]\!]_{\mathrm{pk}_i}$ 和 $C_1^{(1)}$，使用 $\mathrm{SK}_2=\lambda_2$ 计算 $C_1^{(2)}=C_1^{\lambda_2}=(\mathrm{pk}_i^r)^{\lambda_2}(1+mN\lambda_2)\bmod N^2$，然后通过计算 $L(C_1^{(1)}C_1^{(2)})$

来恢复明文。

密文刷新（CR，Ciphertext Refresh）。使用 CR 算法将密文$[m]]_{\mathrm{pk}_i}=(C_1,C_2)$更新为一个新的密文$[\![m']\!]_{\mathrm{pk}_i}=(C_1',C_2')$，其中$m=m'$。然后选择随机数$r'=Z_N$，并计算$C_1'=C_1h_i^{r'}\bmod N^2$和$C_2'=C_2g^{r'}\bmod N^2$。

很容易证明 PCTD 加密方案满足加法同态性质：对于随机数$r=Z_N$，满足$[\![m_1]\!]_{\mathrm{pk}_i}[\![m_2]\!]_{\mathrm{pk}_i}=[\![m_1+m_2]\!]_{\mathrm{pk}_i}$和$([\![m_1]\!]_{\mathrm{pk}_i})^r=[\![rm_1]\!]_{\mathrm{pk}_i}$。

本节的加密系统使用了下述协议，假设pk_A和pk_B分别为用户A和B的公钥，pk_Σ为特定加密域的公钥。

安全跨域加法（SAD，Secure Addition Across Domains）协议。已知$[\![X]\!]_{\mathrm{pk}_A}$和$[\![Y]\!]_{\mathrm{pk}_B}$，SAD 协议可以安全计算$[\![X+Y]\!]_{\mathrm{pk}_\Sigma}$。

安全跨域乘法（SMD，Secure Multiplication Across Domains）协议。已知$[\![X]\!]_{\mathrm{pk}_A}$和$[\![Y]\!]_{\mathrm{pk}_B}$，SMD 协议可以安全计算$[\![XY]\!]_{\mathrm{pk}_\Sigma}$。

安全跨域小于（SLD，Secure Less Than Across Domains）协议。已知$[\![X]\!]_{\mathrm{pk}_A}$和$[\![Y]\!]_{\mathrm{pk}_B}$，SLD 协议可以安全计算$[\![u^*]\!]_{\mathrm{pk}_\Sigma}=\mathrm{SLT}\ ([\![X]\!]_{\mathrm{pk}_A},[\![Y]\!]_{\mathrm{pk}_B})$，如果$X<Y$，则$u^*=1$；如果$X\geqslant Y$，则$u^*=0$。

2.9 本章小结

2.1 节介绍了一些离散数学中的理论基础。该节首先介绍了代数系统中较重要的二元运算概念；随后介绍了半群与群，半群与群都是具有一个二元运算的代数系统，其中群是半群的特例。对于群，本节还拓展了如平凡群、交换群等相关的知识点。环和域是具有 2 个二元运算的代数系统，其有着良好的性质，运用十分广泛。群、环、域都是代数系统中的重要组成部分。

2.2 节介绍了公钥密码体制。该节首先介绍了对称密码体制的不足并简单阐述了公钥密码体系的执行流程；随后介绍了 RSA 算法的加密、解密操作并分析了其安全性；最后介绍了其他比较常用的公钥密码算法，主要阐述了 ElGamal 方式、Rabin 方式和椭圆曲线密码。

2.3 节介绍了在互联网上所使用的安全模型。该节首先介绍了信息安全的基本模型，在互联网上需要构建这样一个逻辑上的信息通道才能够将信息准确地传递给对方；接着阐述了安全传输和网络通信所使用的技术，这些技术能够保护传输的信息不容易被攻击者破解；最后介绍了信息系统的保护模型。本节所介绍的信息安全领域中的安全方案并不能完全保障信息的安全，这是一个诸多学科交叉的、需要长期技术积累的学科领域，需要不断提出新方案来解决当前的安全问题。

2.4 节中介绍了困难问题。该节主要介绍了一些比较经典且常用的困难问题，如大整数因数分解问题、离散对数问题等。这些困难问题与普通的难题不同，在困难问题中能够设置一个陷门，如果知道这个陷门的值，则可以轻松地得出结果；如果不知道陷门的值，想要强行计算出结果，这在现实中是不可能实现的。

2.5 节介绍了同态加密算法。该节首先介绍了同态加密的现实需求，同态加密技术的发展旨在保护用户的数据，使其能够在使用云端庞大算力的同时不必担心数据会被窃取；接着介绍了全同态加密的发展历程，虽然第一代的全同态加密技术在 2009 年才被构想出，但是其发展十分迅速，目前已经发展到第三代，但是距离能够大规模商用还有很大发展空间；随后介绍了全同态加密的加密方案和一些同态加密的体制，如加法同态加密等；最后对全同态加密方案的安全性进行了讨论，可以预计的是在同态加密的安全性证明上还需要做较多的工作。

2.6 节介绍了本书中常用的安全协议，具体有高效的隐私保护余弦相似度计算协议、安全欧几里得距离计算协议、安全比特分解协议和安全整数与分数计算协议。

2.7 节和 2.8 节分别介绍了整数电路的相关知识和一些基础知识点，掌握上述基础知识将为后续章节的学习打好基础。

参考文献

[1] 耿素云, 屈婉玲, 张立昂. 离散数学(第五版)[M]. 北京: 清华大学出版社, 2013.

[2] PEI D, SALOMAA A, DING C. Chinese remainder theorem: applications in computing, coding, cryptography[M]. New Jersey: World Scientific Publishing Co., Inc., 1996.

[3] GALLIAN J. Contemporary abstract algebra[M]. Nelson Education, 2012.

[4] DIFFIE W, HELLMAN M. New directions in cryptography[J]. IEEE Transactions on Information Theory, 1976, 22(6): 644-654.

[5] RIVEST R L, SHAMIR A, ADLEMAN L. A method for obtaining digital signatures and public-key cryptosystems[J]. Communications of the ACM, 1978, 21(2): 120-126.

[6] ELGAMAL T. A public key cryptosystem and a signature scheme based on discrete logarithms [J]. IEEE Transactions on Information Theory, 1985, 31(4): 469-472.

[7] RABIN M O. Probabilistic algorithm for testing primality[J]. Journal of Number Theory,

1980, 12(1): 128-138.

[8] KOBLITZ N. Elliptic curve cryptosystems[J]. Mathematics of Computation, 1987, 48(177): 203-209.

[9] MILLER V S. Use of elliptic curves in cryptography[C]//Proceedings of the Conference on the Theory and Application of Cryptographic Techniques. Berlin: Springer, 1985: 417-426.

[10] RIVEST R L, ADLEMAN L, DERTOUZOS M L. On data banks and privacy homomorphisms [J]. Foundations of Secure Computations, 1978, 76(4): 169-179.

[11] BONEH D, GOH E-J, NISSIM K. Evaluating 2-DNF formulas on ciphertexts[C]//Proceedings of the Theory of Cryptography Conference. Berlin: Springer, 2005: 325-341.

[12] GENTRY C. Fully homomorphic encryption using ideal lattices[C]//Proceedings of the Forty-First annual ACM Symposium on Theory of Computing. New York: ACM Press, 2009: 169-178.

[13] BRAKERSKI Z, PERLMAN R. Lattice-based fully dynamic multi-key FHE with short ciphertexts[C]//Proceedings of the Annual International Cryptology Conference. Berlin: Springer, 2016: 190-213.

[14] LÓPEZ-ALT A, TROMER E, VAIKUNTANATHAN V. On-the-fly multiparty computation on the cloud via multikey fully homomorphic encryption[C]//Proceedings of the Proceedings of the Forty-Fourth Annual ACM Symposium on Theory of Computing. New York: ACM Press, 2012: 1219-1234.

[15] GENTRY C, SAHAI A, WATERS B. Homomorphic encryption from learning with errors: conceptually-simpler, asymptotically-faster, attribute-based[C]//Proceedings of the Annual Cryptology Conference. Berlin: Springer, 2013: 75-92.

[16] CLEAR M, MCGOLDRICK C. Multi-identity and multi-key leveled FHE from learning with errors[C]//Proceedings of the Annual Cryptology Conference. Berlin: Springer, 2015: 630-656.

[17] PAILLIER P. Public-key cryptosystems based on composite degree residuosity classes[C]//Proceedings of the International Conference on the Theory and Applications of Cryptographic Techniques. Berlin: Springer, 1999: 223-238.

[18] BRESSON E, CATALANO D, POINTCHEVAL D. A simple public-key cryptosystem with a double trapdoor decryption mechanism and its applications[C]//Proceedings of the International Conference on the Theory and Application of Cryptology and Information Security. Berlin: Springer, 2003: 37-54.

[19] BRAKERSKI Z, GENTRY C, VAIKUNTANATHAN V. (Leveled) fully homomorphic encryption without bootstrapping[J]. ACM Transactions on Computation Theory, 2014, 6(3): 1-36.

[20] DUCAS L, MICCIANCIO D. FHEW: bootstrapping homomorphic encryption in less than a second[C]//Proceedings of the Annual International Conference on the Theory and Applications of Cryptographic Techniques. Berlin: Springer, 2015: 617-640.

[21] LOFTUS J, MAY A, SMART N P, et al. On CCA-secure somewhat homomorphic encryption[C]//Proceedings of the International Workshop on Selected Areas in Cryptography. Berlin: Springer, 2011: 55-72.
[22] GENTRY C, HALEVI S. Implementing gentry's fully-homomorphic encryption scheme[C]//Proceedings of the Annual International Conference on the Theory and Applications of Cryptographic Techniques. Berlin: Springer, 2011: 129-148.
[23] SMART N P, VERCAUTEREN F. Fully homomorphic encryption with relatively small key and ciphertext sizes[C]//Proceedings of the International Workshop on Public Key Cryptography. Berlin: Springer, 2010: 420-443.
[24] BIASSE J F, FIEKER C. Subexponential class group and unit group computation in large degree number fields[J]. LMS Journal of Computation & Mathematics, 2014, 17(A): 385-403.
[25] CANETTI R, RAGHURAMAN S, RICHELSON S, et al. Chosen-ciphertext secure fully homomorphic encryption[C]//Proceedings of the IACR International Workshop on Public Key Cryptography. Berlin: Springer, 2017: 213-240.
[26] LU R, ZHU H, LIU X, et al. Toward efficient and privacy-preserving computing in big data era [J]. IEEE Network, 2014, 28(4): 46-50.
[27] TIAN Y, LI Y, LIU X, et al. Pribioauth: privacy-preserving biometric-based remote user authentication[C]//Proceedings of the 2018 IEEE Conference on Dependable and Secure Computing. Piscataway: IEEE Press, 2018: 1-8.
[28] JAIN A K, PRABHAKAR S, HONG L, et al. FingerCode: a filterbank for fingerprint representation and matching[C]//Proceedings of the 1999 IEEE Computer Society Conference on Computer Vision and Pattern Recognition. Piscataway: IEEE Press, 1999: 187-195.
[29] LIU X, CHOO K K R, DENG R H, et al. Efficient and privacy-preserving outsourced calculation of rational numbers[J]. IEEE Transactions on Dependable & Secure Computing, 2016, 15(1): 27-39.
[30] SAMANTHULA B K, CHUN H, JIANG W. An efficient and probabilistic secure bit-decomposition[C]//Proceedings of the 8th ACM SIGSAC Symposium on Information, Computer and Communications Security. New York: ACM Press, 2013: 541.
[31] LIU X, DENG R, CHOO K-K R, et al. Privacy-preserving outsourced calculation toolkit in the cloud[J]. IEEE Transactions on Dependable & Secure Computing, 2018, PP(99): 1.
[32] LIU X, DENG R H, DING W, et al. Privacy-preserving outsourced calculation on floating point numbers[J]. IEEE Transactions on Information Forensics & Security, 2016, 11(11): 2513-2527.
[33] BONEH D, LYNN B, SHACHAM H. Short signatures from the Weil pairing[C]//Proceedings of the International Conference on the Theory and Application of Cryptology and Information Security. Berlin: Springer, 2001: 514-532.
[34] BONEH D, FRANKLIN M. Identity-based encryption from the Weil pairing[C]//Proceedings of the Annual International Cryptology Conference. Berlin: Springer, 2001: 213-229.

[35] BORZSONY S, KOSSMANN D, STOCKER K. The skyline operator[C]//Proceedings of the Proceedings 17th International Conference on Data Engineering. Piscataway: IEEE Press, 2001: 421-430.

[36] YUAN J, YE Q, WANG H, et al. Secure computation of the vector dominance problem[C]//Proceedings of the International Conference on Information Security Practice and Experience. Berlin: Springer, 2008: 319-333.

[37] YANG Y, LIU X, DENG R. Expressive query over outsourced encrypted data[J]. Information Sciences: An International Journal, 2018, 442-443: 33-53.

[38] AREF W G, SAMET H J G. Efficient window block retrieval in quadtree-based spatial databases[J]. Geoinformatica, 1997, 1(1): 59-91.

[39] FEITO F, TORRES J C, URENA A J C, et al. Orientation, simplicity, and inclusion test for planar polygons[J]. Computers & Graphics, 1995, 19(4): 595-600.

[40] YAO A C. Protocols for secure computations[C]//Proceedings of the 23rd Annual Symposium on Foundations of Computer Science. Piscataway: IEEE Press, 1982: 160-164.

[41] DAMGÅRD I, GEISLER M, KRØIGAARD M, et al. Asynchronous multiparty computation: theory and implementation[C]//Proceedings of the International Workshop on Public Key Cryptography. Berlin: Springer, 2009: 160-179.

[42] BEN-DAVID A, NISAN N, PINKAS B. FairplayMP: a system for secure multi-party computation[C]//Proceedings of the 15th ACM Conference on Computer and communications security. New York: ACM Press, 2008: 257-266.

[43] BOGDANOV D, LAUR S, WILLEMSON J. Sharemind: a framework for fast privacy-preserving computations[C]//Proceedings of the European Symposium on Research in Computer Security. Berlin: Springer, 2008: 192-206.

[44] DAMGåRD I, KELLER M, LARRAIA E, et al. Practical covertly secure MPC for dishonest majority–or: breaking the SPDZ limits[C]//Proceedings of the European Symposium on Research in Computer Security. Berlin: Springer, 2013: 1-18.

[45] SHAMIR A. How to share a secret[J]. Communications of the ACM, 1979, 22(11): 612-623.

[46] BLAKLEY G R. Safeguarding cryptographic keys[C]//Proceedings of the 1979 International Workshop on Managing Requirements Knowledge. Piscataway: IEEE Press, 1979: 313.

[47] LIU X, DENG R H, CHOO K K R, et al. An efficient privacy-preserving outsourced calculation toolkit with multiple keys[J]. IEEE Transactions on Information Forensics and Security, 2016, 11(11): 2401-2414.

第3章 基本密态计算原语

本章围绕基本密态计算原语展开讨论。本书密态计算指广义的外包计算，除了现有外包计算，还包含同态加密、基于秘密分享的多方安全计算、基于密文电路的多方安全计算等。本章主要介绍外包计算原语。首先，介绍隐私保护的外包计算有理数（POCR，Privacy-Preserving Outsourced Computation of Rational Number）框架和外包计算浮点数（POCF，Privacy-Preserving Outsourced Computation on Floating Point Number）框架，可以安全地将密态有理数和浮点数的数据存储和处理外包给云服务器，而不会损害（原始）数据和计算结果的安全性。然后，介绍支持多密钥下高效的隐私保护外包计算（EPOM，Efficient and Privacy-Preserving Outsourced Computation Under Multiple Encrypted Key）框架与工具包（POCkit，Privacy-Preserving Outsourced Computation Toolkit），用户可以将他们的数据安全地外包给云服务器进行隐私保护的存储与计算，不会损害用户（原始）数据以及最终计算结果的安全性。最后，介绍一种在雾云计算中用于混合隐私保护的临床决策支持系统（HPCS，Hybrid Privacy-Preserving Clinical Decision Support System in Fog-Cloud Computing）框架。

3.1 支持有理数的密态计算

3.1.1 引言

数字联网设备（例如，物联网设备和智慧医疗设备）的数量日益增长以及存储媒介的规模日益庞大，通过物联网或移动互联网捕获、存储和传播的数据量显著增加[1-2]。国际数据公司（IDC，International Data Corporation）和易安信[3]调查发现，2020 年全球创建、复制和消费的数据量已达到 40 ZB。高德纳（Gartner）咨询公司将大数据定义为高容量、高速度和多样化的信息资源，这些资源需要高效、创新的信息运算形式来增强洞察力和决策能力。

云计算被认为是一种运算和存储大数据的潜在解决方案，越来越多地应用于物联网[4]、电子商务[5]、科学计算与存储取证[6-8]等领域。其典型的应用是物联网（也叫物联云），其中资源受限的感知设备，例如可穿戴传感器（可用于监测心率、血压和血糖水平）等，可以将感知数据发送到云服务器进行集中运算。众所周知，云计算的使用将不可避免地涉及安全和隐私问题。以可穿戴传感器为例，确保用户的健康信息和个人身份信息（PII，Personally Identifiable Information）的安全和隐私是非常重要的。在健康医疗等应用服务中，确保采集到的数据可以提供较高质量的服务至关重要，其数据是非整数格式的（可参考 2015 年日本公共卫生中心开展的前瞻性研究[9]数据，涉及 36 745 名年龄为 40～69 岁的测试者），而传统的密码系统通常只能处理和保护整数值，这将影响数据的准确性和诊断决策，更糟糕的情况是可能导致对患者的错误诊断。

本节提出一种隐私保护的外包计算有理数（POCR，Privacy-Preserving Outsourced Computation of Rational Number）框架来解决上述挑战。本节主要介绍如下工作。

（1）POCR 框架允许用户将个人数据（整数格式或有理数格式）外包给云服务器进行安全存储和运算。

（2）针对整数格式的数据构建了一个隐私保护的外包计算工具包，该工具包可以实现常用的整数运算，包括乘法、除法、比较、排序、相等测试和最大公约数（GCD，Greatest Common Divisor）。

（3）针对有理数格式的数据构建了一个隐私保护的外包计算工具包，并设计了一类安全的约分（SRF，Secure Reducing Fraction）协议来辅助云服务器以隐私保护的方式约去分子和分母的最大公约数。

3.1.2　准备工作

本节概述 POCR 框架的构建模块。表 3-1 列出了本节使用的关键符号。为了便于阅读，假设所有密文都属于一个特定请求用户（RU，Request User），记为 RU_a，用 $[\![x]\!]$ 代替 $[\![x]\!]_{\mathrm{pk}_a}$。

表 3-1　关键符号及其描述

符号	描述
pk_a	RU_a 的公钥
sk_a	RU_a 的私钥
$\mathrm{sk}_a^{(i)}$	部分私钥
$[\![x]\!]_{\mathrm{pk}_a}$	使用公钥 pk_a 同态加密 x 的密文
$D_{\mathrm{sk}_a}(\cdot)$	使用私钥 sk_a 的解密算法
$\mathrm{PD}_{\mathrm{sk}^{(i)}}(\cdot)$	使用部分私钥 $\mathrm{sk}_a^{(i)}$ 的部分解密算法
$\|x\|$	x 的比特长度
$\gcd(x,y)$	x 和 y 的最大公约数
$a \cdot b$	循环群中的乘法 $a \cdot b$

3.1.3 系统模型与隐私需求

本节将形式化描述 POCR 框架的系统模型、概述问题，并介绍攻击模型。

1. 系统模型

本节系统主要关注云服务器如何以隐私保护的方式来响应用户请求。系统包括密钥生成中心（KGC，Key Generation Center）、云平台（CP，Cloud Platform）、计算服务提供商（CSP，Computation Service Provider）和 RU，如图 3-1 所示。

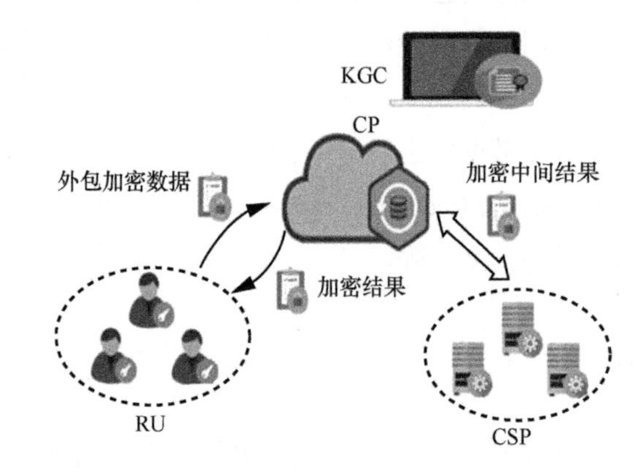

图 3-1 POCR 框架的系统模型

（1）密钥生成中心

KGC 负责分发和管理系统中的公/私钥对。

（2）请求用户

RU 首先用公钥加密个人数据，然后将密文数据上传至 CP 进行存储，RU 也可以要求 CP 对外包的数据进行密态计算。

（3）云平台

CP 拥有“无限”的数据存储空间，负责存储和管理来自所有注册方（即 RU）的外包数据。此外，CP 还可以存储所有中间和最终密文结果，并能对加密的数据执行特定计算。

（4）计算服务提供商

CSP 为 RU 提供在线计算服务，另外，CSP 能够对 CP 发送的密文进行部分解密，执行特定计算，然后对计算结果重新加密。

2. 问题描述

数据库 T 包含 β（$1<i<\beta$）条记录，每个 RU 拥有其中一条记录，有理数 x_i 是记录的一个属性（如胰岛素水平）。RU 需要将个人数据加密后，再外包给 CP 进行存储。RU 可以根据其偏好向 CP 发起查询请求，期待获取关于数据库 T 的一些统计信息。例如，RU 可以查询平均值 $\bar{x}=\sum_{i=1}^{\beta}\frac{x_i}{\beta}$ 和方差 $d_j=\sum_{i=1}^{\beta}\frac{(x_i-\bar{x})^2}{\beta}$ 。由于 x_i 是有理数，而且需要在计算过程中进行加密，因此数据库存储数据的安全计算主要面临以下挑战。

（1）安全有理数存储。传统的加密方法只能对有限域内的数，即正整数和零（在加法群内）进行加密，因此，需要能够在不损害数据所有者（如 RU）隐私的前提下实现有理数存储。

（2）安全整数运算。构建安全的整数计算工具包，以支持常用的整数运算，例如，明文上的加法、乘法和除法，可以利用同态性质对密文进行运算。

（3）安全有理数运算。为了支持外包的有理数运算，需要构建安全的有理数计算（例如，有理数密文的比较）工具包。此外，由于数据处于密态，在不解密的状态下明文本身长度无法估算，并且加密数据的长度会随着同态运算执行次数的增加而增加，这可能会导致明文在计算过程中溢出，继而导致计算结果错误。因此，需要设计一些机制来保证同态运算结果的正确性。

3. 敌手模型

在攻击模型中，可信 KGC 负责为系统生成公钥和私钥。另一方面，RU、CP 和 CSP 是诚实且好奇的参与方，它们严格遵守协议，却也对其他参与方的数据感兴趣。因此，在模型中引入主动敌手 $\mathcal{A}^*$，其目标是解密挑战者 RU 的密文，具备以下能力。

（1）$\mathcal{A}^*$ 可以窃听所有通信链路以获取加密数据。

（2）$\mathcal{A}^*$ 可能会攻击 CP，获取挑战者 RU 外包的所有密文和 CSP 通过执行交互协议发送的所有密文，继而试图猜测对应的明文值。

（3）$\mathcal{A}^*$ 可能会攻击 CSP，试图猜测 CP 通过执行交互协议发送的所有密文对应的明文值。

（4）$\mathcal{A}^*$ 可能会攻击除挑战者 RU 以外的其他 RU，以获得他们的解密能力，从而试图猜测出属于挑战者 RU 的所有明文。

但是，对 $\mathcal{A}^*$ 应该有所约束，不能同时攻击 CSP 和 CP，或攻击挑战者 RU。显然，这是加密协议中常见的典型攻击模型（参见文献[10]中回顾的攻击模型）。

3.1.4 密码原语和隐私保护整数计算工具包

1. 基于门限解密的 Paillier 密码系统

Paillier 密码系统[11]是适合 POCR 框架的解决方案，但是 RU 不能直接将私钥发送给云服务器，以避免云服务器使用私钥解密获取用户数据。因此，需要结合 Paillier 密码系统和门限密钥分享方案构造 (k,n) 门限解密[12-13]系统，该系统又称为 PCTD，由以下算法组成。

（1）密钥生成（KeyGen）。$\mathcal{O}$ 是安全参数，p 和 q 是 2 个大素数，满足 $|p|=|q|=\mathcal{O}$。根据强素数的性质，可以通过 $p'=\frac{p-1}{2}$，$q'=\frac{q-1}{2}$ 得到另外 2 个强素数 p' 和 q'。然后，计算 $N=pq$ 和 $\lambda=\mathrm{lcm}(p-1,q-1)$，选择随机数 $a\in\mathbb{Z}_{N^2}^*$，通过计算 $g=-a^{2N}$ [14]（为了简便，指定 $g=1+N$），可得到 $2p'q'$ 阶的生成元 g。于是，公钥 $\mathrm{pk}=N$，私钥 $\mathrm{sk}=\lambda$。

（2）加密（Enc，Encryption）。已知明文消息 $m\in\mathbb{Z}_N$，选择随机数 $r\in\mathbb{Z}_N$，继而得到密文为

$$[\![m]\!]=g^m\cdot r^N \bmod N^2=(1+mN)\cdot r^N \bmod N^2$$

（3） 解密（Dec，Decrypt）。通过使用解密算法 $D_{\mathrm{sk}}(\cdot)$ 和私钥 $\mathrm{sk}=\lambda$ 解密密文 $[\![m]\!]$，需要计算

$$[\![m]\!]^\lambda=r^{\lambda N}(1+mN\lambda)\bmod N^2=(1+mN\lambda)$$

由于 $\gcd(\lambda,N)=1$，m 可以被恢复为

$$m=L([\![m]\!]^\lambda \bmod N^2)\lambda^{-1}\bmod N \text{ ①}$$

（4）私钥分割（Keys）。选择 δ ②，可同时满足 $\delta\equiv 0 \bmod \lambda$ 和 $\delta\equiv 1 \bmod N^2$，定义多项式 $q(x)=\delta+\sum_{i=1}^{k-1}a_i x^i$，其中 $a_1,\cdots,a_{k-1}$ 是 $k-1$ 个来自循环群 $\mathbb{Z}_{\lambda N^2}^*$ 的随机数，$\alpha_1,\cdots,\alpha_n\in\mathbb{Z}^*_{\lambda N^2}$ 是所有参与方都知道的 n 个不同的非零元素。因此，私钥可表示为

---

① 定义函数 $L(x)=\frac{x-1}{N}$。

② 根据中国剩余定理[15]可知 $\delta=\lambda\cdot(\lambda^{-1}\bmod N^2)\bmod \lambda N^2$。

$\mathrm{sk}^{(i)} = q(\alpha_i)$，并发送给参与方 i。

（5）部分解密（PD, Partial Decryption）。接收到密文 $[\![m]\!]$ 和部分私钥 $\mathrm{sk}^{(i)} = q(\alpha_i)$ 后，可以解密密文为

$$\mathrm{CT}^{(i)} = [\![m]\!]^{q(\alpha_i)} \bmod N^2$$

（6）门限解密（TDec，Threshold Decryption）[15]。接收到 $d(d \geqslant k)$ 个部分解密密文 $\mathrm{CT}^{(\tau_1)},\cdots,\mathrm{CT}^{(\tau_d)}$ 后，可以利用 TDec 算法选择任意 k 个部分解密密文构成子集 S ①，计算 $T'' = \prod_{l \in S} (\mathrm{CT}^{(l)})^{\Delta_{l,S}(0)} \bmod N^2$，从而恢复明文 $m = L(T'')$，其中 $\Delta_{l,S}(x) = \prod_{j \in S, j \neq l} \frac{x - \alpha_j}{\alpha_l - \alpha_j}$。

（7）密文刷新（CR）。已知密文 $[\![m]\!]$，CR 算法可以在不更改原始消息 m 的情况下，随机选取 $r' \in \mathbb{Z}_N$，可以计算刷新密文为

$$[\![m']\!] = [\![m]\!] \cdot r'^N = (r \cdot r')^N (1 + mN) \bmod N^2$$

此外，已知 $m \in \mathbb{Z}_N$，有下述性质。

$$[\![m]\!]^{N-1} = (1 + (N-1)m \cdot N) \cdot r^{(N-1)\cdot N} \bmod N^2 = [\![-m]\!]$$

KGC 为每位 RU 生成私钥 sk 和公钥 pk，将私钥 sk 随机分割成 n 个部分私钥 $\mathrm{sk}^{(1)},\cdots,\mathrm{sk}^{(t_c)}$，并发送 $\mathrm{sk}^{(1)}$ 给 CP，发送 $\mathrm{sk}^{(i)}$ 和公钥给 $\mathrm{CSP}_i (i = 2,\cdots,t_c)$；RU 使用公钥 pk 加密个人数据并将密文外包给 CP 进行存储。

下面介绍用于整数运算的安全子协议，分别是：修订的安全乘法（RSM, Revised Secure Multiplication）协议、安全小于协议、安全最大值和最小值排序（SMMS, Secure Maximum and Minimum Sorting）协议、安全相等测试协议、安全除法（SDIV, Secure Division）协议和安全最大公约数（SGCD，Secure Greatest Common Divisor）协议。假设这些子协议涉及参与方：一个 CP 和 $t_c - 1(t_c > 1)$ 个在线 CSP（即 $\mathrm{CSP}_2, \mathrm{CSP}_3, \cdots, \mathrm{CSP}_{t_c}$），并从这些 CSP 中选择一个在线 CSP（即 CSP_γ）处理额外的计算。注意，除非特殊定义，否则参与上述协议中运算的数 x, y 只能是正整数、负整数或零。因此，需要约束 x, y 的范围为 $[-R_1, R_1]$，其中 $|R_1| < \frac{|N|}{4} - 1$ ②。如果需要更大的明文域，可以简单地增大 N 的值。然而，这会影响 PCTD 系统的效率。

① 注意 $\tau_1,\cdots,\tau_d$ 是互不相同的数，属于 $\{1,\cdots,n\}$，对于 $\forall l \in S$，有 $l \in \{\tau_1,\cdots,\tau_d\}$。

② PCTD 的明文域为 $[0, N-1]$，模数为 N，范围 $[N - R_1, N]$ 等同于 $[-R_1, 0]$。

2. 修订的安全乘法协议

由于 PCTD 只能支持加法同态性质，无法实现 2 个明文之间的乘法。为了实现明文乘法，RSM 协议对原有的 SM 协议[16]进行修改。当 CP 有 2 个密文输入时，RSM 协议可以安全地计算$[\![x\cdot y]\!]$，具体描述如下。

步骤 1 CP 选择 2 个随机数$r_x,r_y\in\mathbb{Z}_N$，计算$X=[\![x]\!]\cdot[\![r_x]\!]$，$Y=[\![y]\!]\cdot[\![r_y]\!]$，$X_1=\mathrm{PD}_{\mathrm{sk}^{(1)}}(X)$，$Y_1=\mathrm{PD}_{\mathrm{sk}^{(1)}}(Y)$，并将$X$和$Y$发送给所有在线 CSP；将$X_1,Y_1$发送给$\mathrm{CSP}_\gamma$。

步骤 2[①] 在线CSP_i计算$\mathrm{CT}_x^{(i)}=\mathrm{PD}_{\mathrm{sk}^{(i)}}([\![x]\!])$和$\mathrm{CT}_y^{(i)}=\mathrm{PD}_{\mathrm{sk}^{(i)}}([\![y]\!])$，并把计算结果发送给$\mathrm{CSP}_\gamma$。

步骤 3 一旦接收到部分解密密文，CSP_γ利用 TDec 解密X和Y，获得x'和y'，继而计算$h=x'\cdot y'$，利用公钥 pk 加密 h（表示为$H=[\![h]\!]$），并将密文H发送给 CP。显然，$h=(x+r_x)(y+r_y)$。

步骤 4 一旦接收到H，CP 计算$S_1=[\![r_x\cdot r_y]\!]^{N-1}$、$S_2=[\![x]\!]^{N-r_y}$和$S_3=[\![y]\!]^{N-r_x}$，通过计算$H\cdot S_1\cdot S_2\cdot S_3=[\![h-r_y\cdot x-r_x\cdot y-r_x\cdot r_y]\!]=[\![x\cdot y]\!]$，CP 和 CSP 可以间接地协同计算$[\![x\cdot y]\!]$。

3. 安全小于协议

已知密文$[\![x]\!]$和$[\![y]\!]$，SLT 协议可以输出密文$[\![u^*]\!]$，用于判断 2 个密文对应的明文大小关系（$x<y$或$x\geqslant y$）。SLT 协议描述如下。

步骤 1

（1）CP 计算

$$[\![x_1]\!]=[\![x]\!]^2\cdot[\![1]\!]=[\![2x+1]\!]$$
$$[\![y_1]\!]=[\![y]\!]^2=[\![2y]\!]$$

（2）CP 掷硬币选择s的值为 0 或 1，并选择随机数$r\in\mathbb{Z}_N$。如果s=1，则 CP 计算

$$[\![l]\!]=([\![x_1]\!]\cdot[\![y_1]\!]^{N-1})^r=[\![r(x_1-y_1)]\!]$$

否则，CP 计算

$$[\![l]\!]=([\![y_1]\!]\cdot[\![x_1]\!]^{N-1})^r=[\![r(y_1-x_1)]\!]$$

（3）由于 CP 知道部分私钥$\mathrm{sk}^{(1)}$，可以计算$K=\mathrm{PD}_{\mathrm{sk}^{(l)}}([\![l]\!])$，再分别发送密文

① 注意$i=2,\cdots,t_c$，即包括γ在内的所有在线 CSP。除非另有说明，下述协议都是如此。

$[\![l]\!]$和K给所有的CSP_s和CSP_γ。

步骤 2 CSP_i计算$\mathrm{CT}_x^{(i)} = \mathrm{PD}_{\mathrm{sk}^{(i)}}([\![x]\!]), \mathrm{CT}_y^{(i)} = \mathrm{PD}_{\mathrm{sk}^{(i)}}([\![y]\!])$，并将计算结果发送给$\mathrm{CSP}_\gamma$。

步骤 3 CSP 执行 TDec 算法获得l，如果$\| l \| > \frac{\| N \|}{2}$，那么 CSP 认定$u' = 1$；否则$u' = 0$。然后，CSP 执行 PCTD 中的 Enc 算法对u'重新加密，并发送给 CP。

步骤 4 一旦收到$[\![u']\!]$，CP 计算如下：若$s=1$，CP 计算$[\![u^*]\!] = \mathrm{CR}([\![u']\!])$；否则计算$[\![u^*]\!] = [\![1]\!] \cdot [\![u']\!]^{N-1} = [\![1-u']\!]$。

因此，当$u^* = 0$时，$x \geqslant y$；当$u^* = 1$时，$x < y$。

4．**安全最大值和最小值排序协议**

已知密文$[\![x]\!]$和$[\![y]\!]$，SMMS 协议可以输出加密的排序结果$[\![A]\!]$和$[\![I]\!]$，满足$A \geqslant I$，SMMS 协议描述如下。

步骤 1

（1）CP 计算

$$[\![x_1]\!] = [\![x]\!]^2 \cdot [\![1]\!] = [\![2x+1]\!]; [\![y_1]\!] = [\![y]\!]^2 = [\![2y]\!]$$

（2）CP 掷硬币选择s的值（0 或 1），选择随机数$r, r_1^*, r_2^* \in \mathbb{Z}_N$。如果$s=1$，则 CP 计算

$$[\![l_1]\!] = ([\![x_1]\!] \cdot [\![y_1]\!]^{N-1})^r = [\![r(x_1 - y_1)]\!]$$
$$[\![l_2]\!] = [\![y]\!] \cdot [\![r_1^*]\!] \cdot [\![x]\!]^{N-1} = [\![y - x + r_1^*]\!]$$
$$[\![l_3]\!] = [\![x]\!] \cdot [\![r_2^*]\!] \cdot [\![y]\!]^{N-1} = [\![x - y + r_2^*]\!]$$

如果$s=0$，则 CP 计算

$$[\![l_1]\!] = ([\![y_1]\!] \cdot [\![x_1]\!]^{N-1})^r = [\![r(y_1 - x_1)]\!]$$
$$[\![l_2]\!] = [\![x]\!] \cdot [\![r_1^*]\!] \cdot [\![y]\!]^{N-1} = [\![x - y + r_1^*]\!]$$
$$[\![l_3]\!] = [\![y]\!] \cdot [\![r_2^*]\!] \cdot [\![x]\!]^{N-1} = [\![y - x + r_2^*]\!]$$

掷硬币的目的在于保证 CSP 无法通过$l_1 \sim l_3$判断x和y的大小关系。

（3）CP 使用部分私钥$\mathrm{sk}^{(1)}$计算$K_1 = \mathrm{PD}_{\mathrm{sk}^{(1)}}([\![l_1]\!])$，并发送$K_1, [\![l_2]\!], [\![l_3]\!]$给$\mathrm{CSP}_\gamma$，发送$[\![l_1]\!]$给所有在线$\mathrm{CSP}_s$。

步骤 2 在线CSP_i计算$\mathrm{CT}_1^{(i)} = \mathrm{PD}_{\mathrm{sk}^{(1)}}([\![l_1]\!])$，并发送计算结果给$\mathrm{CSP}_\gamma$。

步骤 3 CSP_γ执行 TDec 算法得到l_1，如果$\| l_1 \| < \frac{\| N \|}{2}$，则$\mathrm{CSP}_\gamma$认定$u' = 0$，计算$D_1 = [\![0]\!]$和$D_2 = [\![0]\!]$；否则，$\mathrm{CSP}_\gamma$认定$u' = 1$，并随机生成$[\![l_2]\!]$和$[\![l_3]\!]$，分别赋值给$D_1$和$D_2$。此外，$\mathrm{CSP}_\gamma$使用公钥 pk 加密$u'$，并将$[\![u']\!]$、$D_1$和$D_2$发送给 CP。

步骤 4 一旦接收到密文$[\![u']\!]$、D_1和D_2，如果$s=1$，则 CP 计算

$$[\![A]\!]=[\![x]\!]\cdot D_1\cdot[\![u']\!]^{N-r_1^*},[\![I]\!]=[\![y]\!]\cdot D_2\cdot[\![u']\!]^{N-r_2^*}$$

如果$s=0$，CP 计算

$$[\![A]\!]=[\![y]\!]\cdot D_1\cdot[\![u']\!]^{N-r_1^*},[\![I]\!]=[\![x]\!]\cdot D_2\cdot[\![u']\!]^{N-r_2^*}$$

SLT 和 SMMS 转换的基本原理如下。在步骤 1 中，明文数据x和y都需要转换为x_1和y_1，以避免泄露等价关系给CSP_s。例如，假定$x=y=5$，则$[\![r(x-y)]\!]=[\![0]\!]$会被发送给CSP_s进行解密，如果解密结果为 0，则CSP_s可以轻易地判断$x=y$。为了避免这种情况，需要执行类似步骤 1 的转换，得到$x_1=11$，$y_1=10$，即$x_1\neq y_1$。

5. **安全相等测试协议**

已知密文$[\![x]\!]$和$[\![y]\!]$，SEQ 协议可以输出密文$[\![f]\!]$，判断 2 个密文对应的明文是否相等（$x\overset{?}{=}y$），SEQ 协议描述如下。

（1）CP 和 CSP 协同计算

$$[\![u_1]\!]\leftarrow \mathrm{SLT}([\![x]\!],[\![y]\!]);[\![u_2]\!]\leftarrow \mathrm{SLT}([\![y]\!],[\![x]\!])$$
$$[\![f_1^*]\!]\leftarrow \mathrm{RSM}([\![1]\!]\cdot[\![u_1]\!]^{N-1};[\![u_2]\!])$$
$$[\![f_2^*]\!]\leftarrow \mathrm{RSM}([\![u_1]\!];[\![1]\!]\cdot[\![u_2]\!]^{N-1})$$

（2）CP 计算并输出密文结果

$$[\![f]\!]=[\![u_1\oplus u_2]\!]=[\![f_1^*]\!]\cdot[\![f_2^*]\!]$$

如果$f=0$，则$x=y$；否则$x\neq y$。

6. **安全除法协议**

已知加密分子$[\![y]\!]$和加密分母$[\![x]\!]$①，SDIV 协议可以安全地输出加密商$[\![q]\!]$和加密余数$[\![r]\!]$，而不会泄露数据隐私，其中$y=q\cdot x+r(y\geqslant x\geqslant 0)$。算法 3.1 详细解释了 SDIV 协议的工作流程。

算法 3.1 安全除法协议

输入 加密分子$[\![y]\!]$和加密分母$[\![x]\!]$

输出 加密商$[\![q]\!]$和加密余数$[\![r]\!]$

步骤 1 CP 和 CSP 协同计算$[\![f]\!]\leftarrow \mathrm{SEQ}([\![x]\!],[\![0]\!])$

步骤 2 CP 计算$[\![1]\!]\cdot[\![f]\!]^{N-1}=[\![1-f]\!]$

---

① 为提高效率，可以简单限制x和y的范围为$[0,\mu]$，其中$\mu\ll R_1$。例如，如果$\|N\|=1024$，可以选择$\|\mu\|=35$，这可以满足绝大多数应用程序的需求。换句话说，μ是明文域的比特长度。

步骤 3　CP 和 CSP 协同计算

$$[\![f\cdot x]\!]\leftarrow \mathrm{RSM}([\![f]\!],[\![x]\!])$$

$$[\![y']\!]=[\![f\cdot y\leftarrow \mathrm{RSM}([\![f]\!],[\![y]\!])]\!]$$

步骤 4　CP 计算 $[\![x']\!]=[\![f\cdot x+(1-f)\cdot 1]\!]=[\![f\cdot x]\!]\cdot[\![1-f]\!]$

步骤 5　CP 和 CSP 协同执行 SBD 协议，即计算 $\langle[\![y_{\mu-1}]\!],\cdots,[\![y_0]\!]\rangle\leftarrow \mathrm{SBD}([\![y']\!])$，并赋值 $([\![q_{\mu-1}]\!],\cdots,[\![q_0]\!])=([\![y_{\mu-1}]\!],\cdots,[\![y_0]\!])$

步骤 6　CP 初始化 μ 位密文 $([\![a_{\mu-1}]\!],\cdots,[\![a_0]\!])=\underbrace{([\![0]\!],\cdots,[\![0]\!])}_{\mu-\text{elements}}$

步骤 7　for i=1 to　μ　do

步骤 8　令 $[\![a_i]\!]\leftarrow[\![a_{i-1}]\!]$（$i$ 为 μ～1）；然后令 $[\![a_0]\!]\leftarrow[\![q_{\mu-1}]\!]$；最后令 $[\![q_i]\!]\leftarrow[\![q_{i-1}]\!]$（$i$ 为 μ～1）

步骤 9　计算 $[\![A]\!]=[\![a_0]\!]\cdot[\![a_1]\!]^2\cdots[\![a_{\mu-1}]\!]^{2^{\mu-1}}$

步骤 10　计算 $[\![Q]\!]\leftarrow \mathrm{SLT}([\![A]\!];[\![x']\!])$

步骤 11　计算 $[\![q_0]\!]=[\![1]\!]\cdot[\![Q]\!]^{N-1}=[\![1-Q]\!]$

步骤 12　执行 $[\![B]\!]\leftarrow \mathrm{RSM}([\![x']\!]^{N-1},[\![q_0]\!])$

步骤 13　计算 $[\![A]\!]\leftarrow[\![A]\!]\cdot[\![B]\!]$，并执行 SBD 协议计算 $\langle[\![a_{\mu-1}]\!],\cdots,[\![a_0]\!]\rangle\leftarrow$ $\mathrm{SBD}([\![A]\!])$

end for

步骤 14　计算 $[\![r]\!]=[\![a_0]\!]\cdot[\![a_1]\!]^2\cdots[\![a_{\mu-1}]\!]^{2^{\mu-1}}$；$[\![q]\!]=[\![q_0]\!]\cdot[\![q_1]\!]^2\cdots[\![q_{\mu-1}]\!]^{2^{\mu-1}}$

如果分母 x 为 0，则不能简单地中止 SDIV 协议，否则 CP 可推测得知 $x=0$，因此记 $x=1$，$y=0$（步骤 1～步骤 4）。使用 SBD 协议将密文 $[\![y']\!]$ 扩展成加密的比特，记为 $([\![q_{\mu-1}]\!],\cdots,[\![q_0]\!])$（步骤 5）。然后将 $[\![a_{\mu-1}]\!],\cdots,[\![a_0]\!]$ 初始化为 $[\![0]\!],\cdots,[\![0]\!]$（步骤 6）。接下来，执行下述过程 μ 次：将 $[\![a_{\mu-1}]\!],\cdots,[\![a_0]\!]$ 和 $[\![q_{\mu-1}]\!],\cdots,[\![q_0]\!]$ 向左移动一位（即 $[\![a_i]\!]=[\![a_{i-1}]\!]$，$i$ 为 $\mu-1$～1），令 $[\![a_0]\!]=[\![q_{\mu-1}]\!]$ 和 $[\![q_i]\!]=[\![q_{i-1}]\!]$，$i$ 为 $\mu-1$～1（步骤 8）；然后 CP 计算 $[\![a_{\mu-1}]\!],\cdots,[\![a_0]\!]$，并将结果转换为整数密文 $[\![A]\!]$，利用 SLT 协议比较 A 和 x' 的大小，如果 $A<x'$，则 SDIV 协议认定 $q_0=0$，否则 $q_0=1$，最后计算 $A=A-x'$（步骤 9～步骤 13）。

循环执行 μ 次后，余数 r 是二进制整数 $(a_{\mu-1},\cdots,a_0)$，商 q 是二进制整数 $(q_{\mu-1},\cdots,q_0)$。

7. 安全最大公约数协议

已知密文$[\![x]\!]$和$[\![y]\!]$ $(x>0,y>0)$[①]，SGCD 协议输出加密的最大公约数$[\![C]\!]$，而不会泄露数据隐私。算法 3.2 详细解释了 SGCD 协议的工作流程。

算法 3.2 安全最大公约数协议

输入 2 个密文$[\![x]\!]$和$[\![y]\!]$

输出 加密的最大公约数$[\![C]\!]$

步骤 1 CP 和 CSP 协同执行 SMMS 协议，即计算$([\![y']\!],[\![x']\!])\leftarrow \text{SMMS}([\![x]\!],[\![y]\!])$

步骤 2 for i=1 to μ do

步骤 3 计算$([\![q_i]\!],[\![r_i]\!])\leftarrow \text{SDIV}([\![y']\!],[\![x']\!])$

步骤 4 令$[\![y']\!]\leftarrow[\![x']\!]$，$[\![x']\!]\leftarrow[\![r_i]\!]$

end for

步骤 5 令$[\![r_0]\!]\leftarrow[\![q_1]\!]$

步骤 6 for i=1 to μ do

步骤 7 计算$[\![u_i]\!]\leftarrow \text{SEQ}([\![r_i]\!],[\![0]\!])$

end for

步骤 8 for i=1 to μ do

步骤 9 执行$[\![f^*_{i-1,i}]\!]\leftarrow \text{RSM}([\![1]\!]\cdot[\![u_{i-1}]\!]^{N-1};[\![u_i]\!])$

步骤 10 执行$[\![f^*_{i,i-1}]\!]\leftarrow \text{RSM}([\![u_{i-1}]\!];[\![1]\!]\cdot[\![u_i]\!]^{N-1})$

步骤 11 计算$[\![f_{i-1,i}]\!]=[\![u_{i-1}\oplus u_i]\!]=[\![f^*_{i,i-1}]\!]\cdot[\![f^*_{i-1,i}]\!]$

步骤 12 计算$[\![C_i]\!]\leftarrow \text{RSM}([\![r_{i-1}]\!];[\![f_{i-1,i}]\!])$

end for

步骤 13 计算并返回$[\![C]\!]=\prod_{j=1}^{m}[\![C_i]\!]$

在计算最大公约数之前，CP 需要比较 2 个明文值 x 和 y 的大小关系，选择较大的值作为 SGCD 协议的分子，较小的值作为分母（步骤 1）。接下来，为了安全计算 GCD，可以考虑改进欧几里得算法，即如果用 2 个数的差值代替较大的数，则 2 个数的 GCD 保持不变。由于这种替换会消去较大的数，因此重复这个过程会连续产生较小的数，直到其中有一个数为零。但是，此处不能直接使用欧几里得算法，因为这会泄露给敌手执行协议的轮数信息（例如，如果只执行了两轮协议，那么敌手

① 数学上只考虑 2 个正整数的最大公约数。

可以判定这 2 个数是互素的）。因此，将固定运行 μ 轮欧几里得算法（与整数的域大小相关，步骤 2～步骤 4）。然而，如果计算轮数固定，则分母将等于零，这个问题可以由 SDIV 协议解决，CP 可以获得 $\mu+1$ 个加密余数，而 GCD 是最后一个非零余数。所以只需要确定第一个零值余数的位置，即可确定 GCD。这个想法很容易理解，将非零余数表示为 1，将零余数表示为 0（步骤 6～步骤 7），利用 XOR 运算可以找到最后一个非零余数的位置（步骤 9～步骤 11）。

3.1.5　隐私保护的有理数计算工具包

如果 RU 想将有理数数据外包给 CP 进行存储，那么需要解决以下问题：（1）外包前对有理数数据进行加密；（2）允许对 2 个加密的有理数执行特定计算；（3）保证固定轮数同态运算后结果的正确性。

任何有理数 x 都可以表示成分数形式，即可以用 $\frac{x^{\uparrow}}{x^{\downarrow}}$ 来表示，问题（1）可以利用对分子 $x^{\uparrow}$ 和分母 $x^{\downarrow}$ 加密来解决，存储形式为（$[\![x^{\uparrow}]\!],[\![x^{\downarrow}]\!]$）。例如，−0.25 可以表示为 $-\frac{1}{4}=\frac{x^{\uparrow}}{x^{\downarrow}}$，然后利用 PCTD 将 $x^{\uparrow}$ 加密为 $[\![1]\!]^{N-1}=[\![-1]\!]$，将 $x^{\downarrow}$ 加密为 $[\![4]\!]$，并将 $([\![x^{\uparrow}]\!],[\![x^{\downarrow}]\!])$ 外包给 CP 进行存储。

为了解决问题（2），下面介绍一种加密有理数运算。在运算过程中，需要约束 $x^{\uparrow}$ 的范围为 $[-R_2,R_2]$，$x^{\downarrow}$ 的范围为 $(0,R_2]$，其中 $\|R_2\|<\frac{\|N\|}{8}-1$ ①。

1. **加密的有理数计算**

为了实现加密有理数计算，下面介绍 7 种运算的构造过程。

（1）加密有理数加法运算。已知 2 个加密的有理数 $([\![x^{\uparrow}]\!],[\![x^{\downarrow}]\!])$ 和 $([\![y^{\uparrow}]\!],[\![y^{\downarrow}]\!])$，输出密文结果 $([\![z^{\uparrow}]\!],[\![z^{\downarrow}]\!])$，计算如下

$$[\![k_1]\!]\leftarrow \text{RSM}([\![x^{\uparrow}]\!],[\![y^{\downarrow}]\!]);[\![k_2]\!]\leftarrow \text{RSM}([\![x^{\downarrow}]\!],[\![y^{\uparrow}]\!])$$
$$[\![z^{\uparrow}]\!]=[\![k_1]\!]\cdot[\![k_2]\!];[\![z^{\downarrow}]\!]\leftarrow \text{RSM}([\![x^{\downarrow}]\!],[\![y^{\downarrow}]\!])$$

将加密有理数加法运算记为

$$([\![z^{\uparrow}]\!],[\![z^{\downarrow}]\!])\leftarrow([\![x^{\uparrow}]\!],[\![x^{\downarrow}]\!])\oplus([\![y^{\uparrow}]\!],[\![y^{\downarrow}]\!])$$

（2）加密有理数减法运算。已知 2 个加密的有理数 $([\![x^{\uparrow}]\!],[\![x^{\downarrow}]\!])$ 和 $([\![y^{\uparrow}]\!],[\![y^{\downarrow}]\!])$，

① 考虑到计算效率，简单约束分子的范围为 $[-\mu,\mu]$，分母的范围为 $(0,\mu]$，其中 $\mu\ll R_2$。

输出密文结果$(\llbracket z^{\uparrow} \rrbracket,\llbracket z^{\downarrow} \rrbracket)$，计算如下

$$\llbracket k_1 \rrbracket \leftarrow \text{RSM}(\llbracket x^{\uparrow} \rrbracket,\llbracket y^{\downarrow} \rrbracket);\llbracket k_2 \rrbracket \leftarrow \text{RSM}(\llbracket x^{\downarrow} \rrbracket,\llbracket y^{\uparrow} \rrbracket)$$

$$\llbracket z^{\uparrow} \rrbracket = \llbracket k_1 \rrbracket \cdot \llbracket k_2 \rrbracket^{N-1};\llbracket z^{\downarrow} \rrbracket \leftarrow \text{RSM}(\llbracket x^{\downarrow} \rrbracket,\llbracket y^{\downarrow} \rrbracket)$$

（3）加密有理数乘法运算。已知2个加密的有理数$(\llbracket x^{\uparrow} \rrbracket,\llbracket x^{\downarrow} \rrbracket)$和$(\llbracket y^{\uparrow} \rrbracket, \llbracket y^{\downarrow} \rrbracket)$，输出密文结果$(\llbracket z^{\uparrow} \rrbracket,\llbracket z^{\downarrow} \rrbracket)$，计算如下

$$\llbracket z^{\uparrow} \rrbracket \leftarrow \text{RSM}(\llbracket x^{\uparrow} \rrbracket,\llbracket y^{\uparrow} \rrbracket);\llbracket z^{\downarrow} \rrbracket \leftarrow \text{RSM}(\llbracket x^{\downarrow} \rrbracket,\llbracket y^{\downarrow} \rrbracket)$$

将加密有理数乘法运算记为

$$(\llbracket z^{\uparrow} \rrbracket,\llbracket z^{\downarrow} \rrbracket) = (\llbracket x^{\uparrow} \rrbracket,\llbracket x^{\downarrow} \rrbracket) \otimes (\llbracket y^{\uparrow} \rrbracket,\llbracket y^{\downarrow} \rrbracket)$$

（4）加密有理数除法运算。已知2个加密的有理数$(\llbracket x^{\uparrow} \rrbracket,\llbracket x^{\downarrow} \rrbracket)$和$(\llbracket y^{\uparrow} \rrbracket, \llbracket y^{\downarrow} \rrbracket)$，输出密文结果为$(\llbracket z^{\uparrow} \rrbracket,\llbracket z^{\downarrow} \rrbracket)$，计算如下

$$\llbracket z^{\uparrow} \rrbracket \leftarrow \text{RSM}(\llbracket x^{\uparrow} \rrbracket,\llbracket y^{\downarrow} \rrbracket);\llbracket z^{\downarrow} \rrbracket \leftarrow \text{RSM}(\llbracket x^{\downarrow} \rrbracket,\llbracket y^{\uparrow} \rrbracket)$$

将加密有理数除法运算记为

$$(\llbracket z^{\uparrow} \rrbracket,\llbracket z^{\downarrow} \rrbracket) \leftarrow (\llbracket x^{\uparrow} \rrbracket,\llbracket x^{\downarrow} \rrbracket) \div (\llbracket y^{\uparrow} \rrbracket,\llbracket y^{\downarrow} \rrbracket)$$

（5）加密有理数标量乘法运算。已知加密的有理数$(\llbracket x^{\uparrow} \rrbracket,\llbracket x^{\downarrow} \rrbracket)$，输出密文结果$(\llbracket z^{\uparrow} \rrbracket,\llbracket z^{\downarrow} \rrbracket)$，计算如下

$$(\llbracket z^{\uparrow} \rrbracket,\llbracket z^{\downarrow} \rrbracket) = (\llbracket x^{\uparrow} \rrbracket^{k},\llbracket x^{\downarrow} \rrbracket^{k}) = (\llbracket kx^{\uparrow} \rrbracket,\llbracket kx^{\downarrow} \rrbracket)$$

特别地，当$k = N-1$时，有

$$(\llbracket z^{\uparrow} \rrbracket,\llbracket z^{\downarrow} \rrbracket) = (\llbracket x^{\uparrow} \rrbracket^{N-1},\llbracket x^{\downarrow} \rrbracket^{N-1}) = (\llbracket -x^{\uparrow} \rrbracket,\llbracket -x^{\downarrow} \rrbracket)$$

（6）加密有理数比较运算。已知2个加密的有理数$(\llbracket x^{\uparrow} \rrbracket,\llbracket x^{\downarrow} \rrbracket)$和$(\llbracket y^{\uparrow} \rrbracket, \llbracket y^{\downarrow} \rrbracket)$，输出加密的比较结果$\llbracket u \rrbracket$，计算如下

$$\llbracket k_1 \rrbracket \leftarrow \text{RSM}(\llbracket x^{\uparrow} \rrbracket;\llbracket y^{\downarrow} \rrbracket);\llbracket k_2 \rrbracket \leftarrow \text{RSM}(\llbracket y^{\uparrow} \rrbracket,\llbracket x^{\downarrow} \rrbracket)$$

$$\llbracket u \rrbracket \leftarrow \text{SLT}(\llbracket k_1 \rrbracket;\llbracket k_2 \rrbracket)$$

如果$u = 0$，则$x \geqslant y$；如果$u = 1$，则$x < y$。

（7）加密有理数相等测试运算。已知 2 个加密的有理数$(\llbracket x^{\uparrow} \rrbracket,\llbracket x^{\downarrow} \rrbracket)$和$(\llbracket y^{\uparrow} \rrbracket,\llbracket y^{\downarrow} \rrbracket)$，输出加密的相等测试结果$\llbracket u \rrbracket$，计算如下

$$\llbracket k_1 \rrbracket \leftarrow \text{RSM}(\llbracket x^{\uparrow} \rrbracket;\llbracket y^{\downarrow} \rrbracket)$$

$$\llbracket k_2 \rrbracket \leftarrow \text{RSM}(\llbracket y^{\uparrow} \rrbracket,\llbracket x^{\downarrow} \rrbracket)$$

$$\llbracket u \rrbracket \leftarrow \text{SEQ}(\llbracket k_1 \rrbracket;\llbracket k_2 \rrbracket)$$

如果$u = 0$，则$x = y$；如果$u = 1$，则$x \neq y$。

例 3.1　已知加密数据$([\![4^{\uparrow}]\!],[\![15^{\downarrow}]\!])$和$([\![3^{\uparrow}]\!],[\![20^{\downarrow}]\!])$，如果 RU 想要执行有理数加法运算，则 CP 和 CSP_s 协同计算如下

$$([\![125^{\uparrow}]\!],[\![300^{\downarrow}]\!]) \leftarrow ([\![4^{\uparrow}]\!],[\![15^{\downarrow}]\!]) \oplus ([\![3^{\uparrow}]\!],[\![20^{\downarrow}]\!])$$

如果 RU 想要执行有理数乘法运算，则 CP 和 CSP_s 协同计算如下

$$([\![12^{\uparrow}]\!],[\![300^{\downarrow}]\!]) \leftarrow ([\![4^{\uparrow}]\!],[\![15^{\downarrow}]\!]) \otimes ([\![3^{\uparrow}]\!],[\![20^{\downarrow}]\!])$$

如果 RU 想要执行有理数除法运算，则 CP 和 CSP_s 协同计算如下

$$([\![80^{\uparrow}]\!],[\![45^{\downarrow}]\!]) \leftarrow ([\![4^{\uparrow}]\!],[\![15^{\downarrow}]\!]) \div ([\![3^{\uparrow}]\!],[\![20^{\downarrow}]\!])$$

由于计算结果可能不是最简形式，明文的比特长度将随着同态运算次数的增加而增加。假设有 2 个 t bit 的数 x_1 和 x_2（$t \ll \|N\|$），同态加法将得到 $t+1$ bit（或 t bit）长度的结果 x_1+x_2，同态乘法将得到 $2t$ bit 的输出结果 x_1x_2。如果同态乘法运算的次数过多，则会导致明文的比特长度很容易超过 $\|N\|$，继而导致明文溢出（明文空间是模 N 的）。在有理数运算中，分子和分母的明文长度随着同态运算数量的增加而增加。然而，计算结果的分子和分母可能存在公约数（在例 3.1 中，25 是 125 和 300 的最大公约数，12 是 12 和 300 的最大公约数，5 是 80 和 45 的最大公约数）。如果不进行有效处理，中间结果可能进行几次同态运算后就溢出了。为了保证计算结果的正确性，加密有理数计算需要找到分子和分母的 GCD，进一步安全约去 GCD，将计算结果转化为最简形式。

2. 安全约分协议

由于过多的同态运算会导致明文溢出错误，因此 SRF 协议被用于约去分子和分母的 GCD，从而保证计算结果的正确性。已知有理数密文$([\![x^{\uparrow}]\!],[\![x^{\downarrow}]\!])$，SRF 协议输出密文结果$([\![x_3^{\uparrow}]\!],[\![x_3^{\downarrow}]\!])$，满足$\frac{x^{\uparrow}}{x^{\downarrow}}=\frac{x_3^{\uparrow}}{x_3^{\downarrow}}$，且 $x_3^{\uparrow}$ 和 $x_3^{\downarrow}$ 没有公共因子。粗略地考虑，可以直接使用 SGCD 协议获得 GCD，然后使用 SDIV 协议约去分子和分母的 GCD，从而得到最简计算结果。然而，当用 $N-R$ 表示 $-R$，将导致计算结果错误。例如，$N=23$，$x^{\uparrow}=-5$，$x^{\downarrow}=15$，使用 PCTD 将 $x^{\uparrow}=-5$ 存储为 $x^{\uparrow}=18$，直接计算得到的结果为$\frac{6}{5}$（存储为$[\![\frac{6^{\uparrow}}{5^{\downarrow}}]\!]$）是错误的，其正确结果应该为$-\frac{1}{5}$（存储为$[\![\frac{22^{\uparrow}}{5^{\downarrow}}]\!]$）。

为了保证计算结果正确，需要构造下述过程来计算含有负有理数的运算。如果

分子 $x^{\uparrow}$ 是一个正数（即 $\|x^{\uparrow}\|<\frac{\|N\|}{2}$），则结果不会发生改变；如果分子 $x^{\uparrow}$ 是一个负数（即 $\|x^{\uparrow}\|>\frac{\|N\|}{2}$），则将该值替换为 $-x^{\uparrow}$。然后，使用 SGCD 协议获得 GCD，使用 SDIV 协议对分子 $x^{\uparrow}$ 和分母 $x^{\downarrow}$ 进行约分，得到 $x_2^{\uparrow}$ 和 $x_3^{\downarrow}$。如果 $x^{\uparrow}$ 是一个正数，则约分后的 $x_2^{\uparrow}$ 不变；如果 $x^{\uparrow}$ 是一个负数，则约分后为 $-x_2^{\uparrow}$。SRF 协议具体构造如下。

步骤 1 CP 掷硬币选择 s 的值（0 或 1），选择随机数 r，且 $\|r\|<\frac{3\|N\|}{8}$。如果 $s=1$，则计算 $[\![l]\!]=([\![x^{\uparrow}]\!]^2\cdot[\![1]\!]^r)=[\![r(2x^{\uparrow}+1)]\!]$；如果 $s=0$，则计算 $[\![l]\!]=([\![x^{\uparrow}]\!]^2\cdot[\![1]\!]^{N-r})=[\![-r(2x^{\uparrow}+1)]\!]$。然后，CP 计算 $K=\text{PD}_{\text{sk}^{(1)}}([\![l]\!])$，并发送 K 给 CSP_γ，发送 $[\![l]\!]$ 给 CSP_i。

步骤 2 CSP_i 计算 $\text{CT}^{(i)}=\text{PD}_{\text{sk}^{(i)}}([\![l]\!])$，并发送计算结果给 CSP_γ。

步骤 3 CSP_γ 运行 TDec 协议获得 l，如果 $\|l\|<\frac{\|N\|}{2}$，则 $u=1$；否则 $u=-1$。然后加密 u（即 $[\![u]\!]$），并发送密文给 CP。

步骤 4

（1）如果 $s=1$，则 CP 计算 $[\![x_1^{\uparrow}]\!]\leftarrow\text{RSM}([\![x^{\uparrow}]\!];[\![u]\!])$；否则 CP 计算 $[\![x_1^{\uparrow}]\!]\leftarrow\text{RSM}([\![x^{\uparrow}]\!];[\![u]\!]^{N-1})$。

（2）CP 和 CSP 协同计算 $[\![C]\!]\leftarrow\text{SGCD}([\![x_1^{\uparrow}]\!],[\![x^{\downarrow}]\!]),([\![Q_2]\!],[\![x_2^{\uparrow}]\!])\leftarrow\text{SDIV}([\![x_1^{\uparrow}]\!],[\![C]\!]),([\![Q_3]\!],[\![x_3^{\downarrow}]\!])\leftarrow\text{SDIV}([\![x^{\downarrow}]\!],[\![C]\!])$。

（3）如果 $s=1$，则 CP 计算 $[\![x_3^{\uparrow}]\!]\leftarrow\text{RSM}([\![x_2^{\uparrow}]\!];[\![u]\!])$；否则 CP 计算 $[\![x_3^{\downarrow}]\!]\leftarrow\text{RSM}([\![x_2^{\downarrow}]\!];[\![u]\!]^{N-1})$。

SRF 协议最终输出最简计算结果 $([\![x_3^{\uparrow}]\!],[\![x_3^{\downarrow}]\!])$。

这里，利用一个实例来证明 SRF 的正确性。

例 3.2 假设 N=23，$x^{\uparrow}=-5$，$x^{\downarrow}=15$，CP 存储该有理数为 $([\![18^{\uparrow}]\!],[\![15^{\downarrow}]\!])$。首先，通过步骤 1～步骤 3 将加密的有理数转化为 $([\![5^{\uparrow}]\!],[\![15^{\downarrow}]\!])$；然后使用 SGCD 协议得到加密的 GCD $[\![5^{\uparrow}]\!]$，使用 SDIV 协议得到 $[\![1^{\uparrow}]\!]$ 和 $[\![5^{\uparrow}]\!]$；最后，CP 得到最终加密结果 $([\![22^{\uparrow}]\!],[5^{\downarrow}]\!])$。

CSP_S 的必要性。由于使用了 PCTD（或其他部分同态加密系统），CP 不能同时对密文执行加法和乘法同态计算（与完全同态加密系统不同），因此需要使用 CSP_S 作为辅助服务器来执行明文乘法运算。遗憾的是，现有的完全同态加密系统在计算和存储[17-18]方面效率太低。在不久的将来，如果存在一个高效的完全同态加密系统，则可以从系统中删除 CSP_S 。

有理数计算的扩展。在本节中，利用有理数计算来模拟实数计算，需要牺牲一定的精度。例如，要存储 $\sqrt{2}$ ，可以用 1.414 (即 $\frac{707}{500}$) 表示；如果需要更高的精度，可以用 1.414 21 (即 $\frac{141\,421}{100\,000}$) 表示。换句话说，更高级别的准确性将需要更长的明文长度。

3.1.6　安全性分析

本节首先分析基本密态计算原语和子协议的安全性，然后证明 POCR 框架的安全性。

1．PCTD 的分析

（1）门限解密的正确性

TDec 算法的正确性验证如下

$$T''=\prod_{l\in S}(\mathrm{CT}^{(l)})^{\Delta_{l,S^{(0)}}}\bmod N^2=[\![m]\!]^{\sum_{l\in S}q(\alpha_i)\Delta_{l,S^{(0)}}}=((1+mN)r^N)^{\delta}\bmod N^2=1+mN$$

然后，计算 $L(T'')=\frac{T''-1}{N}=m$ 。

（2）PCTD 的安全性

定理 3.1 给出了 PCTD 的安全性。

定理 3.1　基于部分离散对数（PDL，Partially Discrete Logarithm）问题的困难性假设，3.1.4 节描述的 PCTD 在语义上是安全的。

证明　PCTD 的安全性可分为两部分。

① 密文的隐私；

② 分割私钥的隐私。

PCTD 密文的隐私直接来源于 Paillier 密码系统的语义安全性，这基于标准模型中 PDL 问题[11]的困难性假设（令 N 为 2 个大质数的复合模积，令 $\mathbb{G}$ 为模数为 N^2 的二次剩余循环群。以 $\mathbb{G}$ 为单位的部分离散对数问题难于分解）。

Shamir 秘密共享方案[19-20]的信息论安全性保证了分割私钥的隐私。RU 的私钥 sk 安全分割成 n 部分，任何少于 k 份的部分私钥都无法恢复初始私钥 sk ，这意味着对手无法利用少于 k 份的私钥解密得到初始明文。

证毕。

2. 子协议的安全性

在安全模型中，针对非共谋的半可信敌手，安全约分协议可以实现理想的功能，而不会泄露隐私。简便起见，在应用场景中，假定挑战者为 RU(D_R)、CP(S_P)、CSP$_i$(S_i)、CSP$_\gamma$(S_γ)，一般情况的定义详见文献[19-20]。通常情况下，只考虑存在单个敌手，而这个敌手能获取不可信参与方之间可能存在的共谋。被动攻击是指敌手仅知道各参与方存在的漏洞，而主动攻击是指敌手完全控制了各个参与方，并假定参与方不能遵守规定的协议。通常来说，进行被动攻击的敌手是半可信的，而进行主动攻击的敌手是恶意的。

定理 3.2 针对半可信（非共谋）敌手 $\mathcal{A}=(\mathcal{A}_{D_R},\mathcal{A}_P,\mathcal{A}_{S_i},\mathcal{A}_{S_\gamma})$，3.1.4 节描述的 RSM 协议可以安全地实现密文乘法运算。

证明

Sim_{D_R} 接收 x 和 y 作为输入，模拟敌手 $\mathcal{A}_{D_R}$ 如下。生成密文 $[\![x]\!]=\mathrm{Enc}(x)$ 和 $[\![y]\!]=\mathrm{Enc}(y)$，然后返回给 $\mathcal{A}_{D_R}$，并输出 $\mathcal{A}_{D_R}$ 的整个视图。

$\mathcal{A}_{D_R}$ 的视图包含它生成的密文。由于 PCTD 的语义安全性，$\mathcal{A}_{D_R}$ 的视图在实际执行和理想执行中是不可区分的。

Sim_{S_P} 模拟敌手 $\mathcal{A}_{S_P}$ 如下。首先选择 2 个随机数 $\hat{x}$ 和 $\hat{y}$，运行 $\mathrm{Enc}(\cdot)$ 算法生成密文 $[\![\hat{x}]\!]$ 和 $[\![\hat{y}]\!]$，随机选择 $r_i\in\mathbb{Z}_N$，计算密文 $\hat{X}$ 和 $\hat{Y}$，然后运行 $\mathrm{PDec}(\cdot)$ 算法计算 $\hat{X}_1$ 和 $\hat{Y}_1$。Sim_{S_P} 发送密文 $\hat{X}$、$\hat{Y}$、$\hat{X}_1$ 和 $\hat{Y}_1$ 给 $\mathcal{A}_{D_p}$，如果 $\mathcal{A}_{D_p}$ 回复⊥，则 Sim_{S_P} 回复⊥。

$\mathcal{A}_{S_P}$ 的视图包含它生成的密文。在实际和理想的执行过程中，$\mathcal{A}_{S_P}$ 收到输出的密文 $\hat{X}$、$\hat{Y}$、$\hat{X}_1$ 和 $\hat{Y}_1$。由于 RU 是可信的和 PCTD 的语义安全性，$\mathcal{A}_{S_P}$ 的视图在实际执行和理想执行中是不可区分的。

Sim_{S_i} 模拟 $\mathcal{A}_{S_i}$ 如下。选择随机数 x'' 和 y''，运行 $\mathrm{Enc}(\cdot)$ 算法生成密文 $[\![x'']\!]$ 和 $[\![y'']\!]$，运用 $\mathrm{PDec}(\cdot)$ 算法生成 $\mathrm{CT}_{x''}^{(i)}$ 和 $\mathrm{CT}_{y''}^{(i)}$，然后把这些部分加密的密文发送给 $\mathcal{A}_{S_i}$。如果 $\mathcal{A}_{S_i}$ 回复⊥，则 Sim_{S_i} 回复⊥。

$\mathcal{A}_{S_i}$ 的视图包含它生成的密文。在实际和理想的执行过程中，$\mathcal{A}_{S_i}$ 收到输出的密文 $\mathrm{CT}_{x''}^{(i)}$ 和 $\mathrm{CT}_{y''}^{(i)}$。由于 PCTD 的语义安全性，$\mathcal{A}_{S_\gamma}$ 的视图在实际和理想执行过程中是不可区分的。

Sim_{S_γ} 模拟 $\mathcal{A}_{S_\gamma}$ 如下。随机选择 $\hat{h}$，运行 $\mathrm{Enc}(\cdot)$ 算法生成密文 $[\![\hat{h}]\!]$，然后发送给敌手 $\mathcal{A}_{D_\gamma}$。如果 $\mathcal{A}_{D_\gamma}$ 回复⊥，则 Sim_{S_γ} 回复⊥。

$\mathcal{A}_{S_\gamma}$ 的视图包含它生成的密文。在实际和理想的执行过程中，它收到输出的密文 $[\![\hat{h}]\!]$。由于 PCTD 的语义安全性，$\mathcal{A}_{S_\gamma}$ 的视图在实际和理想执行过程中是不可区分的。

证毕。

针对半可信（非共谋）敌手 $\mathcal{A}=(\mathcal{A}_{D_R},\mathcal{A}_P,\mathcal{A}_{S_i},\mathcal{A}_{S_\gamma})$，SLT 和 SMMS 协议的安全性证明与 RSM 协议的安全性证明相似。接下来，将证明 SEQ 协议的安全性。

定理 3.3　针对半可信（非共谋）敌手 $\mathcal{A}=(\mathcal{A}_{D_R},\mathcal{A}_P,\mathcal{A}_{S_i},\mathcal{A}_{S_\gamma})$，3.1.4 节描述的 SEQ 协议可以安全地判断密文对应的明文是否相等。

证明

Sim_{D_R} 收到 x 和 y 作为输入，模拟敌手 $\mathcal{A}_{D_R}$ 如下。运行 $\text{Enc}(x)$ 算法生成密文 $[\![x]\!]=\text{Enc}(x)$ 和 $[\![y]\!]=\text{Enc}(y)$，然后返回给 $\mathcal{A}_{D_R}$，并输出 $\mathcal{A}_{D_R}$ 的视图。

$\mathcal{A}_{D_R}$ 的视图包含它生成的密文。由于 PCTD 的语义安全性，$\mathcal{A}_{D_R}$ 的视图在实际执行和理想执行过程中是不可区分的。

Sim_{S_P} 模拟 $\mathcal{A}_{S_P}$ 如下。首先随机选择 $\hat{x}$ 和 $\hat{y}$，运行 $\text{Enc}(x)$ 算法生成密文 $[\![\hat{x}]\!]$ 和 $[\![\hat{y}]\!]$；然后将 $[\![\hat{x}]\!]$ 和 $[\![\hat{y}]\!]$ 作为 $\text{Sim}_{S_P}^{(\text{SLT})}(\cdot,\cdot)$ 的输入，将 $[\![\hat{y}]\!]$ 和 $[\![\hat{x}]\!]$ 作为 $\text{Sim}_{S_P}^{(\text{SLT})}(\cdot,\cdot)$ 的输入，分别生成密文 $[\![\hat{u}_1]\!]$ 和 $[\![\hat{u}_2]\!]$；接着计算 $[\![1]\!]\cdot[\![\hat{u}_1]\!]^{N-1}$ 和 $[\![1]\!]\cdot[\![\hat{u}_2]\!]^{N-1}$，将 $[\![1]\!]\cdot[\![\hat{u}_1]\!]^{N-1}$ 和 $[\![\hat{u}_2]\!]$ 作为 $\text{Sim}_{S_P}^{(\text{RSM})}(\cdot,\cdot)$ 的输入，将 $[\![\hat{u}_1]\!]$ 和 $[\![1]\!]\cdot[\![\hat{u}_2]\!]^{N-1}$ 作为 $\text{Sim}_{S_P}^{(\text{RSM})}(\cdot,\cdot)$ 的输入，分别生成 $[\![\hat{f}_1^*]\!]$ 和 $[\![\hat{f}_2^*]\!]$；最后计算 $[\![\hat{f}]\!]=[\![\hat{f}_1^*]\!]\cdot[\![\hat{f}_2^*]\!]$，并发送密文 $[\![\hat{u}_1]\!],[\![\hat{u}_2]\!],[\![\hat{f}_1^*]\!],[\![\hat{f}_2^*]\!],[\![\hat{f}]\!]$ 给敌手 $\mathcal{A}_{S_P}$。如果 $\mathcal{A}_{S_P}$ 回复⊥，则 Sim_{S_P} 回复⊥。

Sim_{S_i} 和 Sim_{S_γ} 的模拟过程类似于 Sim_{S_P}。

证毕。

针对半可信（非共谋）敌手 $\mathcal{A}=(\mathcal{A}_{D_R},\mathcal{A}_P,\mathcal{A}_{S_i},\mathcal{A}_{S_\gamma})$，SDIV、SGCD 和 SRF 协议的安全性证明与 SEQ 协议的安全性证明类似。加密有理数计算的安全性依赖于基本整数计算的安全性，这一点已经得到了证明。接下来，将证明 POCR 框架在 3.1.3 节定义的主动敌手 $\mathcal{A}^*$ 下是安全的。

3．POCR 框架的安全性

如果 $\mathcal{A}^*$ 窃听了挑战者 RU 和 CP 之间的通信链路，那么 $\mathcal{A}^*$ 可以获得加密的原始明文和最终结果。此外，$\mathcal{A}^*$ 也可以通过窃听获取 CP 和 CSP 之间传输的密文结果（执行 RSM、SLT、SMMS、SEQ、SDIV、SGCD 和 SRF 得到的中间密文结果）。然而，这些数据在传输过程中是加密的，由于 PCTD 的语义安全性，$\mathcal{A}^*$ 在不知道挑战者 RU 的私钥的情况下无法解密密文。接下来，假设 $\mathcal{A}^*$ 已经破坏 CSP（或 CP）

获得了部分强私钥，但是$\mathcal{A}^*$无法恢复出挑战者 RU 的私钥来解密密文，因为私钥是通过 PCTD 的 Keys 算法随机分割的。即使敌手$\mathcal{A}^*$破坏了超过 k 个 CSP，$\mathcal{A}^*$也无法获得有用的信息，因为上述协议使用了“盲化”明文[21]技术，即已知消息的加密密文，使用 PCTD 加密系统的加法同态性质向明文添加随机消息，因此，原始明文被“盲化”了。如果$\mathcal{A}^*$获得了其他 RU（挑战者 RU 以外）的私钥，$\mathcal{A}^*$也不能解密 RU 的密文，因为在设计的系统中，不同 RU 的私钥之间是没有关联的（系统中的私钥是随机且独立选择的）。

3.1.7 性能评估

本节将评估 POCR 框架的性能。

1. **实验分析**

采用 Java 内置的自定义模拟器对 POCR 框架的运行时间和通信开销进行评估，并采用 3.6 GHz、8 核处理器和 12 GB RAM 内存配置的 PC 计算机进行实验。

（1）基本密码原语和协议的性能

在 PC 测试台上对基本密码原语、整数和有理数计算工具包的性能进行评估。设 N 为 1 024 bit 以达到 80 bit 的安全等级[22]。设 $k=2$ 和 $n=2$，计算结果取 1 000 次计算的平均值。同时，使用一部配置 8 核处理器（4 核心-A17 + 4 核心-A7）和 2 GB RAM 内存的智能手机对基本密码原语的性能进行评估，如表 3-2 所示。评估结果表明，PCTD 中的算法适用于 PC 和智能手机环境。注意，整数和有理数计算工具包都是针对外包计算而构造的，因此整数子协议和安全有理数计算的性能只能在 PC 环境进行评估，如表 3-3 和表 3-4 所示。

表 3-2 基本密码原语的性能

算法	PC 运行时间/ms	手机运行时间/ms
Enc	8.235	45.096
PD	22.622	130.233
TDec	0.437	3.496
CR	7.379	45.700
Dec	8.221	48.016

表 3-3　整数子协议的性能

协议	CP 运行时间/ms	CSP 运行时间/ms	通信开销/KB
RSM	82.688	51.760	1.248
SBD (10 bit)	337.828	306.543	15.01
SLT	37.560	29.976	0.749
SEQ	266.699	165.565	3.994
SMMS	80.827	45.850	2.744
SDIV (10 bit)	6.211×10^3	4.720×10^3	127.590
SGD (10 bit)	64.252×10^3	47.878×10^3	1.328×10^3
SRF (10 bit)	156.013×10^3	116.107×10^3	1.581×10^3

表 3-4　安全有理数计算的性能①

协议	CP 运行时间/ms	CSP 运行时间/ms	通信开销/KB
ADD(R)	280.757	155.643	3.743
MIN(R)	283.764	154.041	3.746
MUL(R)	190.336	105.678	2.498
DIV(R)	195.329	108.064	2.496
SMUL(R)	29.937	—	—
CMP(R)	216.630	125.544	3.246
EQ(R)	495.146	273.835	6.494

（2）影响协议性能的因素

实验评估结果如图 3-2～图 3-5 所示。N 的长度$\|N\|$会影响 PCTD 的运行时间。从图 3-2 可以看出，基本加密算法的运行时间随着$\|N\|$的增大而增加，这是因为模乘和指数运算需要传输更多的比特，其运行时间会随着$\|N\|$的增大而增加。

影响整数协议工具包性能的主要是以下 2 个因素：$\|N\|$（影响所有协议）和明文域大小（影响 SBD、SDIV、SGCD 和 SRF 协议）。从图 3-3 可以看出，协议的运行时间和通信开销都随着$\|N\|$的增大而增加，这是因为协议的性能均依赖于PCTD的基本运算。

① ADD(R)代表加密有理数加法运算，MIN(R)代表加密有理数减法运算，MUL(R)代表加密有理数乘法运算，DIV(R)代表加密有理数除法运算，SMUL(R)代表加密有理数标量乘法运算，CMP(R)代表加密有理数比较运算，EQ(R)代表加密有理数相等测试运算。

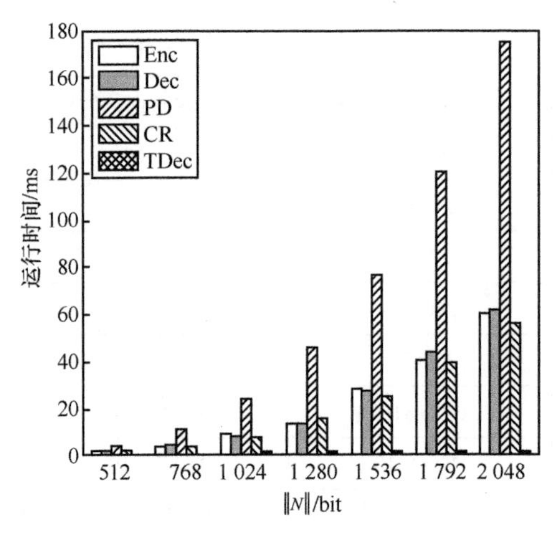

图 3-2 基本加密算法的运行时间与 ‖ N ‖ 的关系

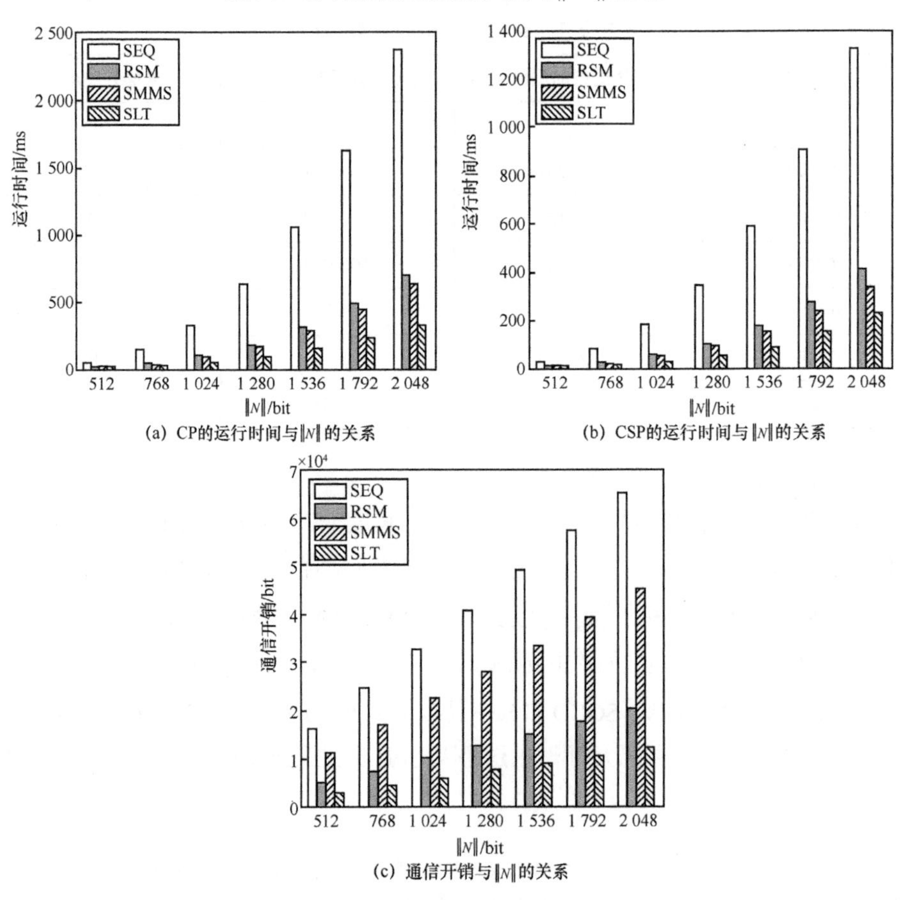

图 3-3 协议运行时间和通信开销与 ‖ N ‖ 的关系

从图 3-4 可以看出，SBD、SDIV、SGCD 和 SRF 协议的运行时间和通信开销随着 $\|N\|$ 和明文域大小的增加而增加，这是因为密文量的增加消耗了更多的计算和通信资源。

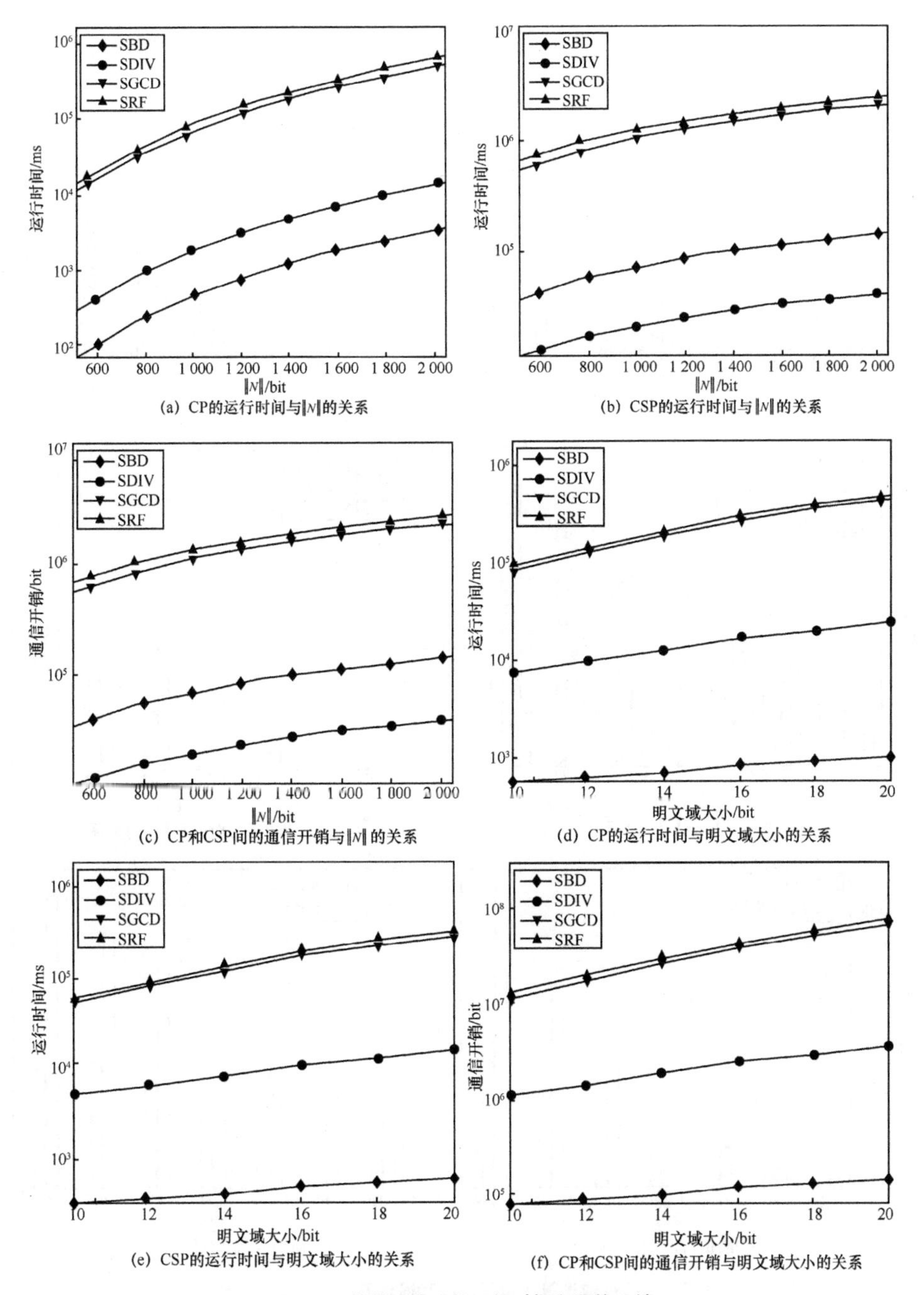

图 3-4　整数子协议的运行时间和通信开销

从图 3-5 可以看出，有理数计算的运行时间和通信开销随着 $\|N\|$ 的增大而增加，其原因与整数运算类似。

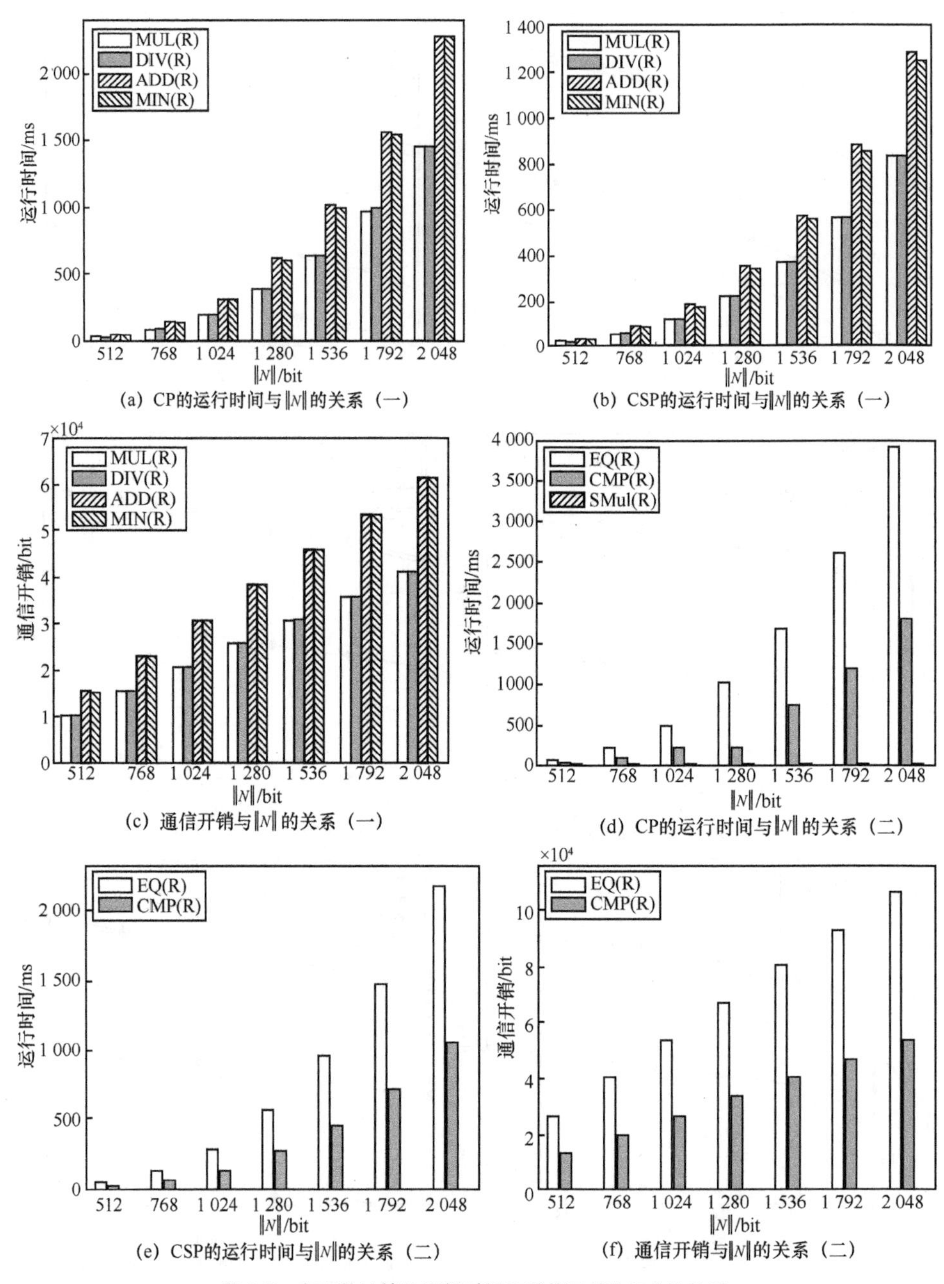

(a) CP的运行时间与‖N‖的关系（一）

(b) CSP的运行时间与‖N‖的关系（一）

(c) 通信开销与‖N‖的关系（一）

(d) CP的运行时间与‖N‖的关系（二）

(e) CSP的运行时间与‖N‖的关系（二）

(f) 通信开销与‖N‖的关系（二）

图 3-5 有理数计算的运行时间和通信开销 $\|N\|$ 的关系

优化计算速度。可以采用以下方法来减少协议的运行时间，从而提高整体效率。①并行执行协议。多个协议步骤可以并行执行，例如，DIV(R)协议中可以同时处理分子$[\![z^{\uparrow}]\!]$和分母$[\![z^{\downarrow}]\!]$。②较小的μ。μ越小，SBD、SDIV、SGCD 和 SRF 协议的循环次数越少，执行速度越快。然而，这会导致明文域变小，进而导致安全性降低。③较小的N。N越小，所有协议的运行时间越短，即牺牲安全性来换取效率。注意，在实际执行中，需要选择合适的μ和N，以平衡运行时间和明文域（安全级别）。

2. **计算分析**

（1）运行时间

假设计算一个指数长度为$\|N\|$的指数运算需要$1.5\|N\|$次乘法[23]（例如，指数r的长度为$\|N\|$，计算g^r需要$1.5\|N\|$次乘法）。因为指数运算的开销远远大于加法和乘法运算，所以在理论分析中忽略固定的加法和乘法。对于 PCTD，Enc 算法需要$1.5\|N\|$次乘法，Dec 算法需要$1.5\|N\|$次乘法，PD 算法需要$4.5\|N\|$次乘法，TDec 算法需要$4.5k$次乘法①，CR 算法需要$1.5\|N\|$次乘法。

对于基本子协议，运行 RSM 协议，CP 需要$16.5\|N\|$次乘法，CSP_i需要$9\|N\|$次乘法，CSP_γ需要$(9k+10.5)\|N\|$次乘法；运行 SLT 协议，CP 需要$9\|N\|$次乘法，CSP_i需要$4.5\|N\|$次乘法，CSP_γ需要$(4.5k+6)\|N\|$次乘法；运行 SMMS 协议，CP 需要$16.5\|N\|$次乘法，CSP_i需要$4.5\|N\|$次乘法，CSP_γ需要$(4.5k+7.5)\|N\|$次乘法；运行 SBD 协议，CP 分别需要$4.5\mu\|N\|$次乘法（最好的情况）和$6\mu\|N\|$次乘法（最坏的情况），CSP_i需要$4.5\mu\|N\|$次乘法，CSP_γ需要$(4.5k+6)\mu\|N\|$次乘法；运行 SEQ 协议，CP 需要$51\|N\|$次乘法，CSP_i需要$27\|N\|$次乘法，CSP_γ需要$(18k+33)\|N\|$次乘法；运行 SDIV 协议，CP 需要$o(\mu^2\|N\|+\mu^3)$次乘法，CSP_i需要$o(\mu^2\|N\|)$次乘法，CSP_γ需要$o(\mu^2 k\|N\|)$次乘法；运行 SGCD 协议，CP 需要$o(\mu^3\|N\|+\mu^4)$次乘法，CSP_i需要$o(\mu^3\|N\|)$次乘法，CSP_γ需要$o(\mu^3 k\|N\|)$次乘法。

（2）通信开销

在 PCTD 中，传输密文$[\![x]\!]$和$CT^{(1)}$需要$2\|N\|$bit。对于基本子协议，在 CP 和CSP_s之间，运行 RSM 协议需要$10\|N\|$bit，运行 SLT 协议需要$6\|N\|$bit，运行 SMMS 协议需要$14\|N\|$bit，运行 SEQ 协议需要$48\|N\|$bit，运行 SBD 协议需

① 在实际应用中，$k \ll \|N\|$，且$\alpha_1,\cdots,\alpha_n$可以选择相对较小的数字。因此，TDec 算法的运行时间明显小于 PD 算法。换句话说，本节列出的性能评估属于最坏的情况。

要 $6\mu\|N\|$ bit，运行 SDIV 协议需要 $o(\mu^2\|N\|)$ bit，运行 SGCD 协议需要 $o(\mu^3\|N\|)$ bit。表 3-5 列出了加密有理数计算的运行时间和通信开销，其中，运行时间为乘法次数。

表 3-5　加密有理数的计算分析

协议	CP 运行时间/次	CSP_y 运行时间/次	CSP_i 运行时间/次	CSP_s 与 CP 的通信开销/bit
ADD(R)	$49.5\|N\|$	$(27k+31.5)\|N\|$	$27\|N\|$	$30\|N\|$
MIN(R)	$51\|N\|$	$(27k+31.5)\|N\|$	$27\|N\|$	$30\|N\|$
MUL(R)	$33\|N\|$	$(18k+21)\|N\|$	$18\|N\|$	$20\|N\|$
DIV(R)	$33\|N\|$	$(18k+21)\|N\|$	$18\|N\|$	$20\|N\|$
SMUL(R)	$3\|N\|$	—	—	—
CMP(R)	$42\|N\|$	$(22.5k+27)\|N\|$	$22.5\|N\|$	$26\|N\|$
EQ(R)	$84\|N\|$	$(36k+54)\|N\|$	$36\|N\|$	$68\|N\|$

3.2　支持浮点数的密态计算

3.2.1　引言

云计算拥有强大的计算和存储能力，对于个人或组织存储和处理数据，是一种十分有前景的解决方案，其广泛应用于各大领域，如：物联网[4]、电子商务[5]、电子健康医疗[24]等。近年来，国内建立了大量专门从事云计算研究的实验室[25-26]。

实数是最常用的数字，普遍存在于电脑系统和语言中的浮点数相当于利用整数的科学计数法近似表示一个实数，以维持范围和精度间的平衡。在电子健康医疗云系统中，可穿戴传感器被用来监测患者的健康状况，如心率、血糖含量、胰岛素含量等。由于传感器的存储和计算资源是有限的，这些监测数据（总以实数形式存在）将会被发送至云端进行存储和处理。因此，在云计算中，个人健康信息的安全和隐私是亟待解决的问题。此外，许多应用程序需要对外包数据进行计算，在电子医疗云实例中，可以利用一些决策模型自动检测患者健康状况，决策模型的参数（例如，朴素贝叶斯模型[27]中的概率）为实数形式；外包个人健康数据通常由非整数构成，可参见日本公共健康中心对 36 745 名 40～69 岁测试者的研究[28]。然而，密码系统通常只能保护整数形式的数据，如果将实数形式的数据直接转换为整数进行计算，将会影响数据和决策结果的准确性，甚至会导致错误诊断。因此，在不影响外包数据隐私的前提下，如何实现密态浮点数计算是面临的主要挑战。

为了解决上述问题，本节提出一种隐私保护的外包计算浮点数（POCF，Privacy-Preserving Outsourced Computation on Floating Point Number）框架。不同于现有的加密浮点数计算框架[29-34]，POCF 框架面临的挑战性问题可以分为以下 5 个方面。

（1）安全集中式浮点数存储。浮点数经过加密后外包给中央公共云服务器，而不需要进行明文扩展。在 POCF 框架中，不需要进行数据分割来生成额外的虚拟消息。相反，所有的 FPN 都以特定格式和固定长度集中存储在云服务器中。

（2）安全浮点数计算。POCF 框架可以实时安全地实现常用的外包 FPN 运算，在加密 FPN 运算过程中，原始 FPN 框架和最终的计算结果均不会泄露给未授权方，包括内部诚实且好奇的参与方。

（3）异常情况处理。POCF 框架可以在整个阶段成功管理 FPN 异常（上/下溢出）。在计算之前，不需要复杂的预计算技术来处理异常情况。此外，POCF 框架也不需要额外的服务器来存储每个加密 FPN 的异常信息。

（4）支持任意次数的计算。为了支持任意次数的计算，加密 FPN 运算可以实现密态数据的“刷新”。这项计算不会影响计算过程中 FPN 的固定属性，即原始 FPN 和计算输出的 FPN 具有相同的格式，上一步计算结果可以直接用于下一步加密 FPN 计算。

（5）易于用户管理。在执行任何安全浮点数计算之前，用户不需要使用复杂方法管理和处理浮点数，只需要加密浮点数并外包给云服务器进行存储。此外，云服务器与用户之间不需要频繁的通信交互，如果用户要执行 FPN 计算，只需要提交请求，等待云服务器在下一轮通信中回传结果。

3.2.2　准备工作

本节中会使用加法同态加密系统和浮点数的定义，这些是构造 POCF 框架的基础。其中，$\|x\|$ 表示消息 x 的比特长度，$|x|$ 表示 x 的绝对值，pk_a 和 sk_a 分别表示 RU 的

公钥和私钥，$sk_a^{(1)}$和$sk_a^{(2)}$表示sk_a的部分私钥，$[\![x]\!]_{pk_a}$表示使用公钥pk_a加密x的密文，$D_{sk_a}(\cdot)$表示使用私钥sk_a的解密算法。为了简便，如果所有密文均属于同一个RU_a，则使用$[\![x]\!]$替代$[\![x]\!]_{pk_a}$。

3.2.3 系统模型和隐私需求

本节将形式化定义 POCF 框架的系统模型，概述问题并定义攻击模型。

1. **系统模型**

本节系统主要关注云服务器如何以隐私保护的方式响应用户的请求。该系统模型包括 KGC、CP、CSP 和 RU，如图 3-6 所示。

（1）KGC。KGC 是可信服务器，负责分配和管理系统中的私钥。

（2）RU。一般来说，RU 需要先用其公钥加密个人数据，然后将密文数据上传至 CP 进行存储，RU 也可以要求 CP 对外包的数据进行密态计算。

（3）CP。CP 拥有“无限制”的数据存储空间，负责存储和管理来自所有注册方 RU 的外包数据。此外，CP 还可以存储所有中间和最终密文结果，并对加密的数据执行特定计算。

（4）CSP。CSP 为 RU 提供在线计算服务。CSP 可以执行密态计算，如密文乘法运算，还能对 CP 发送的密文进行部分解密，继而执行特定计算，然后将计算结果重新加密。

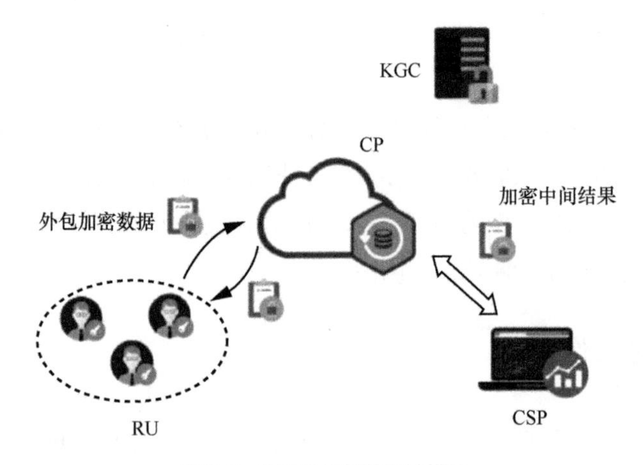

图 3-6　POCF 框架的系统模型

2. **问题陈述**

数据库 T 包含 α 条记录 $x_i(1 \leqslant i \leqslant \alpha)$，其中 x_i 是浮点数数据（例如，胰岛素含量），属于请求用户 RU。RU 需要将个人数据加密后，再外包给 CP 进行存储。RU 可以根据个人偏好向 CP 发起查询请求，期待获取关于数据库 T 的一些统计信息。例如，RU 可以查询平均值 $\overline{x} = \frac{\sum_{i=1}^{\alpha} x_i}{\alpha}$ 和方差 $d_j = \frac{\sum_{i=1}^{\alpha}(x_i - \overline{x})^2}{\alpha}$；也可以执行自定义运算，如累加和 $X = \sum_{i=1}^{\alpha} x_i$ 和累积 $X' = \prod_{i=1}^{\alpha} x_i$。由于 x_i 是浮点数，而且需要在计算过程中进行加密，因此会面临以下挑战。

（1）传统的加密方法只能对有限域上的非负整数进行加密，因此，需要在不损害数据所有者（例如，RU）隐私的前提下实现密态浮点数存储。

（2）在进行密态浮点数计算之前，首先需要构建加密的整数计算协议，以支持常用的整数运算，如乘法、比较和模数运算等，这些可以利用同态性质对密文进行计算。

（3）为了支持外包的密态浮点数运算，需要构建安全的密态浮点数运算，如加密 FPN 间的加法、乘法和比较运算。

3. **攻击模型**

在攻击模型中，RU、CP、CSP 是诚实且好奇的参与方，它们严格遵守协议，但也想了解其他参与方的数据。因此，需要在模型中引入主动敌手 $\mathcal{A}^*$，它的目标是解密挑战者 RU 的密文，其具备下述能力。

（1）$\mathcal{A}^*$ 可以窃听所有通信链路来获取加密数据。

（2）$\mathcal{A}^*$ 可能会破坏 CP，获取挑战者 RU 外包的所有密文和 CSP 通过执行交互协议发送的所有密文，继而试图猜测对应的明文值。

（3）$\mathcal{A}^*$ 可能会破坏 CSP，试图猜测 CP 通过执行交互协议发送的所有密文对应的明文值。

（4）$\mathcal{A}^*$ 可能会破坏除了挑战者 RU 之外的其他 RU，以获取它们的解密能力，从而试图猜测属于挑战者 RU 的所有明文。

但是需要对敌手 $\mathcal{A}^*$ 有所约束，其不能同时破坏 CSP 和 CP，且不能破坏 RU。这是加密协议中常见的典型攻击模型（参见文献[7]中回顾的攻击模型）。

3.2.4 加密原语和基本隐私保护整数计算协议

为了实现安全的外包存储，首先需要改进 Paillier 密码系统，然后设计基本的隐私保护整数计算协议，进而构建 3.2.5 节描述的安全浮点数计算协议。

1. **支持部分解密的 Paillier 密码系统**

为了实现 POCF 框架，本节引入 Paillier 密码系统[35]。然而，RU 不能直接向服务器发送私钥，以避免服务器使用私钥获取用户的明文数据。因此，为了降低私钥泄露的风险，基于 Paillier 密码系统将私钥分割成多份，并称这个新系统为基于部分解密的 Paillier 密码系统(PCPD , Paillier Cryptosystem Based on Partially Decryption)。PCPD 由以下算法构成。

（1）密钥生成（KeyGen）。设定 k 为安全参数，p 和 q 为大素数，满足 $\|p\|=\|q\|=k$；然后，计算 $N=p\cdot q,\lambda=\frac{(p-1)(q-1)}{2}$，定义函数 $L(x)=\frac{x-1}{N}$，确定 N 阶的生成元 g。与文献[35]一样，假定 $g=1+N$，由于 $1+N$ 是阶 N 的一个元素，因此公钥 $\text{pk}=N$，相应的私钥 $\text{sk}=\lambda$。

（2）加密（Enc）。已知明文消息 $m\in\mathbb{Z}_N$，选择随机数 $r\in\mathbb{Z}_N^*$，可生成密文为

$$[\![m]\!]=g^m\cdot r^N \bmod N^2=(1+mN)r^N \bmod N^2$$

（3）解密（Dec）。使用私钥 $\text{sk}=\lambda$，解密算法 $D_{\text{sk}_a}(\cdot)$ 可解密密文 $[\![m]\!]$，即

$$[\![m]\!]^\lambda \bmod N^2=r^{\lambda N}\cdot(1+mN\lambda)\bmod N^2=(1+mN\lambda)$$

因为 $\gcd(\lambda,N)=1$，所以可以恢复原始明文为

$$m=L([\![m]\!]^\lambda \bmod N^2)\lambda^{-1}\bmod N$$

（4）私钥分割（KeyS）。私钥 $\text{sk}=\lambda$ 可分割成两部分，记为 $\text{sk}^{(1)}=\lambda_1,\text{sk}^{(2)}=\lambda_2$，且同时满足 $\lambda_1+\lambda_2\equiv 0\bmod\lambda,\lambda_1+\lambda_2\equiv 1\bmod N$。

（5）部分解密算法 1（PDec1）。一旦接收到 $[\![m]\!]$，PDec1 算法 $\text{PD}_{\text{sk}^{(1)}}(\cdot)$ 将使用部分私钥 $\text{sk}^{(1)}=\lambda_1$，从而计算得到部分解密密文 $\text{CT}^{(1)}$。

$$\text{CT}^{(1)}=[\![m]\!]^{\lambda_1}=r^{\lambda_1 N}\cdot(1+mN\lambda_1)\bmod N^2$$

（6）部分解密算法 2（PDec2）。一旦接收到 $[\![m]\!]$ 和 $\text{CT}^{(1)}$，PDec2 算法 $\text{PD}_{\text{sk}^{(2)}}(\text{CT}^{(1)};[\![m]\!])$ 将进行以下计算来恢复原始明文 m。

$$\text{CT}^{(2)}=[\![m]\!]^{\lambda_2}=r^{\lambda_2 N}\cdot(1+mN\lambda_2)\bmod N^2$$

然后，计算 $T'' = \mathrm{CT}^{(1)} \cdot \mathrm{CT}^{(2)} \bmod N^2$。最后，可以获得明文 $m = L(T'')$。

（7）密文刷新（CR）。接收到 $[\![m]\!]$ 后，CR 算法可以在不改变原始明文 m 的前提下，通过随机选择 $r \in \mathbb{Z}_N^*$ 刷新密文，计算如下

$$[\![m]\!]' = [\![m]\!] \cdot r'^N = (r \cdot r')^N \cdot (1 + mN) \bmod N^2$$

已知明文 $m_1, m_2 \in \mathbb{Z}_N$，PCPD 具有下列性质

$$[\![m_1]\!] \cdot [\![m_2]\!] = g^m \cdot r^N \bmod N^2 = (1 + (m_1 + m_2)N)(r_1 r_2)^N \bmod N^2 = [\![m_1 + m_2]\!]$$

$$[\![m_1]\!]^{N-1} = r^{\lambda N} \cdot (1 + (N-1)m_1 N) \cdot r^{(N-1) \cdot N} \bmod N^2 = [\![-m_1]\!]$$

KGC 为 RU 生成私钥 sk 和公钥 pk，将私钥 sk 随机分割成部分私钥 $\mathrm{sk}_a^{(1)}$ 和 $\mathrm{sk}_a^{(2)}$，并将 $\mathrm{sk}_a^{(1)}$ 和 pk 发送给 CP，将 $\mathrm{sk}_a^{(2)}$ 和 pk 发送给 CSP。RU 可以用公钥 pk 加密数据，并将密文外包给 CP 进行存储。

下面将介绍安全整数计算子协议。在构造这些子协议之前，假设 CP 和 CSP 都参与下述的整数计算子协议，除非特殊规定，子协议中输入的消息 x 和 y 只能是正整数、0 或者负整数，且属于区间 $[-R_1, R_1]$，其中 $\|R_1\| < \frac{\|N\|}{4} - 1$。如果需要更大的明文域，可以简单地增大 N 的值。N 越大代表明文域越大，意味着安全等级更高，但是这将会影响到 PCPD 的效率。

2. 修订的安全乘法协议

PCPD 只支持加法同态，不能实现 2 个明文间的乘法。为了克服这一缺点，本节改进 SM 协议[16]，提出 RSM 协议。当 CP 接收到密文输入 $[\![x]\!]$ 和 $[\![y]\!]$ 时，RSM 协议可以安全地计算 $[\![x \cdot y]\!]$，步骤如下。

步骤 1　（@CP）。CP 选择随机数 $r_x, r_y \in \mathbb{Z}_N^*$，计算 $X = [\![x]\!] \cdot [\![r_x]\!], Y = [\![y]\!] \cdot [\![r_y]\!]$，$X_1 = \mathrm{PD}_{\mathrm{sk}^{(1)}}(X)$ 和 $Y_1 = \mathrm{PD}_{\mathrm{sk}^{(1)}}(Y)$，并将计算结果 X、Y、X_1、Y_1 发送给 CSP。

步骤 2　（@CSP）。CSP 使用 $\mathrm{sk}^{(2)}$ 计算 $h = \mathrm{PD}_{\mathrm{sk}^{(2)}}(X; X_1) \cdot \mathrm{PD}_{\mathrm{sk}^{(2)}}(Y; Y_1)$，然后使用公钥 pk 重新加密 h，表示为 $H = [\![h]\!]$，发送密文 H 至 CP，h 可简单表示为 $h = (x + r_x) \cdot (y + r_y)$。

步骤 3　（@CP）。一旦接收到 h'，CP 首先计算 $S_1 = [\![r_x \cdot r_y]\!]^{N-1}, S_2 = [\![x]\!]^{N-r_y}$，$S_3 = [\![y]\!]^{N-r_x}$，然后计算

$$H \cdot S_1 \cdot S_2 \cdot S_3 = [\![h - r_y \cdot x - r_x \cdot y - r_x \cdot r_y]\!] = [\![x \cdot y]\!]$$

因此，CP 协同 CSP 可以计算得到密文 $[\![x \cdot y]\!]$。

3. 安全异或协议

已知密文$[\![x]\!]$和$[\![y]\!]$ $(x,y\in\{0,1\})$，安全异或（SXOR，Secure Exclusive OR）协议的目标是获得加密的按位异或结果$[\![f]\!]$，计算如下

$$[\![f_1^*]\!]\leftarrow \mathrm{RSM}([\![1]\!]\cdot[\![x]\!]^{N-1};[\![y]\!])$$
$$[\![f_2^*]\!]\leftarrow \mathrm{RSM}([\![x]\!];[\![1]\!]\cdot[\![y]\!]^{N-1})$$
$$[\![f]\!]=[\![u_1\oplus u_2]\!]=[\![f_1^*]\!]\cdot[\![f_2^*]\!]$$

注意，如果$f=0$，则$x=y$；否则$x\neq y$。

4. 安全小于协议

安全小于协议同 3.1.4 节中所述。

5. 安全相等测试协议

已知密文$[\![x]\!]$和$[\![y]\!]$，安全相等测试（SEQ，Secure Equal Test）协议的目标是获得已知密文$[\![x]\!]$和$[\![y]\!]$ $(x,y\in\{0,1\})$的加密输出$[\![f]\!]$，表示 2 个输入密文对应明文是否相等（$x=y$），SEQ 协议计算如下

$$[\![u_1]\!]\leftarrow \mathrm{SLT}([\![x]\!];[\![y]\!]),[\![u_2]\!]\leftarrow \mathrm{SLT}([\![y]\!];[\![x]\!])$$
$$[\![f]\!]=[\![u_1\oplus u_2]\!]=\mathrm{SXOR}([\![u_1]\!];[\![u_2]\!])$$

注意，如果$f=0$，则$x=y$；否则$x\neq y$。

6. 安全指数运算协议

已知明文x和密文$[\![y]\!]$ $(x>0,y\geqslant 0)$，安全指数运算（SEXP，Secure Exponent Operation）协议输出密文$[\![U]\!]$，满足$U=x^y$，计算如下。

步骤 1（@CP）。

（1）CP 选择随机数$r\in\mathbb{Z}_N^*$，计算$[\![y_1]\!]=[\![y]\!]\cdot[\![r]\!]=[\![y+r]\!]$和$S=(x^r)^{-1}\bmod N$。

（2）CP 使用部分私钥$\mathrm{sk}^{(1)}$计算$Y=\mathrm{PD}_{\mathrm{sk}^{(1)}}([\![y_1]\!])$，然后发送$Y$和$[\![y_1]\!]$给 CSP。

步骤 2（@CSP）。CSP 使用部分私钥$\mathrm{sk}^{(2)}$解密Y，获得明文y_1；然后计算$h=x^{y_1}$，使用公钥 pk 重新加密h，表示为$H=[\![h]\!]$，并发送密文H给 CP，易知$h=x^{y+r}\bmod N$。

步骤 3（@CP）。接收到$[\![h]\!]$后，CP 计算$[\![U]\!]=[\![h]\!]^s=[\![x^{y+r}]\!]^{(x^r)^{-1}}=[\![x^{y+r}\cdot(x^r)^{-1}]\!]\bmod N=[\![x^y]\!]$获得密文$[\![x^y]\!]$。

7. 安全逆运算协议

已知密文$[\![x]\!]$（$x\neq 0$），安全逆运算（SINV，Secure Inverse Operation）协议目标是计算密文$[\![U]\!]$，满足$[\![U]\!]=x^{-1}\bmod N$，SINV 协议描述如下。

步骤 1　（@CP）。

（1）CP 选择随机数 $r \in \mathbb{Z}_N^*$，计算 $[\![x_1]\!] = [\![x^r]\!]$。

（2）CP 使用部分私钥 $\mathrm{sk}^{(1)}$ 计算 $X = \mathrm{PD}_{\mathrm{sk}^{(1)}}([\![x_1]\!])$，然后发送密文 $[\![x]\!]$ 和 $[\![x_1]\!]$ 给 CSP。

步骤 2　（@CSP）。CSP 使用部分私钥 $\mathrm{sk}^{(2)}$ 解密 $[\![x]\!]$，获得明文 x_1；然后，计算 $h = (x_1)^{-1} \bmod N$，使用公钥 pk 重新加密 h，表示为 $H = [\![h]\!]$，并发送密文 H 给 CP。

步骤 3　（@CP）。接收到 $[\![h]\!]$ 后，CP 计算获得 $[\![U]\!] = [\![h]\!]^r = [\![(x \cdot r)^{-1} \cdot r]\!] \bmod N = [\![x^{-1} \bmod N]\!]$。

8. 安全模数运算协议

已知明文 $p(p \ll N)$ 和密文 $[\![x]\!]$，安全模数运算（SMOD，Secure Modulus Operation）协议目标是计算密文 $[\![x \bmod p]\!]$，SMOD 协议描述如下。

步骤 1　（@CP）。

（1）CP 选择随机数 $r \in \mathbb{Z}_N^*$，计算 $[\![x_1]\!] = [\![x]\!] \cdot [\![r]\!] = [\![x + r]\!]$。

（2）CP 计算 $X = \mathrm{PD}_{\mathrm{sk}^{(1)}}([\![x_1]\!])$，然后发送 $[\![X]\!]$ 和 $[\![x_1]\!]$ 给 CSP。

步骤 2　（@CSP）。CSP 使用 $\mathrm{sk}^{(2)}$ 解密 $[\![x]\!]$，获得 x_1；然后计算 $h = x_1 \bmod p$，使用公钥 pk 重新加密 h。表示为 $H = [\![h]\!]$，并发送密文 H 给 CP。

步骤 3　（@CP）。接收到 $[\![h]\!]$ 后，进行如下操作：

（1）CP 计算 $[\![U]\!] = [\![h]\!] \cdot [\![r \bmod p]\!]^{N-1} = [\![h \bmod p - r \bmod p]\!]$；

（2）CP 协同 CSP 计算 $[\![k_u]\!] = \mathrm{SLT}([\![U]\!]; [\![0]\!])$；

（3）CP 计算 $[\![T]\!] = [\![U]\!] \cdot [\![k_u]\!]^p = [\![U + k_u \cdot p]\!]$。

接下来，将基于上述整数计算协议，实现安全外包 FPN 计算。

3.2.5 隐私保护浮点数存储和计算

如果 RU 想外包密态浮点数至 CP 进行存储，亟待解决 2 个方面的技术挑战：（1）安全外包 FPN 存储，（2）安全外包 FPN 计算。

1. 加密浮点数存储

在本节系统中，所有数据均使用相同的精度 η 和底数 β 表示，一个 FPN $x = (-1)^s \cdot (m_1 \cdot m_2 \cdots m_\eta) \cdot \beta^{e-\eta+1}$，可被表示为一个三元组 $(s, m, e-\eta+1)$，满足 $1 \leqslant m_1 < \beta, 0 \leqslant m_i < \beta, i = 2, \cdots, \eta$，其中，$e$ 表示阶码。例如，当 $\eta = 3, \beta = 10$ 时，−17

可被表示为 $-17=(-1)^1\cdot 170\cdot 10^{-1}$，存储为 $(1,170,-1)$；1 可被表示为 $1=(-1)^0\cdot 100\cdot 10^{-2}$，存储为 $(0,100,-2)$。

为了安全地存储 FPN，POCF 协议需要加密 FPN 为 $([\![s]\!],[\![m]\!],[\![t]\!])$，$t\leqslant(e_{\max}-\eta+1)$，此外，定义了一些特殊字符：正无穷 $(+\infty)$、负无穷 $(-\infty)$、非数 (NaN)，如表 3-6 所示。

表 3-6 特殊字符定义

字符	符号位	有效位	幂
0	0	0	0
0	1	0	0
$+\infty$	0	0	$e_{\max}+1$
$-\infty$	1	0	$e_{\max}+1$
NaN	0	非 0	$e_{\max}+1$

将加密 FPN 表示为 $\langle x\rangle=([\![s_x]\!],[\![m_x]\!],[\![t_x]\!])$，即以密文三元组形式存储在 CP 中，定义 2 个 FPN 运算符“+”和“×”。

$$\langle x\rangle+\langle y\rangle=([\![s_x]\!]\cdot[\![s_y]\!],[\![m_x]\!]\cdot[\![m_y]\!],[\![t_x]\!]\cdot[\![t_y]\!])=([\![s_x+s_y]\!],[\![m_x+m_y]\!],[\![t_x+t_y]\!])$$

$$\langle x\rangle\times\langle y\rangle=([\![s_z]\!],[\![m_z]\!],[\![t_z]\!])$$

其中，$[\![s_z]\!]\leftarrow \mathrm{RSM}([\![A]\!];s_x),[\![m_z]\!]\leftarrow \mathrm{RSM}([\![A]\!];m_x),[\![t_z]\!]\leftarrow \mathrm{RSM}([\![A]\!];t_x)$。注意，FPN 运算符“×”的计算优先级高于运算符“+”。

2. **安全外包浮点数计算**

下面介绍 5 种计算协议，用于在外包环境下实现 5 种不同的安全浮点数计算。

（1）安全浮点数相等（FPEQ，Secure Floating Point Number Equality）协议

已知加密 FPN $\langle x\rangle=([\![s_x]\!],[\![m_x]\!],[\![t_x]\!])$ 和 $\langle y\rangle=([\![s_y]\!],[\![m_y]\!],[\![t_y]\!])$，FPEQ 协议的目标是计算 $[\![f]\!]$，使当 $f=0$ 时，$x=y$；当 $f=1$ 时，$x\neq y$。其思路十分简单，即只需要判断 $s_x\overset{?}{=}s_y$，$m_x\overset{?}{=}m_y$，$t_x\overset{?}{=}t_y$，FPEQ 协议执行如下

$$[\![u_1]\!]\leftarrow \mathrm{SXOR}\left([\![s_x]\!];[\![s_y]\!]\right);[\![u_2]\!]\leftarrow \mathrm{SEQ}\left([\![m_x]\!];[\![m_y]\!]\right)$$

$$[\![u_3]\!]\leftarrow \mathrm{SEQ}\left([\![t_x]\!],[\![t_y]\!]\right);[\![u_4]\!]\leftarrow \mathrm{RSM}\left([\![1]\!]\cdot[\![u_1]\!]^{N-1};[\![1]\!][\![u_2]\!]^{N-1}\right)$$

$$[\![u_5]\!]\leftarrow \mathrm{RSM}\left([\![1]\!]\cdot[\![u_3]\!]^{N-1};[\![u_4]\!]\right);[\![f]\!]=[\![1]\!]\cdot[\![u_5]\!]^{N-1}$$

（2）安全浮点数绝对值排序（SFPS，Secure Floating Point Number Absolute Value Sorting）协议

已知加密 FPN $\langle x\rangle$ 和 $\langle y\rangle$，SFPS 协议的目标是输出 $\langle A\rangle$ 和 $\langle I\rangle$，使

$A=\max(|x|,|y|)$，$I=\min(|x|,|y|)$，SFPS 协议执行如下。

步骤 1　利用 FPEQ 和 RSM 协议，判断$\langle x\rangle$或$\langle y\rangle$是否等于$\langle \text{NaN}\rangle$，计算式如下

$$[\![X]\!]\leftarrow \text{FPEQ}(\langle x\rangle;\langle \text{NaN}\rangle);[\![Y]\!]\leftarrow \text{FPEQ}(\langle y\rangle;\langle \text{NaN}\rangle)$$

$$[\![N_0]\!]\leftarrow \text{RSM}([\![X]\!];[\![Y]\!])$$

如果x或y为 NaN，则用$\langle \text{NaN}\rangle$代替$\langle x\rangle$和$\langle y\rangle$；否则，保持$x$和$y$的值不变。这样可以通过计算$\langle x^*\rangle=[\![N_0]\!]\times\langle x\rangle+[\![1-N_0]\!]\times\langle \text{NaN}\rangle$和$\langle y^*\rangle=[\![N_0]\!]\times\langle y\rangle+[\![1-N_0]\!]\times\langle \text{NaN}\rangle$完成赋值。

步骤 2　执行$[\![S_t]\!]=\text{SEQ}([\![t_x]\!];[\![t_y]\!])$判断$x^*$和$y^*$的指数是否相等。如果$t_x\neq t_y$ $(S_t=1)$，那么指数较大的 FPN 较大，通过计算$[\![L_t]\!]\leftarrow \text{SLT}([\![t_x]\!];[\![t_y]\!])$，构造较大的加密 FPN 为$[\![S_t]\!]\times([\![1-L_t]\!]\times\langle x^*\rangle+[\![L_t]\!]\times\langle y^*\rangle)$，较小的加密 FPN 为$[\![S_t]\!]\times([\![L_t]\!]\times\langle x^*\rangle+[\![1-L_t]\!]\times\langle y^*\rangle)$。如果$x$和$y$的指数相等（即$t_x=t_y$），那么有效位较长的 FPN 较大，通过计算$[\![L_m]\!]\leftarrow \text{SLT}([\![m_x]\!];[\![m_y]\!])$，构造较大的加密 FPN 为$[\![1-S_t]\!]\times([\![1-L_m]\!]\times\langle x^*\rangle+[\![L_m]\!]\times\langle y^*\rangle)$，较小的加密 FPN 为$[\![1-S_t]\!]\times([\![L_m]\!]\times\langle x^*\rangle+[\![1-L_m]\!]\times\langle y^*\rangle)$。综合上述可能情况，SFPS 协议输出较大的加密 FPN 为$\langle A\rangle=[\![S_t]\!]\times([\![1-L_t]\!]\times\langle x^*\rangle+[\![L_t]\!]\times\langle y^*\rangle)+[\![1-S_t]\!]\times([\![1-L_m]\!]\times\langle x^*\rangle+[\![L_m]\!]\times\langle y^*\rangle)$，较小的加密 FPN 为$\langle I\rangle=[\![S_t]\!]\times([\![L_t]\!]\times\langle x^*\rangle+[\![1-L_t]\!]\times\langle y^*\rangle)+[\![1-S_t]\!]\times([\![L_m]\!]\times\langle x^*\rangle+[\![1-L_m]\!]\times\langle y^*\rangle)$。

（3）安全浮点数加法（SFPA，Secure Floating Point Number Addition）协议

已知加密 FPN$\langle x\rangle$和$\langle y\rangle$，SFPA 协议的目标是计算密文结果$\langle f^*\rangle$，使$f^*=x+y$，SFPA 协议执行如下。

步骤 1　首先需要考虑特殊情况，如果$\langle x\rangle$或$\langle y\rangle$等于$\langle \text{NaN}\rangle$，则输出密文结果为$\langle \text{NaN}\rangle$；如果一个输入是$+\infty$且另一个输入是$-\infty$，则输出密文结果也为$\langle \text{NaN}\rangle$。这可以通过执行下述计算实现。

$$[\![X_1]\!]\leftarrow \text{FPEQ}(\langle x\rangle;\langle \text{NaN}\rangle);\quad [\![Y_1]\!]\leftarrow \text{FPEQ}(\langle y\rangle;\langle \text{NaN}\rangle)$$

$$[\![X_2]\!]\leftarrow \text{FPEQ}(\langle x\rangle;\langle +\infty\rangle);\quad [\![Y_2]\!]\leftarrow \text{FPEQ}(\langle y\rangle;\langle +\infty\rangle)$$

$$[\![X_3]\!]\leftarrow \text{FPEQ}(\langle x\rangle;\langle -\infty\rangle);\quad [\![Y_3]\!]\leftarrow \text{FPEQ}(\langle y\rangle;\langle -\infty\rangle)$$

$$[\![U_1]\!]\leftarrow \text{RSM}\left([\![1]\!]\cdot[\![X_2]\!]^{N-1};[\![1]\!]\cdot[\![Y_3]\!]^{N-1}\right) \tag{3-1}$$

$$[\![U_2]\!]\leftarrow \text{RSM}\left([\![1]\!]\cdot[\![X_2]\!]^{N-1};[\![1]\!]\cdot[\![Y_3]\!]^{N-1}\right) \tag{3-2}$$

$$[\![u_1^*]\!]=[\![1]\!]\cdot[\![X_1]\!]^{N-1}[\![1]\!]\cdot[\![Y_1]\!]^{N-1}\cdot[\![U_1]\!]\cdot[\![U_2]\!]=[\![(1-X_1)+$$

$(1-Y_1)+(1-X_2)(1-Y_3)+(1-X_3)(1-Y_2)]\!]$

然后，计算 $[\![u^*]\!] \leftarrow \mathrm{SLT}([\![u_1^*]\!];[\![1]\!])$，构造 $\langle x^*\rangle = [\![u^*]\!]\times\langle x\rangle + [\![1-u^*]\!]\times\langle \mathrm{NaN}\rangle$ 和 $\langle y^*\rangle = [u^*]\!]\times\langle y\rangle + [\![1-u^*]\!]\times\langle \mathrm{NaN}\rangle$。

步骤 2 利用 SFPS 协议为 x^* 和 y^* 排序，即执行 $(\langle A\rangle;\langle I\rangle) \leftarrow \mathrm{SFPS}(\langle x^*\rangle;\langle y^*\rangle)$，然后计算

$$[\![t_1]\!] = [\![t_A]\!]\cdot[\![t_I]\!]^{N-1} = [\![t_A - t_I]\!];\quad [\![B_1]\!] \leftarrow \mathrm{SEXP}(10;[\![t_1]\!])$$

$$[\![t_2]\!] = [\![t_A]\!]\cdot[\![\eta]\!]\cdot[\![t_I]\!]^{N-1} = [\![t_A - t_I + \eta]\!]$$

$$[\![B_2]\!] \leftarrow \mathrm{SEXP}(10;[\![t_2]\!])$$

$$[\![K_1]\!] = [\![m_A \cdot 10^{t_A - t_I}]\!] \leftarrow \mathrm{RSM}([\![m_A]\!];[\![B_1]\!])$$

此外，还需要计算

$$[\![s_v]\!] \leftarrow \mathrm{SXOR}([\![s_A]\!];[\![s_I]\!])$$

$$[\![S_V]\!] \leftarrow \mathrm{SEXP}(-1;[\![s_v]\!])$$

$$[\![S_V \cdot m_I]\!] \leftarrow \mathrm{RSM}([\![S_V]\!];[\![m_I]\!])$$

$$[\![E_1]\!] = [\![m_A \cdot 10^{t_A - t_I} + (-1)^{s_v}\cdot m_I]\!] = [\![K_1]\!][\![S_V \cdot m_I]\!] \tag{3-3}$$

步骤 3 初始化 $[\![u_{\eta-1}]\!] = [\![1]\!]$，然后判断有效位个数，即 E_1 的长度。构造过程如下。

for $(j=\eta$ to $2\eta-1)$计算 $[\![E_j^*]\!] \leftarrow \mathrm{SMOD}([\![E_1]\!];10^j)$

$[\![T_j^*]\!] = [\![E_1]\!]\cdot[\![E_j^*]\!]^{N-1};[\![u_j]\!] \leftarrow \mathrm{SEQ}([\![T^*]\!];[\![0]\!])$

$[\![w_{j,j-1}]\!] \leftarrow \mathrm{SXOR}([\![u_j]\!];[\![u_{j-1}]\!]);[\![u_j']\!] \leftarrow \mathrm{RSM}([\![w_{j,j-1}]\!];[\![j]\!])$ }

end for

最后，计算 $[\![U]\!] = \sum_{i=\eta}^{2\eta-1}[\![u_j']\!]$。

步骤 4 需要确保计算结果有 η 个有效位的结果，构造过程如下。

① CP 计算 $[\![t_3]\!] = [\![U]\!]\cdot[\![\eta]\!]^{N-1};[\![B_3]\!] \leftarrow \mathrm{SEXP}(10;[\![t_3]\!]);[\![M_f]\!] = [\![0]\!]$。

② for $(j=0$ to $\eta-1)\{$计算 $[\![B_j']\!] \leftarrow \mathrm{SEQ}([\![j]\!];[\![t_3]\!])$

$[\![E_3]\!] \leftarrow \mathrm{SMOD}([\![E_1]\!];10^j);[\![M_j']\!] = [\![P_1]\!]\cdot[\![E_3]\!]^{N-1}$

$[\![u_j']\!] \leftarrow \mathrm{RSM}([\![1]\!]\cdot[\![B_j']\!]^{N-1};[\![M_j']\!]);[\![M_f]\!] = [\![M_f]\!]\cdot[\![u_j']\!]\}$

end for

③ CP 计算 $[\![t_f]\!] = [\![t_A]\!]\cdot[\![U]\!];[\![s_f^*]\!] = [\![s_A]\!];[\![B_4]\!] \leftarrow \mathrm{SINV}([\![B_3]\!])$

$[\![m_f]\!] \leftarrow \mathrm{RSM}([\![M_f]\!];[\![B_4]\!])$

步骤 5 判断计算结果是否等于 ±∞。如果等于，那么将计算结果更新为 ±∞；否则保持计算结果不变。构造过程如下。

$$[\![u_f]\!] \leftarrow \mathrm{SLT}\left([\![t_f]\!];[\![\eta_{\max}]\!]\right);[\![m_f^*]\!] \leftarrow \mathrm{RSM}\left([\![u_f]\!];[\![m_f]\!]\right)$$

$$[\![t_1^*]\!] \leftarrow \mathrm{RSM}\left([\![u_f]\!];[\![t_f]\!]\right);[\![t_2^*]\!] \leftarrow \mathrm{RSM}\left([\![1]\!]\cdot[\![u_f]\!]^{N-1};[\![\eta_{\max}]\!]\right)$$

$$[\![t_f^*]\!] = [\![t_1^*]\!]\cdot[\![t_2^*]\!] = [\![u^f \cdot t_f + \left(1-u_f\right)\cdot \eta_{\max}]\!]$$

步骤 6　计算$[\![u_t]\!] \leftarrow \mathrm{SLT}([\![t_1]\!];[\![\eta]\!])$，如果$t_A - T_1 \geqslant \eta$（即$u_t = 0$），那么选择$\langle A\rangle$作为最终结果；否则$(u_t = 1)$，选择$\langle f^*\rangle$作为最终结果；SFPA 协议输出密文$\langle f'\rangle = ([\![1-u_t]\!]\times\langle A\rangle + [\![u_t]\!]\times\langle f^*\rangle)$，其中$\langle f^*\rangle = ([\![s_f^*]\!],[\![m_f^*]\!],[\![t_f^*]\!])$。

关于加密 FPN 减法运算，将式（3-1）～式（3-3）改写为式（3-4）～式（3-6）。

$$[\![U_1]\!] \leftarrow \mathrm{RSM}\left([\![1]\!]\cdot[\![X_2]\!]^{N-1};[\![1]\!]\cdot[\![Y_2]\!]^{N-1}\right) \tag{3-4}$$

$$[\![U_2]\!] \leftarrow \mathrm{RSM}\left([\![1]\!]\cdot[\![X_3]\!]^{N-1};[\![1]\!]\cdot[\![Y_3]\!]^{N-1}\right) \tag{3-5}$$

$$[\![E_1]\!] = [\![m_A \cdot 10^{t_A - t_I} - (-1)^{s_V}\cdot m_I]\!] = [\![K_1]\!][\![S_V \cdot m_I]\!] \tag{3-6}$$

此外，当出现特殊情况，即被减数等于 0 时，SFPA 协议步骤 4 中的计算式$[\![s_f^*]\!] = [\![s_A]\!]$应改写为

$$[\![Z]\!] \leftarrow \mathrm{FPEQ}(\langle x\rangle;\langle 0\rangle);[\![s_A\cdot Z]\!] \leftarrow \mathrm{RSM}\left([\![s_A]\!];[\![Z]\!]\right)$$

$$[\![s_f^*]\!] = [\![1]\!]\cdot[\![Z]\!]^{N-1}\cdot[\![s_A\cdot Z]\!] = [\![1 - Z + s_A\cdot Z]\!]$$

（4）安全浮点数乘法（SFPM，Secure Floating Point Number Multiplication）协议

已知加密 FPN $\langle x\rangle$和$\langle y\rangle$，SFPM 协议的目标是计算密文结果$\langle f^*\rangle$，使$f^* = x\cdot y$，SFPM 协议执行如下。

步骤 1　和 SFPA 协议的步骤 1 类似，不同的是，需要考虑 2 个输入分别是 0 和 ∞（包括+∞和−∞）的特殊情况；执行此步骤后，计算得到密文$\langle x^*\rangle$和$\langle y^*\rangle$。

步骤 2　计算符号位、有效位和指数如下

$$[\![P_1]\!] \leftarrow \mathrm{RSM}\left([\![m_x]\!];[\![m_y]\!]\right);[\![s_f^*]\!] \leftarrow \mathrm{SXOR}\left([\![s_x]\!];[\![s_y]\!]\right)$$

步骤 3　判断P_1的有效位是$2\eta-1$还是2η，执行下述计算

$$[\![E^*]\!] \leftarrow \mathrm{SMOD}\left([\![P_1]\!];10^{2\eta-1}\right);[\![T^*]\!] = [\![P_1]\!]\cdot[\![E^*]\!]^{N-1}$$

$$[\![U]\!] \leftarrow \mathrm{SEQ}\left([\![T^*]\!];[\![0]\!]\right)$$

如果$U=1$，那么P_1的有效位是2η；否则P_1的有效位是$2\eta-1$。

步骤 4　确保计算结果有η个有效位，构造过程如下。

① 计算$[\![t_3]\!] = [\![U]\!]\cdot[\![\eta-1]\!];[\![B_3]\!] \leftarrow \mathrm{SEXP}\left(10;[\![t_3]\!]\right);[\![M_f]\!] = [\![0]\!]$

② $\text{for}(j=\eta-1 \text{ to } \eta)\{$ 计算 $[\![B'_j]\!] \leftarrow \text{SEQ}([\![j]\!];[\![t_3]\!])$

$$[\![E_3]\!] \leftarrow \text{SMOD}([\![E_1]\!];10^j);[\![M'_j]\!]=[\![P_1]\!]\cdot[\![E_3]\!]^{N-1}$$

$$[\![u'_j]\!] \leftarrow \text{RSM}([\![1]\!]\cdot[\![B'_j]\!]^{N-1};[\![M'_j]\!]);[\![M_f]\!]=[\![M_f]\!]\cdot[\![u']\!]\ \}$$

③ CP 计算 $[\![t_f]\!]=[\![t_x]\!]\cdot[\![t_y]\!]\cdot[\![\eta]\!]\cdot[\![U]\!]$； $[\![s_f^*]\!]=[\![s_A]\!];[\![B_4]\!] \leftarrow \text{SINV}([\![B_3]\!])$，$[\![m_f]\!] \leftarrow \text{RSM}([\![M_f]\!];[\![B_4]\!])$。

步骤 5 判断计算结果是否等于±∞，与 SFPA 协议中的步骤 5 相同。

（5）安全浮点数比较（SFPC，Secure Floating Point Number Comparison）协议

已知加密 FPN $\langle x\rangle$ 和 $\langle y\rangle$，SFPC 协议的目标是计算密文结果 $[\![f]\!]$，f 反映 x 和 y 的大小关系。SFPC 协议执行如下。

步骤 1 执行 SFPS 协议为 x 和 y 排序，即计算 $(\langle A\rangle;\langle I\rangle) \leftarrow \text{SFPS}(\langle x\rangle;\langle y\rangle)$。

步骤 2 判断 x 或 y 是否等于 NaN，如果不相等，则判断 x 和 y 的符号是否相同，如果 x 和 y 的符号不同，那么带正号的 FPN 较大；如果 x 和 y 的符号相同，且 x 和 y 均为正数，那么绝对值较大的 FPN 较大，如果 x 和 y 均为负数，那么绝对值较大的 FPN 较小。构造过程如下。

$$[\![U]\!] \leftarrow \text{FPEQ}(\langle A\rangle;\langle \text{NaN}\rangle);[\![U_1]\!] \leftarrow \text{FPEQ}(\langle x\rangle;\langle A\rangle)$$

$$[\![s_v]\!] \leftarrow \text{SXOR}([\![s_x]\!];[\![s_y]\!]);[\![P_1]\!] \leftarrow \text{RSM}([\![s_x]\!];[\![U_1]\!])$$

$$[\![P_2]\!] \leftarrow \text{RSM}([\![1]\!]\cdot[\![U_1]\!]^{N-1};[\![1]\!]\cdot[\![s_x]\!]^{N-1})=[\![(1-U_1)(1-s_x)]\!]$$

$$[\![E_1]\!] \leftarrow \text{RSM}([\![P_1]\!]\cdot[\![P_2]\!];[\![1]\!]\cdot[\![s_v]\!]^{N-1});[\![E_2]\!] \leftarrow \text{RSM}([\![s_v]\!];[\![1]\!]\cdot[\![s_x]\!]^{N-1})$$

$$[\![U_x]\!]=[\![E_1]\!]\cdot[\![E_2]\!]=[\![((1-U_1)(1-s_x)+U_1 s_x)\times(1-s_x\oplus s_y)+(s_x\oplus s_y)(1-s_x)]\!]$$

$$[\![K_1]\!] \leftarrow \text{RSM}([\![1]\!]\cdot[\![U_x]\!]^{N-1};[\![1]\!]^{N-1});[\![K_2]\!]=[\![K_1]\!]\cdot[\![U_x]\!]$$

$$[\![f]\!] \leftarrow \text{RSM}([\![U]\!];[\![K_2]\!])=[\![U\cdot(U_x+(1-U_x)\cdot(-1))]\!]$$

注意，如果 $f=0$，意味着 x 或 y 为 NaN；如果 $f=1$，意味着 $x \geqslant y$；如果 $f=-1$，意味着 $x<y$。

需要注意的是，SFPC 和 SFEQ 协议以 PCPD 的密文格式进行输出，即输出为密文 $[\![f]\!]$。如果需要以浮点密文格式输出，输出结果可以被存储为 $\langle f\rangle=([\![0]\!],[\![f]\!],[\![0]\!])$。

3．POCF 框架概览

本节介绍如何在实际环境中使用 POCF 框架实现数据外包和计算。

（1）安全数据外包阶段

当 RU 需要外包一些数据时，首先判断数据的类型格式。如果 RU 想外包数值型数据至 CP 进行存储，则只需要将数值型转换为浮点型格式，然后使用 3.2.5 节中介绍的技术加密浮点数数据；如果 RU 想存储文本型数据，则需要利用统一码[36]将每个字符编码为 8 bit 或 16 bit 整数，由于不需要对文本数据进行计算，因此可将其存储为一组文本数据。例如，如果 N 长度为 1 024 bit，而一个密文至多处理 128 个或 64 个字符，RU 可以使用浮点型 $\langle x\rangle$ 同时加密 384 个或 192 个字符（符号位、有效位个数和指数可用于存储），然后将所有密文外包给 CP 进行存储。

（2）安全数据处理阶段

如果需要外包计算，RU 将提交请求给 CP，然后 CP 协同 CSP 根据 RU 的请求对密文数据进行处理。由于所有数据均以加密形式存储，因此需要使用 3.2.5 节中介绍的安全外包 FPN 计算技术，经过计算输出的结果也以加密形式存储在 CP 中。这里，将利用一个实例来介绍如何使用上述加密 FPN 计算协议构造实际应用（例如，单层神经网络）。已知 CP 中存储了 2 个加密的 FPN 向量 $\langle \boldsymbol{x}\rangle=(\langle x_1\rangle,\cdots,\langle x_n\rangle)$ 和 $\langle \boldsymbol{w}\rangle=(\langle w_1\rangle,\cdots,\langle w_n\rangle)$ 以及一个加密 FPN $\langle b\rangle$，其中，$x_1,\cdots,x_n$ 为输入值，$w_1,\cdots,w_n$ 为权值，b 为偏差，其目标是获得加密结果 $\langle c'\rangle$。如果 $\boldsymbol{x}\cdot\boldsymbol{w}\geqslant b$，则 $c'=c$（c 为 0 或 1，在不失去一般性的情况下，认定 c=1）；否则 $c'=\overline{c}$（$\overline{c}$ 为 c 的按位非，即 $\overline{c}$=0）。整体步骤如下。

① 初始化 $\langle A\rangle=([\![0]\!],[\![0]\!],[\![0]\!])$。

② for $i=1,\cdots,n$，计算 $\langle A_i\rangle=\mathrm{SFPS}(\langle x_i\rangle;\langle w_i\rangle)$，$\langle A\rangle-\mathrm{SFPA}(\langle A\rangle;\langle A_i\rangle)$。

③ 计算 $[\![B]\!]=\mathrm{SFPC}(\langle A\rangle;\langle b\rangle)$ 和 $\langle c'\rangle=[\![B]\!]\times\left\langle\frac{1}{2}\right\rangle+\left\langle\frac{1}{2}\right\rangle$。注意，使用的 FPN 运算符“+”和“× “是 3.2.5 节中定义的。

（3）安全数据检索阶段

假设 n 个加密数据 $x_1,\cdots,x_n$ 存储在 CP 中，如果 RU 需要第 k 个浮点密文，可以直接发送位置信息给 CP 进行数据检索。然而，RU 的查询信息（即 RU 需要哪些密文）会泄露给 CP；本节采用与之不同的技术来实现安全浮点密文检索；RU 首先发送加密查询 $[\![a_1]\!],\cdots,[\![a_n]\!]$ 给 CP，其中 $a_k=1,a_i=0(i=1,\cdots,n;i\neq k)$，即 $\langle x_k\rangle$ 是目标密文；然后，CP 进行以下计算。

① for $i=1,\cdots,n$，计算 $\langle A_i\rangle\leftarrow[\![a_i]\!]\times\langle x_i\rangle$；

② 计算 $\langle A\rangle\leftarrow\langle A_1\rangle+\cdots+\langle A_n\rangle$。

最后，CP 返回$\langle A\rangle$给 RU 进行解密。

3.2.6 安全性分析

在本节中，首先分析基本加密原语和子协议的安全性，然后证明 POCF 框架的安全性。

1. PCPD 的分析

（1）私钥分割存在性验证。将私钥 $sk=\lambda$ 随机分割成两部分，记为 λ_1 和 λ_2，满足 $\lambda_1+\lambda_2\equiv 0 \bmod \lambda, \lambda_1+\lambda_2\equiv 1 \bmod N$，因为 $\gcd(\lambda,N)=1$，所以存在唯一的 $s\in[1,\lambda N]$，满足 $s\equiv 0 \bmod \lambda, s\equiv 1 \bmod N$。根据中国剩余定理[15]，$s$ 的值可表示为 $s=\lambda(\lambda^{-1} \bmod N)$。因此，只需随机选择 $\lambda_1\in[1,\lambda N]$，则 $\lambda_2=s-\lambda_1 \bmod \lambda N$。

（2）PCPD 的安全性。CSP 或 CP 拥有 PCPD 的一部分解密密钥，即使它们是不诚实的恶意敌手，PCPD 在语义上也是安全的。这里，假定 CSP 和 CP 不能共谋。接下来，将为 PCPD 定义语义安全模型，继而证明 PCPD 的安全性。

定义 3.1 语义安全性

假定 $\varepsilon=(\text{Gen},\text{Enc},\text{Dec})$ 是一种支持部分解密的公钥加密方案，在以下实验中（挑战者与敌手之间），如果对于任何多项式时间内的敌手 $\mathcal{A}$，它的优势（在安全参数上）可以忽略不计，则认为方案 ε 在语义上是安全的。

① 挑战者运行 $\text{Gen}(1^k)$ 产生公私钥对（pk,sk），将私钥 sk 分割成两部分 $(\text{sk}_1,\text{sk}_2)$，然后挑战者将公钥及一部分私钥（$\text{sk}_1$）发送给敌手 $\mathcal{A}$。

② 敌手 $\mathcal{A}$ 选择 2 个等长的消息 m_1,m_2，并将它们发送给挑战者。

③ 挑战者随机选择 $b\in\{0,1\}$，并发送密文 $c^*=\text{Enc}(m_b)$ 给敌手 $\mathcal{A}$。

④ 敌手 $\mathcal{A}$ 输出 b' 作为对 b 的猜测。

敌手在上述实验中的优势定义为 $\text{Adv}_{\varepsilon}(k)=\left|\Pr[b'=b]-\dfrac{1}{2}\right|$。

这里，简要回顾 Paillier 密码系统中高阶剩余类判定性（DCR，Decisional Composite Residuosity）的定义，设定 N 为 2 个安全素数的乘积（即 $N=pq$），那么 DCR 粗略地认为模 N^2 的 N 次剩余类在计算上与模 N^2 的均匀分布不可区分。

定义 3.2 高阶剩余类判定性假设

高阶剩余类判定性假设定义为

$$\{x^N \bmod N^2 : x \in \mathbb{Z}_{N^2}^*\} \overset{\mathrm{C}}{\approx} \{x : x \in \mathbb{Z}_{N^2}^*\}$$

其中，$\overset{\mathrm{C}}{\approx}$ 表示计算不可区分性。

在 DCR 假设下，可以证明 Paillier 密码系统在语义上是安全的；接下来，将证明如果 Paillier 密码系统在语义上是安全的，那么 PCPD 在语义上也是安全的。

定理 3.4　假设底层的 Paillier 密码系统在语义上是安全的，那么 3.2.4 节中描述的 PCPD 在语义上也是安全的。

证明　假设存在 PPT 敌手 $\mathcal{A}$ 以不超过 ε 的优势攻击 PCPD 的语义安全性，那么可以构造算法 S 至少以 $\varepsilon-\frac{1}{2^k}$ 的优势攻击 Paillier 密码系统的语义安全性，此处 k 为模数 N 二进制位长度的一半，算法 S 几乎和敌手 $\mathcal{A}$ 的时间复杂度相同。

已知 Paillier 密码系统的公钥 $\mathrm{pk}=(N,g)$，S 从区间 $\left[1,\frac{N(N-1)}{2}\right]$ 选择随机数 sk_1，然后发送 $(\mathrm{pk},\mathrm{sk}_1)$ 给敌手 $\mathcal{A}$；$\mathcal{A}$ 选择两段长度相等的消息 (m_1,m_2) 发送给 S，继而 S 将消息转发给 Paillier 密码系统的挑战者；挑战者随机选择 m_b 且发送相应的挑战密文 c^* 给 S，S 将 c^* 转发给 $\mathcal{A}$；最后 $\mathcal{A}$ 输出比特 b' 作为对 b 的猜测。除了部分解密密钥 sk_1 之外，从敌手 $\mathcal{A}$ 的角度分析，公钥和挑战密文具有与实际语义安全实验中相同的分布。由于实际的部分解密密钥来自区间 $[1,\lambda N]$，因此分别从区间 $[1,\lambda N]$ 和 $\left[1,\frac{N(N-1)}{2}\right]$ 随机选择 2 个变量 X 和 Y 的统计距离至多为 $\frac{1}{2^k}$。因此，算法 S 攻击 Paillier 密码系统的语义安全性至少具有 $\varepsilon-\frac{1}{2^k}$ 的优势。证毕。

2. 子协议的安全性

在安全模型中，针对非共谋的半可信敌手，协议可以实现理想的功能，而不会泄露隐私。简便起见，针对特定的功能场景，其涉及挑战者 RU（也称 D_R）、CP（也称 S_1）和 CSP（也称 S_2）三方。需要构造模拟器 $\mathrm{Sim}=(\mathrm{Sim}_{D_R},\mathrm{Sim}_{S_1},\mathrm{Sim}_{S_2})$ 来抵抗分别破坏 D_R,S_1,S_2 的敌手 $(\mathcal{A}_{D_R},\mathcal{A}_{S_1},\mathcal{A}_{S_2})$，一般情况的定义详见文献[19-20]。

定理 3.5　针对半可信非共谋的敌手 $\mathcal{A}=(\mathcal{A}_{D_R},\mathcal{A}_{S_1},\mathcal{A}_{S_2})$，3.2.4 节描述的 RSM 协议可以安全地实现密文乘法运算。

证明　Sim_{D_R} 接收 x 和 y 作为输入，模拟 $\mathcal{A}_{D_R}$ 如下。运行 $\mathrm{Enc}(x)$ 算法生成密文

$[\![x]\!]=\mathrm{Enc}(x)$ 和 $[\![y]\!]=\mathrm{Enc}(y)$，然后返回 $[\![x]\!]$ 和 $[\![y]\!]$ 给 $\mathcal{A}_{D_R}$，并输出 $\mathcal{A}_{D_R}$ 的完整视图。

$\mathcal{A}_{D_R}$ 的视图包含它生成的密文，由于 PCPD 的语义安全性，$\mathcal{A}_{D_R}$ 的视图在实际执行和理想执行中是不可区分的。

Sim_{S_1} 模拟 $\mathcal{A}_{S_1}$ 如下。选择随机数 $\hat{x},\hat{y}$ 和 $r_i \in \mathbb{Z}_N$，运行 $\mathrm{Enc}(\cdot)$ 算法生成（虚构）密文 $[\![\hat{x}]\!],[\![\hat{y}]\!]$，计算 $\hat{X},\hat{Y}$，然后运行 $\mathrm{PDec1}(\cdot)$ 算法计算 $\hat{X}_1,\hat{Y}_1$。Sim_{S_1} 发送密文 $\hat{X},\hat{Y},\hat{X}_1,\hat{Y}_1$ 给 $\mathcal{A}_{S_1}$，如果 $\mathcal{A}_{S_1}$ 回复 $\perp$，则 Sim_{S_1} 也回复 $\perp$。

$\mathcal{A}_{S_1}$ 的视图包含它生成的密文，在实际执行和理想执行过程中，它接收加密输出 $\hat{X},\hat{Y}$, $\hat{X}_1,\hat{Y}_1$。在实际执行中，由于 RU 是可信的，且 PCPD 在语义上是安全的，因此可以保证 $\mathcal{A}_{S_1}$ 的视图在实际执行和理想执行中是不可区分的。

Sim_{S_2} 模拟 $\mathcal{A}_{S_2}$ 如下。随机选择 h，运行 $\mathrm{Enc}(\cdot)$ 算法获得密文 $[\![h]\!]$，然后发送 $[\![h]\!]$ 给 $\mathcal{A}_{S_2}$，如果 $\mathcal{A}_{S_2}$ 返回 $\perp$，则 Sim_{S_2} 也返回 $\perp$。

$\mathcal{A}_{S_2}$ 的视图包含它生成的密文，在实际执行和理想执行中，它接收加密输出 $[\![h]\!]$。在实际执行中，由于 PCPD 在语义上是安全的，因此 $\mathcal{A}_{S_2}$ 的视图在实际执行和理想执行间是不可区分的。

证毕。

针对半可信（非共谋）的敌手 $\mathcal{A}=(\mathcal{A}_{D_R},\mathcal{A}_{S_1},\mathcal{A}_{S_2})$，SEXP 和 SINV 协议的安全性证明类似于 RSM 协议。接下来，将证明 SXOR 协议的安全性。

定理 3.6 针对半可信（非共谋）的敌手 $\mathcal{A}=(\mathcal{A}_{D_R},\mathcal{A}_{S_1},\mathcal{A}_{S_2})$，3.2.4 节描述的 SXOR 协议可以安全地计算密文上明文的异或运算。

证明 Sim_{D_R} 接收到输入 x 和 y，然后模拟 $\mathcal{A}_{D_R}$ 如下。运行 $\mathrm{Enc}(x)$ 算法生成密文 $[\![x]\!]=\mathrm{Enc}(x)$ 和 $[\![y]\!]=\mathrm{Enc}(y)$，然后返回 $[\![x]\!]$ 和 $[\![y]\!]$ 给 $\mathcal{A}_{D_R}$，输出 $\mathcal{A}_{D_R}$ 的完整视图。

$\mathcal{A}_{D_R}$ 的视图包含它生成的密文，由于 PCPD 的语义安全性，$\mathcal{A}_{D_R}$ 的视图在实际执行和理想执行中是不可区分的。

Sim_{S_1} 模拟 $\mathcal{A}_{S_1}$ 如下。首先随机选择 $\hat{x},\hat{y}$，运行 $\mathrm{Enc}(\cdot)$ 算法生成（虚构）密文 $[\![\hat{x}]\!],[\![\hat{y}]\!]$，计算 $[\![1]\!]\cdot[\![\hat{x}]\!]^{N-1},[\![1]\!][\![\hat{y}]\!]^{N-1}$；然后将 $[\![1]\!]\cdot[\![\hat{x}]\!]^{N-1}$ 和 $[\![\hat{y}]\!]$ 作为 $\mathrm{Sim}_{S_1}^{\mathrm{RSM}}(\cdot,\cdot)$ 的输入，将 $[\![\hat{x}]\!]$ 和 $[\![1]\!]\cdot[\![\hat{y}]\!]^{N-1}$ 作为 $\mathrm{Sim}_{S_1}^{\mathrm{RSM}}(\cdot,\cdot)$ 的输入，分别生成密文 $[\![\hat{f}_1^*]\!]$ 和 $[\![\hat{f}_2^*]\!]$；最后计算 $[\![\hat{f}]\!]=[\![\hat{f}_1^*]\!]\cdot[\![\hat{f}_2^*]\!]$，并发送密文 $[\![\hat{f}_1^*]\!],[\![\hat{f}_2^*]\!],[\![\hat{f}]\!]$ 给 $\mathcal{A}_{S_1}$。如果 $\mathcal{A}_{S_1}$ 回复 $\perp$，则 Sim_{S_1} 回复 $\perp$。

Sim_{S_2} 的模拟过程类似于 Sim_{S_1}。

针对半可信（非共谋）的敌手 $\mathcal{A}=(\mathcal{A}_{D_R},\mathcal{A}_{S_1},\mathcal{A}_{S_2})$，SLT、SEQ 和 SMOD 协议

的安全性证明类似于 SXOR 协议。关于加密浮点数计算（包括 FPEQ、SFPS、SFPA、SFPM 和 SFPC 协议），其安全性依赖于基本加密整数计算的安全性（证明理论类似于 SXOR 协议）。所有的计算均是在密文域上进行的，由于 PCPD 的语义安全性，因此计算过程也是安全的。

证毕。

3. POCF 框架的安全性

POCF 框架的安全性可由定理 3.7 提供保证。

定理 3.7　针对半可信（非共谋）的敌手 $\mathcal{A}=(\mathcal{A}_{D_R},\mathcal{A}_{S_1},\mathcal{A}_{S_2})$，POCF 框架可以安全地实现加密 FPN 计算。

证明　Sim_{D_R} 接收输入 $x_i(i=1,\cdots,\alpha),a_j(j=1,\cdots,n)$，模拟 $\mathcal{A}_{D_R}$ 如下。

首先运行 $\mathrm{Enc}(\cdot)$ 算法获得密文 $\langle x_i\rangle=([\![s_{x_i}]\!],[\![m_{x_i}]\!],[\![t_{x_i}]\!])$ 和 $[\![a_j]\!]=\mathrm{Enc}(a_j)$，然后发送 $\langle x_i\rangle(i=1,\cdots,\alpha)$ 和 $[\![a_j]\!]\ (j=1,\cdots,n)$ 给 $\mathcal{A}_{D_R}$，输出 $\mathcal{A}_{D_R}$ 的完整视图。

$\mathcal{A}_{D_R}$ 的视图包含它生成的密文，由于 PCPD 的语义安全性，$\mathcal{A}_{D_R}$ 的视图在实际执行和理想执行中是不可区分的。

Sim_{S_1} 模拟 $\mathcal{A}_{S_1}$ 如下。首先接收 RU 的计算查询（即需要哪种加密 FPN 计算），随机选择 $s_{x_i}m_{x_i}t_{x_i},a_j(i=1,\cdots,\alpha,j=1,\cdots,n)$，运行 $\mathrm{Enc}(\cdot)$ 算法生成（虚构）密文 $\langle\hat{x}_i\rangle$ 和 $[\![\hat{a}_j]\!]$。然后将其作为 $\mathrm{Sim}^{*}_{S_1}(\cdot,\cdot)$ 的输入，继而生成密文 $\langle\hat{x}_k\rangle(k=\alpha+1,\cdots,n)$。根据 RU 的查询，*可以是 FPEQ、SFPS、SFPA、SFPM 或 SFPC 协议。接下来，计算 $\langle\hat{A}_j\rangle=([\![\hat{s}_{A_j}]\!],[\![\hat{m}_{A_j}]\!],[\![\hat{t}_{A_j}]\!])$，其中 $[\![\hat{s}_{A_j}]\!]\leftarrow\mathrm{Sim}^{(\mathrm{RSM})}_{S_1}([\![[\hat{a}_j],[\![\hat{s}_{x_j}]\!])$，$[\![\hat{m}_{A_j}]\!]\leftarrow\mathrm{Sim}^{(\mathrm{RSM})}_{S_1}([\![\hat{a}_j]\!],[\![\hat{m}_{x_j}]\!])$，$[\![\hat{t}_{A_j}]\!]\leftarrow\mathrm{Sim}^{(\mathrm{RSM})}_{S_1}([\![\hat{a}_j]\!],[\![\hat{t}_{x_j}]\!])$。计算 $[\![\hat{s}_A]\!]-\prod_j[\![\hat{s}_{A_j}]\!]$，$[\![\hat{m}_A]\!]=\prod_j[\![\hat{m}_{A_j}]\!]$ 和 $[\![\hat{t}_A]\!]=\prod_j[\![\hat{t}_{A_j}]\!]$，发送密文结果 $\langle\hat{A}\rangle=([\![\hat{s}_A]\!],[\![\hat{m}_A]\!],[\![\hat{t}_A]\!])$ 给 $\mathcal{A}_{S_1}$，如果 $\mathcal{A}_{S_1}$ 回复 $\perp$，则 Sim_{S_1} 回复 $\perp$。

Sim_{S_2} 的模拟过程类似于 Sim_{S_1}。

这里，将针对 POCF 框架抵抗 3.2.3 节定义的系统攻击敌手进行分析，描述如下。如果 $\mathcal{A}^*$ 窃听了挑战者 RU 和 CP 之间的数据传输，则 $\mathcal{A}^*$ 可以获得加密的原始明文和最终结果。此外，$\mathcal{A}^*$ 也可能通过窃听获得 CP 和 CSP 之间传输的密文结果（执行 FPEQ、SFPS、SFPA、SFPM 或 SFPC 得到的中间密文结果）。然而，这些数据在传输中以密文形式存在，且 PCPD 在语义上是安全的，因此 $\mathcal{A}^*$ 在不知道挑战者私钥的情况下无法解密密文。接下来，假设 $\mathcal{A}^*$ 已经破坏了 CSP（或 CP），获得了挑战者 RU 的部分私钥，但是私钥是通过执行 PCPD 中的 Keys 算法随机分割的，所以$\mathcal{A}^*$不能恢复挑战者 RU 的私钥来解密密文。即使$\mathcal{A}^*$破坏了 CSP，$\mathcal{A}^*$仍然不能获得有用的信息，因为本节中协议使用了“盲化”明文[21]技术，即已知消息的加密密文，使用 PCPD 密码系统的加法同态性质向明文添加随机消息，因此，原始明文被“盲化”了。如果$\mathcal{A}^*$获得其他 RU（除了挑战者 RU 之外）的私钥，由于本节系统中不同 RU 的私钥间是没有关联的（系统中的私钥是随机独立选择的），因此$\mathcal{A}^*$依然不能解密挑战者 RU 的密文。

证毕。

3.2.7 性能评估

本节将对 POCF 框架的性能进行评估。

1. **实验分析**

使用 Java 中内置的自定义模拟器对 POCF 框架的运行时间和通信开销进行评估，采用配置 3.6 GHz 8 核处理器和 12 GB 内存的个人计算机（PC）进行实验。

（1）基本加密原语和协议的性能。在 PC 测试台上对基本加密原语、整数子协议和安全浮点数计算的性能进行评估，结果如表 3-7～表 3-9 所示，设定 N 为 1 024 bit，以实现 80 bit 的安全级别[37]，取 1 000 次计算结果的平均值。同时，使用一部配置四核处理器（4 核心-A53）和 2 GB RAM 内存的智能手机对基本加密原语的性能进行评估，结果如表 3-7 所示。评估结果表明，PCPD 的算法既适合 PC，也适合智能手机测试平台。注意，整数子协议和安全浮点数计算是为了外包计算而构建的，因此它们只能在 PC 测试平台上进行评估。

表 3-7　PCPD 的性能

算法	PC 运行时间/ms	智能手机运行时间/ms
Enc	7.660	44.727
PDec1	14.509	89.460
PDec2	22.168	130.860
CR	7.942	44.791
Dec	8.221	45.904

表 3-8　整数子协议的性能

协议	CP 运行时间/ms	CSP 运行时间/ms	通信开销/KB
RSM	95.635	52.864	1.248
SLT	45.363	31.255	0.749
SXOR	220.521	113.203	2.498
SEQ	295.803	161.788	3.996
SEXP	32.512	31.802	0.749
SINV	18.993	30.934	0.749
SMOD	96.641	60.453	1.499

表 3-9　安全浮点数计算的性能

协议	CP 运行时间/ms	CSP 运行时间/ms	通信开销/KB
SFPA	21.602	14.567	330.095
SFPM	7.788	4.980	106.694
SFPC	9.797	5.234	124.928
SFPS	6.845	3.732	88.949
FPEQ	1.054	0.545	12.994

（2）影响协议性能的因素。性能评估结果如图 3-7～图 3-9 所示。对于安全整数计算协议工具箱，N 的长度 $\|N\|$ 会影响协议的运行时间。从图 3-7 可知，整数计算协议的运行时间和通信开销均随着 $\|N\|$ 的增大而增加，这是因为基本运算（模乘和模指数运算）的运行时间随着 $\|N\|$ 的增大而增加，因此需要传输更多的比特。

同时，影响安全浮点数计算协议性能的因素有 2 个：$\|N\|$ 和有效位长度 η。从图 3-8 可知，所有协议的运行时间和通信开销均随着 $\|N\|$ 的增大而增加，这是因为协议执行开销与基本运算（模乘和模指数运算）有关。

从图 3-9 可知，只有 SFPA 协议的运行时间和通信开销随着有效位长度 η 的增大而增加，这是因为 SFPA 协议需要执行更多次的循环，从而消耗了更多的计算和通信资源，而其他加密 FPN 运算（FPEQ、SFPS、SFPM 和 SFPC 协议）不受影响。

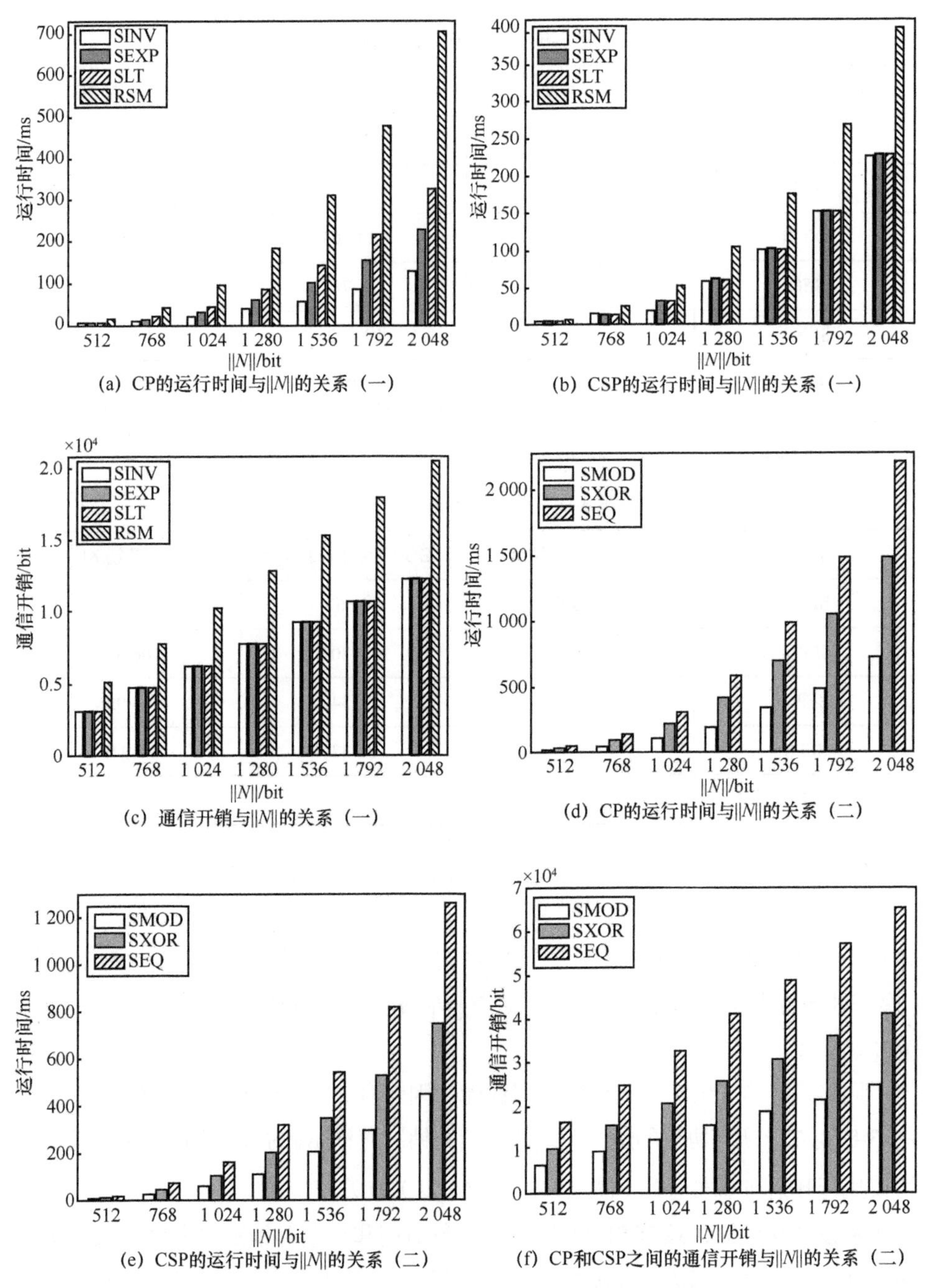

(a) CP的运行时间与||N||的关系（一）

(b) CSP的运行时间与||N||的关系（一）

(c) 通信开销与||N||的关系（一）

(d) CP的运行时间与||N||的关系（二）

(e) CSP的运行时间与||N||的关系（二）

(f) CP和CSP之间的通信开销与||N||的关系（二）

图 3-7 整数协议的运行时间和通信开销与 $\|N\|$ 的关系

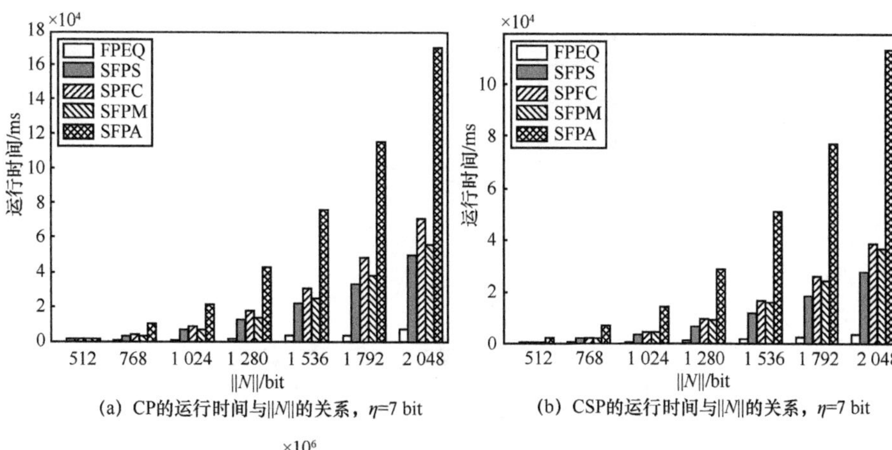

(a) CP的运行时间与$\|N\|$的关系，η=7 bit　　(b) CSP的运行时间与$\|N\|$的关系，η=7 bit

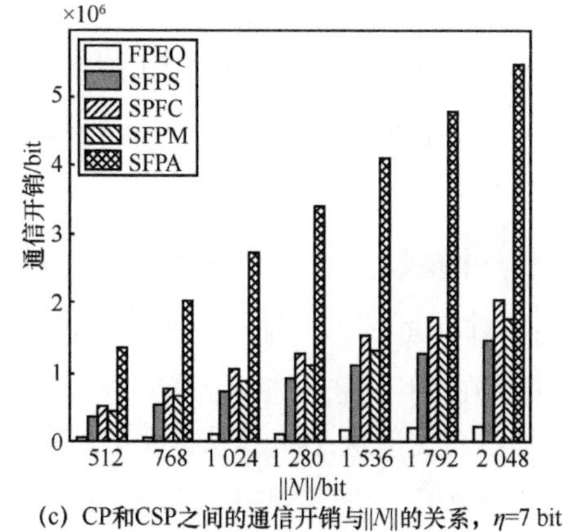

(c) CP和CSP之间的通信开销与$\|N\|$的关系，η=7 bit

图 3-8　浮点数协议的运行时间和通信开销与 $\|N\|$ 的关系

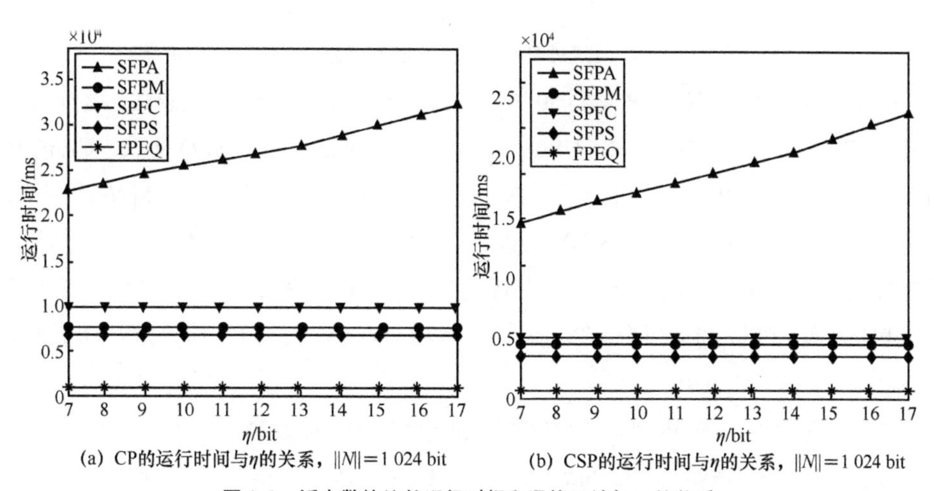

(a) CP的运行时间与η的关系，$\|N\|$=1 024 bit　　(b) CSP的运行时间与η的关系，$\|N\|$=1 024 bit

图 3-9　浮点数协议的运行时间和通信开销与 η 的关系

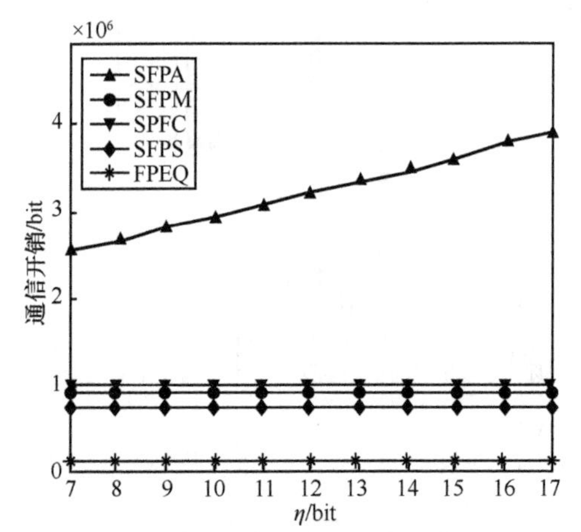

(c) CP和CSP之间的通信开销与η的关系，$\|N\|=1\ 024$ bit

图 3-9　浮点数协议的运行时间和通信开销与 η 的关系（续）

2. 计算分析

（1）运行时间。假设一个指数长度为$\|N\|$的指数运算需要$1.5\|N\|$次乘法[38]（例如，指数r的长度为$\|N\|$，计算g^r需要$1.5\|N\|$次乘法），因为指数运算的开销远远大于加法和乘法运算，所以在理论分析中忽略固定的加法和乘法。对于 PCPD：Enc 算法需要 $1.5\|N\|$ 次乘法加密明文消息，Dec 算法需要 $1.5\|N\|$ 次乘法解密密文，PDec1 算法需要 $3\|N\|$ 次乘法，PDec2 算法需要 $3\|N\|$ 次乘法（因为 λ_1 和 λ_2 的二进制位长度都是 $2\|N\|$，所以计算 g^{λ_1} 和 g^{λ_2} 需要 $3\|N\|$ 次乘法），CR 算法需要 $1.5\|N\|$ 次乘法刷新密文。

对于基本整数子协议：运行 RSM 协议，CP 需要 $13.5\|N\|$ 次乘法，CSP 需要 $7.5\|N\|$ 次乘法；运行 SXOR 协议，CP 需要 $30\|N\|$ 次乘法，CSP 需要 $15\|N\|$ 次乘法；运行 SLT 协议，CP 需要 $7.5\|N\|$ 次乘法，CSP 需要 $4.5\|N\|$ 次乘法；运行 SEQ 协议，CP 需要 $45\|N\|$ 次乘法，CSP 需要 $24\|N\|$ 次乘法；运行 SEXP 协议，CP 需要 $7.5\|N\|$ 次乘法，CSP 需要 $6\|N\|$ 次乘法；运行 SINV 协议，CP 需要 $6\|N\|$ 次乘法，CSP 需要 $4.5\|N\|$ 次乘法；运行 SMOD 协议，CP 需要 $13.5\|N\|$ 次乘法，CSP 需要 $9\|N\|$ 次乘法。对于加密 FPN 运算：FPEQ、SFPS 和 SFPM 协议需要 $O(\|N\|)$ 次乘法，SFPA 协议需要 $O(\eta\|N\|)$ 次乘法。

（2）通信开销。在 PCPD 中，传输密文$[\![x]\!]$和$CT^{(1)}$需要 $2\|N\|$ bit。对于基本整数子协议：RSM 协议需要 $10\|N\|$ bit，SLT、SEXP 和 SINV 协议需要 $6\|N\|$ bit，SXOR 协

议需要 $20\|N\|$ bit，SEQ 协议需要 $32\|N\|$ bit，SMOD 协议需要 $12\|N\|$ bit。对于加密 FPN 运算：FPEQ、SFPS 和 SFPM 协议需要 $O(\|N\|)$ bit，SFPA 协议需要 $O(\eta\|N\|)$ bit。

3. 加密 FPN 分析

（1）舍入误差。当用 RZ(x) 来近似非零实数 x 时，相对误差为 $\varepsilon(x)=\left|\frac{x-RZ(x)}{x}\right|$。如果 x 在正常范围内，那么相对误差 $\varepsilon(x)\leqslant\beta^{1-\eta}$。

对于任何算术运算 $\Delta\in$ {FPN 加法，FPN 减法，FPN 乘法}，RZ 舍入模式，所有浮点数 a 和 b，使 $a\Delta b$ 不下溢或溢出。如果 z 是正确进行舍入运算 $a\Delta b$ 的结果（即，$z=o(a\Delta b)$），那么 $o(a\Delta b)=(a\Delta b)\cdot(1+\varepsilon)+\varepsilon'$，满足 $|\varepsilon|\leqslant\beta^{1-\eta},|\varepsilon'|\leqslant\beta^{e_{\min}+1-\eta}$，且 ε 和 ε' 不能同时为非零。详细和全面的分析可参考文献[39]。

（2）正确性保证。FPN 被存储为三元组 $([\![s]\!],[\![m]\!],[\![t]\!])$，如果 RU 只想安全地存储 FPN，不需要经过任何计算，那么应该满足限制条件 $\|m\|<\|N\|,\|t\|<\|N\|$。如果 RU 需要安全存储 FPN 且需要计算 $\langle x\rangle$ 和 $\langle y\rangle$，那么应该满足限制条件：①$\|m_x\beta^\eta+m_y\|<\|N\|$，②$\|m_x\cdot m_y\cdot\beta^{2\eta}\|<\|N\|$，③$\|t\|<\frac{\|N\|}{4}$。这些限制条件很容易满足。例如，如果选择 N 为 1 024 bit，$\beta=10$，那么 $\frac{\|N\|}{4}$ 为 256 bit。对于单精度浮点数，指数 t 需要 8 bit，有效数字个数需要 23 bit；对于双精度浮点数，指数 t 需要 11 bit，有效数字个数需要 52 bit，这 2 种情况均能满足上述限制条件。这里，以双精度浮点数为例进行说明。对于限制条件①，因为 $\|m_x\cdot10^\eta\|<116$，所以 $\|m_x\cdot10^\eta+m_y\|<117$，即满足限制条件①；对于限制条件②，由于 $\|m_x\cdot m_y\|<105$，$\|10^{2\eta}\|<128$，因此 $\|m_x\cdot m_y\cdot10^{2\eta}\|<256$，即满足限制条件②。注意，$\|N\|=1\,024$ 可以实现单精度 FPN 和双精度 FPN 计算。如果需要更高精度的浮点数（这时 $\|N\|=1\,024$ bit 不能同时满足上述限制条件），用户可以简单使用更大的 N 来解决问题。

4. 综合比较

本节将 POCF 框架与现有的加密 FPN 计算方案进行比较，现有方案可划分为 2 种策略：多方存储策略[29-33]和外包存储策略[34]。在多方存储策略中，使用 n 台服务器存储数据（文献[31-32]使用 3 台服务器），利用秘密分享技术将数据随机分成 n 份，每份数据分别发送给一台服务器进行存储。然而，它给数据拥有者存储和管理数据带来了巨大的计算和通信开销，特别是在更新和同步数据方面。例如，一旦需要数据更新，数据拥有者就必须随机将数据分成 n 份，分别使用服务器公钥、会话密钥加密数据，并发送给这些服务器进行存储。此外，随着服务器数量的增加，文献[29-30]中的数据分割方法会增加存储开销，而文献[31-32]中的密文存储开销不会受到影响。为了实现安全通信，2 台服务器需要预先协商对称通信密钥（需要 $\frac{n(n-1)}{2}$ 个密钥），导致密钥管理开销大大增加。更重要的是，操作系统必须能够响应浮点数异常情况[40]，然而，所有基于多方存储策略的方案都不能有效应对异常情况，这样，既不能处理输入数据的异常情况[29-33]，也不能处理计算过程中的数据溢出和下溢问题[30-32]。

与多方存储策略不同，外包存储策略更适合云计算环境，即所有数据以密文形式存储在云服务器中，解决了多方存储策略中的数据管理问题。Ge 和 Zdonik[34]尝试使用加法同态方案来解决浮点数的存储和计算问题，但只实现了安全浮点数加法运算，且数据扩展量过大。例如，使用单精度浮点数，每个数据在加密和存储之前需要扩展 32 次；使用双精度浮点数，每个数据需要扩展 256 次。另外，他们也没有考虑浮点数异常情况。综上所述，POCF 框架是根据外包存储策略设计的，不需要额外的明文扩展（以恒定长度存储在云服务器中），可以实现常用的 FPN 计算，并考虑了完整计算阶段的异常情况（数据溢出和下溢）。本节对上述方案的性能进行了评估，比较了计算过程中的交互操作（乘法）次数和顺序交互或通信轮数。比较结果如表 3-10 所示。其中，Add 表示浮点数加法，Mul 表示浮点数乘法，Cmp 表示浮点数比较；*R* 表示通信轮数，*I* 表示交互操作次数。

表 3-10　安全浮点计算的比较（安全参数恒定）

方案	Add *R*/轮	Add*I* 次	Mul *R*/ 轮	Mul *I* /次	Cmp *R*/ 轮	Cmp *I* /次	预共享密钥/个	数据存储/个	数据扩展	处理计算过程中的异常情况	处理非数值型数据
文献[34]	0	0	—	—	—	—	0	1	随精度增加	×	×
文献[29]	$\mathcal{O}(\log\eta)$	$\mathcal{O}(\eta)$	$\mathcal{O}(1)$	$\mathcal{O}(\eta)$	$\mathcal{O}(1)$	$\mathcal{O}(\eta)$	$\mathcal{O}(n^2)$	n	随服务器数量增加	×	×
文献[30]	$\mathcal{O}(1)$	$\mathcal{O}(\eta)$	$\mathcal{O}(1)$	$\mathcal{O}(\eta)$	—	—	≥1	≥2	随服务器数量增加	×	×
文献[31]	$\mathcal{O}(1)$	$\mathcal{O}(\eta)$	$\mathcal{O}(1)$	$\mathcal{O}(1)$	—	—	3	3	恒定	×	×
文献[32]	$\mathcal{O}(\log\eta)$	$\mathcal{O}(\log\eta)$	$\mathcal{O}(\log\eta)$	$\mathcal{O}(\log\eta)$	$\mathcal{O}(\log\eta)$	$\mathcal{O}(\log\eta)$	3	3	恒定	×	×
文献[33]	$\mathcal{O}(1)$	$\mathcal{O}(\eta)$	$\mathcal{O}(1)$	$\mathcal{O}(\eta)$	$\mathcal{O}(1)$	$\mathcal{O}(\eta)$	3	3	恒定	×	×
POCF 框架	$\mathcal{O}(1)$	$\mathcal{O}(\eta)$	$\mathcal{O}(1)$	$\mathcal{O}(1)$	$\mathcal{O}(1)$	$\mathcal{O}(1)$	0	1	恒定	√	√

3.3 支持多密钥的密态计算

3.3.1 引言

由于云计算支持实时计算，并拥有大规模存储和处理数据的能力，它逐渐被应用于物联网[4]、电子商务[5]、存储取证[8]和外包计算[41]等领域。2011 年，美国实施了“云优先”政策，在满足安全、可靠、经济实惠的条件下，要求政府机构优先选择基于云的服务[42-43]。尽管云计算的诞生带来了诸多好处，但数据安全和隐私仍然是当前研究者关注的焦点。在美国国家标准与技术研究所（NIST，National Institute of Standards and Technology）颁布的美国云计算技术规划中，数据安全和隐私被认定为最核心的要求之一[44]，设立了许多专门从事云计算安全研究的实验室[25-26]。

为了节约资源、降低运行时间和提高效率，云服务提供商趋向在同一台服务器中存储多个用户（即多用户）的数据[45]。为了避免多用户关联攻击（例如，某用户的私有数据被其他未授权用户查看），要求为不同用户分发不同的密钥（即多重密钥，也称为多密钥[46]）。电子健康医疗云[24]是多密钥设置的一个应用，患者可以上传他们的健康信息（例如，心率、血压、血糖）至医院的云服务器进行存储，这有利于医生根据患者健康状况诊断疾病。然而，云服务器必须确保患者健康信息及 PII 的安全，并确保相关决策模型参数的隐私安全。一种实现数据安全和隐私的方案是为不同用户（例如，患者和云服务提供商）分发不同的密钥，云服务提供商使用患者的健康信息和 PII（使用不同密钥加密）训练决策模型。例如，在临床决策支持系统（CDSS，Clinical Decision Support System）[27]中，使用历史医疗数据训练朴素贝叶斯分类器。然而，在不泄露数据隐私的前提下，如何实现多密钥下的安全数据计算仍然是一个困难问题。

为了解决上述问题，本书提出一种多密钥下高效的隐私保护外包计算（EPOM，Efficient and Privacy-Preserving Outsourced Computation Under Multiple Encrypted Key）框架，主要有以下 4 个方面的贡献。

（1）EPOM 框架允许不同的数据提供者将其各自的数据外包至云服务器进行安全存储和处理。

（2）EPOM 框架构建了一种新的密码原语，即分布式双陷门公钥密码系统（DT-PKC，Distributed Two Trapdoors Public-Key Cryptosystem），用来随机分割强私钥。

（3）本节构建了一种多密钥下的隐私保护整数计算工具包，可以安全执行常用的基本运算，如乘法、除法、比较、排序、符号位获取、相等测试和最大公约数，并且扩展的工具包能安全地存储和处理实数。

（4）本节利用 Java 中自定义的模拟器证明了 EPOM 框架的实用性，即可以在多密钥设置下高效安全地实现外包数据存储和处理。

3.3.2 准备工作

本节使用了加法同态加密系统和安全比特分解协议。pk_i 和 sk_i 分别表示参与方 i 的公钥和弱私钥，pk_Σ 表示联合公钥，SK 表示系统的强私钥，$\mathrm{SK}^{(1)}$ 和 $\mathrm{SK}^{(2)}$ 表示部分强私钥，$[\![x]\!]_{\mathrm{pk}_i}$ 表示使用公钥 pk_i 加密数据 x 获得的密文，$D_{\mathrm{sk}}(\cdot)$ 表示使用 SK 解密的算法，$\mathcal{L}(x)$ 表示 x 的二进制位长度，$|x|$ 表示 x 的绝对值。

3.3.3 系统模型与隐私需求

本节形式化定义 EPOM 框架的系统模型、概述问题并定义攻击模型。

1．系统模型

本节系统主要关注云服务器如何以隐私保护的方式响应用户请求。系统模型包括 KGC、CP、CSP、DP 和 RU，如图 3-10 所示，具体说明如下。

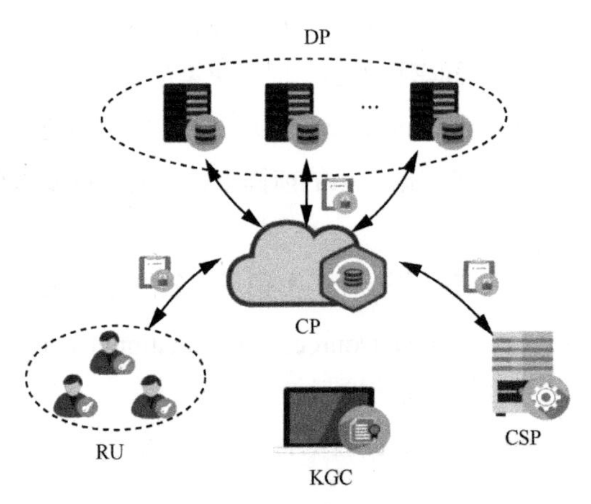

图 3-10　EPOM 框架的系统模型

（1）KGC。可信 KGC 负责分配和管理系统中的公私钥对。

（2）DP。通常，DP 使用个人公钥加密数据，然后将加密数据外包至 CP 进行存储。

（3）CP。CP 拥有无限的数据存储空间，负责存储和管理来自所有注册 RU 的外包数据。此外，CP 还可以存储所有中间和最终密文结果，并能执行特定密态计算。

（4）CSP。CSP 为 RU 提供在线计算服务，另外，CSP 可以对 CP 提供的密文进行部分解密，继而执行特定运算，然后重新加密计算结果。

（5）RU。RU 的目标是向 CP 提交请求，让其对多密钥下的密文执行特定计算，并且只有通过身份验证的 RU 可以获得计算结果并解密。

2. 问题陈述

数据库 T 包含 α 条 β 维的记录 $x_{i,j}(1 \leqslant i \leqslant \alpha; 1 \leqslant j \leqslant \beta)$，每条整数格式的记录 $x_{i,j}$ 都属于一个 DP k，这些数据被加密后外包至 CP 进行存储和管理，RU 可以向 CP 提交查询请求，以获取关于数据库 T 的一些统计信息。例如，RU 可以查询某个属性 j 的平均值和方差（平均值 $\overline{x}_j = \frac{\sum_{i=1}^{\alpha} x_{i,j}}{\alpha}$，方差 $d_j = \frac{\sum_{i=1}^{\alpha}(x_{i,j} - \overline{x}_j)^2}{\alpha}$），也可以查询自定义运算结果（累和 $X = \sum_{j=1}^{\beta} x_{i,j}$，累乘 $X' = \prod_{j=1}^{\beta} x_{i,j}$）。由于 $x_{i,j}$ 需要外包至云服务器进行存储，因此面临如下挑战。

（1）安全外包存储。因为云存储服务通常是由不可信或半可信的第三方服务器提供的，而 DP 希望将数据外包给云服务器进行存储，且不会泄露数据隐私。

（2）安全整数计算工具包。为了实现数据的实时处理，需要构建加密整数计算工具包，用于执行常见的整数运算。例如，利用同态性质实现明文间的加法、乘法或除法运算。

（3）多密钥下的安全处理。为了支持多个 DP 的外包数据处理，需要构建多密钥下的数据计算协议（例如，实现不同公钥下的密文间的比较）。此外，由于最终计算结果包含不同 DP 的数据信息，因此需要设计细粒度的身份验证机制，从而保证每个 DP 的隐私。

3. 攻击模型

在攻击模型中，假定 KGC 为可信实体，负责为系统生成公钥和私钥；RU、DP、CP 和 CSP 是好奇且诚实的参与方，它们严格遵守协议，但也想了解其他参与方的

数据。因此，在模型中引入主动敌手$\mathcal{A}^*$，其目标是解密攻击者 DP 的原始密文和攻击者 RU 的最终计算结果密文，其具备下列能力。

（1）$\mathcal{A}^*$可以窃听所有通信链路来获取加密数据。

（2）$\mathcal{A}^*$可能破坏 CP，获取 DP（包含攻击者 DP）外包的所有密文和 CSP 通过执行交互协议发送的所有密文，继而试图猜测对应的明文值。

（3）$\mathcal{A}^*$可能破坏 CSP，试图猜测 CP 通过执行交互协议发送的所有密文对应的明文值。

（4）$\mathcal{A}^*$可能破坏一个或多个 RU 和 DP（攻击者 RU 和攻击者 DP 除外），以获取它们的解密能力，从而试图推测攻击者 RU 或 DP 的所有密文对应的明文。

然而，对敌手$\mathcal{A}^*$有所约束，其不能出现以下行为：①同时破坏 CSP 和 CP；②破坏攻击者 DP；③破坏攻击者 RU。显然，这是密码协议中常见的典型敌手模型[20,35]。

3.3.4 基本密码原语——分布式双陷门公钥密码系统

为了实现 EPOM 框架，Bresson 等[11]提出的一种双陷门解密公钥密码系统，以实现多密钥设置下的密钥管理，然而这种密码系统中的密文可以通过强陷门进行解密，强陷门的泄露会给系统带来风险。因此，本节设计了一种新的密码原语——分布式双陷门公钥密码系统，将强私钥随机分割成多份部分私钥。此外，弱解密算法也应该支持分布式解密，来解决多密钥设置下的身份验证问题（详见 3.3.5 节）。DT-PKC 系统是对 Bresson 等的密码系统的改进，符合文献[13]的思想，工作原理如下。

密钥生成（KeyGen）。设定k为安全参数，p和q为大素数，满足$\mathcal{L}(p)=\mathcal{L}(q)=k$。根据强素数的性质，可由$p'=\dfrac{p-1}{2},q'=\dfrac{q-1}{2}$得到另外 2 个强素数$p'$和$q'$。然后，计算 $N=pq$ 和$\lambda=\text{lcm}(p-1,q-1)$，定义函数$L(x)=\dfrac{x-1}{N}$，选择阶为$\dfrac{(p-1)(q-1)}{2}$的生成元 g（可通过选择随机数$a\in\mathbb{Z}_{N^2}^*$，计算 g 满足$g=-a^{2N}$ [14]）。随机选择$\theta\in\left[1,\dfrac{N}{4}\right]$，为参与方 i 计算$h_i=g^{\theta_i}\bmod N^2$，得到参与方 i 的公钥$\text{pk}_i=(N,g,h_i)$，对应的弱私钥$\text{sk}_i=\theta_i$，系统的强私钥$\text{SK}=\lambda$。

加密（Enc）。已知明文信息$m\in\mathbb{Z}_N$，选择随机数$r\in[1,\dfrac{N}{4}]$，使用公钥pk_i加密得

到密文$[\![m]\!]_{\mathrm{pk}_i}=\{T_{i,1},T_{i,2}\}$，满足$T_{i,1}=g^{r\theta_i}(1+mN) \bmod N^2$和$T_{i,2}=g^r \bmod N^2$。

弱私钥解密（WDec）。$[\![m]\!]_{\mathrm{pk}_i}$可以使用解密算法$D_{\mathrm{sk}_i}(\cdot)$和弱私钥$\mathrm{sk}_i=\theta_i$进行解密。

$$m=L\left(\frac{T_{i,1}}{T_{i,2}^{\theta_i}} \bmod N^2\right)$$

强私钥解密（SDec）。任何密文$[\![m]\!]_{\mathrm{pk}_i}$都可以使用解密算法$D_{\mathrm{sk}_i}(\cdot)$和强私钥$\mathrm{SK}=\lambda$进行解密。首先，计算

$$T_{i,1}^{\lambda} \bmod N^2=g^{\lambda\cdot\theta_i r}(1+mN\lambda) \bmod N^2=(1+mN\lambda)$$

然后，由于$\gcd(\lambda,N)=1$，可以恢复明文m为

$$m=L\left(T_{i,1}^{\lambda} \bmod N^2\right)\lambda^{-1} \bmod N$$

强私钥分割（SKeyS）。强私钥$\mathrm{SK}=\lambda$可被随机分割成两部分，部分强私钥可被表示为$\mathrm{SK}^{(j)}=\lambda_j(j=1,2)$，且满足$\lambda_1+\lambda_2\equiv 0 \bmod \lambda$和$\lambda_1+\lambda_2\equiv 1 \bmod N^2$（强私钥分割的存在性详见 3.3.6 节）。

使用部分强私钥的部分解密算法 1（PSDec1）。一旦接收到密文$[\![m]\!]_{\mathrm{pk}_i}=\{T_{i,1},T_{i,2}\}$，PSDec1 算法的$\mathrm{PDO}_{\mathrm{SK}^{(1)}}(\cdot)$将执行如下步骤：使用部分强私钥$\mathrm{SK}^{(1)}=\lambda_1$，则部分解密密文$\mathrm{CT}_i^{(1)}$为

$$\mathrm{CT}_i^{(1)}=(T_{i,1})^{\lambda_1}=g^{r\theta_i\lambda_1}(1+mN\lambda_1) \bmod N^2$$

使用部分强私钥的部分解密算法 2（PSDec2）。一旦接收到密文$\mathrm{CT}_i^{(1)}$和$[\![m]\!]_{\mathrm{pk}_i}$，PSDec2 算法的$\mathrm{PDT}_{\mathrm{SK}^{(1)}}(\cdot)$将执行如下步骤恢复原始明文$m$。首先，计算

$$\mathrm{CT}_i^{(2)}=(T_{i,1})^{\lambda_2}=g^{r\theta_i\lambda_2}(1+mN\lambda_2) \bmod N^2$$

然后，计算$T''=\mathrm{CT}_i^{(1)}\cdot\mathrm{CT}_i^{(2)}$和$m=L(T'')$。

使用部分弱私钥的部分解密算法 1（PWDec1）。一旦$\mathrm{WT}_i^{(1)}$接收到密文$[\![m]\!]_{\mathrm{pk}_{\Sigma_\rho}}=\{T_{\Sigma_\rho,1},T_{\Sigma_\rho,2}\}$，PWDec1 算法使用部分私钥$\mathrm{sk}_i=\theta_i$，部分弱解密密文为

$$\mathrm{WT}^{(i)}=(T_{\Sigma_\rho,2})^{\theta_i}=g^{r\theta_i} \bmod N^2$$

使用部分弱私钥的部分解密算法 2（PWDec2）。一旦接收到密文$[\![m]\!]_{\mathrm{pk}_{\Sigma_\rho}}$和$\mathrm{WT}^{(1)},\cdots,\mathrm{WT}^{(k)}$，PWDec2 算法将执行如下步骤。

使用部分私钥$\mathrm{sk}_\rho=\theta_\rho$，部分弱解密密文$\mathrm{WT}^{(\rho)}$为

$$\mathrm{WT}^{(\rho)}=\left(T_{\Sigma_\rho,2}\right)^{\theta_\rho}=g^{r\theta_\rho} \bmod N^2$$

则

$$\mathrm{WT}=\prod_{i-1}^{K}\mathrm{WT}^{(i)}\cdot\mathrm{WT}^{(\rho)}$$

$$m=L\left(\frac{T_{\Sigma_\rho,1}}{\mathrm{WT}} \bmod N^2\right)$$

密文刷新（CR）。接收到密文$[\![m]\!]_{\mathrm{pk}_i}$后，CR 算法可以在不改变原始明文信息 m 的前提下，通过选择随机数$r\in\mathbb{Z}_N$刷新密文为$[\![m]\!]'_{\mathrm{pk}_i}=\{T'_{i,1},T'_{i,2}\}$，其中

$$T'_{i,1}=T_{i,1}\cdot h_i^{r'} \bmod N^2$$
$$T'_{i,2}=T_{i,2}\cdot g^{r'} \bmod N^2$$

注意，已知明文$m_1,m_2\in\mathbb{Z}_N$，在同一公钥 pk 下，具有下列同态性质

$$[\![m_1]\!]_{\mathrm{pk}}\cdot[\![m_2]\!]_{\mathrm{pk}}=\left\{\left(1+\left(m_1+m_2\right)\cdot N\right)\cdot h^{r_1+r_2} \bmod N^2, g^{r_1+r_2} \bmod N^2\right\}=[\![m_1+m_2]\!]_{\mathrm{pk}}$$

$$\left([\![m]\!]_{\mathrm{pk}}\right)^{N-1}=\left\{(1+(N-1)m\cdot N)\cdot h^{(N-1)r_1} \bmod N^2, g^{(N-1)r_1} \bmod N^2\right\}=[\![-m]\!]_{\mathrm{pk}}$$

在系统中，有η个 RU 和κ个 DP，KGC 首先为每个 RU 和 DP 生成公私钥对 $\mathrm{pk}_i=(N,g,h_i=g^{\theta_i})$和$\mathrm{sk}_i=\theta_i$（$i=1,\cdots,\eta+\kappa$），并进行分配；然后，使用 SKeyS 算法将强私钥 SK 随机分割为$\mathrm{SK}^{(1)}$和$\mathrm{SK}^{(2)}$，分别发送给 CP 和 CSP 进行存储。每个 DP i 可以使用个人公钥pk_i加密数据，并将密文外包至 CP 进行存储，此外，DP 的公钥$\mathrm{pk}_j(j=1,\cdots,\kappa)$和联合公钥$\mathrm{pk}_{\Sigma_k}$ $(k=1,\cdots,\eta)$也应该发送给 CP 和 CSP。简单起见，如果所有使用pk_{Σ_k}加密的密文均与 RU ρ 有关，本节将省略下标ρ，即用pk_Σ替代$\mathrm{pk}_{\Sigma_\rho}$。

3.3.5 多密钥下的隐私保护整数计算工具包

本节介绍多密钥下的隐私保护整数计算工具包，包含 SAD 协议、SMD 协议、安全获取符号位（SSBA，Secure Sign Bit Acquisition）协议、安全小于协议、安全最大值和最小值排序协议、安全相等测试协议、安全除法协议、安全最大公约数协议。假设 CP 和 CSP 都参与子协议，由于 CP 拥有部分强私钥$\mathrm{SK}^{(1)}$，CSP 拥有另一部分强私钥$\mathrm{SK}^{(2)}$和公钥pk_Σ，注意，参与上述子协议的 x 和 y 均为整数（即 x 和 y

可以为正整数、负整数或零）。因此，限制 $|x|$ 和 $|y|$ 在区间 $[0, R_1]$，满足 $\mathcal{L}(R_1) < \frac{\mathcal{L}(N)}{8}$。如果需要更大的明文域，可以简单地增大 N 的值。N 越大代表明文域越大，意味着安全等级越高，但是这会影响 PCPD 的效率。

1. **安全跨域加法协议**

DT-PKC 密码系统支持加法同态运算（$[\![m_1+m_2]\!]_{\text{pk}} = [\![m_1]\!]_{\text{pk}} \cdot [\![m_2]\!]_{\text{pk}}$），然而只适用于同一公钥下的密文。安全跨域加法协议是为实现不同密钥下密文对应的明文加法而设计的，换句话说，已知使用不同公钥加密的密文 $[\![x]\!]_{\text{pk}_a}$ 和 $[\![y]\!]_{\text{pk}_b}$，SAD 协议的目标是计算 $[\![x+y]\!]_{\text{pk}_\Sigma}$。SAD 协议描述如下。

步骤 1　（@CP）。选择 2 个随机数 $r_a, r_b \in \mathbb{Z}_N$，计算

$$X = [\![x]\!]_{\text{pk}_0} \cdot [\![r_a]\!]_{\text{pk}_a} = [\![x+r_a]\!]_{\text{pk}_a}$$

$$Y = [\![y]\!]_{\text{pk}_b} \cdot [\![r_b]\!]_{\text{pk}_b} = [\![y+r_b]\!]_{\text{pk}_b}$$

然后，计算 $X' = \text{PDO}_{\text{SK}^{(1)}}(X)$ 和 $Y' = \text{PDO}_{\text{SK}^{(1)}}(Y)$，并发送密文 X, Y, X', Y' 给 CSP。

步骤 2　（@CSP）。计算 $X'' = \text{PDT}_{\text{SK}^{(2)}}(X'; X)$、$Y'' = \text{PDT}_{\text{SK}^{(2)}}(Y'; Y)$ 和 $S = X'' + Y''$，重新加密 S 为 $[\![S]\!]_{\text{pk}_\Sigma}$，并发送密文给 CP。

步骤 3　（@CP）。计算 $R = r_a + r_b$，用 pk_Σ 加密 R 得到密文 $[\![R]\!]_{\text{pk}_\Sigma}$，则

$$[\![S]\!]_{\text{pk}_\Sigma} \cdot \left([\![R]\!]_{\text{pk}_\Sigma}\right)^{N-1} = [\![S-R]\!]_{\text{pk}_\Sigma} = [\![x+y]\!]_{\text{pk}_\Sigma}$$

2. **安全跨域乘法协议**

已知 2 个分别使用公钥 pk_a 和 pk_b 加密的密文 $[\![x]\!]_{\text{pk}_a}$ 和 $[\![y]\!]_{\text{pk}_b}$，安全跨域乘法协议的目标是输出使用 pk_Σ 加密的密文 $[\![x \cdot y]\!]_{\text{pk}_\Sigma}$。SMD 协议描述如下。

步骤 1（@CP）。选择 4 个随机数 $r_x, r_y, R_x, R_y \in \mathbb{Z}_N$，计算

$$X = [\![x]\!]_{\text{pk}_a} \cdot [\![r_x]\!]_{\text{pk}_a}, Y = [\![y]\!]_{\text{pk}_b} \cdot [\![r_y]\!]_{\text{pk}_b}$$

$$S = [\![R_x]\!]_{\text{pk}_a} \cdot \left([\![x]\!]_{\text{pk}_a}\right)^{N-r_y} = [\![R_x - r_y \cdot x]\!]_{\text{pk}_a}$$

$$T = [\![R_y]\!]_{\text{pk}_b} \cdot \left([\![y]\!]_{\text{pk}_b}\right)^{N-r_x} = [\![R_y - r_x \cdot y]\!]_{\text{pk}_b}$$

然后，计算 $X_1 = \text{PDO}_{\text{SK}^{(1)}}(X)$、$Y_1 = \text{PDO}_{\text{SK}^{(1)}}(Y)$、$S_1 = \text{PDO}_{\text{SK}^{(1)}}(S)$ 和 $T_1 = \text{PDO}_{\text{SK}^{(1)}}(T)$，并发送密文 $X_1, Y_1, S_1, T_1, X, Y, S, T$ 给 CSP。

步骤 2　（@CSP）。使用部分强私钥 $\text{SK}^{(2)}$，CSP 计算

$$h = \mathrm{PDT}_{\mathrm{SK}^{(2)}}\left(X_1; X\right) \cdot \mathrm{PDT}_{\mathrm{SK}^{(2)}}\left(Y_1; X\right)$$

$$S_2 = \mathrm{PDT}_{\mathrm{SK}^{(2)}}\left(S_1; S\right), T_2 = \mathrm{PDT}_{\mathrm{SK}^{(2)}}\left(T_1; T\right)$$

然后，使用联合公钥 pk_Σ 重新加密 h, S_2, T_2，记为 $H = [\![h]\!]_{\mathrm{pk}_\Sigma}, S_3 = [\![S_2]\!]_{\mathrm{pk}_\Sigma}$，$T_3 = [\![T_2]\!]_{\mathrm{pk}_\Sigma}$，并发送密文 H, S_3, T_3 给 CP，容易验证 $h = (x + r_x) \cdot (y + r_y)$。

步骤 3（@CP）。一旦接收到密文 H, S_3, T_3，CP 计算 $S_4 = ([\![r_x \cdot r_y]\!]_{\mathrm{pk}_\Sigma})^{N-1}$，$S_5 = ([\![R_x]\!]_{\mathrm{pk}_\Sigma})^{N-1}$ 和 $S_6 = ([\![R_y]\!]_{\mathrm{pk}_\Sigma})^{N-1}$，则使用公钥 pk_Σ 加密 $x \cdot y$ 的密文为

$$H \cdot T_3 \cdot S_3 \cdot S_4 \cdot S_5 \cdot S_6 = [\![h + (R_x - r_y \cdot x) + (R_y - r_x \cdot y) - r_x \cdot r_y - R_x - R_y)]\!]_{\mathrm{pk}_\Sigma} = [\![x \cdot y]\!]_{\mathrm{pk}_\Sigma}$$

3. **安全获取符号位协议**

已知密文 $[\![x]\!]_{\mathrm{pk}_a}$，安全获取符号位协议的目标是输出加密的符号位 $[\![s^*]\!]_{\mathrm{pk}_\Sigma}$ 和转换后的密文 $[\![x^*]\!]_{\mathrm{pk}_\Sigma}$，使当 $x \geqslant 0$ 时，$x^* = x$，$s^* = 1$；当 $x < 0$ 时，$x^* = N - x$，$s^* = 0$。SSBA 协议描述如下。

步骤 1（@CP）。CP 掷硬币选择 s 的值为（0 或 1），选择随机数 r，满足 $\mathcal{L}(r) < \dfrac{\mathcal{L}(N)}{4}$。如果 $s = 1$，则 CP 计算

$$[\![l]\!]_{\mathrm{pk}_a} = \left(\left([\![x]\!]_{\mathrm{pk}_a}\right)^2 \cdot [\![1]\!]_{\mathrm{pk}_a}\right)^r = [\![r(2x+1)]\!]_{\mathrm{pk}_a}$$

如果 $s = 0$，则 CP 计算

$$[\![l]\!]_{\mathrm{pk}_a} = \left(([\![x]\!]_{\mathrm{pk}_a})^2 \cdot [\![1]\!]_{\mathrm{pk}_a}\right)^{N-r} = [\![-r(2x+1)]\!]_{\mathrm{pk}_a}$$

然后，计算 $L = \mathrm{PDO}_{\mathrm{SK}^{(1)}}([\![l]\!]_{\mathrm{pk}_a})$，并发送密文 $L, [\![l]\!]_{\mathrm{pk}_a}$ 给 CSP。

步骤 2（@CSP）。CSP 计算 $\mathrm{PDT}_{\mathrm{SK}^{(2)}}(L; [\![l]\!]_{\mathrm{pk}_a})$ 获得明文 l，如果 $\mathcal{L}(l) < \dfrac{3}{8} \cdot \mathcal{L}(N)$，则 $u = 1$；否则，$u = 0$。然后，使用 pk_Σ 加密 u，并发送密文 $[\![x]\!]_{\mathrm{pk}_\Sigma}$ 给 CSP。

步骤 3（@CP）。

（1）如果 $s = 1$，则 CP 计算 $[\![s^*]\!]_{\mathrm{pk}_\Sigma} = \mathrm{CR}\left([\![u]\!]_{\mathrm{pk}_\Sigma}\right)$；否则，计算 $[\![s^*]\!]_{\mathrm{pk}_\Sigma} = \mathrm{CR}\left([\![1]\!]_{\mathrm{pk}_\Sigma} \cdot [\![u]\!]_{\mathrm{pk}_\Sigma}^{N-1}\right)$。

（2）获得密文结果 $[\![x^*]\!]_{\mathrm{pk}_\Sigma} \leftarrow \mathrm{SMD}\left([\![x]\!]_{\mathrm{pk}_\Sigma}; [\![s^*]\!]_{\mathrm{pk}_\Sigma}^2 \cdot \left([\![1]\!]_{\mathrm{pk}_\Sigma}\right)^{N-1}\right)$。

4. **安全小于协议**

已知密文 $[\![x]\!]_{\mathrm{pk}_a}$ 和 $[\![y]\!]_{\mathrm{pk}_b}$，安全小于协议的目标是输出 $[\![u^*]\!]_{\mathrm{pk}_\Sigma}$，用于判断 2 个密文对应的明文大小关系（$x < y$ 或 $x \geqslant y$），SLT 协议描述如下。

步骤 1（@CP）。

（1）CP 计算

$$[\![x_1]\!]_{\mathrm{pk}_a}=\left([\![x]\!]_{\mathrm{pk}_a}\right)^2\cdot[\![1]\!]_{\mathrm{pk}_a}=[\![2x+1]\!]_{\mathrm{pk}_a}$$

$$[\![y_1]\!]_{\mathrm{pk}_b}=\left([\![y]\!]_{\mathrm{pk}_b}\right)^2=[\![2y]\!]_{\mathrm{pk}_b}$$

（2）CP 掷硬币选择 s 的值（0 或 1），如果 $s=1$，则 CP 计算

$$[\![l]\!]_{\mathrm{pk}_\Sigma}\leftarrow \mathrm{SAD}\left([\![x_1]\!]_{\mathrm{pk}_a};\left([\![y_1]\!]_{\mathrm{pk}_b}\right)^{N-1}\right)$$

如果 $s=0$，则 CP 计算

$$[\![l]\!]_{\mathrm{pk}_\Sigma}\leftarrow \mathrm{SAD}\left([\![y_1]\!]_{\mathrm{pk}_b};\left([\![x_1]\!]_{\mathrm{pk}_a}\right)^{N-1}\right)$$

（3）CP 选择随机数 r，满足 $\mathcal{L}(r)<\dfrac{\mathcal{L}(N)}{4}$，计算 $[\![l_1]\!]_{\mathrm{pk}_\Sigma}=([\![l_1]\!]_{\mathrm{pk}_\Sigma})^r$，然后，CP 使用部分强私钥 $\mathrm{SK}^{(1)}$ 计算 $K=\mathrm{PDO}_{\mathrm{SK}^{(1)}}([\![l_1]\!]_{\mathrm{pk}_\Sigma})$，并发送结果给 CSP。

步骤 2（@CSP）。CSP 使用 $\mathrm{SK}^{(2)}$ 解密 K 获得明文 l，如果 $\mathcal{L}(l)>\dfrac{\mathcal{L}(N)}{2}$，则 $u'=1$；否则，$u'=0$。然后，CSP 使用联合公钥 pk_Σ 加密 u'，并发送密文 $[\![u']\!]_{\mathrm{pk}_\Sigma}$ 给 CSP。

步骤 3（@CP）。接收到密文 $[\![u']\!]_{\mathrm{pk}_\Sigma}$ 后，如果 $s=1$，则 CP 计算 $[\![u^*]\!]_{\mathrm{pk}_\Sigma}=\mathrm{CR}\left([\![u']\!]_{\mathrm{pk}_\Sigma}\right)$；否则，CP 计算 $[\![u^*]\!]_{\mathrm{pk}_\Sigma}=[\![1]\!]_{\mathrm{pk}_\Sigma}\cdot\left([\![u']\!]_{\mathrm{pk}_L}\right)^{N-1}=[\![1-u']\!]_{\mathrm{pk}_\Sigma}$。

易知，如果 $u^*=0$，意味着 $x\geqslant y$；如果 $u^*=1$，意味着 $x<y$。

5. ***安全最大值和最小值排序协议***

已知密文 $[\![x]\!]_{\mathrm{pk}_a}$ 和 $[\![y]\!]_{\mathrm{pk}_b}$，安全最大值和最小值排序协议的目标是输出加密的排序结果 $[\![A]\!]_{\mathrm{pk}_a}$ 和 $[\![I]\!]_{\mathrm{pk}_a}$，满足 $A\geqslant I$，SMMS 协议描述如下。

（1）CP 协同 CSP 计算

$$[\![x]\!]_{\mathrm{pk}_\Sigma}\leftarrow \mathrm{SAD}\left([\![x]\!]_{\mathrm{pk}_a};[\![0]\!]_{\mathrm{pk}_b}\right)$$

$$[\![y]\!]_{\mathrm{pk}_\Sigma}\leftarrow \mathrm{SAD}\left([\![0]\!]_{\mathrm{pk}_a};[\![y]\!]_{\mathrm{pk}_b}\right)$$

$$[\![u^*]\!]_{\mathrm{pk}_\Sigma}\leftarrow \mathrm{SLT}\left([\![x]\!]_{\mathrm{pk}_a};[\![y]\!]_{\mathrm{pk}_b}\right)$$

$$[\![X]\!]_{\mathrm{pk}_\Sigma}\leftarrow \mathrm{SMD}\left([\![u^*]\!]_{\mathrm{pk}_\Sigma};[\![x]\!]_{\mathrm{pk}_a}\right)$$

$$[\![Y]\!]_{\mathrm{pk}_\Sigma}\leftarrow \mathrm{SMD}\left([\![u^*]\!]_{\mathrm{pk}_\Sigma};[\![y]\!]_{\mathrm{pk}_b}\right)$$

（2）接收到$[\![u^*]\!]_{pk_a}$后，CP 计算

$$[\![A]\!]_{pk_\Sigma} = [\![x]\!]_{pk_\Sigma} \cdot [\![X]\!]_{pk_\Sigma}^{N-1} \cdot [\![Y]\!]_{pk_\Sigma} = [\![(1-u^*)x + u^* y]\!]_{pk_\Sigma}$$

$$[\![I]\!]_{pk_\Sigma} = [\![y]\!]_{pk_\Sigma} \cdot [\![Y]\!]_{pk_\Sigma}^{N-1} \cdot [\![X]\!]_{pk_\Sigma} = [\![(1-u^*)y + u^* x]\!]_{pk_\Sigma}$$

6. **安全相等测试协议**

已知密文$[\![x]\!]_{pk_a}$和$[\![y]\!]_{pk_b}$，安全相等测试协议的目标是输出加密结果$[\![f]\!]_{pk_\Sigma}$，判断 2 个密文对应的明文是否相等（即$x=y$或$x \neq y$）。SEQ 协议描述如下。

（1）CP 协同 CSP 计算

$$[\![u_1]\!]_{pk_s} \leftarrow \mathrm{SLT}\left([\![x]\!]_{pk_a}, [\![y]\!]_{pk_b}\right)$$

$$[\![u_2]\!]_{pk_\Sigma} \leftarrow \mathrm{SLT}\left([\![y]\!]_{pk_b}, [\![x]\!]_{pk_a}\right)$$

$$[\![f_1^*]\!]_{pk_\Sigma} \leftarrow \mathrm{SMD}\left([\![1]\!]_{pk_\Sigma} \cdot \left([\![u_1]\!]_{pk_\Sigma}\right)^{N-1}; [\![u_2]\!]_{pk_\Sigma}\right)$$

$$[\![f_2^*]\!]_{pk_\Sigma} \leftarrow \mathrm{SMD}\left([\![u_1]\!]_{pk_\Sigma}; [\![1]\!]_{pk_\Sigma} \cdot \left([\![u_2]\!]_{pk_\Sigma}\right)^{N-1}\right)$$

（2）CP 计算得到$[\![f]\!]_{pk_\Sigma}$为

$$[\![f]\!]_{pk_\Sigma} = [\![u_1 \oplus u]\!]_{pk_\Sigma} = [\![f_1^*]\!]_{pk_\Sigma} \cdot [\![f_2^*]\!]_{pk_\Sigma}$$

易知，如果$f=0$，意味着$x=y$；否则$x \neq y$。

7. **安全除法协议**

已知加密分母$[\![x]\!]_{pk_a}$和加密分子$[\![y]\!]_{pk_b}$，安全除法协议的目标是得到加密商$[\![q^*]\!]_{pk_\Sigma}$和加密余数$[\![r^*]\!]_{pk_\Sigma}$，而不会损害数据隐私，其中$y = q^* \cdot x + r^* (|y| \geqslant |x|)$。算法 3.3 详细解释了 SDIV 协议的工作流程，下面进行简要描述。

如果分母为 0，不能简单地中止 SDIV 协议，否则 CP 就会推测得知$x=0$，可记为x=1 和y=0（第（1）行～第（5）行）。执行 SSBA 协议获得$[\![x^*]\!]_{pk_\Sigma}$和$[\![y^*]\!]_{pk_\Sigma}$（x^*和y^*分别是x和y的绝对值，第（6）行；执行 SBD 协议扩展$[\![y^*]\!]_{pk_\Sigma}$为对y^*的比特加密的密文，记为$([\![q_{u-1}]\!]_{pk_\Sigma}, \cdots, [\![q_0]\!]_{pk_\Sigma})$（第（7）行），使用$([\![0]\!]_{pk_\Sigma}, \cdots, [\![0]\!]_{pk_\Sigma})$初始化$([\![a_{u-1}]\!]_{pk_\Sigma}, \cdots, [\![a_0]\!]_{pk_\Sigma})$（第（8）行）。

接下来，执行下述过程μ次：将$[\![a_{\mu-1}]\!]_{pk_\Sigma}, \cdots, [\![a_0]\!]_{pk_\Sigma}, [\![q_{\mu-1}]\!]_{pk_\Sigma}, \cdots, [\![q_0]\!]_{pk_\Sigma}$全部向左移动一个单位，使其满足（for $i = \mu - 1$ to $1, [\![a_i]\!]_{pk_\Sigma}, \cdots, [\![a_{i-1}]\!]_{pk_\Sigma}, [\![a_0]\!]_{pk_\Sigma} = [\![q_{u-1}]\!]_{pk_\Sigma}$，for $i = \mu - 1$ to 1, $[\![q_i]\!]_{pk_\Sigma} = [\![q_{i-1}]\!]_{pk_\Sigma}$）；CP 计算得到$[\![a_{u-1}]\!]_{pk_\Sigma}, \cdots, [\![a_0]\!]_{pk_\Sigma}$，并将二进制密文转换为十进制密文$[\![A]\!]_{pk_\Sigma}$，然后使用 SLT 协议比较$A$和$x^*$的大小关系，如果$A < x^*$，则 SDIV 协议认为$q_0 = 0$；否则认为$q_0 = 1$；最后，计算$A = A - x^*$（第（9）行～第（15）行）。

在计算 μ 次之后，余数 r 为二进制整数$(a_{\mu-1},\cdots,a_0)$，商 q 为二进制整数$(q_{\mu-1},\cdots,q_0)$（第（16）行）。此外，需要判断r^*和q^*的符号：余数r^*与分子 y 的符号相同，商q^*的符号记为分子和分母的符号乘法结果（第（17）行）。下面，利用一个简单的实例验证算法第（17）行的正确性：如果x=3 和y=5，则q^*=1 和r^*=2，即 5=1×3+2；如果$x=3$和$y=-5$，则$q^*=-1$和$r^*=-2$，即$-5=(-1)\times3+(-2)$；如果$x=-3$和$y=5$，则$q^*=-1$和$r^*=2$，即$5=(-1)\times(-3)+2$；如果$x=-3$和$y=-5$，则$q^*=-1$和$r^*=-2$，即$-5=1\times(-3)+(-2)$。

算法 3.3　安全除法协议

输入　加密分子$[\![y]\!]_{\mathrm{pk}_b}$和加密分母$[\![x]\!]_{\mathrm{pk}_a}$

输出　加密商$[\![q^*]\!]_{\mathrm{pk}_\Sigma}$和加密余数$[\![r^*]\!]_{\mathrm{pk}_\Sigma}$

（1）CP 和 CSP 协同计算

（2）$[\![f]\!]_{\mathrm{pk}_\Sigma}\leftarrow\mathrm{SEQ}\left([\![x]\!]_{\mathrm{pk}_a},[\![0]\!]_{\mathrm{pk}_\Sigma}\right)$

（3）CP 计算$[\![1]\!]_{\mathrm{pk}_\Sigma}\cdot\left([\![f]\!]_{\mathrm{pk}_\Sigma}\right)^{N-1}=[\![1-f]\!]_{\mathrm{pk}_\Sigma}$

（4）CP 和 CSP 协同计算

$[\![f\cdot x]\!]_{\mathrm{pk}_\Sigma}\leftarrow\mathrm{SMD}\left([\![f]\!]_{\mathrm{pk}_\Sigma},[\![x]\!]_{\mathrm{pk}_a}\right)$和$[\![y']\!]_{\mathrm{pk}_\Sigma}=[\![f\cdot y]\!]_{\mathrm{pk}_\Sigma}\leftarrow\mathrm{SMD}\left([\![f]\!]_{\mathrm{pk}_\Sigma},[\![y]\!]_{\mathrm{pk}_\Sigma}\right)$

（5）$[\![x']\!]_{\mathrm{pk}_\Sigma}=[\![f\cdot x+(1-f)\cdot 1]\!]_{\mathrm{pk}_\Sigma}=[\![f\cdot x]\!]_{\mathrm{pk}_\Sigma}\cdot[\![1-f]\!]_{\mathrm{pk}_\Sigma}$

（6）CP 和 CSP 协同计算

$\left([\![x^*]\!]_{\mathrm{pk}_\Sigma},[\![s_x]\!]_{\mathrm{pk}_\Sigma}\right)\leftarrow\mathrm{SSBA}\left([\![x']\!]_{\mathrm{pk}_a}\right)$

$\left([\![y^*]\!]_{\mathrm{pk}_\Sigma},[\![s_y]\!]_{\mathrm{pk}_\Sigma}\right)\leftarrow\mathrm{SSBA}\left([\![y']\!]_{\mathrm{pk}_b}\right)$

（7）CP 和 CSP 协同执行 SBD 协议，计算

$\left([\![y_{u-1}]\!]_{\mathrm{pk}_\Sigma},\cdots,[\![y_0]\!]_{\mathrm{pk}_\Sigma}\right)\leftarrow\mathrm{SBD}\left([\![y^*]\!]_{\mathrm{pk}_\Sigma}\right)$

$\left([\![q_{u-1}]\!]_{\mathrm{pk}_\Sigma},\cdots,[\![q_0]\!]_{\mathrm{pk}_\Sigma}\right)\leftarrow\left([\![y_{u-1}]\!]_{\mathrm{pk}_\Sigma},\cdots,[\![y_0]\!]_{\mathrm{pk}_\Sigma}\right)$

（8）CP 初始化 $\left([\![a_{u-1}]\!]_{\mathrm{pk}_\Sigma},\cdots,[\![a_0]\!]_{\mathrm{pk}_\Sigma}\right)\leftarrow\underbrace{\left([\![0]\!]_{\mathrm{pk}_\Sigma},\cdots,[\![0]\!]_{\mathrm{pk}_\Sigma}\right)}_{\mu-\text{ elements}}$

（9）for $k=1$ to u do

（10）令$[\![a_i]\!]_{\mathrm{pk}_\Sigma}=[\![a_{i-1}]\!]_{\mathrm{pk}_\Sigma}$(for $i=\mu$ to 1)；然后令$[\![a_0]\!]_{\mathrm{pk}_\Sigma}=[\![q_{\mu-1}]\!]_{\mathrm{pk}_\Sigma}$；最后令$[\![q_i]\!]_{\mathrm{pk}_\Sigma}=[\![q_{i-1}]\!]_{\mathrm{pk}_\Sigma}$(for $i=\mu$ to 1)；

（11）计算$[\![A]\!]_{\mathrm{pk}_\Sigma}=[\![a_0]\!]_{\mathrm{pk}_\Sigma}\cdot[\![a_1]\!]_{\mathrm{pk}_\Sigma}^2\cdots[\![a_{u-1}]\!]_{\mathrm{pk}_\Sigma}^{2^{\mu-1}}$；

（12）计算$[\![Q]\!]_{\mathrm{pk}_\Sigma}\leftarrow\mathrm{SLT}\left([\![A]\!]_{\mathrm{pk}_{\Sigma N}};[\![x^*]\!]_{\mathrm{pk}_\Sigma}\right)$；

（13）计算 $[\![q_0]\!]_{pk_\Sigma} = [\![1]\!]_{pk_\Sigma} \cdot [\![Q]\!]_{pk_\Sigma}^{N-1} = [\![1-Q]\!]_{pk_\Sigma}$；

（14）计算 $[\![B]\!]_{pk_\Sigma} \leftarrow \text{SMD}\left([\![x^*]\!]_{pk_s}^{N-1}, [\![q_0]\!]_{pk_\Sigma}\right)$；

（15）计算 $[\![A]\!]_{pk_\Sigma} = [\![A]\!]_{pk_\Sigma} \cdot [\![B]\!]_{pk_\Sigma}$，执行 SBD 协议 $\left([\![a_{u-1}]\!]_{pk_\Sigma}, \cdots [\![a_0]\!]_{pk_\Sigma}\right) \leftarrow \text{SBD}\left([\![A]\!]_{pk_\Sigma}\right)$

end for

（16） 计算 $[\![r]\!]_{pk_\Sigma} = [\![a_0]\!]_{pk_\Sigma} \cdot \left([\![a_1]\!]_{pk_\Sigma}\right)^2 \cdots \left([\![a_{u-1}]\!]_{pk_\Sigma}\right)^{2^{\mu-1}}$

$[\![q]\!]_{pk_z} = [\![q_0]\!]_{pk_z} \cdot \left([\![q_1]\!]_{pk_z}\right)^2 \cdots \left([\![q_{u-1}]\!]_{pk_z}\right)^{2^{\mu-1}}$

（17）计算 $[\![K_1]\!]_{pk_\Sigma} \leftarrow \text{SMD}\left([\![s_x]\!]_{pk_\Sigma}; [\![s_y]\!]_{pk_\Sigma}\right)$

$[\![r^*]\!]_{pk_\Sigma} \leftarrow \text{SMD}\left([\![r^*]\!]_{pk_\Sigma}; [\![s_y]\!]_{pk_\Sigma}\right)$

$[\![q^*]\!]_{pk_\Sigma} \leftarrow \text{SMD}\left([\![q]\!]_{pk_\Sigma}; [\![K_1]\!]_{pk_\Sigma}\right)$

这里，利用一个简单实例解释 SDIV 协议的工作原理。已知输入分子 $y=-5$ 和分母 x=3，首先，计算得到绝对值 $y^*=5$ 和 $x^*=3$， y^* 的二进制形式记为 q；然后，SDIV 协议初始化 a=0000，执行算法第（9）行～第（15）行，得到 $q=1$ 和 $r=2$，如表 3-11 所示；最后，算法判断商和余数的符号，输出 $q^*=-1$ 和 $r^*=-2$ 。表 3-11 中，A 是二进制整数 a 的十进制格式，B 是中间变量。

表 3-11　SDIV 协议实例

轮数	a	q	x^*	运算
1	0000	0101	3	a 和 q 一起左移， $A<x^*, Q\leftarrow 1,\ q_0\leftarrow 0, B\leftarrow 0, A\leftarrow A+B$
	0000	1010	3	—
2	$\underline{0000}$	$101\underline{0}$	3	a 和 q 一起左移， $A<x^*, Q\leftarrow 1,\ q\leftarrow 0, B\leftarrow 0, A\leftarrow A+B$
	0001	0100	3	—
3	$\underline{0001}$	$010\underline{0}$	3	a 和 q 一起左移， $A<x^*, Q\leftarrow 1,\ q_0\leftarrow 0, B\leftarrow 0, A\leftarrow A+B$
	0010	1000	3	—
4	$\underline{0010}$	$100\underline{0}$	3	a 和 q 一起左移， $A>x^*, Q\leftarrow 0,\ q_0\leftarrow 1, B\leftarrow -x^*$
	0101	0000	3	—
	$\underline{0010}$	$000\underline{1}$	3	$A\leftarrow A+B$

8. **安全最大公约数协议**

已知密文 $[\![x]\!]_{pk_a}$ 和 $[\![y]\!]_{pk_b}$ $(x>0, y>0)$，SGCD 协议旨在获得加密的最大公约数 $[\![C]\!]_{pk_\Sigma}$，而不会泄露数据隐私。算法 3.4 详细解释了 SGCD 协议的工作流程，下面

进行简要描述。

在计算 GCD 之前，CP 需要确定 2 个明文值（即 x 和 y）哪个较大，选择较大的作为 SGCD 协议的分子，较小的作为分母（第（1）行）。为了安全计算 GCD，本节改进了欧几里得算法。如果用 2 个数的差值代替较大的数，那么 2 个数的 GCD 保持不变。这种替换会消去较大的数，导致产生的数较小，直到最后 2 个数中会有一个为 0。然而，不能直接使用欧几里得算法，因为这会泄露给敌手执行协议的轮数信息（例如，如果只执行了两轮协议，那么敌手可以判定这 2 个数是互素的）。因此，固定运行 μ 轮欧几里得算法（与整数的域大小有关，第（2）行～第（4）行。然而，如果计算轮数固定，则分母将等于 0，这个问题可以被 SDIV 协议解决，在执行固定轮数计算后，CP 可以获得 μ+1 个加密余数，然后利用零值余数寻找 GCD。这个想法很容易理解，记非零余数为 1，记零值余数为 0（第（6）行～第（7）行），利用 XOR 运算可以找到最后一个非零余数的位置（第 8）行～第 12）行）。

算法 3.4　安全最大公约数协议

输入　加密分子 $[\![x]\!]_{\mathrm{pk}_a}$ 和加密分母 $[\![y]\!]_{\mathrm{pk}_b}$

输出　加密最大公约数 $[\![C]\!]_{\mathrm{pk}_\Sigma}$

（1）CP 和 CSP 协同执行 SSMS 协议，即计算

$\left([\![y']\!]_{\mathrm{pk}_\Sigma},[\![x']\!]_{\mathrm{pk}_\Sigma}\right)\leftarrow \mathrm{SSMS}\left([\![x]\!]_{\mathrm{pk}_a},[\![y]\!]_{\mathrm{pk}_b}\right)$

（2）for i=1,⋯,n, do

（3）　　计算 $\left([\![q_i]\!]_{\mathrm{pk}_\Sigma},[\![r_i]\!]_{\mathrm{pk}_\Sigma}\right)\leftarrow \mathrm{SDIV}\left([\![y']\!]_{\mathrm{pk}_\Sigma},[\![x']\!]_{\mathrm{pk}_\Sigma}\right)$

（4）　　令 $[\![y']\!]_{\mathrm{pk}_\Sigma}=[\![x']\!]_{\mathrm{pk}_\Sigma};[\![x']\!]_{\mathrm{pk}_\Sigma}=[\![r_i]\!]_{\mathrm{pk}_\Sigma}$

end for

（5）令 $[\![r_0]\!]_{\mathrm{pk}_\Sigma}=[\![q_1]\!]_{\mathrm{pk}_\Sigma}$

（6）for i=0,⋯,u, do

（7）　　计算 $[\![u_i]\!]_{\mathrm{pk}_\Sigma}\leftarrow \mathrm{SEQ}\left([\![r_i]\!]_{\mathrm{pk}_\Sigma},[\![0]\!]_{\mathrm{pk}_\Sigma}\right)$

end for

（8）　for i=1,⋯,u, do

（9）　　计算 $[\![f^*_{i-1,i}]\!]_{\mathrm{pk}_\Sigma}\leftarrow \mathrm{SMD}\left([\![1]\!]_{\mathrm{pk}_\Sigma}\cdot[\![u_{i-1}]\!]^{N-1}_{\mathrm{pk}_\Sigma};[\![u_i]\!]_{\mathrm{pk}_\Sigma}\right)$

（10）　　计算 $[\![f^*_{i,i-1}]\!]_{\mathrm{pk}_\Sigma}\leftarrow \mathrm{SMD}\left([\![u_{i-1}]\!]_{\mathrm{pk}_\Sigma};[\![1]\!]_{\mathrm{pk}_\Sigma}\cdot[\![u_i]\!]^{N-1}_{\mathrm{pk}_\Sigma}\right)$

（11）　　计算 $[\![f_{i-1,i}]\!]_{\mathrm{pk}_\Sigma}=[\![u_{i-1}\oplus u_i]\!]_{\mathrm{pk}_\Sigma}=[\![f^*_{i,i-1}]\!]\cdot[\![f^*_{i-1,i}]\!]_{\mathrm{pk}_\Sigma}$

（12） $[\![C_i]\!]_{\text{pk}_\Sigma} \leftarrow \text{SMD}\left([\![r_{i-1}]\!]_{\text{pk}_\Sigma};[\![f_{i-1,i}]\!]_{\text{pk}_\Sigma}\right)$

end for

（13） return $[\![C]\!]_{\text{pk}_\Sigma} = \prod_{j=1}^{m}[\![C_i]\!]_{\text{pk}_\Sigma}$

9. *细粒度认证的解密*

如果 RU 想检索数据拥有者 DP a 的数据，那么 RU 必须通过 DP a 的身份认证。如果 RU 想对不同 DP 的密文（即不同的加密域）执行计算，那么计算结果会包含原始数据的信息。如果不部署任何专门的认证机制，可能泄露某个 DP 的信息。这种攻击简单且有效。例如，RU 发起一个查询，要求 CP 根据协议进行计算，然后 DP 要求 CP 和 CSP 将密态计算结果转换至 RU 的加密域，从而 RU 可以简单地解密获得结果。换句话说，如果 RU ρ 想知道 DP i 存储在云服务器中的加密数据 $[\![x]\!]_{\text{pk}_i}$，ρ 发送密文 $[\![1]\!]_{\text{pk}_\rho}$ 给 CP，然后 CP 计算 $[\![x]\!]_{\text{pk}_\rho} \leftarrow \text{SMD}([\![x]\!]_{\text{pk}_i};[\![1]\!]_{\text{pk}_\rho})$，并发送密文 $[\![x]\!]_{\text{pk}_\rho}$ 给 DP，这样 ρ 可以解密获得明文 x。

为了解决这个问题，提出了一种简单的解决方案，使用与不同 DP 和 RU 关联的联合公钥加密最终计算结果，如果 RU 想获得最终明文结果，那么 RU 需要获得 DP 的部分解密结果（身份认证）。例如，RU ρ 的公钥是 $\text{pk}_\rho = (N, g, h_\rho = g^{\theta_\rho})$，DP a 和 DP b 的公钥是 $\text{pk}_a = (N, g, h_a = g^{\theta_a})$ 和 $\text{pk}_b = (N, g, h_b = g^{\theta_b})$，最终明文结果 x 可以使用联合公钥 $\text{pk}_\Sigma = (N, g, h_\Sigma = g^{\theta_\rho + \theta_a + \theta_b})$ 进行加密（即 $[\![x]\!]_{\text{pk}_\Sigma}$）。如果 RU 想解密得到 x，首先需要发送密文 $[\![x]\!]_{\text{pk}_\Sigma}$ 给 DP a 和 DP b 进行解密认证，如果 DP a 和 DP b 允许 RU 访问最终结果，那么 DP a 和 DP b 执行 PWDec1 算法生成部分解密密文 WT_a 和 WT_b 并发送给 RU ρ。一旦 RU 接收到 2 个解密密文和原始密文，RU 可以使用个人私钥 $\text{sk}_\rho = \theta_\rho$ 执行 PWDec2 算法获得 x。这是一种细粒度的解决方案，因为方案需要获得所有 DP 的部分加密密文，代价是 CP 与所有 DP 都需要进行通信，通信开销较大。如果密码系统不需要细粒度认证，那么系统可以使用传统方法认证 DP 和 RU[47-48]。在这种情况下，DP 可以在外包密文数据后保持离线状态。

10. *扩展处理加密有理数*

如果 DP i 想外包有理数格式数据至 CP 进行存储，关键挑战是在外包数据之前如何安全地实现有理数加密。因为任何有理数都可以表示为分数（即 x 可以表示为 $\frac{x^\uparrow}{x^\downarrow}$），所以可以通过加密分子 $x^\uparrow$ 和分母 $x^\downarrow$ 简单解决存储挑战，密文存储为

$(\llbracket x^{\uparrow} \rrbracket_{\mathrm{pk}_i}, \llbracket x^{\downarrow} \rrbracket_{\mathrm{pk}_i})$，$\mathrm{pk}_i$ 是 DP i 的公钥。例如，−0.2 可以表示为 $-\frac{1}{5}=\frac{x^{\uparrow}}{x^{\downarrow}}$，使用 DT-PKC 加密方案，加密 $x^{\uparrow}$ 和 $x^{\downarrow}$ 分别为 $\llbracket x^{\uparrow} \rrbracket_{\mathrm{pk}_i}=(\llbracket x \rrbracket_{\mathrm{pk}_i})^{N-1}=\llbracket -1 \rrbracket_{\mathrm{pk}_i}$ 和 $\llbracket x^{\downarrow} \rrbracket_{\mathrm{pk}_i}=\llbracket 5 \rrbracket_{\mathrm{pk}_i}$，然后外包密文 $(\llbracket x^{\uparrow} \rrbracket_{\mathrm{pk}_i}, \llbracket x^{\downarrow} \rrbracket_{\mathrm{pk}_i})$ 至 CP 进行存储。

另一个挑战是在多密钥设置下如何实现加密有理数计算，可以使用多密钥下的安全整数计算工具包的组合运算解决这一挑战。例如，已知 2 个加密有理数 $(\llbracket x^{\uparrow} \rrbracket_{\mathrm{pk}_a}, \llbracket x^{\downarrow} \rrbracket_{\mathrm{pk}_a})$ 和 $(\llbracket y^{\uparrow} \rrbracket_{\mathrm{pk}_b}, \llbracket y^{\downarrow} \rrbracket_{\mathrm{pk}_b})$，$(\llbracket z^{\uparrow} \rrbracket_{\mathrm{pk}_\Sigma}, \llbracket z^{\downarrow} \rrbracket_{\mathrm{pk}_\Sigma})$ 为有理数的乘法结果，满足

$$\llbracket z^{\uparrow} \rrbracket_{\mathrm{pk}_\Sigma} \leftarrow \mathrm{SMD}\left(\llbracket x^{\uparrow} \rrbracket_{\mathrm{pk}_a}; \llbracket y^{\uparrow} \rrbracket_{\mathrm{pk}_b}\right)$$

$$\llbracket z^{\downarrow} \rrbracket_{\mathrm{pk}_\Sigma} \leftarrow \mathrm{SMD}\left(\llbracket x^{\downarrow} \rrbracket_{\mathrm{pk}_a}; \llbracket y^{\downarrow} \rrbracket_{\mathrm{pk}_b}\right)$$

其他类型的有理数计算与之类似，由于篇幅有限，此处不再详细介绍构造过程，感兴趣的读者可参考文献[49]。

（1）CSP 的必要性。为了确保系统效率，使用 AHC 加密数据，然后外包密文至 CSP 进行存储。因为在 AHC（或其他部分同态加密系统）中，CSP 不能同时对密文执行加法和乘法同态计算（与完全同态加密系统不同），需要 CSP 执行明文乘法。然而，现有方案[17-18,50-51]中的单密钥和多密钥完全同态加密系统在计算和存储方面的效率都很低。如果存在高效的多密钥完全同态加密系统，则可以从系统中移除 CSP，从而降低系统复杂性。

（2）处理实数的拓展。系统可以牺牲部分精度，使用有理数计算模拟实数计算。例如，可以使用 1.414（即 $\frac{707}{500}$）表示 $\sqrt{2}$；如果需要更高的精度，可以使用 1.414 21（即 $\frac{141\,421}{1\,000\,000}$）表示 $\sqrt{2}$。换句话说，更高的精度水平需要更长的明文长度。

3.3.6 安全性分析

本节分析基本加密原语和子协议的安全性，并证明 EPOM 框架的安全性。

1. DT-PKC 的分析

（1）强私钥分割的存在性。将私钥 $\mathrm{SK}=\lambda$ 随机分割成两部分，记为 λ_1 和 λ_2，满足 $\lambda_1+\lambda_2 \equiv 0 \bmod \lambda, \lambda_1+\lambda_2 \equiv 1 \bmod N^2$，因为 $\gcd(\lambda, N^2)=1$，所以存在 s，满足 $s \equiv 0 \bmod \lambda, s \equiv 1 \bmod N$（根据中国剩余定理[15]，$s=\lambda \cdot (\lambda^{-1} \bmod N^2) \bmod \lambda N^2$）。

因此，只需随机选择λ_1和λ_2，满足$\lambda_1+\lambda_2=s$即可生成两部分强私钥。

（2）DT-PKC 的安全性。DT-PKC 的安全性由定理 3.8 提供保证。

定理 3.8　基于$\mathbb{Z}_{N^2}^*$上的 DDH 困难性假设，3.3.4 节描述的 DT-PKC 方案在语义上是安全的[11]。

证明　DT-PKC 的安全性直接依赖于双陷门解密的公钥密码系统，在标准模型中，$\mathbb{Z}_{N^2}^*$上的 DDH 困难性假设已经被证明在语义上是安全的[11]。（$\mathbb{Z}_{N^2}^*$上的 DDH 困难性假设证明详见文献[11]）。证毕。

2. **安全模型定义**

在安全模型中，针对半可信敌手，安全跨域加法、安全跨域乘法、安全获取符号位、安全小于、安全最大值和最小值排序、安全相等测试、安全除法、安全最大公约数等协议可以安全地实现理想的功能，而不会泄露隐私。为了简便，在应用场景中，包含 4 参与方，分别是 DP a（记为D_a）、DP b（记为D_b）以及 2 个服务器 CP（记为S_1）和 CSP（记为S_2），一般情况的定义详见文献[19]。

假设$\mathcal{P}=(D_a,D_b,S_1,S_2)$为协议参与方集合，考虑分别破坏$D_a,D_b,S_1,S_2$的 4 种敌手$(\mathcal{A}_{D_a},\mathcal{A}_{D_b},\mathcal{A}_{S_1},\mathcal{A}_{S_2})$。在实际执行过程中，分别输入$x$和$y$来运行$D_a$和$D_b$（以$z_x$和$z_y$作为额外的辅助输入），而$S_1$和$S_2$分别令$z_1$和$z_2$作为辅助输入。假设$H\in\mathcal{P}$作为诚实参与方集合，对于每一个$P\in H$，令$\text{out}_P$作为参与方$P$的输出。如果$P$被破坏（即$P\in\mathcal{P}\setminus H$），则$\text{out}_P$表示协议$\Pi$中的$P$的视图。

考虑每个$P^*\in\mathcal{P}$，针对敌手$\mathcal{A}=(\mathcal{A}_{D_a},\mathcal{A}_{D_b},\mathcal{A}_{S_1},\mathcal{A}_{S_2})$，在协议$\Pi$实际执行过程中，$P^*$的部分视图可定义为

$$\text{REAL}_{\Pi,\mathcal{A},H,z}^{P^*}(x,y)=\{\text{out}_P:P\in H\}\cup\text{out}_P{}^*$$

在理想执行中，函数f是理想的功能性函数，且参与方只通过f进行交互。这里，攻击者 DP a 和 DP b 分别发送x和y给f，如果x或y是$\perp$，那么f返回$\perp$，最后f返回$f(x,y)$给攻击者 RU。和前文一样，假设$H\subset\mathcal{P}$为诚实参与方集合，对于每一个$P\subset H$，令out_P作为f返回给P的输出。如果P被破坏，则P返回的out_P值不变。

考虑每个$P^*\in\mathcal{P}$，针对相互独立的模拟器$\text{Sim}=(\text{Sim}_{D_a},\text{Sim}_{D_b},\text{Sim}_{S_1},\text{Sim}_{S_2})$，在协议$\Pi$理想执行过程中，$P^*$的部分视图可定义为

$$\text{IDEAL}_{f,\text{Sim},H,z}^{P^*}(x,y)=\{\text{out}_P:P\in H\}\cup\text{out}_{P^*}$$

非正式地，如果实际执行中的协议模拟理想执行中的 f，那么针对的半可信敌手，协议 Π 是安全的。

定义 3.3　假设 f 为 $\mathcal{P}$ 中各参与方之间的决策函数，$H \subset \mathcal{P}$ 为 $\mathcal{P}$ 中诚实参与方集合，针对所有的半可信 PPT 敌手 $\mathcal{A}=(\mathcal{A}_{D_a},\mathcal{A}_{D_b},\mathcal{A}_{S_1},\mathcal{A}_{S_2})$、所有的输入 x 和 y、辅助输入 z 以及所有的参与方 $P \subset \mathcal{P}$ 而言，如果存在 $\mathrm{Sim}=(\mathrm{Sim}_{D_a},\mathrm{Sim}_{D_b},\mathrm{Sim}_{S_1},\mathrm{Sim}_{S_2})$，那么认为协议 Π 可以安全地实现 f 函数的功能，满足

$$\left\{\mathrm{REAL}_{\Pi,\mathcal{A},H,z}^{P^*}(\lambda,x,y)\right\}_{\lambda\in\mathbb{N}} \overset{c}{\approx} \left\{\mathrm{IDEAL}_{f,\mathrm{Sim},H,z}^{P^*}(\lambda,x,y)\right\}_{\lambda\in\mathbb{N}}$$

其中，$\overset{c}{\approx}$表示计算上不可区分。

3. **子协议的安全性**

下面基于定义 3.2 的安全模型，证明子协议的安全性。

定理 3.9　针对非共谋半可信的敌手 $\mathcal{A}=(\mathcal{A}_{D_a},\mathcal{A}_{D_b},\mathcal{A}_{S_1},\mathcal{A}_{S_2})$，3.3.5 节描述的 SAD 协议可以安全地计算跨域密文加法。

证明　Sim_{D_a} 接收 x 作为输入，模拟敌手 $\mathcal{A}_{D_a}$ 如下。生成对 x 的加密 $[\![x]\!]_{\mathrm{pk}_a} \to \mathrm{Enc}(\mathrm{pk}_a,x)$，返回密文 $[\![x]\!]_{\mathrm{pk}_a}$ 给 $\mathcal{A}_{D_a}$，并输出 $\mathcal{A}_{D_a}$ 的完整视图。$\mathcal{A}_{D_a}$ 的视图包含它生成的密文，由于 DT-PKC 的语义安全性，$\mathcal{A}_{D_a}$ 的视图在实际执行和理想执行中是不可区分的。

Sim_{D_b} 的模拟过程类似于 Sim_{D_a}。

Sim_{S_1} 模拟 $\mathcal{A}_{S_1}$ 如下。首先，随机选择 $\hat{x},\hat{y}$ 和 $r_a,r_b \in \mathbb{Z}_N$，运行 $\mathrm{Enc}(\cdot)$ 算法生成（虚构）加密 $[\![\hat{x}]\!]_{\mathrm{pk}_a},[\![\hat{y}]\!]_{\mathrm{pk}_b}$，计算 $\hat{\hat{X}},\hat{\hat{Y}}$；然后，使用 $\mathrm{PWDec1}(\cdot,\cdot)$ 算法计算 $\hat{\hat{X}}',\hat{\hat{Y}}'$。$\mathrm{Sim}_{S_1}$ 发送密文 $\hat{X},\hat{Y},\hat{X}',\hat{Y}'$ 给 $\mathcal{A}_{S_1}$，如果 $\mathcal{A}_{S_1}$ 回复⊥，则 Sim_{S_1} 也回复⊥。$\mathcal{A}_{S_1}$ 的视图包含它生成的密文，在实际执行和理想执行中，它接收加密输出 $\hat{X},\hat{Y}$, $\hat{X}',\hat{Y}'$。在实际执行中，由于 DP 是可信的，且 DT-PKC 在语义上是安全的，则 $\mathcal{A}_{S_1}$ 的视图在实际执行和理想执行间是不可区分的。

Sim_{S_2} 模拟 $\mathcal{A}_{S_2}$ 如下。首先，随机选择 $\hat{S}$，使用 $\mathrm{Enc}(\cdot,\cdot)$ 算法生成密文 $[\![\hat{S}]\!]_{\mathrm{pk}_\Sigma}$，并发送给 $\mathcal{A}_{S_2}$，如果 $\mathcal{A}_{S_2}$ 返回⊥，则 Sim_{S_2} 也返回⊥。$\mathcal{A}_{S_2}$ 的视图包含它生成的密文，在实际执行和理想执行中，它接收加密输出 $[\![\hat{S}]\!]_{\mathrm{pk}_\Sigma}$。在实际执行中，由于 DT-PKC 在语义上是安全的，则 $\mathcal{A}_{S_1}$ 的视图在实际执行和理想执行间是不可区分的。

证毕。

针对非共谋半可信的敌手 $\mathcal{A}=(\mathcal{A}_{D_a},\mathcal{A}_{D_b},\mathcal{A}_{S_1},\mathcal{A}_{S_2})$，SMD 协议的安全性证明类似于 SAD 协议。接下来，将证明 SLT 协议的安全性。

定理 3.10 针对非共谋半可信的敌手 $\mathcal{A}=(\mathcal{A}_{D_a},\mathcal{A}_{D_b},\mathcal{A}_{S_1},\mathcal{A}_{S_2})$，3.3.5 节描述的 SLT 协议可以安全地判断密文对应的明文大小关系。

证明 Sim_{D_a} 接收到输入 x，模拟 $\mathcal{A}_{D_a}$ 如下。生成对 x 的加密 $[\![x]\!]_{\mathrm{pk}_a}=\mathrm{Enc}(\mathrm{pk}_a,x)$，发送密文 $[\![\hat{x}]\!]_{\mathrm{pk}_a}$ 给 $\mathcal{A}_{D_a}$，并输出 $\mathcal{A}_{D_a}$ 的完整视图。$\mathcal{A}_{D_a}$ 的视图包含它生成的密文，由于 DT-PKC 在语义上是安全的，因此 $\mathcal{A}_{D_a}$ 的视图在实际执行和理想执行间是不可区分的。

Sim_{D_b} 的模拟过程类似于 Sim_{D_a}。

Sim_{S_1} 模拟 $\mathcal{A}_{S_1}$ 如下。首先，随机选择 $\hat{x},\hat{y}$，运行 $\mathrm{Enc}(\cdot,\cdot)$ 算法生成（虚构）加密 $[\![\hat{x}]\!]_{\mathrm{pk}_a},[\![\hat{y}]\!]_{\mathrm{pk}_b}$；然后，计算 $[\![\hat{x}_1]\!]_{\mathrm{pk}_a},[\![\hat{y}_1]\!]_{\mathrm{pk}_b}$，并将其作为 $\mathrm{Sim}_{S_1}^{\mathrm{SAD}}(\cdot,\cdot)$ 的输入，根据 $\hat{s}\in\{0,1\}$ 计算获得密文 $[\![\hat{l}]\!]_{\mathrm{pk}_\Sigma}$，利用 $[\![\hat{l}]\!]_{\mathrm{pk}_\Sigma}$、随机生成的 $\hat{u}^*\in\{0,1\}$ 和对应的密文 $[\![\hat{u}^*]\!]_{\mathrm{pk}_\Sigma}$ 计算 $\hat{K}$ 和 $[\![\hat{l}_1]\!]_{\mathrm{pk}_\Sigma}$；最后，将 $[\![\hat{l}_1]\!]_{\mathrm{pk}_\Sigma}$、$\hat{K}$ 和 $\mathrm{Sim}_{S_1}^{\mathrm{SAD}}(\cdot)$ 的密文发送给 $\mathcal{A}_{S_1}$，如果 $\mathcal{A}_{S_1}$ 回复⊥，则 Sim_{S_1} 也回复⊥。在实际执行中，由于 DP 是可信的，且 DT-PKC 在语义上是安全的，因此 $\mathcal{A}_{S_1}$ 的视图在实际执行和理想执行间是不可区分的。

Sim_{S_2} 的模拟过程类似于 Sim_{S_1}。

证毕。

针对非共谋半可信的敌手 $\mathcal{A}=(\mathcal{A}_{D_R},\mathcal{A}_{S_1},\mathcal{A}_{S_2})$，SEQ、SSBA、SDIV 和 SSMS 协议的安全性证明类似于 SLT 协议。接下来，将说明 EPOM 框架在 3.3.3 节中定义的主动敌手 $\mathcal{A}^*$ 下是安全的。

4. EPOM 框架的安全性

如果 $\mathcal{A}^*$ 窃听了攻击者 RU 和 CP 之间的通信链路，那么 $\mathcal{A}^*$ 可以获得加密的原始数据和最终结果。此外，$\mathcal{A}^*$ 也可以通过窃听获得 CP 和 CSP 之间传输的密文结果（执行 SAD、SMD、SLT、SEQ、SSBA、SDIV、SSMS 和 SGCD 协议得到的中间密文结果）。因为这些数据在传输过程中是加密的，且 DT-PKC 在语义上是安全的，所以 $\mathcal{A}^*$ 在不知道攻击者 DP 私钥的情况下无法解密密文。假设 $\mathcal{A}^*$ 已经破坏 CP 或 CSP 获得了部分强私钥，但是强私钥是通过 DT-PKC 的 SKeyS 算法随机分割的，所以 $\mathcal{A}^*$ 不能恢复出强私钥来解密密文。即使 $\mathcal{A}^*$ 通过破坏 CSP 从子协议中获得了所有明文值，$\mathcal{A}^*$ 也不能获得有用的信息，因为协议使用了“盲化”明文技术[21]，已知消息的加密密文，使用 DT-PKC 密码系统的加法同态性质向原始明文添加随机消息，因此，原始明文被“盲化”了。如果 $\mathcal{A}^*$ 获得了其他 DP 和 RU（除攻击者 DP 和 RU 之外）的私钥，$\mathcal{A}^*$ 仍然不能解密攻击者 DP 的密文或攻击者 RU 的最终密文结果，因为在系统中，不同 DP 和 RU 的弱密钥是不相关的，即系统中的私钥是随机独立选择的。

3.3.7　性能分析

本节将评估 EPOM 框架的性能。

1．**实验分析**

使用 Java 中内置的自定义模拟器对 EPOM 框架的计算和通信开销进行评估，并使用 3.6 GHz、8 核处理器和 12 GB RAM 内存配置的个人计算机（PC）进行实验。

（1）基本加密原语和协议的性能。首先，在 PC 测试平台上对加密原语和整数计算工具包的性能进行评估，分别如表 3-12 和表 3-13 所示，设定 N 为 1 024 bit 以实现 80 bit 的安全级别[22]，计算结果取 1 000 次计算的平均值。然后，使用八核处理器（4 核心-A17+4 核心-A7）和 2 GB 内存的智能手机来对基本加密原语的性能进行评估，如表 3-12 所示。评估结果表明，DT-PKC 框架中的算法既适合 PC 也适合智能手机测试环境。注意，整数计算工具包是针对外包计算而构造的，因此只适合在 PC 测试平台上进行评估。

表 3-12　DT-PKC 的性能

算法	PC 运行时间/ms	智能手机运行时间/ms
Enc	16.408	89.671
CR	16.275	90.643
SDec	8.361	47.043
WDec	8.432	50.651
PSDec1	23.135	130.712
PSDec2	23.248	130.712
PWDec1	8.257	45.675
PWDec2	8.799	57.240

表 3-13　整数计算工具包的性能

协议	CP 运行时间/ms	CSP 运行时间/ms	通信开销/KB
SAD	124.913	61.420	1.998
SMD	340.479	141.226	4.491
SBD（10 bit）	0.969	0.396	14.997
SSBA	459.936	185.559	5.741
SLT	192.226	96.237	3.244
SEQ	1.006	0.439	15.485
SMMS	1.054	0.459	16.219
SDIV（10 bit）	9.263	3.742	132.039
SGCD（10 bit）	102.675	42.899	1.446

（2）影响协议性能的因素。实验结果如图 3-11～图 3-13 所示。

N 的长度$\|N\|$会影响 DT-PKC 密码系统的运行时间。从图 3-11 可知，基本算法的运行时间随着$\|N\|$的增大而增加，这是因为基本运算（模乘和模指数运算）的运行时间随着$\|N\|$的增大而增加，也需要传输更多的比特。

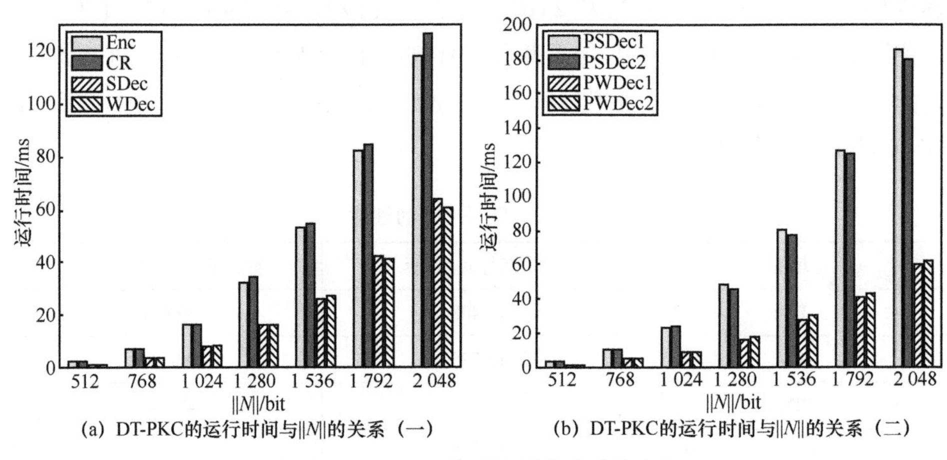

(a) DT-PKC的运行时间与$\|N\|$的关系（一）　(b) DT-PKC的运行时间与$\|N\|$的关系（二）

图 3-11　DT-PKC 的运行时间与$\|N\|$的关系

影响整数计算工具包性能主要有 2 个因素，分别为$\|N\|$（影响所有协议）和明文域大小（影响 SBD、SDIV 和 SGCD 协议）。从图 3-12 可知，所有协议的运行时间和通信开销均随着$\|N\|$的增大而增加，这是因为所有协议的性能都依赖于 DT-PKC 的基本运算。

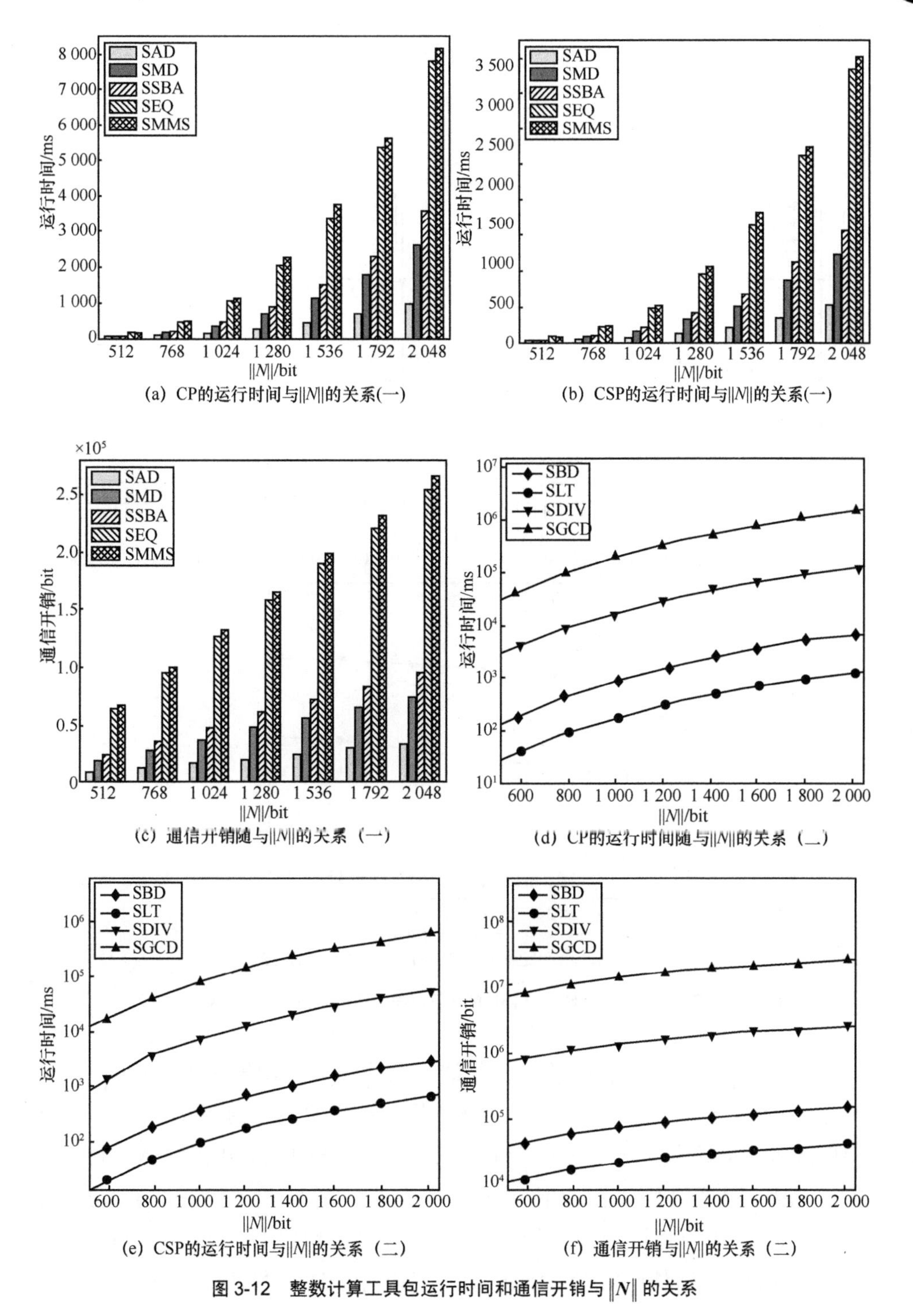

图 3-12　整数计算工具包运行时间和通信开销与 $\|N\|$ 的关系

从图 3-13 可知，SBD、SDIV 和 SGCD 协议的运行时间和通信开销随着明文域大小的增加而增加，这是由于密文量的增加消耗了更多的运行时间和通信资源。接下来，将对 EPOM 框架进行理论分析。

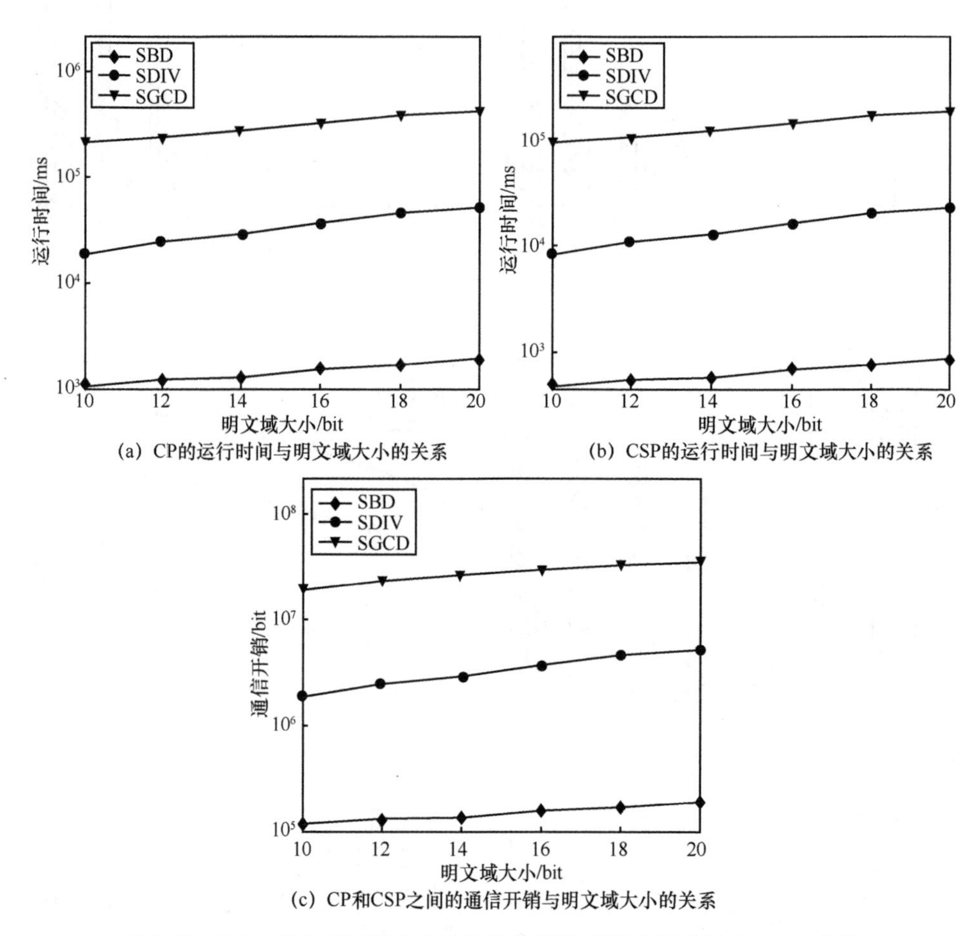

(a) CP的运行时间与明文域大小的关系

(b) CSP的运行时间与明文域大小的关系

(c) CP和CSP之间的通信开销与明文域大小的关系

图 3-13 SBD、SDIV 和 SGCD 协议的运行时间和通信开销与明文域大小的关系

（3）最优化。从实验结果可知，服务器端的运行时间和通信开销都相对较高，因此，需要设计出一种优化方案，尽可能地增强服务器的计算能力，减少通信开销。由于一些协议步骤可以并行执行，例如在 SEQ 协议中，2 个 SLT 协议和 2 个 SMD 协议可以并行计算，因此可以将四轮通信缩减至两轮。此外，每个元组的隐私保护计算可以独立处理，因此可以利用并行计算[50-51]解决问题（即所有元组的计算可以并行处理），也可以利用 GPU[52-53]加快计算速度。具体而言，可以利用 GPU 并行执行协议，代替串行

执行协议，选择更高性能规格的服务器或云，从而加快协议计算速度。

2. **理论分析**

（1）运行时间。假设计算一个指数长度为 $\|N\|$ 的指数运算需要 $1.5\|N\|$ 次乘法[54]（例如，指数 r 的长度为 $\|N\|$，计算 g^r 需要 $1.5\|N\|$ 次乘法）。因为指数运算的开销远远大于加法和乘法运算，所以在理论分析中忽略固定的加法和乘法。对于 DT-PKC 方案，Enc 算法和 CR 算法需要 $3\|N\|$ 次乘法加密消息，WDec 算法需要 $1.5\|N\|$ 次乘法解密密文，PWDec1 算法需要 $1.5\|N\|$ 次乘法，PWDec2 算法需要 $1.5\|N\|+\kappa$ 次乘法，SDec 算法需要 $1.5\|N\|$ 次乘法，PSDec1 算法需要 $4.5\|N\|$ 次乘法，PSDec2 算法需要 $4.5\|N\|$ 次乘法。

对于基本子协议，运行 SAD 协议，CP 需要 $21\|N\|$ 次乘法，CSP 需要 $12\|N\|$ 次乘法。对于 SMD 协议，CP 需要 $4.5\|N\|$ 次乘法，CSP 需要 $27\|N\|$ 次乘法。对于 SMMS 协议，CP 需要 $172.5\|N\|$ 次乘法，CSP 需要 $97.5\|N\|$ 次乘法。对于 SBD 协议，CP 需要 $13.5\mu\|N\|$ 次乘法，CSP 需要 $7.5\mu\|N\|$ 次乘法；对于 SSBA 协议，CP 需要 $58.5\|N\|$ 次乘法，对于 CSP 需要 $34.5\|N\|$ 次乘法。对于 SLT 协议，CP 需要 $34.5\|N\|$ 次乘法，CSP 需要 $19.5\|N\|$ 次乘法。对于 SEQ 协议，CP 需要 $165\|N\|$ 次乘法，CSP 需要 $93\|N\|$ 次乘法；对于 SDIV 协议，CP 需要 $\mathcal{O}(\mu^2\|N\|+\mu^3)$ 次乘法，CSP 需要 $\mathcal{O}(\mu^2\|N\|)$ 次乘法。对于 SGCD 协议，CP 需要 $\mathcal{O}(\mu^3\|N\|+\mu^4)$ 次乘法，CSP 需要 $\mathcal{O}(\mu^3\|N\|)$ 次乘法。

（2）通信开销。在 DT-PKC 方案中，传输密文 $T_1, T_2, \mathrm{CT}, \mathrm{WT}$ 均需要 $2\|N\|$ bit，因此传输密文 $[\![x]\!]_{\mathrm{pk}}$ 需要 $4\|N\|$ bit。对于基本子协议，SAD 协议需要 $16\|N\|$ bit，SMD 协议需要 $36\|N\|$ bit，SSBA 协议需要 $46\|N\|$ bit，SLT 协议需要 $174\|N\|$ bit，SMMS 协议需要 $278\|N\|$ bit，SEQ 协议需要 $420\|N\|$ bit，SBD 协议需要 $10\mu\|N\|$ bit，SDIV 协议需要 $\mathcal{O}(\mu^2\|N\|)$ bit，SGCD 协议需要 $\mathcal{O}(\mu^3\|N\|)$ bit。

3. **综合比较**

EPOM 框架与文献[21]的工作密切相关，其中，服务器 C 和 S 负责处理多密钥下的加密数据，服务器 C 负责存储多密钥下的密文，服务器 S 负责存储强私钥。然而，正如 3.3.4 节描述的，强私钥的解密能力过于强大，可以解密系统中的所有密文。因此，泄露或内部滥用强私钥将会导致系统的严重损坏（即单点攻击），例如损坏的服务器 S 恶意解密通信链路中的所有密文。与文献[21]不同的是，EPOM 框架将强私钥随机分割成两部分，并分配给 2 个不同的服务器，只有 2 个服务器协作才能成功解密密文，继而降低了数据泄露风险。此外，为了实现文献[54]中的明文乘法计算，首先应该使用 KeyProd 协议将使用不同公钥加密的密文转换成使用相同联合公钥加密的密文，而不会改变相应的明文值，然后使用 Mult 协议执行密态计算，从而实现明文乘法。相比文献[21]需要两轮通信实现明文乘法，EPOM 框架只需要一轮通信（即执行 SMD 协议）。文献[21]构造了两类协议实现多密钥下的安全加法和乘法，而 EPOM 框架实现了多密钥下常用的安全运算，如明文比较、除法等。而且，EPOM 框架可以扩展存储和处理非整数数据，2 种方案的综合比较如表 3-14 所示。

表 3-14　2 种方案的综合比较

方案	明文加法通信轮数	明文乘法通信轮数	加法同态加密系统	支持多密钥	减少密钥泄露风险	复杂运算	处理非整数
文献[21]方案	1	2	√	√	×	×	×
EPOM 框架	1	1	√	√	√	√	√

3.4　基于全同态的密态计算

3.4.1　引言

随着社会数字化进程加快，数字设备产生的数据量越来越多。2014 年，物联网设备产生数据的速率为 134.5 ZB /年（11.2 ZB /月），2019 年已增加至 507.5 ZB/年（42.3 ZB /月）[55]。由于 IoT 设备的存储和计算能力有限[56]，人们趋向于将海量数据外包至云服务器进行存储和计算，这是因为云计算可以满足用户、个人和组织实时的、时间自由的、地点自由的大容量或无限容量存储需求[57]。

为了挖掘或分析云服务器中存储的数据，国内外学者先后提出了许多技术并付诸实践，数据挖掘是其中一种。Amazon 使用商品到商品协同过滤推荐[58]来识别客户购买模式和趋势，从而提高客户服务的质量。深度学习工具[52,59]也被应用于整合大批量复杂的患者数据的多种关联模式，以便科学家和医生更好地预测临床结果，提高疾病的治疗效果[60]。

为了享受远程数据挖掘/分析的好处，用户的数据需要外包给云服务器或服

务提供商进行计算。例如，患者可以结合医院构建的数据挖掘技术，利用自己的电子健康记录（EHR，Electronic Health Record）实现远程疾病预测。然而，数据安全和隐私仍然是当前需要关注的主要领域[61-64]。主要挑战之一是确保外包的用户数据不泄露给未授权方[65]，如果云服务器不能为用户数据提供充分的保护，那么数据所有者就不愿意将个人隐私数据外包至云服务器进行存储。另一方面，为了对外包数据执行数据挖掘和其他分析任务，需要支持常用的基本算术运算，例如比较和乘法等。因为存储在云服务器中的外包数据是以密文形式存在的，在不损害原始数据隐私的情况下，如何对密文实现这些基本运算仍然是一个研究挑战。现有工作[21, 66-69]中提出了许多用于外包云环境的密态计算框架，然而，这些框架通常需要在用户和云服务器之间进行多轮通信，或者需要额外的服务器来实现某些同态计算，这会导致额外的能源消耗，不适用于资源受限物联网设备，并会增加数据泄露的可能性。因此，需要设计一种系统，以在服务器不共谋的情况下，实时安全地实现常用的计算。

本节提出了一种适用于云计算环境的隐私保护外包计算工具包（POCkit，Privacy-Preserving Outsourced Computation Toolkit），其具有下述功能。

（1）安全数据存储。POCkit 允许所有系统参与方将数据外包至云服务器进行安全存储，而不会损害数据隐私。

（2）实时的安全数据处理。POCkit 可以实时安全地对密态数据进行计算和处理，包括常用的无符号整数计算和有符号整数计算，还可以扩展实现定点数计算。

（3）POCkit 的计算不需要额外的服务器。现有的大多数隐私密态计算框架[21, 66-69]需要 2 台非共谋的服务器（其中一台服务器具有解密能力）执行一些整数计算，例如乘法、比较等。然而，在 POCkit 中，所有整数计算只需要单台服务器就能完成，不需要额外的解密服务器，这大大减少了数据泄露概率。

（4）支持迭代计算。为了在大电路中执行无限次迭代计算，POCkit 需要支持密文刷新。此外，需要解决整数计算过程中的溢出问题，使密文计算结果可以直接作为下一步安全计算的输入。

（5）易用性。在外包用户数据之前，POCkit 不需要数据所有者执行任何复杂的预处理，数据所有者只需要将数据加密之后外包给云服务器。另外，数据所有者和云服务器的通信交互可以达到最低限度，因为数据所有者只需要向云服务器发送一个查询，然后等待云服务在新的一轮通信中返回计算结果，密态计算由云服务器完成。

3.4.2 准备工作

本节将使用基本密码原语和 POCkit 的一些基本电路模块。表 3-15 总结了一些关键符号及其描述。

表 3-15 关键符号及其描述

符号	描述
$\mathrm{pk}_a,\mathrm{sk}_a$	参与方 a 的公钥和私钥
$\Phi_m(X)$	m 的循环多项式
$\mathbb{A}$	一个多项式环 $\frac{\mathbb{Z}[X]}{\Phi_m(X)}$
$\mathbb{A}_n$	一个多项式环 $\frac{\left(\frac{\mathbb{Z}}{n\mathbb{Z}}\right)[X]}{\Phi_m(X)}$
a^*， b^*	$\mathbb{A}_2$ 中的元素
$\tilde{c},\tilde{k},\tilde{t}$	BGV 密文
$\tilde{c}(a^*)$	对明文 a^* 加密的 BGV 密文
a,b	$\mathbb{Z}_2$ 中的元素
$\lVert S\rVert$	集合 S 的大小

3.4.3 系统模型和安全模型

1. 系统模型

POCkit 系统模型包括 KGC、CP 和 DU，如图 3-14 所示。

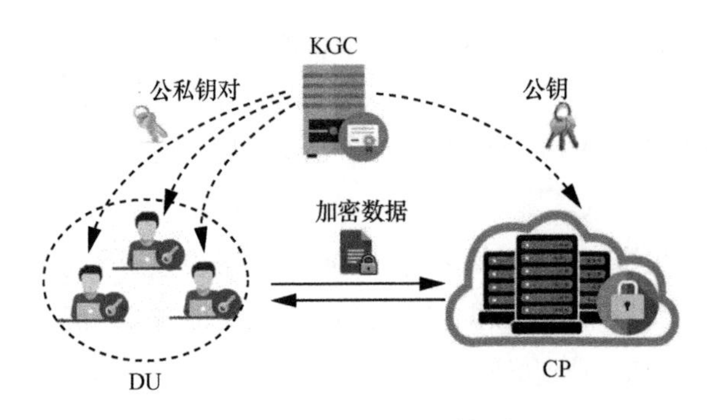

图 3-14 POCkit 系统模型

（1）KGC 是系统中完全可信的实体，负责分发和管理所有公钥和私钥。

（2）CP 拥有无限的数据存储空间，负责存储和管理注册方外包的加密数据。CP 还拥有计算能力，可以对加密数据执行同态运算。

（3）一般来说，DU 使用个人公钥加密数据，将密文外包至 CP 进行存储。DU 也可以向 CP 发送请求，让 CP 对外包加密数据执行特定计算。

假设系统包含 s 个 DU、一个 KGC 和一个 CP，KGC 首先为 s 个 DU 生成公私钥对，记为 $(\mathrm{pk}_j,\mathrm{sk}_j)$，其中 $j=0\sim(S-1)$。KGC 将 DU j 刷新密文的转换密钥 $W_{i+1\to i}^{(j)}$ 发送给 CP 进行存储。

2. **安全模型**

在安全模型中，CP 和 DU 是诚实且好奇的参与方，它们严格遵守协议，但对攻击者 DU 的数据感兴趣。因此，在安全模型中引入了主动敌手 $\mathcal{A}$，其目标是解密攻击者 DU 的密文。假设 $\mathcal{A}$ 具有以下攻击能力：① $\mathcal{A}$ 可以窃听所有通信链路以获取加密数据；② $\mathcal{A}$ 可以破坏 CP 的存储，获得所有参与方的密文，试图解密使用攻击者 DU 公钥加密的密文，甚至可以诱导 CP 与非攻击者 DU 共谋。

然而，对敌手 $\mathcal{A}$ 的约束为不能攻击 DU，这种约束在密码协议的安全模型中是典型的[69]。

3.4.4　安全 SIMD 无符号整数电路和整数打包技术

本节介绍如何将整数明文映射至密文中，针对密文构建基本的安全 SIMD 电路，设计打包技术以及安全 SIMD 整数电路的打包版本。

1. **系统初始化**

已知关于模数 m 的循环多项式 $\Phi_m(X)$，分解 $\Phi_m(X)\bmod 2$ 为不可约多项式 $l=\dfrac{\phi(m)}{d}$，多项式次数为 d，即 $\Phi_m(X)=\prod_{j=0}^{l-1}F_j(X)(\bmod 2)$。因此，构建同构如下。

$$\mathbb{A}_2\cong\mathbb{L}_{l-1}\times\cdots\times\mathbb{L}_0:=A_2$$

其中，$\mathbb{L}_i=\dfrac{\left(\dfrac{\mathbb{Z}}{2\mathbb{Z}}\right)[X]}{F_i(X)}$（$i=0,\cdots,l-1$）。注意，环 $\mathbb{L}_i$ 均同构于 $\mathbb{L}_0$，它们的直接乘积 A_2 与 $\mathbb{A}_2$ 是同构的。因此，考虑 $\mathbb{A}_2$ 上的运算等同于 $\mathbb{L}_{l-1}\times\cdots\times\mathbb{L}_0$ 上的运算，分别记 $\mathbb{L}_{l-1}\times\cdots\times\mathbb{L}_0$ 为 $l-1$ 槽至 0 槽分量。在设计整数电路时，在一个槽中存储 1 bit 编码。

正式地，选择不可约多项式$G(X)=X+1\in\left(\frac{\mathbb{Z}}{2\mathbb{Z}}\right)[X]$，定义$\mathbb{K}=\frac{\left(\frac{\mathbb{Z}}{2\mathbb{Z}}\right)[X]}{G(X)}$，定义$\Psi_i$为$\mathbb{K}$至$\mathbb{L}_i=\frac{\left(\frac{\mathbb{Z}}{2\mathbb{Z}}\right)[X]}{F_i(X)}$的一个同态嵌入。基本明文空间为$K$的$l$个副本，即$\mathcal{M}=(\mathbb{K})^l$，其中加法和乘法以分量形式进行描述。这里，定义一个映射Ψ^*为

$$\Psi^*:\begin{cases}\mathcal{M}\to A_2\\(a_{l-1},\cdots,a_0)\mapsto(\Psi_{l-1}(a_{l-1}),\cdots,\Psi_0(a_0))\end{cases}$$

其中，将 1 bit 明文映射至$\mathbb{A}_2$。利用中国剩余定理，可以将元素$a\in\mathbb{A}_2$批量处理为$a^*\in\mathbb{A}_2$（记为$a^*=\mathrm{CRT}_2(a)$），并将其加密为$\tilde{c}(a^*)$，进而实现了将l bit 明文消息打包成单个密文进行存储。

此外，我们也可以定义另一种运算来处理$\mathbb{A}_2$中的元素，称为自同构$\varphi_j:a^*(X)\to a^*(X^j)$，其中$j\in\mathbb{Z}_m^*$，$a^*(X),a^*(X^j)\in\mathbb{A}_2$。由于自同构的性质，我们可以通过对元素$g\in\mathbb{Z}_m^*$执行$\varphi_{g^k}(k=1,\cdots,l-1)$运算实现槽旋转，其中元素$g$在群$\mathbb{Z}_m^*$和商群$\frac{\mathbb{Z}_m^*}{\langle 2\rangle}$中的阶为$l$。也就是说，我们可以用$\varphi_{g^k}$将槽内密文旋转$k$个位置，移动$j$槽的密文至$j+k(\bmod l)$槽。通过利用自同构，我们可以引入另一种 BGV 运算，即明文槽旋转[70]，记为$\tilde{c}'\leftarrow H.\mathrm{rotate}(\tilde{c};k)$。感兴趣的读者可以参考文献[71-74]了解更多详细内容。下面将介绍如何实现基本的安全 SIMD 无符号整数电路运算。

2. **安全 SIMD 无符号整数计算电路**

已知无符号整数的十进制形式a_{ten}，可以转换成二进制形式$\boldsymbol{a}=(a_{\mu-1},\cdots,a_0)$，使用 0 槽至$\mu-1$槽存储$\mu$ bit 二进制整数，在向量$\boldsymbol{a}$左端（高位）补$l-\mu$ bit“0”，得到l bit 向量$\boldsymbol{a}=(0,\cdots,0,a_{\mu-1},\cdots,a_0)\in\mathbb{Z}_2^l$（通常$l\gg\mu$）。依据上述方法将明文$a$编码为$a^*=\mathrm{CRT}_2(\Psi^*(a))\in\mathbb{A}_2$，并加密$a^*$为$\tilde{c}(\mathrm{CRT}_2(\Psi^*(a)))$。简便起见，通常使用$\tilde{c}(a)$代替它。

在密文中，每μ个槽视为一个区块，使用区块 0（即 0 槽至$\mu-1$槽）存储整数，这样的密文就是未打包的密文（如图 3-15 所示）。对于未打包密文$\tilde{c}(a)$，易验证$a_{\text{ten}}=\sum_{j=0}^{l-1}a_j2^j$成立。在构造安全整数电路之前，定义 3 个特殊标识$\pi_i^*,\bar{\pi}_i^*,\pi_{I_{\mu-1}}^*\in\mathbb{A}_2$，

其中，π_i^* 表示在 i 槽存储 1，其他槽存储 0；$\overline{\pi}_i^*$ 表示在 i 槽存储 0，其他槽存储 1；$\pi_{I_{\mu-1}}^*$ 表示 0 槽至 $\mu-1$ 槽存储 1，其他槽存储 0。注意，H.add 算法是对 2 个明文向量进行按位异或运算，H.mul 是对 2 个明文向量进行按位与运算。

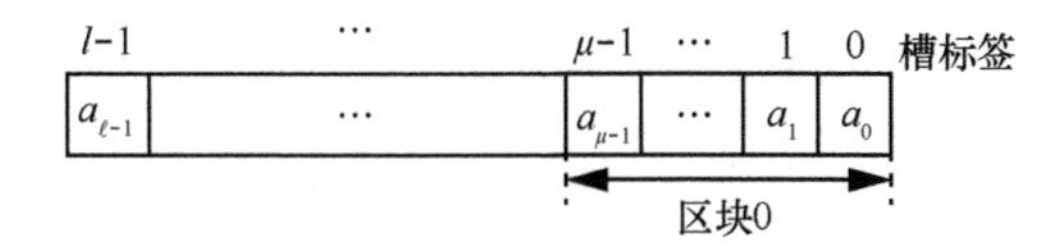

图 3-15　未打包密文的数据格式

（1）安全槽复制 Scpy($\tilde{c}(a);k$)

已知未打包密文 $\tilde{c}(a)$，数据存储在槽 z 中，其他槽存储 0，Scpy 算法输出 $\tilde{c}(n)$，其中 $n=\{n_{l-1},\cdots,n_0\}$，满足 $n_{k+z}=\cdots=n_z=a_z$，其他分量为 0。该算法步骤如下。

① 初始化：$\tilde{c}(n)\leftarrow\tilde{c}(a)$。

② 如果 $k\geqslant 0$，循环 $i=0\sim k$，计算

$$\tilde{c}_i \leftarrow H.\text{rotate}(\tilde{c}(a),i);\tilde{c}(n)\leftarrow H.\text{add}(\tilde{c}(n),\tilde{c}_i)$$

否则（$k<0$），计算 $\tilde{c}_{-i}\leftarrow H.\text{rotate}(\tilde{c}(a),l+i);\tilde{c}(n)\leftarrow H.\text{add}(\tilde{c}(n),\tilde{c}_{-i})$

（2）安全的无符号整数 SIMD 乘法

已知 2 个未打包密文 $\tilde{c}(a)$ 和 $\tilde{c}(b)$，SIMD 输出 $\tilde{c}(n)$，其中 $n=\{n_{l-1},\cdots,n_0\}$，满足 $n_{\ell-1}=\cdots=n_{2\mu}=0$，$n_{2\mu-1},\cdots,n_0$ 分量存储乘法计算结果。该算法可表示为 $I.\text{mul}(\tilde{c}(a),\tilde{c}(b))$，其步骤如下。

① 将 $\tilde{c}(n)$ 置 0，对于 $i=0\sim\mu-1$，循环执行以下计算

$$\tilde{c}_i \leftarrow H.\text{cmul}(\tilde{c}(b),\pi_i);\tilde{k}_i\leftarrow \text{Scpy}(\tilde{c}_i,\mu-1)$$

$$\tilde{t}_i \leftarrow H.\text{rotate}(\tilde{c}(a),i);\tilde{c}_i' \leftarrow H.\text{mul}(\tilde{t}_i,\tilde{k}_i)$$

② 使用 I.add 算法对 $\tilde{c}_0',\cdots,\tilde{c}_{\mu-1}'$ 求和，即计算

$$\tilde{c}(n)\leftarrow I.\text{add}(\tilde{c}(n),\tilde{c}_i')$$

$\tilde{c}(n)$ 最终输出存储在区块 0（区块大小为 2μ）的数据。

3. **安全打包密文存储和计算**

除了使用 SIMD 技术减少整数电路的运行时间[68]之外，本节还设计了一种新的整数打包（Ipack，Integer Packing）和整数拆包（IUpack，Integer Unpacking）技术，可以进一步提高整数电路的存储和计算效率，如图 3-16 所示。整数打包的目的是更好地利

用打包密文$\tilde{c}_{sp}$进行计算，每个密文用槽$0,\cdots,\mu-1$存储信息（旧区块大小为μ），新区块i存储a_i，为了避免不同区块之间产生溢出，设定新区块的大小为$\mu'(\mu'=\mu_++\mu_-+\mu)$，这与计算类型有关，$\mu_+$和$\mu_-$是用来解决计算溢出和下溢问题的参数。例如，如果只需要执行一轮安全整数加法，我们可以选择$\mu'\geqslant\mu+1$，其中$\mu_+\geqslant 1$，$\mu_-=0$；如果只需要执行一轮安全无符号整数比较，我们可以选择$\mu'\geqslant 2^{\lceil \mathrm{lb}\mu\rceil}$，其中$\mu_+\geqslant 2^{\lceil \mathrm{lb}\mu\rceil}-\mu$，$\mu_-=0$；如果只需要存储数据，而不需要执行任何整数计算，我们可以简单地选择$\mu'=\mu$。下面具体介绍如何构造整数打包、拆包技术。

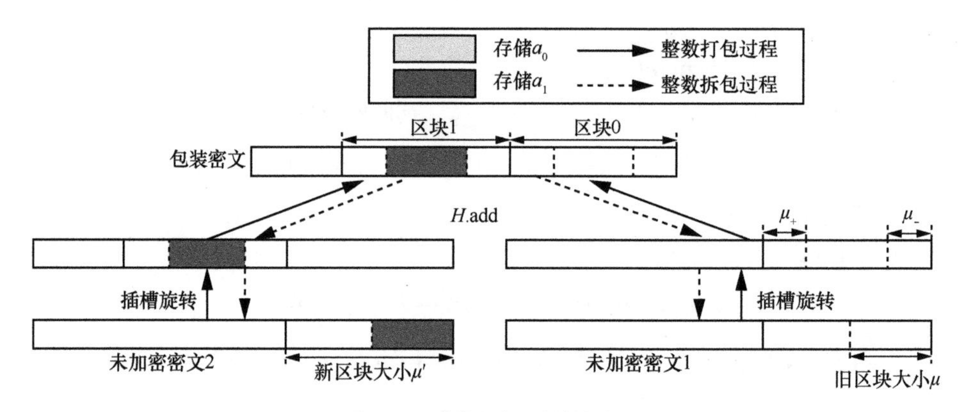

图 3-16　整数打包、拆包过程

整数打包。初始化$\tilde{c}_{sp}\leftarrow\tilde{c}(0)$，对于$i=0,\cdots,\alpha'-1$，递归计算

$$\tilde{c}_i'\leftarrow H.\mathrm{rotate}(\tilde{c}(a_i),\mu'\cdot i+\mu_-)$$

$$\tilde{c}_{sp}\leftarrow H.\mathrm{add}(\tilde{c}_{sp},\tilde{c}_i')$$

通过整数打包技术输出$\tilde{c}_{sp}\leftarrow \mathrm{Ipack}(\tilde{c}(a_{\alpha'-1}),\cdots,\tilde{c}(a_0):\mu')$，其中区块$i$（$\mu'i$槽至$\mu'i+\mu'-1$槽）存储明文$a_i$。

整数拆包。已知打包密文$\tilde{c}_{sp}$可以恢复密文$\tilde{c}(a_{\alpha'-1}),\cdots,\tilde{c}(a_0)$。

对于$i=0,\cdots,\alpha'-1$，递归计算$\tilde{c}'\leftarrow H.\mathrm{rotate}(\tilde{c}_{sp},l-\mu'i-\mu_-)$和$\tilde{c}(a_i)\leftarrow H.\mathrm{cmul}(\tilde{c}',\pi_{I'}^*)$，其中$\pi_{I'}^*\in A_2$表示0槽至$\mu'-1$槽存储1，其他槽存储0。

打包密态计算扩展。使用SIMD技术对区块0计算会影响其他区块，因此我们可以使用未打包密文的SIMD电路来实现打包密文的SIMD计算，该计算过程只需要改变下述参数。将槽选择参数π_j^*（$j\ (0\leqslant j<\mu)$槽存储1，其他槽存储0，μ是区块大小）改变为$\eta_{j,\mu'}^*$（$j+\mu_-+k\mu'$槽存储1，其他槽存储0，其中$k=0\sim\alpha'-1$），

将 $\bar{\pi}_j^*$（ j $(0 \leqslant j < \mu)$ 槽存储 0，其他槽存储 1，μ 是区块大小）改变为 $\bar{\eta}_{j,\mu'}^*$（ $j+\mu_- + k\mu'$ 槽存储 0，其他槽存储 1，其中 $k=0 \sim \alpha'-1$ ），对于所有整数计算，将 $\pi_{I_{\mu-1}}^*$（0 槽～ $\mu-1$ 槽存储 1，其他槽存储 0）改为 $\eta_{I_{\mu-1},\mu'}^*$（ $k\mu'+\mu_-$ 槽～ $\mu-1+k\mu'+\mu_-$ 槽存储 1，其他槽存储 0，其中 $k=0 \sim \alpha'-1$ ）。此外，在 PI.add 算法中，我们需要改变 *I*.add 算法的密文 $\tilde{t}_{0,j}$ ， $j+k\mu'+\mu_-(j=0,\cdots,\mu-1,k=0,\cdots,\alpha'-1)$ 槽存储 1，其他槽存储 0。将未打包整数 SIMD 计算转换为打包整数 SIMD 计算很简单，将关于打包整数的安全 SIMD 加法、相等、比较和乘法运算分别表示为 PI.add 、PI.equ PI.cmp 和 PI.mul [①]。下面介绍如何使用打包技术构造安全协议，并介绍下一步性能优化方法。

（1）安全整数组求和电路 GSum

已知未打包密文 $\tilde{c}(a_0),\cdots,\tilde{c}(a_k)$，该电路目的是计算未打包密文 $\tilde{c}(n)$，其中 n 中存储了整数 $a_0,\cdots,a_k$ 的和。一种朴素方法是使用 I.add 算法将这些密文相加，然而，当输入密文数量很大时，这种方案的开销太大。因此，提出一种计算电路 GSum，可以大大提高运算效率，电路执行过程如下：密文 $\tilde{c}(a_0),\cdots,\tilde{c}(a_k)$ 构成集合 S，记为 $\tilde{c}_0,\cdots,\tilde{c}_{\|s\|-1}$，循环执行下述过程，直到集合 S 中只剩下一个密文，即当 $\|x\|=1$ 时，则将此密文作为算法输出 $\tilde{c}(n)$；否则，按照下述条件执行。

① 如果 $\|S\| \bmod 2 = 0$ 且 $\|S\|>1$，则

令 $i=0,\cdots,\left\lfloor\dfrac{\|S\|}{2\alpha}\right\rfloor$，计算

$$\tilde{c}_i \leftarrow \text{Ipack}\,(\tilde{c}_{2\alpha i+2(\alpha-1)},\cdots,\tilde{c}_{2\alpha i}:\mu')$$
$$c_i' \leftarrow \text{Ipack}(c_{2\alpha i+2\alpha-1},\ldots,c_{2\alpha i+1}:\mu')$$
$$\tilde{c}_i^* \leftarrow \text{PI.add}(\tilde{c}_i,\tilde{c}_i')$$
$$\{\tilde{c}_{\alpha i+\alpha-1}^*,\cdots,\tilde{c}_{\alpha i}^*\} \leftarrow \text{IUpack}(\tilde{c}_i^*,\mu')$$

其中，$\alpha=\left\lfloor\dfrac{l}{\mu'}\right\rfloor$，然后将密文 $\{\tilde{c}_{\alpha i+\alpha-1}^*,\cdots,\tilde{c}_{\alpha i}^*\}$ 添加至集合 S'。最后删除集合中 S 的密文元素，令 $S \leftarrow S'$。

② 如果 $\|S\| \bmod 2 \neq 0$ 且 $\|S\|>1$，则

提取集合 S 中最后一个密文 $\tilde{c}_{\|S\|-1}$，令 $\dfrac{\|S\|}{2}=0$。然后执行上述过程（$\|S\| \bmod 2 = 0$ 且 $\|S\|>1$）生成密文 $\{\tilde{c}_0^*,\cdots,\tilde{c}_{\frac{\|S\|-1}{2}-1}^*\}$，并删除集合中 S 的密文元素；将

① 除了需要将 π_i^* 改变为 $\eta_{i,\mu'}^*$ 之外，PI.mul 协议步骤 2 中的 *I*.add 算法也需要改变为 PI.add 算法。

密文元素 $\{\tilde{c}_0^*,\cdots,\tilde{c}^*_{\frac{\|S\|-1}{2}-1},\tilde{c}_{\|S\|-1}\}$ 添加至集合 S。并将该算法记为 $\tilde{c}(n)\leftarrow \mathrm{GSum}\left(\tilde{c}(a_0),\cdots,\tilde{c}(n_k):\mu'\right)$。

I.mul 的优化。使用 GSum 算法，可以进一步优化 I.mul 运行时间。

步骤 1 类似于 I.mul。

步骤 2 对密文 $\tilde{c}_0',\cdots,\tilde{c}_{\mu-1}'$ 求和，计算

$$\tilde{c}(n)\leftarrow \mathrm{GSum}\left(\tilde{c}_0',\cdots,\tilde{c}_{\mu-1}':2\cdot\mu\right)$$

对于 PI.mul 的优化，如果 $2\mu\cdot\eta>\dfrac{l}{2}$，此时没有进一步优化的方法，因为密文不能打包；如果 $2\mu\cdot\eta\leqslant\dfrac{l}{2}$，可以将 $k^*=\left\lfloor\dfrac{l}{2\mu\cdot\eta}\right\rfloor$ 个部分打包密文组合成一个完全打包密文，对密文 $\tilde{c}_0',\cdots,\tilde{c}_{\mu-1}'$ 求和，简单地说，可以使用 GSum 求和电路对 $2k^*$ 个整数求和。相比于 PI.add 算法，这种优化方法可以提高 k^* 倍的性能。接下来，将介绍如何使用打包技术实现安全整数组最小值电路 GMin。

（2）安全整数组最小值电路 GMin

已知未打包密文 $T_0=(\tilde{c}(a_0),\tilde{c}(I_0)),\cdots,T_k=(\tilde{c}(a_k),\tilde{c}(I_k))$，该电路目的是计算未打包密文 $T=(\tilde{c}(a),\tilde{c}(I))$，其中，$a$ 负责存储 $a_0,\cdots,a_k$ 中最小的整数值，I 是 a' 相应的身份。电路执行过程如下：密文 $T_0,\cdots,T_k$ 构成集合 S，循环执行下述过程，直到集合 S 中只剩一个元组，即当 $\|S\|=1$ 时，则将此元组作为算法输出。

① 如果 $\|S\|\bmod 2=0$ 且 $\|S\|>1$，则

令 $i=0,\cdots,\dfrac{\|S\|}{2\alpha}$，在执行比较之前，将密文打包。

$$\tilde{c}_i\leftarrow \mathrm{Ipack}\left(\tilde{c}\left(a_{2\alpha i+2(\alpha-1)}\right),\cdots,\tilde{c}\left(a_{2\alpha i}\right):\mu'\right)$$

$$\tilde{c}_{id,i}\leftarrow \mathrm{Ipack}\left(\tilde{c}\left(I_{2\alpha i+2(\alpha-1)}\right),\cdots,\tilde{c}\left(I_{2\alpha i}\right):\mu'\right)$$

其中，$\alpha=\left\lfloor\dfrac{l}{\mu}\right\rfloor$。类似地打包如下。

$$\tilde{c}_i'\leftarrow \mathrm{Ipack}\left(\tilde{c}\left(a_{2\alpha i+2\alpha-1}\right),\cdots,\tilde{c}\left(a_{2\alpha i+1}\right)\right)$$

$$\tilde{c}_{id,i}'\leftarrow \mathrm{Ipack}\left(\tilde{c}\left(I_{2\alpha i+2\alpha-1}\right),\cdots,\tilde{c}\left(I_{2\alpha i+1}\right)\right)$$

紧接着比较 $\tilde{c}_i$ 与 $\tilde{c}_i'$ 之间的明文关系。若 $\tilde{c}_i$ 的第 j 块明文小于对应的明文块，则算法选择 $a_{2\alpha i+2j}$ 和 $I_{2\alpha i+2j}$，否则算法选择 $a_{2\alpha i+2j+1}$ 和 $I_{2\alpha i+2j+1}$。即

$$\tilde{c}_p \leftarrow \text{PI.cmp}\left(\tilde{c}_i, \tilde{c}'_i\right);\quad \tilde{c}'_p \leftarrow H.\text{add}\left(\tilde{c}_p, \tilde{c}\left(\eta_0^*, \mu'\right)\right)$$

$$\tilde{c}_h \leftarrow \text{Scpy}\left(\tilde{c}_p, \mu-1\right);\quad \tilde{c}'_h \leftarrow \text{Scpy}\left(\tilde{c}'_p, \mu-1\right)$$

其中，若 $a_{2\alpha i+2j} < a_{2\alpha i+2j+1}$ 则 $\tilde{c}_h$ 中明文块 j 的每一个槽位都置 1，否则置 0，同时 $\tilde{c}'_h$ 保存 $\tilde{c}'_h$ 中每个槽的异或值。然后，通过 H.mul 和 H.add 获取 $\tilde{c}_i^*$ 和 $\tilde{c}_{id,i}^*$，即计算

$$\tilde{c}_f \leftarrow H.\text{mul}\left(\tilde{c}_i, \tilde{c}_h\right);\quad \tilde{c}'_f \leftarrow H.\text{mul}\left(\tilde{c}'_i, \tilde{c}'_h\right)$$

$$\tilde{c}_d \leftarrow H.\text{mul}\left(\tilde{c}_{id,i}, \tilde{c}_h\right);\quad \tilde{c}'_d \leftarrow H.\text{mul}\left(\tilde{c}'_{id,i}, \tilde{c}'_h\right)$$

$$\tilde{c}_i^* \leftarrow H.\text{add}\left(\tilde{c}_f, \tilde{c}'_f\right);\quad \tilde{c}_{id,i}^* \leftarrow H.\text{add}\left(\tilde{c}_d, \tilde{c}'_d\right)$$

最后，使用 IUpack 分别将 $\tilde{c}_i^*$ 和 $\tilde{c}_{id,i}^*$ 拆包得到 $\tilde{c}\left(a'_{2\alpha i+2(\alpha-1)}\right),\cdots,\tilde{c}\left(a'_{2\alpha i}\right)$ 和 $\tilde{c}\left(I'_{2\alpha i+2(\alpha-1)}\right),\cdots,\tilde{c}\left(I'_{2\alpha i}\right)$，把得到的 $\left(\tilde{c}\left(a'_j\right),\tilde{c}\left(I'_j\right)\right)(j=2\alpha i,\cdots,2\alpha i+2(\alpha-1))$ 添加至集合 S' 中，并删除集合中 S 的密文元素，令 $S \leftarrow S'$。

② 如果 $\|S\| \bmod 2 \neq 0$ 且 $\|S\|>1$，即

提取出集合 S 中最后一个元组 $\left(\tilde{c}\left(a_{S-1}\right),\tilde{c}\left(I_{S-1}\right)\right)$，令 $\|S\|/2=0$。然后执行步骤①生成密文 $\left(\tilde{c}\left(a'_j\right),\tilde{c}\left(I'_j\right)\right)(j=0,\cdots,\frac{\|S\|-1}{2}-1)$，并删除集合 S 中的密文元素，将 $\left(\tilde{c}\left(a_{\|S\|-1}\right),\tilde{c}\left(I_{\|S\|-1}\right)\right)$ 和 $\left(\tilde{c}\left(a'_j\right),\tilde{c}\left(I'_j\right)\right)(j=0,\cdots,\frac{\|S\|-1}{2}-1)$ 添加至集合 S。

可以将该电路执行过程记为 $T \leftarrow \text{GMin}\left(T_0,\cdots,T_k:\mu'\right)$。

③ 如果 $\left(\frac{\|S\|}{2}=0\text{且}\|S\|>1\right)$，则

获得密文元组 $(\tilde{c}(a'_j),\tilde{c}(I'_j))\left(j=0,\cdots,\frac{\|S\|-1}{2}-1\right)$，删除集合 S 的所有密文元组。

$$S \leftarrow (\tilde{c}(a_{\|S\|-1}),\tilde{c}(I_{\|S\|-1}))\text{和}(\tilde{c}(a'_j),\tilde{c}(I'_j))\left(j=0,\cdots,\frac{\|S\|-1}{2}-1\right)。$$

GMin 算法可记为 $T \leftarrow \text{GMin}(T_0,\cdots,T_k:\mu')$。

3.4.5　安全有符号整数计算电路

本节介绍如何安全地存储有符号整数，针对密文实现基本的安全有符号整数电路。

1. **二进制补码表示**

在二进制补码系统中，用一个比特对正数和负数进行编码，每个比特的权重是二次方，最高位比特的权重是负二次方。因此，μ 位二进制整数 $\boldsymbol{a}=(a_{\mu-1},a_{\mu-2},\cdots,a_0)$ 的十进制表示 $a_{\text{ten}}=-a_{\mu-1}2^{\mu-1}+\sum_{i=0}^{\mu-2}a_i2^i$。利用二进制补码系统，可以表示所有 $-2^{\mu-1}\sim 2^{\mu-1}-1$ 的整数。已知二进制整数 $(a_{\mu-1},a_{\mu-2},\cdots,a_0)$，首先计算 $(1\oplus a_{\mu-1},1\oplus a_{\mu-2},\cdots,1\oplus a_0)$ 得到 $-a_{\text{ten}}$，然后将其与二进制整数 $(0,\cdots,0,1)$ 按位相加。下面介绍如何安全地实现二进制补码转换。

（1）安全二进制补码转换（STC，Secure Binary Complement Conversion）

STC 协议将未打包密文 $\tilde{c}(a)$ 对应的明文转换为二进制补码形式，存储在密文 $\tilde{c}(n)$ 中；协议构造过程如下

$$\tilde{c}(a')\leftarrow H.\text{add}(\tilde{c}(a);\tilde{c}(\pi^*_{I_{\mu-1}}));\tilde{c}_1\leftarrow I.\text{add}(\tilde{c}(a'),\ \tilde{c}(\pi^*_0));\tilde{c}(n)\leftarrow H.\text{cmul}(\tilde{c}_1,\pi^*_{I_{\mu-1}})。$$

在设计有符号整数电路之前，需要构造显式二进制补码转换协议，其目的是根据符号值将二进制整数转换成二进制补码形式。

（2）显式二进制补码转换（OTC，Obvious Binary Complement Conversion）

已知 2 个未打包密文 $\tilde{c}(a)$ 和 $\tilde{c}(s)$，协议输出 $\tilde{c}(n)$，其中 $s_{l-1}=\cdots=s_{\mu}=s_{\mu-2}=\cdots=s_0=0$。如果 $s_{\mu-1}=1$，该协议将整数 a 转换为二进制补码形式 n；否则保持不变。

① 使用 STC 协议计算 $\tilde{c}(a')\leftarrow \text{STC}(\tilde{c}(a))$。

② 根据符号值 $s_{\mu-1}$ 安全地选择最终输出，如果 $s_{\mu-1}=1$，输出 a'；如果 $s_{\mu-1}=0$，输出 a。算法计算如下。

$$\tilde{c}(s')\leftarrow H.\text{add}(\tilde{c}(s),\tilde{c}(\pi^*_{\mu-1}));\tilde{c}(s_1)\leftarrow \text{Scpy}(\tilde{c}(s),\mu^*);\tilde{c}(s_2)\leftarrow \text{Scpy}(\tilde{c}(s'),\mu^*)$$

$$\tilde{c}_1\leftarrow H.\text{mul}(\tilde{c}(s_2),\tilde{c}(a));\tilde{c}_2\leftarrow H.\text{mul}(\tilde{c}(s_1),\tilde{c}(a'));\tilde{c}(n)\leftarrow H.\text{add}(\tilde{c}_1,\tilde{c}_2)$$

其中，$\mu^*=-(\mu-1)$。注意，如果 $s_{\mu-1}=a_{\mu-1}$，那么在 OTC 协议中，$\tilde{c}(n)$ 对应的明文是 a 的绝对值，即 $n_{\text{ten}}=|a_{\text{ten}}|$。

2. **安全有符号整数计算**

本节介绍基本的有符号整数SIMD 电路，包括加法、减法、比较、乘法和除法电路。

（1）安全有符号整数 SIMD 加法电路 I.Sadd

已知存储有符号整数 a 和 b 的未打包密文，I.Sadd 算法输出密文 $\tilde{c}(n)$ 和 $\tilde{c}(f)$，

分别存储加法结果和错误信息。

步骤 1　在二进制补码系统中，可以使用 I.add 算法实现 2 个整数的加法，并且输出密文结果仍然是 μ bit，即 $\tilde{c}_1 \leftarrow I.\text{add}(\tilde{c}(a),\tilde{c}(b))$ 和 $\tilde{c}(n) \leftarrow H.\text{cmul}(\tilde{c}_1, \pi_{I_{\mu-1}})$。

步骤 2　如果出现下述情况，那么计算结果产生了溢出错误。

① 2 个正数相加的结果是负数（$a_{\mu-1}=0, b_{\mu-1}=0, n_{\mu-1}=1$）。

② 2 个负数相加的结果是正数（$a_{\mu-1}=1, b_{\mu-1}=1, n_{\mu-1}=0$）。

我们使用密文 $\tilde{c}(f)$ 的 0 槽存储溢出信息，即 $f_0=(1\oplus a_{\mu-1}\oplus b_{\mu-1})\wedge(b_{\mu-1}\oplus n_{\mu-1})$，如果 $f_0=1$，那么计算过程产生了溢出；如果 $f_0=0$，则计算过程正常。具体执行如下

$$\tilde{c}_1' \leftarrow H.\text{add}(\tilde{c}(a),\tilde{c}(b)); \tilde{c}_2' \leftarrow H.\text{add}(\tilde{c}_1,\tilde{c}(\pi_{\mu-1}^*))$$

$$\tilde{c}_3' \leftarrow H.\text{add}(\tilde{c}(b),\tilde{c}(n)); \tilde{c}_a \leftarrow H.\text{mul}(\tilde{c}_2',\tilde{c}_3')$$

$$\tilde{c}_{b*} \leftarrow H.\text{cmul}(\tilde{c}_a,\pi_{\mu-1}^*); \tilde{c}(f) \leftarrow H.\text{rotate}(\tilde{c}_b, l-(\mu-1))$$

（2）安全有符号整数 SIMD 减法电路 I.Ssub

已知 2 个未打包的密文 $\tilde{c}(a)$ 和 $\tilde{c}(b)$，算法输出密文 $\tilde{c}(n)$。利用二进制补码表示，可以将任何减法运算转换成加法运算，即 $a_{\text{ten}}-b_{\text{ten}}=a_{\text{ten}}+(-b_{\text{ten}})$。安全有符号整数减法电路 I.Ssub 需要计算 $\tilde{c}' \leftarrow \text{STC}(\tilde{c}(b))$ 和 $(\tilde{c}(n);\tilde{c}(f)) \leftarrow I.\text{Sadd}(\tilde{c}(a);\tilde{c}(b))$。

（3）安全有符号整数 SIMD 比较电路 I.cmp

已知 2 个未打包的密文 $\tilde{c}(a)$ 和 $\tilde{c}(b)$，算法输出密文 $\tilde{c}(n)$。如果 2 个密文的符号位不同，则认定正数较大；否则使用 I.cmp 算法比较 2 个整数的大小关系。具体执行如下。

步骤 1　构造密文 $\tilde{c}_a^*$ 和 $\tilde{c}_b^*$，分别用 0 槽存储整数 $a_{\mu-1}$ 和 $b_{\mu-1}$，使用 $\tilde{c}(d)$ 的 0 槽存储比较结果，即

$$\tilde{c}_a \leftarrow H.\text{cmul}(\tilde{c}(a);\pi_{\mu-1}^*); \tilde{c}_b \leftarrow H.\text{cmul}(\tilde{c}(b);\pi_{\mu-1}^*)$$

$$\tilde{c}_a^* \leftarrow H.\text{rotate}(\tilde{c}_a; l-(\mu-1)); \tilde{c}_b^* \leftarrow H.\text{rotate}(\tilde{c}_b; l-(\mu-1))$$

$$\tilde{c}(d) \leftarrow I.\text{cmp}(\tilde{c}(a);\tilde{c}(b))$$

步骤 2　$(a_{\mu-1}\wedge(a_{\mu-1}\oplus b_{\mu-1}))\oplus[(1\oplus a_{\mu-1}\oplus b_{\mu-1})\wedge\partial_0]$，使用最终输出密文 $\tilde{c}(n)$ 的 0 槽存储计算结果，即

$$\tilde{c}_x \leftarrow H.\text{add}(\tilde{c}_a^*,\tilde{c}_b^*); \tilde{c}_y \leftarrow H.\text{add}(\tilde{c}_x,\tilde{c}(\pi_0^*))$$

$$\tilde{c}_1 \leftarrow H.\text{mul}(\tilde{c}_a^*, \tilde{c}_x); \tilde{c}_2 \leftarrow H.\text{mul}(\tilde{c}(d), \tilde{c}_y)$$

$$\tilde{c}(n) \leftarrow H.\text{add}(\tilde{c}_1, \tilde{c}_2)$$

（4）安全有符号整数 SIMD 乘法电路 *I*.Smul

已知 2 个未打包的密文 $\tilde{c}(a)$ 和 $\tilde{c}(b)$，算法输出密文 $\tilde{c}(n)$，利用 0 槽至 $2\mu-1$ 槽存储乘法计算结果。

步骤 1 类似于 *I*.mul 算法的步骤 1。

步骤 2 将密文 $\tilde{c}_i^*(i=0,\cdots,\mu-2)$ 的 $i+\mu-1$ 槽内明文比特取反，即对于 $i=0$ ～ $\mu-2$，计算 $\tilde{c}_i^* \leftarrow H.\text{add}(\tilde{c}_i', \tilde{c}(\pi_{i+\mu-1}^*))$。对于密文 $\tilde{c}_{\mu-1}'$，需要将 $\mu-1$ 槽～ $2\mu-3$ 槽存储的明文比特取反，即计算 $\tilde{c}_{\mu-1}^* \leftarrow H.\text{add}(\tilde{c}_{\mu-1}', \tilde{c}(\pi_x^*))$，其中 π_x^* 表示 $\mu-1$ 槽～ $2\mu-3$ 槽存储 1，其他槽存储 0。然后，对于 $i=0$ ～ $\mu-1$，计算 $\tilde{c}(n) \leftarrow I.\text{add}(\tilde{c}(n), \tilde{c}_i^*)$。执行 μ 次 *I*.add 算法后，计算 $\tilde{c}(n) \leftarrow I.\text{add}(\tilde{c}(n), \tilde{c}(\pi_y^*))$，其中 π_y^* 表示 $2\mu-1$ 槽和 μ 槽存储 1，其他槽存储 0。最后，利用 $\tilde{c}(n)$ 的 0 槽～ $2\mu-1$ 槽存储乘法计算结果，即计算 $\tilde{c}(n) \leftarrow H.\text{cmul}(\tilde{c}(n), \pi_{I_{2\mu-1}}^*))$。

优化 *I*.Smul。类似于 3.4.4 节中的优化方法，可以使用 GSum 算法优化 *I*.Smul 算法，对于步骤 2，将所有密文 $\tilde{c}_0^*, \cdots, \tilde{c}_{\mu-1}^*$ 和 $\tilde{c}(\pi_y^*)$ 相加，其中 π_y^* 表示 $2\mu-1$ 槽和 μ 槽存储 1，其他槽存储 0，即计算 $\tilde{c}(n) \leftarrow \text{GSum}(\tilde{c}_0^*, \cdots, \tilde{c}_{\mu-1}^*, \tilde{c}(\pi_y^*)) : 2 \cdot \mu+1))$ 和 $\tilde{c}(n) \leftarrow H.\text{cmul}(\tilde{c}(n), \pi_{I_{2\mu-1}}^*)$。

（5）安全的有符号/无符号整数 SIMD 除法电路 *I*.Sdiv

已知 2 个未打包的密文 $\tilde{c}(a)$ 和 $\tilde{c}(b)$，*I*.Sdiv 算法输出未打包密文 $\tilde{c}(q)$ 和 $\tilde{c}(r)$，分别用来存储商和余数结果。

步骤 1 根据符号位构造密文 $\tilde{c}_a^*$ 和 $\tilde{c}_b^*$，即

$$\tilde{c}_{sa} \leftarrow H.\text{cmul}(\tilde{c}(a), \pi_{\mu-1}); \tilde{c}_{sb} \leftarrow H.\text{cmul}(\tilde{c}(b), \pi_{\mu-1})$$

$$\tilde{c}(a^*) \leftarrow \text{OTC}(\tilde{c}(a), \tilde{c}_{sa}); \tilde{c}(b^*) \leftarrow \text{OTC}(\tilde{c}(b), \tilde{c}_{sb})$$

步骤 2 初始化 $\tilde{c}_{\text{RQ}} \leftarrow \tilde{c}(a^*)$，执行①～③ μ 次。

① 使用密文 $\tilde{c}_{\text{RQ}}$ 的 0 槽存储 q 的中间结果，使用区块 1 存储 r，旋转密文 $\tilde{c}_{\text{RQ}}$ 的明文槽，将存储的密文拆包为密文 $\tilde{c}(q^*)$ 和 $\tilde{c}(r^*)$，即

$$\tilde{c}_1 \leftarrow H.\text{rotate}(\tilde{c}_{\text{RQ}}, 1); \tilde{c}(q^*) \leftarrow H.\text{cmul}(\tilde{c}_1, \pi_{I_{\mu-1}}^*)$$

$$\tilde{c}_2 \leftarrow H.\text{rotate}(\tilde{c}_1, l-\mu); \tilde{c}(r^*) \leftarrow H.\text{cmul}(\tilde{c}_2, \pi_{I_{\mu-1}}^*)$$

② 在密文域下，利用同态性质比较 r^* 和 b^* 的大小关系，如果 $r^*_{\text{ten}} < b^*_{\text{ten}}$，那么将存储 q^* 的 0 槽存储 0，并计算 $r'_{\text{ten}} = r^*_{\text{ten}}$；否则，将存储 q^* 的 0 槽存储 1，并计算 $r'_{\text{ten}} = r^*_{\text{ten}} - b^*_{\text{ten}}$，即

$$\tilde{c}_q \leftarrow I.\text{cmp}(\tilde{c}(r^*), \tilde{c}(b^*)); \tilde{c}_w \leftarrow H.\text{add}(\tilde{c}_p, \tilde{c}(\pi_0^*))$$

$$\tilde{c}(q') \leftarrow H.\text{add}(\tilde{c}(q^*), \tilde{c}_w); \tilde{c}_3 \leftarrow \text{Scpy}(\tilde{c}_w, \mu - 1)$$

$$\tilde{c}_b \leftarrow H.\text{mul}(\tilde{c}(b^*), \tilde{c}_3); \tilde{c}(r') \leftarrow I.\text{Ssub}(\tilde{c}(r^*), \tilde{c}_b)$$

③ 如果这是第 μ 次循环，那么输出密文 $\tilde{c}(q')$ 和 $\tilde{c}(r')$，执行步骤 3；否则将密文 $\tilde{c}(q')$ 和 $\tilde{c}(q')$ 打包为新的密文 $\tilde{c}_{\text{RQ}}$，即计算 $\tilde{c}_4 \leftarrow H.\text{rotate}(\tilde{c}(r'), \mu)$; $\tilde{c}_{\text{RQ}} \leftarrow H.\text{add}(\tilde{c}_4, \tilde{c}(q'))$。

步骤 3 确定余数和商的符号。余数的符号和除数 a 的符号一样，商的符号是除数 a 和被除数 b 的符号异或结果，即

$$\tilde{c}(r) \leftarrow \text{OTC}(\tilde{c}(r'), \tilde{c}_{\text{sa}}) \text{ 和 } \tilde{c}(q) \leftarrow \text{OTC}(\tilde{c}(q'), H.\text{add}(\tilde{c}_{\text{sa}}, \tilde{c}_{\text{sb}}))$$

I.div 算法的构建。如果除数 a 和被除数 b 都是无符号整数，则 *I*.Sdiv 算法的无符号版本更加简单，记为 *I*.div 算法。构造过程如下。

① 计算 $\tilde{c}(a^*) \leftarrow \tilde{c}(a), \tilde{c}(b^*) \leftarrow \tilde{c}(b)$。

② 类似于 *I*.Sdiv 算法的步骤 2。

③ 计算 $\tilde{c}(q^*) \leftarrow \tilde{c}(q'), \tilde{c}(r) \leftarrow \tilde{c}(r')$ 和 $\tilde{c}(f) \leftarrow I.\text{equ}(\tilde{c}(b, \tilde{c}(0)))$。

3. 打包有符号整数计算扩展

采用二进制数补码系统，可以直接使用 Ipack 方法打包密文。所有安全有符号整数电路的输入和输出具有相同二进制位长度 μ，特别关注 μ 和 μ' 的设定。例如，-1 存储为 $\mu = 3$ bit 二进制整数（111），如果使用 Ipack 以新长度 $\mu' = 4$ 打包密文，则存储数据变为（0111），此时如果以长度 $\mu' = 4$ 进行解密，那么会得到错误明文结果 7；而如果以初始长度 $\mu = 3$ 解密，则得到正确的明文结果−1。通常，为了应对溢出和下溢问题，设定的 μ' 会比 μ 大（与打包无符号整数计算的原因类似，详见 3.4.4 节）。这里，将安全打包有符号整数计算电路进行与 3.4.4 节类似的扩展，将 π_j^* 改变为 $\eta^*_{j,\mu'}$，将 $\bar{\pi}_j^*$ 改变为 $\bar{\eta}^*_{j,\mu'}$，将 $\pi^*_{I_{\mu-1}}$ 改变为 $\eta^*_{I_{\mu-1},\mu'}$，将未打包无符号整数电路改变为打包有符号整数电路，记 STC 和 OTC 的打包版本分别为 *P*.STC 和 *P*.OTC。另外，安全有符号整数 SIMD 的加法、比较、乘法和除法的打包版本分别记为 PI.Sadd，

PI.Scmp， PI.Smul ①和 PI.Sdiv ②。

3.4.6 应用与扩展

本节将利用上述安全计算电路构造一类应用程序，称为安全 k 近邻分类器，并将安全整数电路进行了扩展，可以支持多个密钥下定点密文存储和计算。

1．**安全 k 近邻分类器**

k-NN 分类器[75]是最重要的数据挖掘方法之一，其应用范围包括语言识别[76]、计算几何[77]和图形学[78]等。k-NN 分类器根据相邻对象的多数投票实现目标对象分类，即把目标对象分配给 k 个邻居中最常见的类（其中 k 为正数，通常是一个小整数）。形式上，数据集包括 β 个样例 $\{(\vec{x}_0, y_0, \mathrm{id}_0), \cdots, (\vec{x}_{\beta-1}, y_{\beta-1}, \mathrm{id}_{\beta-1})\}$，其中 $\vec{x}_i$ 是具有 χ 个特征 $(x_{i,\chi-1}, \cdots, x_{i,0})$ 的输入示例，$y_i \in \{c_1, c_2\}$ 是 $\vec{x}_i$ 的类别标记，id_i 是样例 i 的身份标记。已知输入某示例 $\vec{x}_p \leftarrow (x_{p,\chi-1}, \cdots, x_{p,0})$，$k$-NN 分类器的目的是预测或确定 $\vec{x}_p$ 的类别标记。分类器执行如下。

（1）计算 $\vec{x}_i$ 与 $\vec{x}_p$ 之间的距离，记为 a_i。

（2）找出 k 个与 $\vec{x}_p$ 相距最短的样例，记为 $(\vec{x}'_0, y'_0, \mathrm{id}'_0), \cdots, (\vec{x}'_{k-1}, y'_{k-1}, \mathrm{id}'_{k-1})$。

（3）根据 k 个样例的类别标记确定 $\vec{x}_p$ 的类别，如果 $y'_i (i = 0 \sim k-1)$ 的多数属于类别 c_1，则令 $y_p \leftarrow c_1$；否则令 $y_p \leftarrow c_2$。对于安全数据存储，所有数据均是以加密形式进行存储，即需要将 $x_{i,j}$ 打包成密文 $\tilde{c}(x_{i,j})$，将 id_i 打包成 $\tilde{c}(I_i)$，将 y_i 打包成 $\tilde{c}(y_i)$。

已知 $\tilde{c}(x_{p,\chi-1}), \cdots, \tilde{c}(x_{p,0})$，安全 k-NN 分类器的目标是以隐私保护的方式确定示例 $\vec{x}_p$ 的类别标记，步骤如下。

步骤 1 计算 x_i 和 x_p 之间的曼哈顿距离，即 $a_i = \sum_{j=0}^{\chi-1} \left| x_{i,j} - x_{p,j} \right|$。

（1）计算 $h_{i,j} = \left| x_{i,j} - x_{p,j} \right|$，由于密文可能不适合打包成一个单独密文，对于

① 除了将 π_i^* 变为 $\eta_{i,\mu'}^*$，I.Smul 算法步骤 2 中的 I.add 算法也应该变为 PI.add 算法。此外，π_x^* 应该变为 η_x^*，且 $\mu-1+\mu_-+k\mu'$ 槽~ $2\mu-3+\mu_-+k\mu'$ 槽存储 1，其他槽存储 0；π_y^* 应该变为 η_y^*，且 $2\mu-1+\mu_-+k\mu'$ 槽 ~ $\mu+\mu_-+k\mu'$ 槽存储 1，其他槽存储 0，其中 $k = 0 \sim \left\lfloor \frac{l}{\mu'} \right\rfloor$。

② 要求新的打包区块大小 $\mu' \geqslant 3\mu$，且 PI.Sdiv 算法中所有安全电路都应该转变为打包版本。

$i=0,\cdots,\beta-1$；$t_1=0,\cdots,\left\lfloor\frac{\chi}{\alpha_1}\right\rfloor$，计算

$$\tilde{c}_{i,t_1} \leftarrow \text{Ipack}(\tilde{c}(x_{i,\alpha_1 t_1+\alpha_1-1}),\cdots,\tilde{c}(x_{i,\alpha_1 t_1}):\mu_1)$$

$$\tilde{c}'_{i,t_i} \leftarrow \text{PI.Ssub}(\tilde{c}_{i,t_i},\tilde{c}_{i,p})$$

$$\tilde{c}^*_{i,t_i} \leftarrow H.\text{cmul}(\tilde{c}'_{i,t_i},\eta^*_{\mu-1,\mu_1});\tilde{c}''_{i,t_i} \leftarrow P.\text{OTC}(\tilde{c}'_{i,t_i},\tilde{c}^*_{i,t_i})$$

$$(\tilde{c}(h_{i,i,\alpha_1 t_1+\alpha_1-1}),\cdots,\tilde{c}(h_{i,\alpha_1 t_1})) \leftarrow \text{IUpack}(\tilde{c}''_{i,t_i},\mu_1)$$

其中，$\mu_1 \geqslant \mu+1$，$\alpha_1=\left\lfloor\frac{l}{\mu_1}\right\rfloor$。继而 CP 可以得到密文 $\tilde{c}(h_{i,\chi-1}),\cdots,\tilde{c}(h_{i,0})$，$h_{i,j}$ 存储在密文 $\tilde{c}(h_{i,j})$ 的区块 0 中。

（2）对于每个样例 i，对 $h_{i,j}$ 求和得到 $a_i=\sum_{j=0}^{\chi-1}h_{i,j}$，然后使用 Ipack 打包具有相同特征 j 的不同样例 i，即对于 $t_2=0,\cdots,\left\lfloor\frac{\beta}{\alpha_2}\right\rfloor, j=0,\cdots,\chi-1$，生成打包密文 $\tilde{c}(z_{t_2,j})$ 为

$$\tilde{c}(z_{t_2,j}) \leftarrow \text{Ipack}(\tilde{c}(h_{\alpha_2 t_2+\alpha_2-1,j}),\cdots,\tilde{c}(h_{\alpha_2 t_2,j}):\mu_2)$$

其中，$\mu_2 \geqslant \mu+\chi$，$\alpha_2=\left\lfloor\frac{l}{\mu_2}\right\rfloor$。随后初始化 $\tilde{c}(v_{t_2})=\tilde{c}(z_{t_2,0})$，对于 $j=1\sim\chi-1$，计算 $\tilde{c}(v_{t_2}) \leftarrow \text{PI.add}(\tilde{c}(v_{t_2}),\tilde{c}(z_{t_2,j});\mu_2)$。

（3）拆包所有的密文，对于 $t_2=0,\cdots,\left\lfloor\frac{\beta}{\alpha_2}\right\rfloor$，计算

$$(\tilde{c}(a_{\alpha_2 t_2+\alpha_2-1}),\cdots,\tilde{c}(a_{\alpha_2 t_2})) \leftarrow \text{IUpack}(\tilde{c}(v_{t_2}),\mu_2)$$

执行步骤 1 后，可以得到密文 $\tilde{c}(a_{\beta-1}),\cdots,\tilde{c}(a_0)$，其中区块 0 分别负责存储 $a_{\beta-1},\cdots,a_0$，区块大小为 μ_2。

步骤 2　在 $a_{\beta-1},\cdots,a_0$ 中找出 k 个最小曼哈顿距离，执行下述步骤 k 次（$t_3=0,\cdots,k-1$）。

（1）利用 GMin 算法找出加密的最小曼哈顿距离值和 $\tilde{c}(a_{\beta-1}),\cdots,\tilde{c}(a_0)$ 中对应的身份标记 $\tilde{c}(n)$ 和 $\tilde{c}(I)$，即计算 $(\tilde{c}(n),\tilde{c}(I)) \leftarrow \text{GMin}((\tilde{c}(a_{\beta-1}),\tilde{c}(I_{\beta-1})),\cdots,(\tilde{c}(a_0),\tilde{c}(I_0)):\mu_3)$，其中 $\mu_3 \geqslant 2^{\lceil \text{lb}\mu_2 \rceil}$，$\alpha_3=\left\lfloor\frac{l}{\mu_3}\right\rfloor$。

（2）用身份 I 测试所有 β 个身份，确定 I 与 I_i 是否相等（$i=0,\cdots,\beta-1$），如果

$I=I_i$，则将a_i设置为系统的最大值；否则保持a_i值不变。对于$i=0,\cdots,\left\lfloor\frac{\beta}{2\alpha_3}\right\rfloor$，计算

$$\tilde{c}(a')\leftarrow \text{Ipack}(\tilde{c}(a_{\alpha_3 i+\alpha_3-1}),\cdots,\tilde{c}(a_{\alpha_3 i}):\mu_3)$$

$$\tilde{c}(w)\leftarrow \text{Ipack}(\tilde{c}(I_{\alpha_3 i+\alpha_3-1}),\cdots,\tilde{c}(I_{\alpha_3 i}):\mu_3)$$

$$\tilde{c}(w')\leftarrow \text{Ipack}(\tilde{c}(I),\cdots,\tilde{c}(I):\mu_3)$$

然后，使用PI.equ算法比较w和w'的大小关系，执行下述计算：如果区块j存储的w值等于w'值，那么将密文$\tilde{c}(a')$区块的每个槽均存储1；否则保持存储的值不变[①]。

$$\tilde{c}(p)\leftarrow \text{PI.equ}(\tilde{c}(w),\tilde{c}(w'))$$

$$\tilde{c}(p')\leftarrow H.\text{add}(\tilde{c}(p),\tilde{c}(\eta_{0,\mu_3}));\tilde{c}(p_1)\leftarrow \text{Scpy}(\tilde{c}(p),\mu_3-1)$$

$$\tilde{c}(p_2)\leftarrow \text{Scpy}(\tilde{c}(p'),\mu_3-1);\tilde{c}_1\leftarrow H.\text{mul}(\tilde{c}(p_2),\tilde{c}(a'))$$

$$\tilde{c}_2\leftarrow H.\text{mul}(\tilde{c}(p_1),\tilde{c}_{\text{one}});\tilde{c}(n')\leftarrow H.\text{add}(\tilde{c}_1,\tilde{c}_2)$$

$$(\tilde{c}(a'_{\alpha_3 i+\alpha_3-1}),\cdots,\tilde{c}(a'_{\alpha_3 i}))\leftarrow \text{IUpack}(\tilde{c}(n'),\mu_3)$$

进行下述计算来判断I_i的类别标记，设定$b_i'=1$，如果$I=I_i$，则$(y_i)_{\text{ten}}=c_1$；否则$(y_i)_{\text{ten}}=0$。

$$\tilde{c}_{\text{py}}\leftarrow \text{Ipack}(\tilde{c}(y_{\alpha_3 i+\alpha_3-1}),\cdots,\tilde{c}(y_{\alpha i}):\mu_3)$$

$$\tilde{c}_3\leftarrow \text{PI.equ}(\tilde{c}_{py},\tilde{c}(y^*));\tilde{c}_i^{*}\leftarrow H.\text{mul}(\tilde{c}(p),\tilde{c}_3)$$

$$(\tilde{c}(b'_{\alpha_3 k+\alpha_3-1,j}),\cdots,\tilde{c}(b'_{\alpha_3 k,j}))\leftarrow \text{IUpack}(\tilde{c}_i'',\mu_3)$$

其中，$\tilde{c}(y^*)$利用某个区块存储整数c_1。计算完成后，算法可以得到$\tilde{c}(a'_\beta),\cdots,\tilde{c}(a'_0)$和$\tilde{c}(b'_\beta),\cdots,\tilde{c}(b'_0)$。

（3）通过利用$\tilde{c}(a'_{\beta-1}),\cdots,\tilde{c}(a'_0)$替换$\tilde{c}(a_{\beta-1}),\cdots,\tilde{c}(a_0)$来刷新$a_{\beta-1},\cdots,a_0$值，同时，将$b'_\beta,\cdots,b'_0$相加，并将结果赋值给$b'_{t_3}$，因为只有$I=I_i$的元素存储信息，而其他元素存储 0。为了进行密态计算，初始化$\tilde{c}(b_{t_3})\leftarrow\tilde{c}(b'_0)$，对于$j=1,\cdots,\beta-1$，计算$\tilde{c}(b_{t_3})\leftarrow I.\text{add}(\tilde{c}(b_{t_3},b'_j))$。

步骤 3　得到$\tilde{c}(b_{k-1}),\cdots,\tilde{c}(b_0)$后，判断$\sum_{i=0}^{k-1}(b_i)_{\text{ten}}\geqslant\left\lceil\frac{k}{2}\right\rceil$。如果$\sum_{i=0}^{k-1}(b_i)_{\text{ten}}\geqslant\left\lceil\frac{k}{2}\right\rceil$，

① 密文$\tilde{c}_{\text{one}}$的所有槽均存储 1。

那么认定 x_p 的类别标记为 c_1；否则类别标记为 c_2。

（1）利用 GSum 将 $b_0,\cdots,b_{k-1}$ 相加，并利用 I.cmp 得到安全比较结果，即

$$\tilde{c}_l \leftarrow \text{GSum}(\tilde{c}(b_{k-1}),\cdots,\tilde{c}(b_0):\mu_4);\ \tilde{c}(s) \leftarrow I.\text{cmp}(\tilde{c}_l,\tilde{c}(B));\tilde{c}(s') \leftarrow H.\text{add}(\tilde{c}(s),\tilde{c}(\pi_0^*))$$

（2）在区块 0 中复制比较结果 s 和 s'，并利用 H.add 和 H.mul 算法选择 c_1 和 c_2。

$$\tilde{c}(o_1) \leftarrow \text{Scpy}(\tilde{c}(s'),\mu-1);\tilde{c}(o_2) \leftarrow \text{Scpy}(\tilde{c}(s),\mu-1)$$

$$\tilde{c}(y_1) \leftarrow H.\text{mul}(\tilde{c}(o_1),\tilde{c}(k_1));\tilde{c}(y_2) \leftarrow H.\text{mul}(\tilde{c}(o_2),\tilde{c}(k_2))$$

$$\tilde{c}(y_p) \leftarrow H.\text{add}(\tilde{c}(y_1),\tilde{c}(y_2))$$

其中，$\tilde{c}(k_1)$ 利用区块 0 存储 c_1，$\tilde{c}(k_2)$ 存储 c_2，$\tilde{c}(B)$ 利用区块 0 存储 $\left\lceil \frac{k}{2} \right\rceil$，$\mu_4 \geqslant \mu+k$。

2. 多密钥下的安全计算

上述所有安全电路只适用于同一公钥加密的密文，如果需要进行跨域计算，不能直接应用 POCkit 框架。一种简单的解决方案是使用多密钥全同态加密（MK-FHE，Multiple-Key Fully Homomorphic Encryption）方案构造电路，然而，现有的 MK-FHE 方案在标准假设[77]下的密文存储和计算效率不高。另一种方案是使用密钥转换（KeySwith）将某用户的加密域映射到另一个用户的加密域，即 $\tilde{c}^{\langle \text{pk}_j \rangle} \leftarrow \text{KeySwitch}(\tilde{c}^{\langle \text{pk}_i \rangle},W_{\text{sk}_i \to \text{sk}_j})$，将用户 i 的密文 $\tilde{c}^{\langle \text{pk}_i \rangle}$ 转换为用户 j 的密文 $\tilde{c}^{\langle \text{pk}_j \rangle}$。通常，在应用 POCkit 框架计算之前，所有密文数据都可以转换至相同的公钥域。由于转换密钥是公钥，因此由 CP 负责存储和执行 KeySwith，而不会损害 DU 的隐私（详见 3.4.7 节中 KeySwith 的效率）。

3. 定点数存储和计算扩展

上述的安全整数存储和计算可以简单扩展到定点数存储和计算，实际上，整数是定点数的一种特殊情况，小数点位于最小有效位之后。

3.4.7　安全性与性能分析

本节基于 3.4.3 节①定义的安全模型来证明 POCkit 框架中计算电路的安全性，并对 POCkit 框架的性能效率进行分析。

① 可以使用 3.4.6 节中描述的隐私模型来保护输入和输出数据，但是由于数据访问模式限制，该模型无法察觉数据泄露。后者可以使用不经意 RAM 存储解决，这超出了本书研究范围，建议感兴趣的读者可参考文献[92-93]的构造过程。

1. 安全性分析

定理 3.11 假设 RLWE 困难性假设在语义上是安全的，则 POCkit 框架中使用的 BGV 方案在语义上是安全的。

证明 RLWE 问题的安全性和困难性以及 BGV 方案的安全性参考文献[71]。

定理 3.12 POCkit 框架中的安全无符号/有符号整数 SIMD 计算电路可以抵抗 3.4.3 节描述的半可信敌手 $\mathcal{A}$ 的攻击，并能安全地执行整数计算。

证明 所有的计算都是在密文上进行的，并且 BGV 方案在语义上是安全的（参考定理 3.1），敌手如果不能获得相应的私钥，则不可能通过解密获取明文。证毕。

2. POCkit 的分析

采用 FHE 方案原因如下。PHE 方案可用于对加密数据执行高效安全的整数计算，但在执行某些安全交互协议时仍需要多个（至少 2 个）非共谋服务器，这阻碍了在云环境中的大规模应用。所有基于 FHE 的安全整数计算电路都可以在单个云服务器上执行，这降低了数据泄露的风险。

采用基于 RLWE 困难性假设的 BGV 方案原因如下。基于 RLWE 困难性假设的 BGV 方案适合于 POCkit 框架的设计，主要体现在 2 个方面。①存储考虑。基于 RLWE 的 BGV 中，每个密文可以存储 $\phi(m)$ bit①，而基于容错反馈学习 LWE 的 BGV 方案只能存储 1 bit。②SIMD 计算。RLWE 密文允许同时对每个明文槽进行按位计算，使计算速度提高了 $l=\dfrac{\phi(m)}{d}$ 倍。

采用启动（Bootstrapping）技术原因如下。系统中使用的基于 RLWE 的 BGV 是一种分层同态加密方案，通过将密文从上层移动到下层来降低噪声。为了支持不含有启动设置的大规模电路，需要非常大的 L，这使系统效率低下，并且不适合实际应用。换句话说，需要更大的 m 和密文模块 q_{L-1}，加上双 CRT 表示的使用[72]中，将会导致极大的密文存储开销。如果采用模块交换和密钥交换以及启动技术，则会使 POCkit 框架更加实用，因为不再需要大容量的数据空间来存储密文，也不再需要大容量 RAM 在计算期间加载密文[79-80]。

由于二进制电路是耗时的，Naehrig[81]和 Cheon 等[69]利用消息空间 $\mathbb{Z}_t$ 提出了一种降低整数加法和乘法运行时间的方法。这个想法很简单，将每条明文消息 a 划分成（最多）

① 为了支持整数计算，只使用 l bit 来存储。

μ bit 二进制数 $a=(a_{\mu-1},\cdots,a_0)\in\mathbb{Z}_2^{\mu-1}$，将消息编码为 $a^*(X)=\sum_j a_j X^j\in\mathbb{A}_t$，对低 k bit 求和得到 $a_{\text{add}}^*(X)=\sum_{i=1}^{k}a_i(X)$。只要 $t>k$，则不需要知道模数 t 就能解密，计算 $a_{\text{add}}^*(2)$ 可得到最终结果。关于整数乘法计算，如果将 a 编码成次幂最高为 $\dfrac{\phi(m)}{d'}$ 的多项式，则最终结果 $a_{\text{mul}}^*(X)=\prod_{i=1}^{d'}a_i(X)$，不需要知道模数 $\Phi_m(X)$，如果执行少于 d' 次的乘法运算，则最终结果可表示为 $a_{\text{mul}}^*(2)$。然而，仍然需要采用消息空间 $\mathbb{Z}_2$，原因如下。

（1）m 和 t 不能太大。较大的 m 和 t 值会大大增加存储开销和运行时间，特别是对于启动技术（详细比较参考文献[72]）。

（2）不能执行混合运算：$\mathbb{Z}_t$ 方法允许单独执行整数加法或整数乘法，但不支持加法和乘法的混合运算（例如，它不允许在执行整数乘法之后执行整数加法，因为模数运算会导致最终结果错误）。

（3）整数运算电路设计困难。整数运算电路设计比二进制电路更复杂。

3. 实验分析

在虚拟机（3.6 GHz 单核处理器和 4 GB DDR3-1600 RAM 内存）上对安全电路的性能进行评估。由于使用了 C++中的 Helib[72]，因此所有程序都是单线程安全的。为了测试 POCkit 框架的效率，考虑 3 种类型的度量指标：运行时间、通信开销和安全级别。运行时间表示外包的安全电路在测试台运行的持续时间，单位为 s 或 ms；由于密文数据是在计算前外包的，因此通信开销表示执行一次安全电路计算 DU 和 CP 之间传输的数据（包括外包密文和检索密文）总量，单位为 MB；安全级别是指密码原语的安全强度。

（1）Helib 参数初始化

为了选择合适的 $\Phi(m)$，应该使用安全等级 λ。本节选择模数为 Q 和噪音为 σ 的 RLWE 实例，$\Phi(m)\geqslant \mathrm{lb}\dfrac{\left(\dfrac{Q}{\sigma}\right)(\lambda+110)}{7.2}$[82]。接下来，利用 p_i 生成模数链，设定 p_0 是其他 p_i bit 长度的一半。因此，链中奇数索引的模数 q_i 是从 p_0 开始素数的乘积 $(q_i=\prod_{j=0}^{\frac{i}{2}}p_j)$，偶数索引的模数是除了 p_0 其他数的乘积 $(q_i=\prod_{j=1}^{\frac{i}{2}}p_j)$。例如，当 $\lambda=76$ 时，半位素数 q_0 有 23～25 bit，因而全位素数有 46～50 bit。$\mathbb{A}_{qt}$ 中的密文用双 CRT

表示，并且密文的长度不会超过$\|q_0\|+\cdots+\|q_t\|)\phi(m)$（$L\times\phi(m)$阶矩阵），其中$\|q_0\|$表示$q_0$的长度。因此，第 t 层的密文需要$\mathbb{A}_{q_t}$的 2 个元素才能表示，即需要$2\times(\|q_0\|+\cdots+\|q_t\|)\phi(m)$二进制位长度。

（2）基本运算性能

使用上述参数，选择 3 种安全级别（即λ= 76、123、145）对基本运算的性能进行测试。对于整数和环元素转换，当λ分别为 76、123、145 时，将 16 bit 无符号整数编码为$\mathbb{A}_2$的元素分别需要 0.857 ms、1.19 ms、2.49 ms，将 16 bit 有符号整数编码为$\mathbb{A}_2$的元素分别需要 89.12 ms、118.41 ms、480.61 ms，将$\mathbb{A}_2$的元素解码为 16 bit 无符号整数分别需要 1.15 ms、1.45 ms、2.76 ms，将$\mathbb{A}_2$的元素解码为 16 bit 有符号整数分别需要 89.61 ms、119.36 ms、481.92 ms。此外，*H*.add 算法的运行时间分别为 0.1 ms、0.12 ms、0.39 ms，Ipack 算法的运行时间分别为 22.704 s、50.383 s、218.959 s，IUpack 算法的运行时间分别为 28.467 s、58.893 s、255.836 s（区块大小为 32 bit）。对于其他参数和同态运算，表 3-16 列出了基本运算的性能比较。注意，多个生成器来构造超立方体结构，进而执行 Helib 中的 *H*.rotate 算法，其中 *K* 为旋转数。

表 3-16　基本运算的性能比较

安全级别	$\|\Phi(m)\|$	槽数	d	Enc 运行时间/s	Dec 运行时间/s	Key Switch 运行时间/s	Mod Switch 运行时间/s	*H*.mul 运行时间/s	*H*.cmul 运行时间/s	*H*.rotate 运行时间/s		Bootstrap 运行时间/s	密文层启动前/启动后
										Kmod 16=0	Kmod 16≠0		
76	16 384	1 024	16	0.135	0.051	0.199	0.129	0.381	0.012	0.426	0.517	196.36	22/10
123	23 040	960	24	0.147	0.064	0.235	0.153	0.448	0.013	0.625	0.957	247.81	24/11
145	46 080	1 920	24	0.304	0.128	0.48	0.315	0.918	0.028	1.29	1.95	672.12	40/25

（3）安全无符号整数电路的性能

将本书构造的整数电路与现有的整数电路$(I.\mathrm{add}, I.\mathrm{cmp}, I.\mathrm{equ})$[69]进行分析比较，使用秒/整数来衡量电路性能，选择安全级别λ=76，明文长度$\mu=8\,\mathrm{bit}$，Ipack 算法参数$\mu'=16$。注意，打包无符号整数电路的运行时间包括 Ipack 和 IUpack 的运行时间。为了评估无符号计算电路及其打包版本的效率，对单密钥和多密钥设置下电路的运行时间和通信开销进行测试，如表 3-17 所示。此外，对影响安全电路性能的 2 个因素（μ和输入密文数量）进行了评估，结果如图 3-17 和图 3-18 所示。

表 3-17　安全无符号整数电路的性能（μ=8 bit，μ'=16 bit）

算法	单密钥设置下的运行时间		提高效率倍数/倍	多密钥设置下的运行时间		提高效率倍数/倍
	未打包电路	打包电路		未打包电路	打包电路	
I.add	36.02	2.40	15	37.00	2.41	15.4
I.cmp	12.26	2.03	6.0	13.24	2.04	6.5
I.equ	6.37	1.94	3.3	7.35	1.95	3.8
I.mul	2 883	46.88	61.5	2 883.98	46.90	61.5
优化 *I*.mul	1 775.37	29.58	60	1 776.35	29.6	60
I.div	8 563.01	135.63	63.1	8 564	135.65	63.1

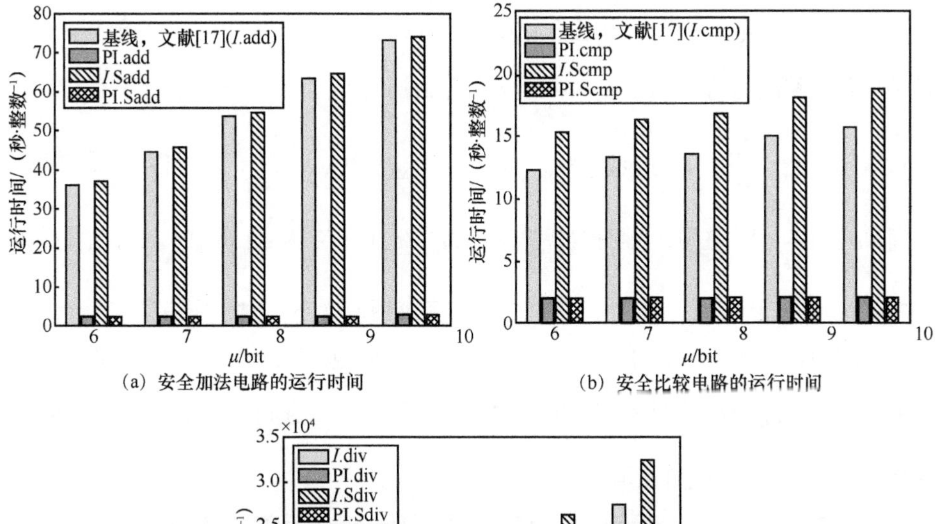

(a) 安全加法电路的运行时间

(b) 安全比较电路的运行时间

(c) 安全除法电路的运行时间

图 3-17　明文长度对安全无符号整数电路运行时间的影响

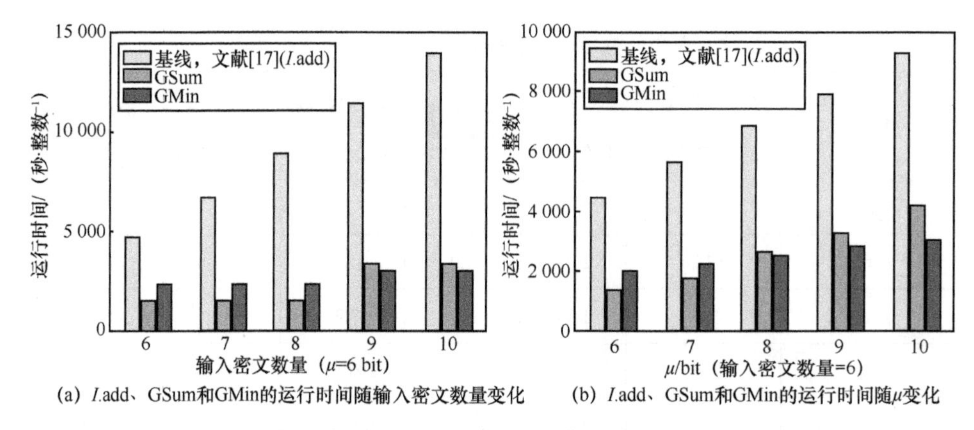

(a) I.add、GSum和GMin的运行时间随输入密文数量变化　(b) I.add、GSum和GMin的运行时间随μ变化

图 3-18　输入密文数量和 μ 对安全无符号整数电路运行时间的影响

从图 3-17 可以看出，单密钥和多密钥下电路的运行时间随着明文长度的增加而增加，打包的安全无符号整数电路比未打包的安全无符号整数电路效率更高。单密钥下打包电路的运行时间为 $t_{\mathrm{pv}}=\dfrac{t_{\mathrm{up}}}{\alpha'}+(\alpha'-1)(2t_{\mathrm{rt}}+t_{\mathrm{ad}})+\alpha' t_{\mathrm{cml}}$，多密钥下打包电路的运行时间为 $t_{\mathrm{pv}}=\dfrac{t_{\mathrm{up}}}{\alpha'}+(\alpha'-1)(2t_{\mathrm{rt}}+t_{\mathrm{ad}})+\alpha' t_{\mathrm{cml}}+3t_{\mathrm{MS}}+3t_{\mathrm{KS}}$，其中，$t_{\mathrm{up}}$ 是拆包电路的运行时间，$\alpha'=\left\lfloor\dfrac{l}{\mu'}\right\rfloor$①。注意，当且仅当 $t_{\mathrm{up}}\geqslant\alpha'(2t_{\mathrm{rt}}+t_{\mathrm{ad}})+\left(\dfrac{(\alpha')^2}{\alpha'}-1\right)t_{\mathrm{cml}}$ 时，设计的打包电路才可以加快运行速度。此外，在单密钥和多密钥设置下，对于所有的安全无符号整数电路而言，打包电路的通信开销（即发送 2 个打包密文给 CP，以及获取加密结果的开销为 6.509 MB）是未打包电路的 $\dfrac{1}{\alpha}$。除了明文二进制位长度之外，GSum 算法还受到输入密文数量的影响。

从图 3-18 可以看出，无论是单密钥设置还是多密钥设置，GSum 和 GMin 算法的运行时间均随着的输入密文数量和 μ 的增加而增加。在 μ 相同的情况下，由于采用了打包技术，使用的 GSum 算法的运行效率远高于文献[69]的 I.add 算法，如表 3-18 所示。

① t_{rt}、t_{ad}、t_{cml}、t_{MS} 和 t_{KS} 分别表示 BGV 方案中 H.rotate 、H.add 、H.cmul 、ModSwitch 和 KeySwitch 算法的运行时间。

表 3-18　改进的安全电路的性能（μ=8 bit，μ'=16 bit）

	I.add/（秒·整数$^{-1}$）	GSum/（秒·整数$^{-1}$）	提高效率倍数/倍
单密钥	4 499.5	1 351.2	3.3
多密钥	4 500 5	1 352 5	3.3

（4）安全有符号整数电路的性能

类似于无符号整数电路的实验，本实验设置明文长度 $\mu = 8$ bit 和安全级别 $\lambda = 76$。不同的是，在运行 I.Smul 算法时，本实验选择 Ipack 参数 $\mu' = 17$，避免区块溢出或下溢（参考 3.4.5 节的讨论）。在测试有符号整数电路的性能之前，针对单/多密钥设置，首先评估了 STC、OTC、I.Sadd、I.Smul 和 I.Sdiv 算法及其打包版本的性能，如表 3-19 所示。性能评估如图 3-19 所示。在图 3-19（a）～图 3-19（c）的单密钥设置下，上述安全有符号整数电路的运行时间均随明文长度的增加而增加，打包的有符号整数电路比未打包的有符号整数电路效率高得多。类似于安全无符号整数电路，在单密钥和多密钥设置下，对于所有的安全有符号整数电路，打包电路的通信开销是未打包电路的 $\frac{1}{\alpha}$。未打包/打包的安全有符号电路的计算复杂度与 3.4.7 节的分析相同。

表 3-19　安全有符号整数电路的性能

算法	单密钥设置下的运行时间		提高效率倍数/倍	多密钥设置下的运行时间		提高效率倍数/倍
	未打包电路	打包电路		未打包电路	打包电路	
STC	37.15	2.41	15.4	38.13	2.43	15.7
OTC	49.67	2.61	19.0	50.65	2.63	19.3
I.Sadd	37.3	2.42	15.4	38.28	2.43	15.8
I.Scmp	15.37	2.08	7.4	16.35	2.09	7.8
I.Smul	3 227.72	52.27	61.8	3 328.7	53.85	61.8
优化 I.Smul	2 179.09	35.88	60.7	2 180.1	35.9	60.7
I.Sdiv	9 396.91	148.66	63.2	9 397.9	148.68	63.2

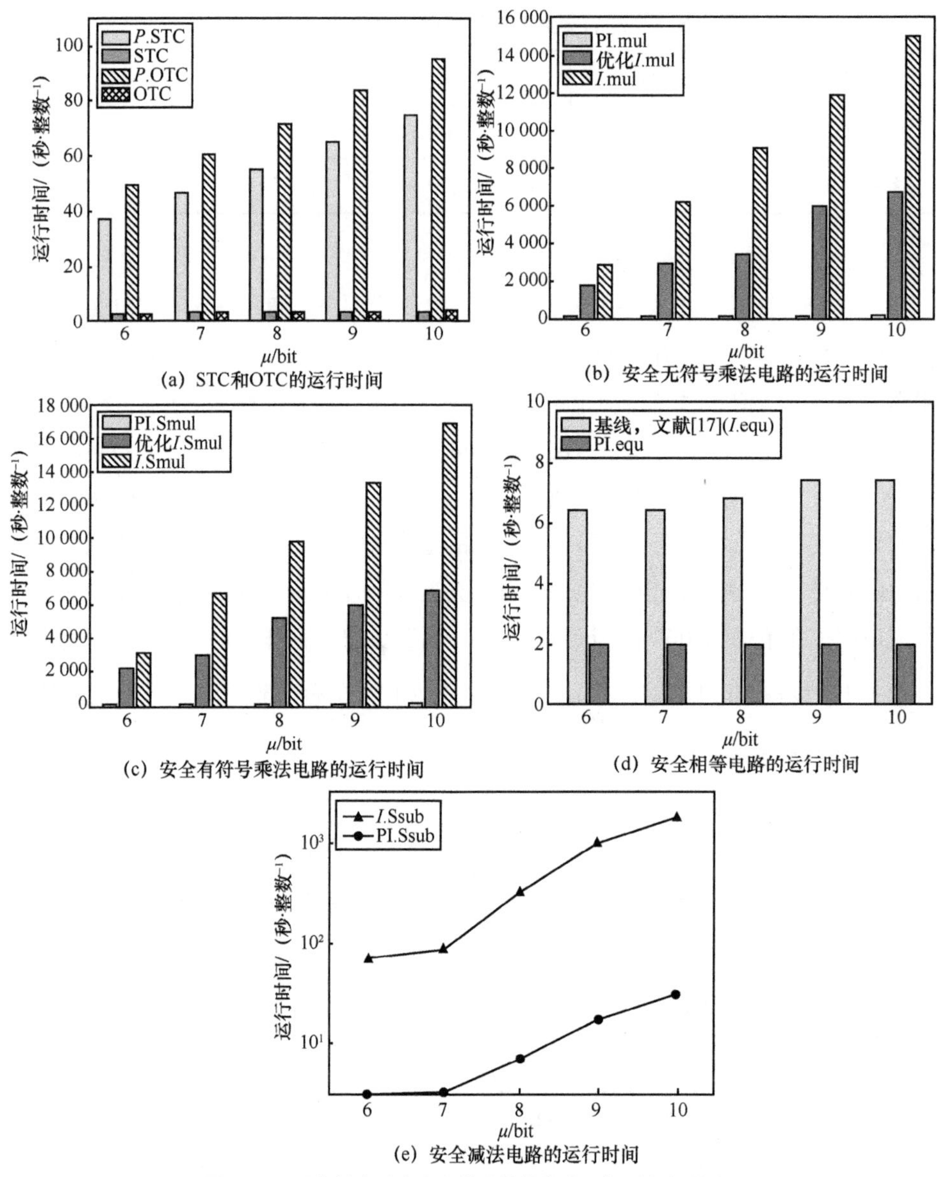

图 3-19　明文长度对安全有符号整数电路运行时间的影响

（5）安全 k-NN 分类器的性能

影响安全 k-NN 分类器性能的因素主要有明文长度 μ 、样例数量 β 、特征数量 χ 和参数 k。性能评估如图 3-20 所示。

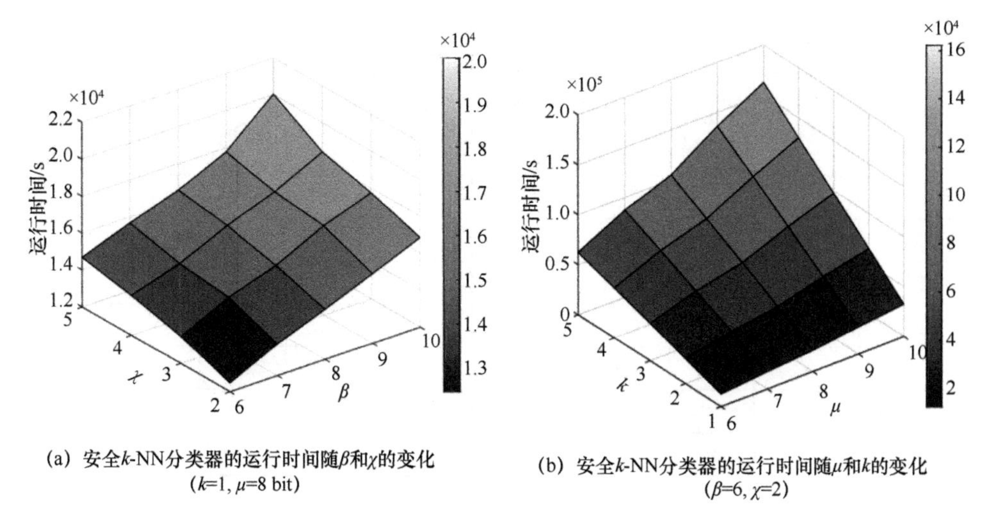

(a) 安全k-NN分类器的运行时间随β和χ的变化 (k=1, μ=8 bit)

(b) 安全k-NN分类器的运行时间随μ和k的变化 (β=6, χ=2)

图 3-20　安全 k-NN 分类器运行时间

从图 3-20 可知，安全 k-NN 分类器的运行时间随着 μ、β、χ、k 的增大而增加。运行时间随着 α 的增大仅轻微增加，这是因为在启动后只有固定的密文层数（对于 $\lambda = 76$ 只有 10 个密文层），只有当 μ 和 k 很大时才需要更多的启动次数，k 的影响尤其明显。注意，k 在实际应用中不能设置得太大。

4. 比较分析

这里，将本文方案与文献[21,49,68-69,71,81]提出的方案进行比较。Liu 等[68]利用安全计算协议构建了一种朴素贝叶斯分类器，要求数据用户与云服务器进行多轮通信。与文献[71]不同，Peter 等[21]引入一台额外的服务器存储强私钥，负责解密系统中的密文和执行安全计算协议，可以避免数据用户与云服务器进行多轮通信。然而，任何泄露或内部滥用都会损害系统。为了克服这种局限性，Liu 等[49]提出了一种服务于外包整数计算的框架，并提供了多密钥下的整数计算工具包，将强私钥随机分割为两部分，降低了密钥泄露的风险。虽然这些框架具有较高的效率，但仍然需要两台不能共谋的服务器，这限制了框架的实用性。为了避免在计算过程中使用额外的服务器，Naehrig 等[81]使用某些同态加密方案[83]对加密数据执行无符号整数计算，Cheon 等[69]使用某些同态加密方案对无符号整数密文进行搜索和计算，然而，这 2 种方案都不支持大规模的计算电路（只支持有限数量的计算），并且支持单密钥下的简单计算电路（无符号整数加法、比较和相等电路）。上述方案的比较如表 3-20 所示。

表 3-20　不同方案的比较

方案	不需要额外服务器	多密钥	通信轮数（服务器之间）	通信轮数（数据用户与服务器之间）	解决溢出问题	整数计算数量	加密同态类型	处理有符号整数	半可信模型
文献[68]	×	√	多轮	多轮	×	任意次	加法	√	√
文献[21]	×	×	多轮	一轮	×	任意次	加法	√	√
文献[49]	×	×	多轮	一轮	√	任意次	加法	√	√
文献[71]	×	√	多轮	一轮	×	任意次	加法	√	√
文献[81]	√	×	0	一轮	×	有限次	某些	×	√
文献[69]	√	×	0	一轮	×	有限次	某些	×	√
本文方案	√	√	0	一轮	√	任意次	完全	√	√

3.5　支持非线性的密态计算

3.5.1　引言

由于物联网[84-85]、云计算[86-87]、雾计算[88-89]等新技术的蓬勃发展，CDSS 可以结合多种数据挖掘方法辅助医生诊断疾病，因此逐渐引起了广泛关注。对于 CDSS，物联网的“物”是指收集个人健康信息的各种感知设备。例如，智能心率监控手表[90]可以用来监控心率，以避免心率过快和受伤的风险，血糖感应可穿戴设备[91]可以用来监控用户的血糖水平，以确保在特定时间释放正常的胰岛素量。由于物联网感知设备[92]的存储空间有限，而云服务器的存储空间几乎是无限的，因此云计算无疑是解决大规模用户数据存储需求的可行方案。然而，大多数外包的数据直接发送到云服务器进行处理，使边缘设备失去了对数据的控制权，对边缘设备的数据转发及云服务器的数据高并发性能产生了负面影响。这种双层架构不适合实时处理，尤其不适用于电子健康医疗环境，因为一些急性疾病会突然发生并在短时间内造成严重后果。相比将所有数据计算都交由云端进行处理，限制数十亿个物联网设备通过云平台为数据中转站进行通信交互，雾计算允许计算服务驻留在网络边缘端，减少带宽和时延。

近年来，神经网络（NN，Neural Network）[93]作为一种具有高决策率的数据挖掘工具，被广泛应用于CDSS的各种疾病预测[94-95]。然而，它面临着一些信息隐私挑战。在疾病预测过程中，它需要避免将患者的敏感PHI信息泄露给未授权方，如果没有任何保护措施，患者将不愿意将PHI值外包给其他参与方进行决策[59,96]。此外，为了减少本地运行时间，健康服务提供商提供的分类模型也可以外包给云或雾节点服务器进行决策。由于分类模型被认为是健康服务提供商的私有资产，因此需要对分类模型参数提供保护。然而现有的密码系统大部分只能用来加密整数格式数据，执行一些简单的线性计算，这将影响分类结果的精度，甚至可能导致错误的诊断。因此，如何在不影响分类结果精度的前提下实现安全诊断是一个具有挑战性的问题。

本节针对上述CDSS中存在的问题，介绍一种雾云计算环境下的混合隐私保护临床决策支持系统（HPCS，Hybrid Privacy-Preserving Clinical Decision Support System in Fog-Cloud Computing），主要解决以下问题。

（1）平衡实时和高精度的分类。HPCS 采用混合式架构（包括雾和云服务器）来平衡实时和高精度的疾病预测。雾服务器采用轻量级数据挖掘方法，负责对患者健康状况的实时监控。云服务器部署了一种复杂的数据挖掘方法，以避免雾服务器做出错误的决策。

（2）安全的数据存储和预测。HPCS允许患者将PHI信息外包至云端进行安全存储，同时，健康服务提供商将预测模型安全存储至云和雾服务器中。这些预测模型可以安全实时地诊断患者疾病，大大降低了本地计算量。

（3）安全的非线性函数处理。由于非线性函数是预测模型的关键组成部分，而HPCS可以隐私保护地执行任何非线性函数。

（4）支持迭代计算。为了支持无限制的迭代计算，HPCS 中的明文需要支持密文刷新属性，当明文长度达到上界时，HPCS 可以通过密文刷新缩减明文长度，使新生成的密文继续用于下一轮安全计算。

（5）易用性。保持患者与雾和云服务器之间的通信交互在最低限度，患者只需向服务器发送服务查询，并等待雾和云服务器在下一轮通信中返回决策结果。

3.5.2 准备工作

本节将使用神经网络的定义，概述基本密码原语和一些安全协议作为构建

HPCS 的基本模块。本节使用的一些关键符号如下。pk_i 和 sk_i 分别表示参与方 i 的公钥和私钥，$\mathrm{sk}^{(1)}$ 和 $\mathrm{sk}^{(2)}$ 表示私钥 sk 的 2 个部分私钥，$[\![x]\!]_{\mathrm{pk}_i}$ 表示使用公钥 pk_i 加密 x 生成的密文，$D_{\mathrm{sk}}(\cdot)$ 表示使用私钥 sk 的解密算法，$\mathrm{PD}_{\mathrm{sk}^{(1)}}(\cdot)$ 表示使用 $\mathrm{sk}^{(1)}$ 的部分解密步骤 1，$\mathrm{PD}_{\mathrm{sk}^{(2)}}(\cdot,\cdot)$ 表示使用 $\mathrm{sk}^{(2)}$ 的部分解密步骤 2，$\|x\|$ 表示 x 的位长度。为了便于阅读，如果所有密文都属于同一参与方 a，利用 $[\![x]\!]$ 代替密文 $[\![x]\!]_{\mathrm{pk}_a}$。

1. 基本密码原语

将基于门限解密的 Paillier 密码系统[9]作为 HPCS 的基本密码原语。

（1）密钥生成（KeyGen）。假定 k 为安全参数，p 和 q 是 2 个大素数，满足 $\|p\|=\|q\|=k$；然后计算 $N=pq$ 和 $\lambda=\dfrac{(p-1)(q-1)}{2}$，定义函数 $L(x)=\dfrac{x-1}{N}$，选择阶为 N 的生成元 g。与文献[10]一样，因为 $1+N$ 是一个 N 阶的元素，可以假定 $g=1+N$，公钥 $\mathrm{pk}=N$，会话私钥 $\mathrm{sk}=\lambda$。

（2）加密（Enc）。已知明文消息 $m\in\mathbb{Z}_N$，选择随机数 $r\in\mathbb{Z}_N^*$，可计算得到密文为

$$[\![m]\!]=g^m\cdot r^N \bmod N^2=(1+mN)\cdot r^N \bmod N^2$$

（3）解密（Dec）。已知密文 $[\![m]\!]$，使用私钥 $\mathrm{sk}=\lambda$，计算

$$[\![m]\!]^\lambda \bmod N^2=r^{\lambda N}(1+mN\lambda) \bmod N^2=(1+mN\lambda)$$

因为 $\gcd(\lambda,N)=1$，所以可以恢复明文 $m=L([\![m]\!]^\lambda \bmod N^2)\lambda^{-1} \bmod N$

（4）私钥分割（KeyS）。私钥 $\mathrm{sk}=\lambda$ 被随机分为两部分，记为 $\mathrm{sk}^{(1)}=\lambda_1$，$\mathrm{sk}^{(2)}=\lambda_2$，且同时满足 $\lambda_1+\lambda_2\equiv 0 \bmod \lambda$ 和 $\lambda_1+\lambda_2\equiv 1 \bmod N$。

（5）部分解密算法 1（PDec1）。已知密文 $[\![m]\!]$ 和部分私钥 $\mathrm{sk}^{(1)}=\lambda_1$，可计算得到部分解密密文 $\mathrm{CT}^{(1)}$ 为

$$\mathrm{CT}^{(1)}=[\![m]\!]^{\lambda_1}=r^{\lambda_1 N}(1+mN\lambda_1) \bmod N^2$$

（6）部分解密算法 2（PDec2）。已知密文 $\mathrm{CT}^{(1)}$ 和 $[\![m]\!]$，计算

$$\mathrm{CT}^{(2)}=[\![x]\!]^{\lambda_2}=r^{\lambda_2 N}(1+mN\lambda_2) \bmod N^2$$

$$T''=\mathrm{CT}^{(1)}\cdot\mathrm{CT}^{(2)} \bmod N^2$$

然后，计算得到明文 $m=L(T'')$。

（7）密文更新（CR）。已知密文 $[\![m]\!]$，CR 算法可以在不改变原始明文 m 的前提下，通过随机选择 $r\in\mathbb{Z}_N^*$ 刷新密文，并计算

$$[\![m]\!]'=[\![m]\!]\cdot r^N=(r\cdot r')^N(1+mN) \bmod N^2$$

注意，PCTD 具有加法同态性质，已知明文 $m_1, m_1 \in \mathbb{Z}_N$，满足 $D_{sk}([\![m_1]\!] \cdot [\![m_2]\!]) = m_1 + m_2$。

此外，已知密文 $[\![m]\!]$ 和明文 $a \in \mathbb{Z}_N$，满足 $[\![m]\!]^a = [\![a \cdot m]\!]$。

2. **基本构建模块**

假设下述子协议涉及 Alice 和 Bob 这 2 个参与方。注意，除非另有说明，否则参与子协议运算的 x 和 y 只是正整数、负整数或零，约束 x 和 y 的范围为 $[-R_1, R_1]$，其中 $[\![R_1]\!] < \frac{[\![N]\!]}{4} - 1$。①这里，只介绍 HPCS 中使用的 3 个基本协议[9]。

（1）安全乘法协议

已知 2 个加密数据 $[\![x]\!]$ 和 $[\![y]\!]$，SM 输出 $[\![x \cdot y]\!]$。

（2）安全比较协议

已知 2 个加密数据 $[\![x]\!]$ 和 $[\![y]\!]$，SCP 输出 $[\![u^*]\!]$，用于确定明文的大小关系，如果 $u^* = 0$，则 $x \geqslant y$；否则 $x < y$。

（3）安全除法协议

已知加密分子 $[\![y]\!]$ 和加密分母 $[\![x]\!]$，SDIV 输出加密商 $[\![q]\!]$ 和加密余数 $[\![r]\!]$，满足 $y = q \cdot x + r (y \geqslant x \geqslant 0)$。

3.5.3 系统模型和隐私需求

1. **系统模型**

在 HPCS 中，系统包含 7 个参与方，分别为密钥生成中心、云存储中心（CSC，Cloud Storage Center）、全局计算服务提供商（GSP，Global Computation Service Provider）、本地计算服务提供商（LSP，Local Computation Service Provider）、雾服务器（FS，Fog Server）、健康服务提供商（HP，Health Service Provider）和受监控患者（MP，Monitored Patient），如图 3-21 所示。

（1）可信 KGC 是系统不可或缺的实体，负责分发和管理系统中所有的公钥和私钥。

（2）HP 可以是一家公司或一家医院，根据患者症状提供各种疾病风险预测模型，并将预测模型外包给 CSC 或 FS 进行安全存储。

（3）MP 包含一些症状数据（如心率、体重等），这些数据是由智能传感器设

① PCTD 中的明文范围为 $[0, N-1]$，且是模 N 的，$[-R_1, 0]$ 用 $[N-R_1, N]$ 表示。

备收集或由患者自己直接提供的，用于疾病风险监测，被加密后转发给 FS。

（4）CSC 负责长期存储和管理来自系统中所有注册方的外包数据，并能够对加密数据执行特定计算。

（5）FS 具有受限的数据存储资源，提供短期的存储空间，并为所有本地用户提供存储转发机制。此外，FS 也能够对加密数据执行一些特定计算。

（6）GSP 为系统各参与方提供在线计算服务，如加密数据上的明文乘法。此外，GSP 还可以部分解密密文，对解密后的数据执行某些计算，然后对计算结果重新加密。

（7）LSP 与 FS 相连，负责为所有本地参与方提供在线计算服务。

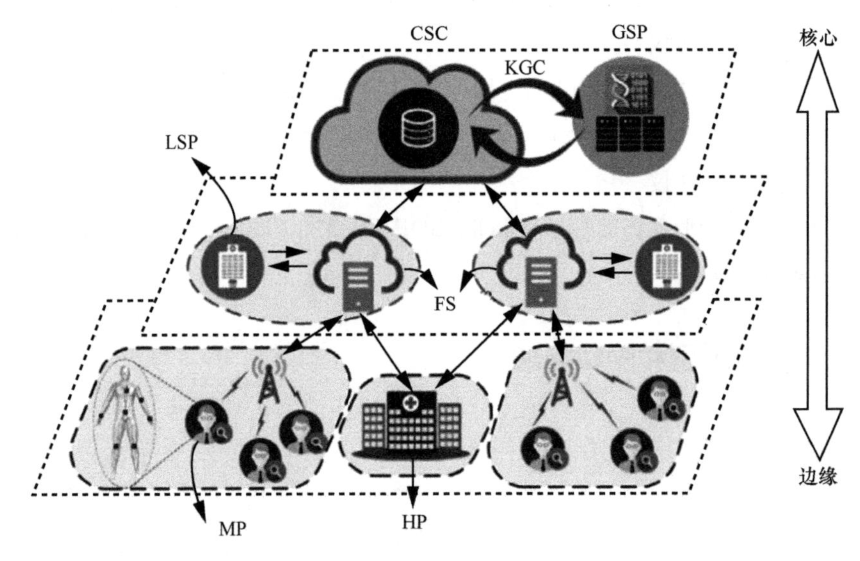

图 3-21　HPCS 系统模型

2. 攻击模型

在攻击模型中，CSC、FS、GSP 和 LSP 均为好奇而诚实的参与方，它们严格遵守协议，但也对 HP 和 MP 拥有的数据感兴趣。因此，在模型中引入主动敌手 $\mathcal{A}^*$，具有以下功能。

（1）$\mathcal{A}^*$ 可能通过窃听所有通信链路以获取传输的加密数据。

（2）$\mathcal{A}^*$ 可能会破坏 CSC 或 FS，获取使用攻击者 HP 公钥加密的所有密文和 GSP 或 LSP 通过执行交互式协议发送的所有密文，并试图猜测对应的明文值。

（3）$\mathcal{A}^*$ 可能破坏 GSP 或 LSP，获取 CSC 或 FS 通过执行交互式协议发送的所有密文，并试图猜测对应的明文值。

但是，对 $\mathcal{A}^*$ 有所约束，不能出现以下情况：①同时破坏 CSC 和 GSP，②同时破坏 FS 和 LSP，③破坏攻击者 HP，④破坏攻击者 MP。注意到，这种约束在加密协议的敌手模型中是十分典型的（详见文献[49,97]中描述的敌手模型）。

3.5.4　HPCS 构建

本节介绍如何构建 HPCS，从而实现隐私保护的疾病预测。

1．HPCS 处理阶段

为了自动实现隐私保护、高精度、快速的疾病诊断，HPCS 可以分为以下 3 个阶段，其工作流程如图 3-22 所示。

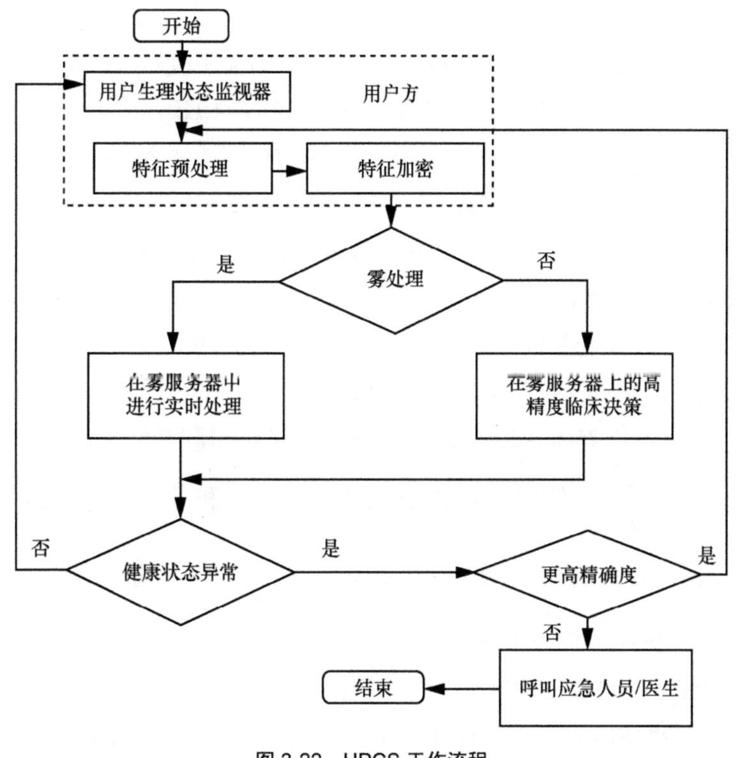

图 3-22　HPCS 工作流程

（1）用户生理状态监测与处理。利用人体传感器或健康监测设备采集 MP 的 PHI，这些数据由 MP 进行规范化和加密处理，然后上传至雾服务器。

（2）雾服务器端的实时处理。接收到加密的生理数据后，如果 MP 需要高精度的决策结果，那么 FS 将加密数据转发给 CSC 进行处理；否则 FS 采用轻量级数据挖掘方法，例如单层神经网络（SLNN，Single-Layer Neural Network）来实现隐私保护的实时健康状态监控和处理。

（3）云服务器端的高精度临床决策。接收到加密的生理数据后，CSC 采用更加专业的数据挖掘方法，例如云环境下的多层神经网络（MLNN，Multiple-Layer Neural Network）来实现高精度的疾病预测。经过计算，将最终的加密决策结果发送给 HP 进行解密。如果决策结果异常，那么 HP 要求 CSC 提供更加准确的预测结果；否则呼叫医生采取急救措施。

2. MP 的预处理

MP 的症状数据由智能可穿戴设备采集（如身体传感器可用来监测 MP 的心率和血压等），然后将采集到的数据发送至 MP 的智能手机。此外，MP 的症状数据也可以直接由 MP 提供，如患者的身高和体重等。智能手机对这些数据进行预处理和加密。为了加密非数值型数据，使用统一码将每个字符编码为 8 bit 或 16 bit 整数，然后使用 PCTD 对整数编码进行加密。然而，PCTD 只能加密整数格式数据，存储非整数格式数据十分困难。为了解决这个问题，采用 2 种编码方法来规范化非整数格式数据：①近似展开（A&E，Approximation and Expansion）法，②变换（TRF，Transformation）法。A&E 法简单易行，利用相同整数扩展非整数（例如，将所有数据乘以 10^k，其中 k 为整数），然后将小数点后的数四舍五入，从而得到扩展后的整数数据。例如，将−0.251 和 4.257 均与 100 相乘，四舍五入得到−25 和 426，使用 HP 的公钥加密整数−25 和 426，分别存储为 $[\![N-25]\!]$ 和 $[\![426]\!]$。TRF 法是将小数 k 变换为分数格式 $\frac{k^{\uparrow}}{k^{\downarrow}}$，使用 HP 的公钥分别对分子和分母进行加密，存储为 $\langle k \rangle = ([\![k^{\uparrow}]\!],[\![k^{\downarrow}]\!])$。例如，−0.25 可以表示为 $-\frac{1}{4}=\frac{k^{\uparrow}}{k^{\downarrow}}$，分别加密 $k^{\uparrow}$ 和 $k^{\downarrow}$ 为 $[\![k^{\uparrow}]\!]=[\![1]\!]^{N-1}=[\![-1]\!]$ 和 $[\![k^{\downarrow}]\!]=[4]$。

编码方法的选择规则是依据如何处理数据。当需要实时处理数据时，选择 A&E 法；当需要高精度临床决策时，选择 TRF 法。预处理完成后，MP 加密症状数据，并将密文发送至 FS 进行后续处理。

3. 雾服务器中的实时处理

接收到 MP 的加密症状数据后，FS 需要识别预处理阶段处理非整数数据的编码方法[①]。如果使用 TRF 方法，则 FS 直接将密文转发给 CSC 进行存储；如果使用 A&E 方法，则 FS 联合 LSP 交互处理加密数据。下面介绍如何在雾环境下实现实时疾病预测。

雾环境下用于临床预测的单层神经网络。在雾环境中，选择轻量级数据分类模型单层神经网络，如果 $\boldsymbol{w}_i \cdot \boldsymbol{x} \geqslant b_i$，将 c（为 0 或 1）赋值给 o_i；否则，将 $\overline{c}=1-c$ 赋值给 o_i，其中 $i=1,\cdots,\delta_1$。w_i 和 b_i 由 HP 产生，将其加密后外包给 FS 进行存储[②]。

已知密文 $[\![x]\!]=([\![x_1]\!],\cdots,[\![x_{\delta_1}]\!])$，FS 执行如下：对于每个输出节点 o_i（$i=1,\cdots,\delta_2$），①利用加密向量 $[\![w_i]\!]=([\![w_{i,1}]\!],\cdots,[\![w_{i,\delta_1}]\!])$ 计算 $[\![w_i \cdot x]\!]$；②比较密文 $[\![w_i \cdot x]\!]$ 和 $[\![b_i]\!]$ 对应明文的大小关系，获得密文结果 $[\![o_i]\!]$ 并发送给 MP，如图 3-23 所示。

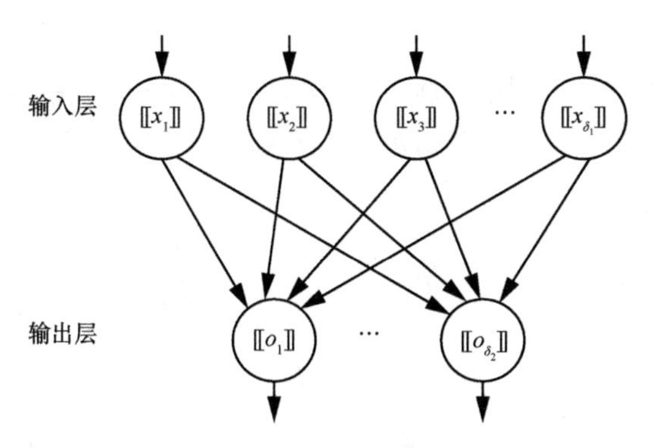

图 3-23　雾环境下的安全单层神经网络

为了实现加密向量的内积计算，执行如下：①对于每个 i 和 j，利用 $\mathrm{SM}([\![w_{i,j}]\!];[\![x_j]\!])$ 协议计算 $[\![w_{i,j}x_j]\!]$；②计算 $\prod_{i=1}^{\delta_2}[\![w_{i,j}x_j]\!]=[\sum_{i=1}^{\delta_2}w_{i,j}x_j]=[\![w_i \cdot x]\!]$。然而，这种解决方案需要运行 SM 协议 δ_2 次（δ_2 轮通信开销）。这里，提出另一种解决方案，称为安全外包内积（SOIP，Secure Outsourced Inner-Product）协议，可以在单轮通信内实现密文上的内积计算，如图 3-24 所示。

① 根据密文的格式很容易确定编码方法，即使用 A&E 方法生成一个密文，使用 TRF 方法生成 2 个密文。

② 具体而言，如果需要一个输出节点，那么分类决策只需要使用 $([\![w_1]\!],\cdots,[\![w_{\delta_1}]\!]),[\![b]\!]$。

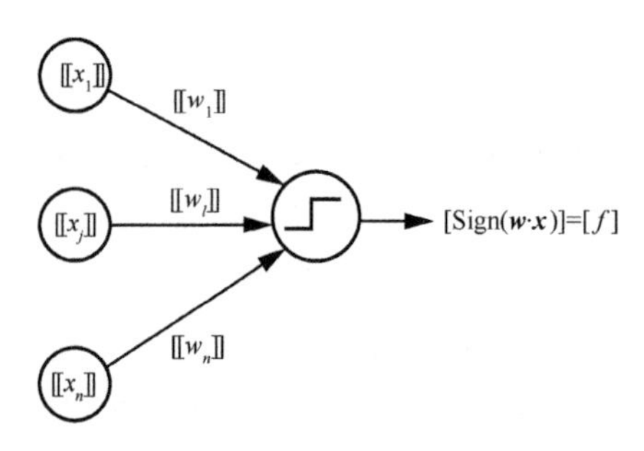

图 3-24　SOIP 协议示意

已知 2 个加密向量 $([\![x_1]\!],\cdots,[\![x_n]\!])$ 和 $([\![y_1]\!],\cdots,[\![y_n]\!])$，SOIP 协议目的是计算 $[\![I]\!]$ 和 $I=\sum_{i=1}^{n}y_i\cdot x_i$，具体步骤如下。

步骤 1（@ FS）。选择 $2n$ 个随机数 $r_{x_i},r_{y_i}\in\mathbb{Z}_N$，计算 $X_i=[\![x_i]\!]\cdot[\![r_{x_i}]\!]$; $Y_i=[\![y_i]\!]\cdot[\![y_{x_i}]\!]$ 和 $X_i'=\mathrm{PD}_{\mathrm{sk}^{(1)}}(X_i);Y_i'=\mathrm{PD}_{\mathrm{sk}^{(1)}}(Y_i)$，然后发送 X_i,Y_i,X_i',Y_i' 给 LSP。

步骤 2（@ LSP）。利用 PDec2 算法加密 X_i 和 Y_i，分别得到 x_i' 和 y_i'，计算 $h=\sum_i x_i'\cdot y_i'$，然后使用公钥 pk 加密 h（记 $H=[\![h]\!]$），并发送密文 H 给 FS。显然，$h=\sum_i(x_i+r_{x_i})(y_i+r_{y_i})$。

步骤 3（@ FS）。计算 $S_1=\prod_i[r_{x_i}\cdot r_{y_i}]^{N-1}$、$S_2=\prod_i[x_i]^{N-r_{y_i}}$ 和 $S_3=\prod_i[y_i]^{N-r_{x_i}}$，最终密文结果为

$$[\![I]\!]=H\cdot S_1\cdot S_2\cdot S_3=[h-\sum_i(r_{y_i}\cdot x_i+r_{x_i}\cdot y_i+r_{x_i}\cdot r_{y_i})]=[\![\sum_i x_i\cdot y_i]\!]$$

4. 云服务器中的高精度细粒度临床决策

为了实现高精度的疾病预测，GSP 采用一种安全专业的分类方法，如前馈型多层神经网络，其至少包含一层隐藏层。与雾环境下的轻量级分类器不同，该方法将连接权重和偏差项存储为分数格式，以保证疾病分类的精度。因此，可以采用 TRF 法将非整数格式数据变换为分数格式数据，分别加密分子和分母来保护权重和偏差项。为了实现实时外包分数计算，可以简单构造基本的加密分数运算（如安全分数加法、安全分数乘法等）[49]。下面介绍 4 种基本的安全分数运算。

安全外包分数加法（SFA，Secure Outsourced Fraction Addition）。已知 2 个加密分数 $([\![x^{\uparrow}]\!],[\![x^{\downarrow}]\!])$ 和 $([\![y^{\uparrow}]\!],[\![y^{\downarrow}]\!])$，分数加法结果为 $([\![z^{\uparrow}]\!],[\![z^{\downarrow}]\!])$，满足 $\frac{z^{\uparrow}}{z^{\downarrow}}=\frac{x^{\uparrow}}{x^{\downarrow}}+\frac{y^{\uparrow}}{y^{\downarrow}}$，计算如下

$$[\![k_1]\!] \leftarrow \mathrm{SM}([\![x^{\uparrow}]\!],[\![y^{\downarrow}]\!]);[\![k_2]\!] \leftarrow \mathrm{SM}([\![x^{\downarrow}]\!],[\![y^{\uparrow}]\!]);[\![z^{\uparrow}]\!] = [\![k_1]\!]\cdot[\![k_2]\!];[\![z^{\downarrow}]\!] \leftarrow \mathrm{SM}([\![x^{\downarrow}]\!]\cdot[\![y^{\downarrow}]\!])$$

安全外包分数乘法（SFM，Secure Outsourced Fraction Multiplication）。已知 2 个加密分数$([\![x^{\uparrow}]\!],[\![x^{\downarrow}]\!])$和$([\![y^{\uparrow}]\!],[\![y^{\downarrow}]\!])$，分数乘法结果为$([\![z^{\uparrow}]\!],[\![z^{\downarrow}]\!])$，满足$\frac{z^{\uparrow}}{z^{\downarrow}}=\frac{x^{\uparrow}}{x^{\downarrow}}\cdot\frac{y^{\uparrow}}{y^{\downarrow}}$，计算如下

$$[\![z^{\uparrow}]\!] \leftarrow \mathrm{SM}([\![x^{\uparrow}]\!],[\![y^{\uparrow}]\!]);[\![z^{\downarrow}]\!] \leftarrow \mathrm{SM}([\![x^{\downarrow}]\!],[\![y^{\downarrow}]\!])$$

安全外包分数比较（SFC，Secure Outsourced Fraction Comparison）。已知 2 个加密分数$([\![x^{\uparrow}]\!],[\![x^{\downarrow}]\!])$和$([\![y^{\uparrow}]\!],[\![y^{\downarrow}]\!])$，分数比较结果为$[\![u]\!]$，计算如下

$$[\![k_1]\!] \leftarrow \mathrm{RSM}([\![x^{\uparrow}]\!];[\![y^{\downarrow}]\!]);[\![k_2]\!] \leftarrow \mathrm{RSM}([\![y^{\uparrow}]\!];[\![x^{\downarrow}]\!]);[u] \leftarrow \mathrm{SCP}([\![k_1]\!],[\![k_2]\!])$$

如果$u=0$，则$x \geqslant y$；如果$u=1$，则$x<y$。

已知模数N的安全外包分数减法（SFP，Secure Outsourced Fraction Subtraction with One Public Element）。已知 2 个加密分数$([\![x^{\uparrow}]\!],[\![x^{\downarrow}]\!])$和$([\![y^{\uparrow}]\!],[\![y^{\downarrow}]\!])$，分数减法结果为$([\![z^{\uparrow}]\!],[\![z^{\downarrow}]\!])$，满足$\frac{z^{\uparrow}}{z^{\downarrow}}=\frac{x^{\uparrow}}{x^{\downarrow}}-\frac{y^{\uparrow}}{y^{\downarrow}}$，计算如下

$$[\![z^{\uparrow}]\!]=[\![x^{\uparrow}]\!]^{y^{\downarrow}}\cdot[\![x^{\downarrow}]\!]^{N-y^{\uparrow}},[\![z^{\downarrow}]\!]=[\![x^{\downarrow}]\!]^{y^{\downarrow}}$$

如何计算非线性激活函数是实现神经网络的主要障碍。例如，计算 Sigmoid 函数$g(x)=\frac{1}{1+\mathrm{e}^{-\eta x}}$和双曲正切函数$g(x)=\frac{\mathrm{e}^{x}-\mathrm{e}^{-x}}{\mathrm{e}^{x}+\mathrm{e}^{-x}}$等。一种直观的想法是利用泰勒级数来近似计算非线性函数，然而，泰勒级数展开式不适用于隐私保护外包计算。首先，级数的变化形式与自变量有关。例如，指数函数e^x在$x=c$处的泰勒级数展开式为$\sum_{i=0}^{\infty}\frac{\mathrm{e}^{c}}{i!}(x-c)^{i}$，而在$x=0$处的展开式为$1+x+\frac{x^2}{2}+\frac{x^3}{6}+\frac{x^4}{24}+\cdots=\sum_{i=0}^{\infty}\frac{x^{i}}{i!}$，称为麦克劳林级数。如果$c$被加密，那么 CSC 不能计算出$\mathrm{e}^c$，继而不能得到激活函数输出。

此外，不能直接使用麦克劳林级数计算激活函数，这是因为如果x_0和 0 有显著差异，就会导致计算结果错误。例如，使用麦克劳林级数展开e^x至 9 阶，输出结果为 10 087；如果e^x在$x=10$处展开，则输出结果为 22 026。图 3-25（a）中显示了双曲正切函数的值，以及利用分段函数和五阶麦克劳林级数的近似值，图 3-25（b）显示了双曲正切函数值与近似值之间的误差，可以得出结论，分段函数比麦克劳林/泰勒级数更适合外包计算。通过以上讨论，选择分段多项式曲

线 $f(x)$ 来近似计算非线性函数。假设 $f(x)$ 包含 z 个区间，每个区间 i 包含一个 k 阶多项式 $f_i(x)=\alpha_{i,k}x^k+\cdots+\alpha_{i,1}x+\alpha_{i,0}(i=1,\cdots,z)$。接下来，将设计隐私保护分段多项式函数计算（PPFC，Privacy-Preserving Piecewise Polynomial Function Calculation）协议，它可以安全地计算函数 $f(x)$，而不会泄露输入值、分段多项式函数输出和最终函数输出。

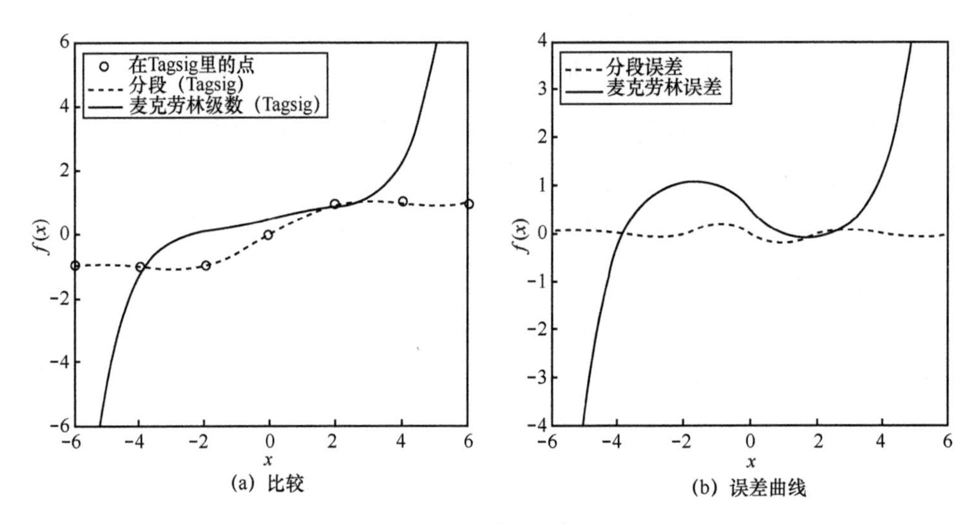

图 3-25　曲线比较

（1）PPFC 协议

已知密文 $\langle x_0\rangle$ 和加密分段函数 $\langle f(\cdot)\rangle$（加密系数 $\alpha_{i,k},\cdots,\alpha_{i,1}$，加密分段间隔 p_{i-1} 和 p_i），PPFC 协议的目的是计算 $\langle f(x_0)\rangle$，执行如下

$$f(x)=\begin{cases}f_1(x)=\alpha_{1,k}x^k+\cdots+\alpha_{1,1}x+\alpha_{1,0},x\geqslant p_1\\ f_2(x)=\alpha_{2,k}x^k+\cdots+\alpha_{2,1}x+\alpha_{2,0},p_2\leqslant x<p_1\\ \qquad\vdots\\ f_z(x)=\alpha_{z,k}x^k+\cdots+\alpha_{z,1}x+\alpha_{z,0},x<q_{z-1}\end{cases}$$

步骤 1

① 利用 SFM 协议计算密文 $\langle {x_0}^2\rangle,\cdots,\langle {x_0}^k\rangle$，例如，运行 $\text{SFM}(\langle x_0\rangle;\langle x_0\rangle)$ 计算 $\langle {x_0}^2\rangle$。然后，初始化 $\langle h_i\rangle\leftarrow\langle\alpha_{i,0}\rangle$，其中 $i=1,\cdots,z$。

② 对于 $i=1,\cdots,z$ 和 $j=1,\cdots,k$，计算 $\langle A_{i,j}\rangle\leftarrow\text{SFM}(\langle\alpha_{i,j}\rangle;\langle x^j\rangle)$ 和 $\langle h_i\rangle\leftarrow\text{SFA}(\langle h_i\rangle;\langle A_{i,j}\rangle)$。显然可验证 $\langle h_i\rangle=\langle\alpha_{i,k}x_0^k+\cdots+\alpha_{i,1}x_0+\alpha_{i,0}\rangle$。

步骤 2　初始化$[\![\gamma_0]\!]=[\![1]\!]$和$[\![\gamma_z]\!]=[\![0]\!]$，对于$i=1,\cdots,z$，执行①～④。

① 计算$[\![\gamma_i]\!]\leftarrow \mathrm{SRC}(\langle x_0\rangle;\langle p_i\rangle)$和$[\![\overline{\gamma}_i]\!]=[\![1]\!]\cdot([\![\gamma_i]\!])^{N-1}$；

② 利用 SM 协议计算$[\![\overline{\gamma}_i\cdot\gamma_{i-1}]\!]$和$[\![\overline{\gamma}_i\cdot\gamma_{i-1}]\!]$；

③ 计算$[\![\gamma_i\oplus\gamma_{i-1}]\!]=[\![\overline{\gamma}_i\cdot\gamma_{i-1}]\!]\cdot[\![\gamma_i\cdot\overline{\gamma}_{i-1}]\!]$；

④ 计算$(\gamma_i\oplus\gamma_{i-1})(f_i(x_0))$，满足$(\gamma_i\oplus\gamma_{i-1})(f_i(x_0))=\dfrac{[\![(\gamma_i\oplus\gamma_{i-1})\cdot f_i(x_0)^{\uparrow}]\!]}{[\![(\gamma_i\oplus\gamma_{i-1})\cdot f_i(x_0)^{\downarrow}]\!]}$，计算如下

$$[\![(\gamma_i\oplus\gamma_{i-1})\cdot f_i(x_0)^{\uparrow}]\!]\leftarrow SM([\![\gamma_i\oplus\gamma_{i-1}]\!],[\![h_i^{\uparrow}]\!])$$

$$[\![(\gamma_i\oplus\gamma_{i-1})\cdot f_i(x_0)^{\downarrow}]\!]\leftarrow SM([\![\gamma_i\oplus\gamma_{i-1}]\!],[\![h_i^{\downarrow}]\!])$$

步骤 3（@ CSC）。

$$[\![f(x_0)^{\uparrow}]\!]=[\![\sum_{i=1}^{z}(\gamma_i\oplus\gamma_{i-1})f_i(x_0)^{\uparrow}]\!]=\prod_{i=1}^{z}(\gamma_i\oplus\gamma_{i-1})f_i(x_0)^{\uparrow}$$

$$[\![f(x_0)^{\downarrow}]\!]=\prod_{i=1}^{z}[\![(\gamma_i\oplus\gamma_{i-1})f_i(x_0)^{\downarrow}]\!]$$

增强 PPFC 协议。基于效率考虑，基本 PPFC 协议不保护以下 3 种信息：①子函数的最高阶 k；②子函数的个数 z；③子函数的间隔关系。在解决这些问题之前，将函数 $f_1(x)$ 的适用区间改变为 $p_1\leqslant x<p_0$，将函数 $f_z(x)$ 的适用区间改变为 $p_z\leqslant x<p_{z-1}$，其中，p_0 和 p_z 分别是明文域的上界和下界，满足$\|p_0\|=\dfrac{\|N\|}{4}$和 $p_z=N-p_0$。

为了保护函数的最高阶 k，最直接的解决方案是为原始子函数生成一个伪子函数，即将最高阶为$k'(k'>k)$的多项式$h_i(x)=\beta_{i,k'}x^{k'}+\cdots+\beta_{i,1}x+\beta_{i,0}$添加到原始子函数 $f_i(x)$ 中，其中 $\beta_{i,k'}=\cdots=\beta_{i,0}=0$。新生成的函数记为 $f_i'(x)=f_i(x)+h_i(x)=\gamma_{i,k'}x^{k'}+\cdots+\gamma_{i,1}x+\gamma_{i,0}$，如果$k<j<k'$，那么令$\gamma_{i,j}=\beta_{i,j}$；如果$0\leqslant j\leqslant k$，那么令$\gamma_{i,j}=\alpha_{i,j}+\beta_{i,j}$。为了保护子函数的个数 z，可以将一些最高阶为 k' 的伪多项式 $f_c'(x)(c=z+1,\cdots,z')$ 添加到分段函数 $f(x)$ 中，其中，$f_c'(x)=\gamma_{c,k'}x^{k'}+\cdots+\gamma_{c,1}x+\gamma_{c,0}$，$p_c=p_{c-1}$，$\gamma_{c,k'}=\cdots=\gamma_{c,0}=0$。为了保护子函数的间隔关系，采用置换 π 来混淆子函数，原始顺序的子函数 $f_1'(x),\cdots,f_{z'}'(x)$ 可以重新排列为 $f_{\pi(1)}'(x),\cdots,f_{\pi(z')}'(x)$，其中，$f_{\pi(\zeta)}'(x)=\gamma_{\pi(\zeta),k'}x^{k'}+\cdots+\gamma_{\pi(\zeta),1}x+\gamma_{\pi(\zeta),0}$ 的适用区间为 $p_{\pi(\zeta)}\leqslant x<p_{\pi(\zeta-1)}$，

$\zeta = 1,\cdots,z'$。

因此，可以利用新生成的分段函数构造增强 PPFC 协议，执行如下。

步骤 1 类似于基本 PPFC 协议的步骤 1，不同之处在于 $i = 1,\cdots,z'$，$j = 1,\cdots,k'$。

步骤 2 对于 $i = 1,\cdots,z'$，执行①～④。

① $[\![\gamma_{\pi(i)}]\!] \leftarrow SRC(\langle x_0 \rangle;\langle p_{\pi(i)} \rangle),[\![\overline{\gamma}_{\pi(i)}]\!] = [\![1]\!]\cdot([\![\gamma_{\pi(i)}]\!])^{N-1}$

$$[\![\gamma_{\pi(i-1)}]\!] \leftarrow SRC(\langle x_0 \rangle;\langle p_{\pi(i-1)} \rangle),[\![\overline{\gamma}_{\pi(i-1)}]\!] = [\![1]\!]\cdot([\![\gamma_{\pi(i-1)}]\!])^{N-1}$$

② 利用 SM 协议计算 $[\![\overline{\gamma}_{\pi(i)}\cdot\gamma_{\pi(i-1)}]\!]$ 和 $[\![\gamma_{\pi(i)}\cdot\overline{\gamma}_{\pi(i-1)}]\!]$

③ 计算 $[\![\gamma_{\pi(i)}\oplus\gamma_{\pi(i-1)}]\!] = [\![\overline{\gamma}_{\pi(i)}\cdot\gamma_{\pi(i-1)}]\!]\cdot[\![\gamma_{\pi(i)}\cdot\overline{\gamma}_{\pi(i-1)}]\!]$

④ 计算 $\langle(\gamma_{\pi(i)}\oplus\gamma_{\pi(i-1)})(f_i(x_0))\rangle$，其中

$$[\![(\gamma_{\pi(i)}\oplus\gamma_{\pi(i-1)})\cdot f_{\pi(i)}(x_0)^{\uparrow}]\!] \leftarrow SM([\![\gamma_{\pi(i)}\oplus\gamma_{\pi(i-1)}]\!],[\![h^{\uparrow}_{\pi(i)}]\!])$$

$$[\![(\gamma_{\pi(i)}\oplus\gamma_{\pi(i-1)})\cdot f_{\pi(i)}(x_0)^{\downarrow}]\!] \leftarrow SM([\![\gamma_{\pi(i)}\oplus\gamma_{\pi(i-1)}]\!],[\![h^{\downarrow}_{\pi(i)}]\!])$$

步骤 3 类似于基本 PPFC 协议的步骤 3。

（2）构建隐私保护外包神经网络

为了实现安全存储，MLNN 中的连接权重 $W_{i,j}^{(l)}$、偏差项 $b_i^{(l)}$ 和激活函数 $f(\cdot)$ 应该安全地外包给 CSC 进行存储。采用 3.5.4 节中的数据格式转换方法，$W_{i,j}^{(l)}$ 和 $b_i^{(l)}$ 可以安全地外包给 CSC 进行存储。另外，HP 使用 3.5.4 节中的分段多项式函数来代替原始的非线性激活函数。系数 $\alpha_{i,k},\cdots,\alpha_{i,1}$ 以及分段函数的间隔边界 $p_{i-1,}$ 和 p_i 均使用 TRF 方法进行加密，然后外包给 CSC 进行存储[①]。外包 MLNN 的安全前向传播算法如算法 3.5 所示。

将 MP 的症状密文向量 $\langle x \rangle = (\langle x_1 \rangle,\cdots,\langle x_n \rangle)$ 作为外包 MLNN 的输入，记为 $(\langle a_1^{(1)} \rangle,\cdots,\langle a_{\delta_1}^{(1)} \rangle)$，算法从第 1 层递归执行至第 θ 层。根据偏差项 $b_i^{(l)}$ 和前一层（第 l 层）节点 $j(j = 1,\cdots,\delta_1)$ 的输出值 $a_i^{(l)}$，可以计算出第 $l+1$ 层节点 i 的输出值 $z_i^{(l+1)} = \sum_{j=1}^{n} W_{ij}^{(l)} a_j^{(l)} + b_i^{(l)}$（算法 3.5 的第 4）～8）行）。将 $z_i^{(l+1)}$ 作为激活函数的输入，计算 $a_i^{(l+1)} = f(z_i^{(l+1)})$，即利用基本 PPFC 协议以隐私保护的方式计算激活函数。最后，输出最终加密决策结果 $(\langle a_1^{(\theta+1)} \rangle,\cdots,\langle a_{\delta_{\theta+1}}^{(\theta+1)} \rangle)$。

① 这里，直接使用基本 PPFC 协议。如果使用增强 PPFC 协议，则需要伪函数、伪多项式和随机置换。

算法 3.5　外包多层神经网络的安全前向传播

输入　密文向量$\langle x\rangle = (\langle x_1\rangle,\cdots,\langle x_{\delta_1}\rangle)$,密文$\langle W_{i,j}^{(l)}\rangle$和$\langle b_i^{(l)}\rangle$

输出　加密决策结果$(\langle a_1^{(\theta+1)}\rangle,\cdots,\langle a_{\delta_{\theta+1}}^{(\theta+1)}\rangle)$

（1）令$(\langle a_1^{(1)}\rangle,\cdots,\langle a_{\delta_1}^{(1)}\rangle) = (\langle x_1\rangle,\cdots,\langle x_{\delta_1}\rangle)$

（2）for $l = 1,\cdots,\theta$ do

（3）　　for $i = 1,\cdots,\delta_{l+1}$ do

（4）　　　　初始化$\langle z_i^{(l+1)}\rangle = ([\![0]\!],[\![0]\!])$

（5）　　　　for $j = 1,\cdots,\delta_l$ do

（6）　　　　　　计算$\langle A_{i,j}^{(l)}\rangle \leftarrow \mathrm{SFM}(\langle W_{i,j}^{(l)}\rangle;\langle a_j^{(l)}\rangle)$

（7）　　　　　　计算$\langle z_i^{(l+1)}\rangle \leftarrow \mathrm{SFA}(\langle z_i^{(l+1)}\rangle;\langle A_{i,j}^{(l)}\rangle)$

　　　　　　end for

（8）　　　　计算$\langle z_i^{(l+1)}\rangle \leftarrow \mathrm{SFM}(\langle z_i^{(l+1)}\rangle;\langle b_i^{(l)}\rangle)$

（9）　　　　计算$\langle a_i^{(l+1)}\rangle \leftarrow \mathrm{PPFC}(\langle f(\cdot)\rangle;\langle z_i^{(l+1)}\rangle)$

　　　　end for

　　end for

（10）最终结果$(\langle a_1^{(\theta+1)}\rangle,\cdots,\langle a_{\delta_{\theta+1}}^{(\theta+1)}\rangle)$

3.5.5　高精度计算扩展

针对 MP 外包的 PHI 信息，HPCS 以隐私保护的方式选择实时监控或者高精度处理，然而在下述情况下，MLNN 可能会因为明文溢出问题输出错误的预测结果。①加密 PHI 的精度过高。当 MP 以高精度加密症状向量时，分子和分母显然需要更多的二进制位，然而在计算过程中，分子和分母的明文长度都不能超过系统参数$\frac{\|N\|}{4}-1$。②分段函数的精度过高。HPCS 方案利用分段函数近似计算原激活函数，影响其精度的因素主要为多项式函数的阶数、函数系数的精度和分段多项式子函数的个数。如果需要更高精度的系数、更高阶的子函数以及更多的分段子函数，那么有可能会出现溢出或下溢问题。例如，如果约束输入x_0的明文分子和分母以及系数$\alpha_{i,k},\cdots,\alpha_{i,1}$的二进制位长度不能超过$\frac{\|N\|}{10}$，则只能使用二阶多项式函数。③MLNN

的规模过大。如果隐藏层或隐藏节点过多，那么也可能会出现溢出或下溢问题，因为每次计算都会增加明文的比特长度。

为了保证外包 MLNN 的计算正确性，一种最直接的方法是使用文献[49]中的安全约分协议，安全约去分子和分母的最大公约数（GCD）。然而，如果分子和分母互素，则不能显著减少明文的位长。此外，约分后分子和分母的长度是不确定的，进而 CSC 不能确定该计算结果还能执行多少轮运算。因此，为了克服上述局限性，本节构建了隐私保护分数近似（PAX，Privacy-Preserving Fraction Approximation）协议，将原始分数近似为具有特定精度的新分数。例如，已知分数密文$[\![y]\!]=[\![\frac{23}{1\,009}]\!]$，要求将其四舍五入至小数点后两位。使用 PAX 协议，可以得到近似密文结果$[\![y]\!]=[\![\frac{2}{100}]\!]$。注意，当分子和分母的位长达到系统明文长度上界时，可以使用 PAX 协议显著缩减它们的位长。

1．安全符号位获取协议

已知整数密文$[\![x]\!]$，安全符号位获取（SSBA，Secure Symbol Bit Acquisition）协议的目的是输出密文$[\![s^*]\!]$和$[\![x^*]\!]$，且当$x \geqslant 0$时，使$x^*=x$，$s^*=1$；当$x<0$时，使$x^*=N-x$，$s^*=0$。SSBA 协议描述如下。

步骤 1（@CSC）。掷硬币决定$s \in \{0,1\}$，选择随机数r，满足$\|r\|<\frac{\|N\|}{4}$。如果$s=1$，则计算$[\![l]\!]=([\![x]\!]^2\cdot[\![1]\!])^r=[\![r(2x+1)]\!]$①；如果$s=0$，则计算$[\![l]\!]=([\![x]\!]^2\cdot[\![1]\!])^{N-r}=[\![-r(2x+1)]\!]$。然后，计算$L=\mathrm{PD}_{\mathrm{sk}^{(1)}}([\![l]\!])$，并发送密文$L$和$[\![l]\!]$给 GSP。

步骤 2（@ GSP）。部分解密$\mathrm{PD}_{\mathrm{sk}^{(2)}}(L;[\![l]\!])$得到明文结果$l$，如果$\|l\|<\frac{3}{8}\|N\|$，则令$u=1$；否则令$u=0$。然后，加密$u$并发送给 CSC。

步骤 3（@ CSC）。

（1）如果$s=1$，则计算$[\![s^*]\!]=\mathrm{CR}([\![u]\!])$；否则计算$[\![s^*]\!]=\mathrm{CR}([\![1]\!]\cdot[\![u]\!]^{N-1})$。

（2）计算$[\![x^*]\!]\leftarrow \mathrm{SM}([\![x]\!];[\![s^*]\!]^2\cdot([\![1]\!])^{N-1})$。

2．隐私保护最小分数选择协议

已知 2 个密文元组$(\langle a\rangle,\langle\theta_a\rangle)$和$(\langle b\rangle,\langle\theta_b\rangle)$，其中$a$和$b$用来进行比较，$\theta_a$和$\theta_b$表示它们的身份。隐私保护最小分数选择（PMIN，Privacy-Preserving Minimum

① 将x转化为$2x+1$，避免当$x=0$时，GSP 推测出x的值。

Fraction Selection）协议的目的是计算$(\langle c\rangle,\langle\theta_c\rangle)$，其中，$c$为$a$和$b$的最小值，$\theta_c$表示$c$的身份。这里，可以将 PMIN 协议表示为$(\langle c\rangle,\langle\theta\rangle)\leftarrow \text{PMIN}((\langle a\rangle, \langle\theta_a\rangle);(\langle b\rangle,\langle\theta_b\rangle))$。

步骤 1（@ CSC）。使用 SM 协议计算$[\![c_1]\!]\leftarrow \text{SM}([\![a^{\uparrow}]\!];[\![b^{\downarrow}]\!]);[\![c_2]\!]\leftarrow \text{SM}([\![a^{\uparrow}]\!];[\![b^{\downarrow}]\!])$，然后，随机抛硬币决定$s\in\{0,1\}$。如果$s=1$，则

$$C_1=[\![l]\!]=([\![c_1]\!]\cdot[\![c_2]\!]^{N-1})^{r_1};\ C_2=([\![b^{\uparrow}]\!]\cdot[\![a^{\uparrow}]\!]^{N-1})\cdot[\![r_2]\!];\ C_3=([\![b^{\downarrow}]\!]\cdot[\![a^{\downarrow}]\!]^{N-1})\cdot[\![r_3]\!]$$

$$C_4=([\![\theta_b^{\uparrow}]\!]\cdot[\![\theta_a^{\uparrow}]\!]^{N-1})\cdot[\![r_4]\!];\ C_5=([\![\theta_b^{\downarrow}]\!]\cdot[\![\theta_a^{\downarrow}]\!]^{N-1})\cdot[\![r_5]\!]$$

如果$s=0$，则

$$C_1=[\![l]\!]=([\![c_2]\!]\cdot[\![c_1]\!])^{r_1};C_2=([\![a^{\uparrow}]\!]\cdot[\![b^{\uparrow}]\!]^{N-1})\cdot[\![r_2]\!];C_3=([\![a^{\downarrow}]\!]\cdot[\![b^{\downarrow}]\!]^{N-1})\cdot[\![r_3]\!]$$

$$C_4=([\![\theta_a^{\uparrow}]\!]\cdot[\![\theta_b^{\uparrow}]\!]^{N-1})\cdot[\![r_4]\!];\ C_5=([\![\theta_a^{\downarrow}]\!]\cdot[\![\theta_b^{\downarrow}]\!]^{N-1})\cdot[\![r_5]\!]$$

最后，计算$C_1'=\text{PD}_{\text{sk}^{(1)}}(C_1)$，并将密文$C_1',C_2,C_3,C_4,C_5$发送给 GSP。

步骤 2（@GSP）。计算$\text{PD}_{\text{sk}^{(2)}}(C_1')$得到明文$l$，若$\|l\|>\frac{1}{2}\cdot\|N\|$，则令$u=0$, $D_2=[\![0]\!],D_3=[\![0]\!],D_4=[\![0]\!],D_5=[\![0]\!]$；否则令$u=1$，并计算$D_2=\text{CR}(C_2)$, $D_3=\text{CR}(C_3),D_4=\text{CR}(C_4),D_5=\text{CR}(C_5)$。然后加密$u$，并将密文$[\![u]\!],D_2,D_3,D_4,D_5$发送给 CSC。

步骤 3（@ CSC）。如果$s=1$，则

$$[\![c^{\uparrow}]\!]=[\![a^{\uparrow}]\!]\cdot D_2\cdot[\![u]\!]^{N-r_2};[\![c^{\downarrow}]\!]=[\![a^{\downarrow}]\!]\cdot D_3\cdot[\![u]\!]^{N-r_3}$$

$$[\![\theta_c^{\uparrow}]\!]=[\![\theta_a^{\uparrow}]\!]\cdot D_4\cdot[\![u]\!]^{N-4_4};[\![\theta_c^{\downarrow}]\!]=[\![\theta_a^{\downarrow}]\!]\cdot D_5\cdot[\![u]\!]^{N-4_5}$$

如果$s=0$，则

$$[\![c^{\uparrow}]\!]=[\![b^{\uparrow}]\!]\cdot D_2\cdot[\![u]\!]^{N-r_2};[\![c^{\downarrow}]\!]=[\![b^{\downarrow}]\!]\cdot D_3\cdot[\![u]\!]^{N-r_3}$$

$$[\![\theta_c^{\uparrow}]\!]=[\![\theta_b^{\uparrow}]\!]\cdot D_4\cdot[\![u]\!]^{N-4_4};[\![\theta_c^{\downarrow}]\!]=[\![\theta_b^{\downarrow}]\!]\cdot D_5\cdot[\![u]\!]^{N-4_5}$$

3. 隐私保护分数近似协议

已知加密分数$\langle\mu\rangle$，PAX 协议的目的是计算$\langle\tau\rangle$，τ是最接近μ的特定精度分数。假定μ是真分数，即$0\leqslant\mu^{\uparrow}\leqslant\mu^{\downarrow}$，PAX 协议描述如下。

步骤 1　$y_j=(y_j^{\uparrow},y_j^{\downarrow})$表示具有特定精度的分数。例如，如果系统想四舍五入至

小数点后一位，那么生成了 $y_0=0, y_1=\frac{1}{10}, \cdots, y_{10}=\frac{10}{10}$，然后将 $([\![\mu^{\uparrow}]\!], [\![\mu^{\downarrow}]\!])$ 和 $(y_j^{\uparrow}, y_j^{\downarrow})$ 作为 SFP 协议的输入，计算 $([\![p_j^{\uparrow}]\!], [\![p_j^{\downarrow}]\!]) \leftarrow \mathrm{SFP}(([\![\mu^{\uparrow}]\!], [\![\mu^{\downarrow}]\!]); (y_j^{\uparrow}, y_j^{\downarrow}))$。此外，利用 SSBA 协议计算 $([\![p_j^{*\uparrow}]\!], [\![s_j^{*}]\!]) \leftarrow \mathrm{SSBA}([\![p_j^{\uparrow}]\!])$，可将 $([\![p_j^{*\uparrow}]\!], [\![p_j^{\downarrow}]\!])$ 视为第 0 层 $([\![\gamma_{0,j}^{\uparrow}]\!], [\![\gamma_{0,j}^{\downarrow}]\!])$，其中 $y_{0,i}=y_i$。

步骤 2 迭代执行下述步骤，直到剩下 $(\langle\gamma_{\min}\rangle, \langle y_{\min}\rangle)$ 停止迭代，如图 3-26 所示。

（1）如果第 i 层的元组数量为偶数，则

$$(\langle\gamma_{i+1,j}\rangle, \langle y_{i+1,j}\rangle) \leftarrow P_{\min}((\langle\gamma_{i,2j}\rangle, \langle y_{i,2j}\rangle); (\langle\gamma_{i,2j+1}\rangle, \langle y_{i,2j+1}\rangle))$$

（2）如果第 i 层的元组数量为奇数，则将最后一个元组上移至第 $i+1$ 层，使第 i 层的元组数量为偶数，然后执行步骤 2(1)。

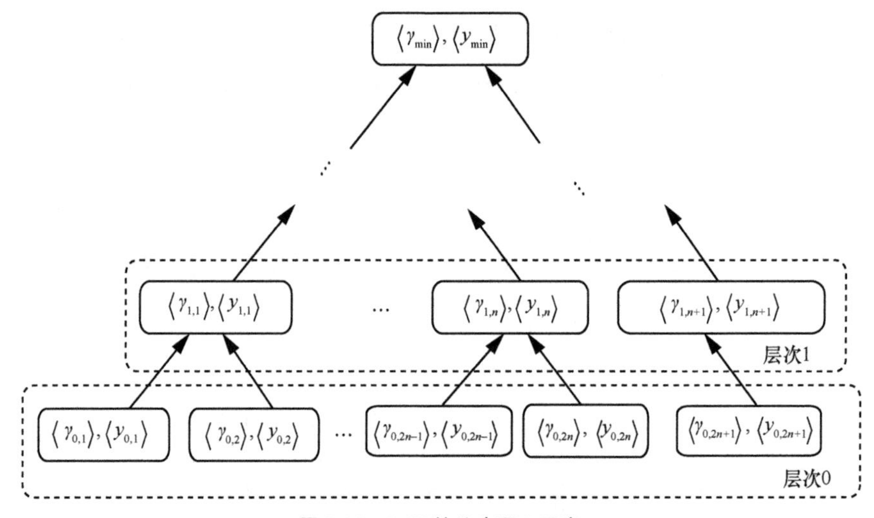

图 3-26 PAX 协议步骤 2 示意

增强 PAX 协议。这里，假定分子 $\mu^{\uparrow}$ 可以是正数、负数或零，构造过程如下。

步骤 0 将 μ 转化为正真分数 μ_0，满足 $\mu_0=\frac{\mu_0^{\uparrow}}{\mu_0^{\downarrow}}$ 和 $0 \leqslant \mu_0^{\uparrow} \leqslant \mu_0^{\downarrow}$。计算 $([\![s^*]\!], [\![u^{*\uparrow}]\!]) \leftarrow \mathrm{SSBA}([\![u^{\uparrow}]\!])$ 和 $([\![Q]\!], [\![R]\!]) \leftarrow \mathrm{SDIV}([\![u^{*\uparrow}]\!], [\![u^{\downarrow}]\!])$，其中，$Q$ 是商，R 是余数。最后，将 $([\![R]\!], [\![y^{\downarrow}]\!])$ 记为 $([\![\mu_0^{\uparrow}]\!], [\![\mu_0^{\downarrow}]\!])$，并作为步骤 2 的输入。

增强 PAX 协议的步骤 1 和步骤 2 与基本 PAX 协议的步骤 1 和步骤 2 类似。

步骤 3 利用密文 $[\![Q]\!], [\![s^*]\!], (\langle\gamma_{\min}\rangle, \langle y_{\min}\rangle)$ 计算 $[\![Q \cdot y_{\min}^{\downarrow}]\!] \leftarrow \mathrm{SM}([\![Q]\!]; [\![y_{\min}^{\downarrow}]\!])$ 和

$[\![s^*(y_{\min}^{\uparrow}+Qy_{\min}^{\downarrow})]\!] \leftarrow \mathrm{SM}([\![s^*]\!];(y_{\min}^{\uparrow}+Q\mu_{\min}^{\downarrow}))$，输出 $\langle\tau\rangle=([\![s^*(y_{\min}^{\uparrow}+Qy_{\min}^{\downarrow})]\!],[\![y_{\min}^{\downarrow}]\!])$。

下面利用一个简单实例证明增强 PAX 协议的正确性。假设输入 $\mu=-\frac{132}{109}$，运行 SSBA 协议得到 $s^*=N-1$ 和 $\mu^*=\frac{132}{109}$，运行 SDIV 协议得到 $Q=1,R=23$，继而得到正真分数 $\mu_0=\frac{23}{109}$。如果需要将分数 γ 四舍五入至小数点后一位，则利用 SFP 协议生成 $p_1=-\frac{121}{1\,090},p_2=-\frac{12}{1\,090},\cdots,p_{10}=-\frac{860}{1\,090}$，绝对值分别为 $\gamma_{0,1}=\frac{121}{1\,090}$，$\gamma_{0,2}=\frac{12}{1\,090}$，$\cdots,\gamma_{0,10}=\frac{860}{1\,090}$。然后，利用 $(\langle\gamma_{0,1}\rangle,\langle y_{0,1}\rangle),\cdots,(\langle\gamma_{0,10}\rangle,\langle y_{0,10}\rangle)$ 和最小值 $\gamma(\gamma_{\min}=\gamma_{0,2},y_{\min}=y_{0,2})$ 生成最小元组 $(\langle\gamma_{\min}\rangle,\langle y_{\min}\rangle)$，最终输出计算结果 $\langle\tau\rangle=([\![s^*(y_{\min}^{\uparrow}+Qy_{\min}^{\downarrow})]\!],[\![y^{\downarrow}{}_{\min}]\!])=([\![-12]\!],[\![10]\!])$。

需要说明的是，上述安全协议由 2 台非共谋服务器（CSC &GSP 或者 FS &LSP）执行，由于 PCTD 的加法同态性质，无法在单个服务器上执行任何同态运算。然而，现有的完全同态加密方案的效率低下。将来如果存在一种高效的 FHE 系统，那么可以将非共谋的计算辅助服务器从系统中移除。

3.5.6　安全性分析

本节将证明 HPCS 可以达到 3.5.3 节定义的安全级别。

1. PCTD 的安全性

定理 3.13　如果底层 Paillier 加密系统在语义上是安全的，那么 3.5.2 节中描述的 PCTD 在语义上也是安全的。

证明　PCTD 的安全性证明详见文献[49]。

2. 子协议的安全性

在安全模型中，针对非共谋的半可信敌手，协议可以实现理想的功能，而不会泄露隐私。简便起见，该场景涉及 6 个参与方：攻击者 MP（D_M）、HP（D_H）、CSC（S_1）、GSP（S_2）、FS（S_3）和 LSP（S_4），假定分别攻击 D_M,D_H,S_1,S_2,S_3 和 S_4 的敌手为 $\mathrm{Sim}=(\mathrm{Sim}_{D_M},\mathrm{Sim}_{D_H},\mathrm{Sim}_{S_1},\mathrm{Sim}_{S_2},\mathrm{Sim}_{S_3},\mathrm{Sim}_{S_4})$，构造 6 个独立的模拟器 $(\mathcal{A}_{D_M},\mathcal{A}_{D_H},\mathcal{A}_{S_1},\mathcal{A}_{S_2},\mathcal{A}_{S_3},\mathcal{A}_{S_4})$ 来抵抗攻击，一般情况的定义详见文献[19]。

定理 3.14　针对半可信（非共谋）敌手 $\mathcal{A}=(\mathcal{A}_{D_M},\mathcal{A}_{D_H},\mathcal{A}_{S_3},\mathcal{A}_{S_4})$，3.5.4 节描述

的 SOIP 协议可以安全计算输入明文向量的内积。

证明 Sim_{D_M} 收到 x_i 作为输入，模拟 $\mathcal{A}_{D_M}$ 如下。生成密文 $[\![x_i]\!]=\mathrm{Enc}(x_i)$ $(i=1,\cdots,n)$，然后返回给 $\mathcal{A}_{D_M}$，并输出 $\mathcal{A}_{D_M}$ 的整个视图。由于 PCTD 在语义上是安全的，因此 $\mathcal{A}_{D_M}$ 的视图在实际执行和理想执行中是不可区分的。

Sim_{D_H} 模拟 $\mathcal{A}_{D_H}$ 的过程类似于 Sim_{D_M}，输出密文 $[\![y_i]\!](i=1,\cdots,n)$。

Sim_{S_3} 模拟 $\mathcal{A}_{S_3}$ 如下。首先随机选择 $\hat{x}_i$ 和 $\hat{y}_i$ $(i=1,\cdots,n)$，运行 $\mathrm{Enc}(\cdot)$ 算法生成虚拟密文 $[\![\hat{x}_i]\!],[\![\hat{y}_i]\!]$，随机选择 $\hat{r}_{x_i},\hat{r}_{y_i}\in\mathbb{Z}_N$，计算 $\hat{X}_i$和$\hat{Y}_i$，然后运行 PDec1 算法计算 $\hat{X}_i',\hat{Y}_i'$。最后，Sim_{S_3} 将密文 $\hat{X}_i,\hat{Y}_i,\hat{X}_i',\hat{Y}_i'$ 发送给 $\mathcal{A}_{D_3}$，如果 $\mathcal{A}_{D_3}$ 回复⊥，则 Sim_{S_3} 回复⊥。

$\mathcal{A}_{S_3}$ 的视图包含它生成的密文。在实际执行和理想执行中，它收到输出的密文 $\hat{X}_i,\hat{Y}_i,\hat{X}_i',\hat{Y}_i'$。在实际执行中，由于 MP 和 HP 是可信的，且 PCTD 在语义上是安全的，可以保证 $\mathcal{A}_{S_3}$ 的视图在实际执行和理想执行中是不可区分的。

Sim_{S_4} 模拟 $\mathcal{A}_{S_4}$ 如下。随机选择 $\hat{h}$，运行 $\mathrm{Enc}(\cdot)$ 算法生成密文 $[\![\hat{h}]\!]$，并将密文结果发送给 $\mathcal{A}_{D_4}$。如果 $\mathcal{A}_{D_4}$ 回复⊥，则 Sim_{S_4} 回复⊥。

$\mathcal{A}_{S_4}$ 的视图包含它生成的密文。在实际执行和理想执行中，它收到输出的密文 $[\![\hat{h}]\!]$。在实际执行中，PCTD 的语义安全性可以保证 $\mathcal{A}_{S_4}$ 的视图在实际执行和理想执行中是不可区分的。

证毕。

定理 3.15 针对半可信(非共谋)敌手 $\mathcal{A}=(\mathcal{A}_{D_M},\mathcal{A}_{S_1},\mathcal{A}_{S_2})$，3.5.5 节描述的 SSBA 协议可以安全计算输入明文的符号和绝对值。

证明 Sim_{D_M} 收到 x 作为输入，模拟 $\mathcal{A}_{D_M}$ 如下。运行 $\mathrm{Enc}(x)$ 算法生成密文 $[\![x]\!]=\mathrm{Enc}(x)$，并将密文 $[\![x]\!]$ 发送给 $\mathcal{A}_{D_M}$，输出 $\mathcal{A}_{D_M}$ 的整个视图。

Sim_{S_1} 模拟 $\mathcal{A}_{S_1}$ 如下。首先，选择随机数 $\hat{x}$，运行 $\mathrm{Enc}(\cdot)$ 算法生成虚拟密文 $[\![\hat{x}]\!]$，随机选择 $\hat{r}\in\mathbb{Z}_N$，计算 $\hat{l}$ 和 $\hat{L}$。然后，随机选择 $\hat{s}^*\in\{0,1\}$，并对其加密生成密文 $[\![\hat{s}^*]\!]$，计算得到 $[\![\hat{s}^*]\!]^2\cdot[\![1]\!]^{N-1}$。将 $[\![x]\!]$和$[\![\hat{s}^*]\!]^2\cdot[\![1]\!]^{N-1}$ 作为 $\mathrm{Sim}_{S_1}^{(\mathrm{SM})}(\cdot,\cdot)$ 的输入，输出 $[\![x^*]\!]$。最后将密文 $[\![s^*]\!]$、$[\![x^*]\!]$ 以及 $\mathrm{Sim}_{S_1}^{(\mathrm{SM})}(\cdot,\cdot)$ 生成的中间密文发送给 $\mathcal{A}_{S_1}$，如果 $\mathcal{A}_{S_1}$ 回复⊥，则 Sim_{S_1} 回复⊥。

Sim_{S_2} 模拟 $\mathcal{A}_{S_2}$ 如下。随机选择 $\hat{u}$，运行 $\mathrm{Enc}(\cdot)$ 算法生成密文 $[\![\hat{u}]\!]$，并将密文发送给 $\mathcal{A}_{D_2}$。如果 $\mathcal{A}_{D_2}$ 回复⊥，则 Sim_{S_2} 回复⊥。

证毕。

针对半可信（非共谋）敌手 $\mathcal{A}=(\mathcal{A}_{D_m},\mathcal{A}_{D_H},\mathcal{A}_{S_1},\mathcal{A}_{S_2})$，SFA、SFM、SFC、PMIN、PAX 和 PPFC 协议的安全性证明类似于 SSBA 协议。不同的是，需要构造一个模拟器 Sim_{D_M} 来抵抗敌手 $\mathcal{A}_{D_H}$，构造过程类似于 Sim_{D_m}。

3. HPCS 的安全性

定理 3.16　针对半可信（非共谋）敌手 $\mathcal{A}=(\mathcal{A}_{D_m},\mathcal{A}_{D_H},\mathcal{A}_{S_3},\mathcal{A}_{S_4})$，HPCS 可以安全地实现实时预测。

证明　Sim_{D_m} 收到 $x_j(j=1,\cdots,\delta_1)$ 作为输入，并模拟 $\mathcal{A}_{D_m}$ 如下。运行 $\mathrm{Enc}(\cdot)$ 算法生成密文 $[\![x_j]\!]$，然后将密文 $[\![x_j]\!](j=1,\cdots,\delta_1)$ 发送给 $\mathcal{A}_{D_m}$，并输出 $\mathcal{A}_{D_m}$ 的整个视图。

Sim_{D_H} 的执行过程类似于 Sim_{D_m}，输出密文 $[\![w_{i,j}]\!]$ 和 $[\![b_i]\!](j=1,\cdots,\delta_1;i=1,\cdots,\delta_2)$。

Sim_{S_3} 模拟 $\mathcal{A}_{S_3}$ 如下。首先随机选择 $\hat{x}_j,\hat{w}_{i,j},b_i(i=1,\cdots,\delta_2;j=1,\cdots,\delta_1)$，运行 $\mathrm{Enc}(\cdot)$ 算法生成虚拟密文 $[\![\hat{x}_j]\!],[\![\hat{w}_{i,j}]\!],[\![\hat{b}_i]\!]$，将其作为 $\mathrm{Sim}_{S_3}^{(\mathrm{OSIP})}(\cdot,\cdot)$ 算法的输入，输出密文 $[\![\hat{x}_j\cdot\hat{w}_{i,j}]\!]$。然后，运行 $\mathrm{Sim}_{S_3}^{(\mathrm{SCP})}$ 算法生成密文 $[\![\hat{o}_i]\!]$，并将密文结果发送给 $\mathcal{A}_{S_3}$。如果 $\mathcal{A}_{S_3}$ 回复⊥，则 Sim_{S_3} 回复⊥。

Sim_{S_4} 的模拟过程类似于 Sim_{S_3}。

证毕。

定理 3.17　针对半可信（非共谋）敌手 $\mathcal{A}=(\mathcal{A}_{D_M},\mathcal{A}_{D_H},\mathcal{A}_{S_1},\mathcal{A}_{S_2})$，HPCS 可以安全地实现高精度预测。

证明　Sim_{D_M} 收到 $x_j(j=1,\cdots,\delta_1)$ 作为输入，模拟 $\mathcal{A}_{D_M}$ 如下。运行 $\mathrm{Enc}(x)$ 算法生成密文 $\langle x_j\rangle=([\![x_j^{\uparrow}]\!],[\![x_j^{\downarrow}]\!])$，并将密文 $\langle x_j\rangle$ 发送给 $\mathcal{A}_{D_M}$，输出 $\mathcal{A}_{D_M}$ 的整个视图。

Sim_{D_H} 的模拟过程类似于 Sim_{D_M}，输出密文 $\langle W_{i,j}^{(l)}\rangle$ 和 $\langle b_i^{(l)}\rangle(j=1,\cdots,\delta_1;i=1,\cdots,\delta_{l+1};l=1,\cdots,\theta)$。

Sim_{S_1} 模拟 $\mathcal{A}_{S_1}$ 如下。首先，随机选择 $(k=1,\cdots,\delta_1;j=1,\cdots,\delta_l;\ i=1,\cdots,\delta_{l+1};l=1,\cdots,\theta)$，运行 $\mathrm{Enc}(\cdot)$ 算法生成虚拟密文 $\langle\hat{x}_k\rangle,\langle\hat{W}_{i,j}^{(l)}\rangle,\langle\hat{b}_i^{(l)}\rangle$。然后，利用 $\mathrm{Sim}_{S_1}^{(\mathrm{SFM})}(\cdot,\cdot)$ 算法生成 $\langle\hat{A}_{i,j}^{(l)}\rangle$，利用 $\mathrm{Sim}_{S_1}^{(\mathrm{SFA})}(\cdot,\cdot)$ 算法生成 $\langle\hat{z}_{i,j}^{(l+1)}\rangle$，将 $b_j^{(l)}$ 与 $\hat{z}_{i,j}^{(l+1)}$ 相加，利用 $\mathrm{Sim}_{S_1}^{(\mathrm{PPFC})}(\cdot,\cdot)$ 算法生成 $\langle a_i^{(l+1)}\rangle$。模拟器从输入层递归计算至输出层，输出密文 $(\langle a_1^{(\theta+1)}\rangle,\cdots,\langle a_{\delta_{\theta+1}}^{(\theta+1)}\rangle)$。最后，$\mathrm{Sim}_{S_1}$ 将 $(\langle a_1^{(\theta+1)}\rangle,\cdots,\langle a_{\delta_{\theta+1}}^{(\theta+1)}\rangle)$ 和 $\mathrm{Sim}_{S_1}^{(\mathrm{SFM})},\mathrm{Sim}_{S_1}^{(\mathrm{SFA})},\mathrm{Sim}_{S_1}^{(\mathrm{PPFC})}$ 算法生成的中间密文发送给 $\mathcal{A}_{S_1}$。如果 $\mathcal{A}_{S_1}$ 回复⊥，Sim_{S_1} 回复⊥。

Sim_{S_2} 的模拟过程类似于 Sim_{S_1}。

证毕。

这里，将证明 HPCS 可以抵抗 3.5.3 节定义的主动敌手攻击。如果$\mathcal{A}^*$窃听 MP 和 FS 之间的传输链路，那么$\mathcal{A}^*$可以获得加密的原始明文和最终结果。此外，$\mathcal{A}^*$也可以通过窃听获取 FS 和 LSP 之间传输的密文结果（执行 RSM、SLT、SMMS、SEQ、SDIV、SGCD 和 SRF 协议获得）和 CSC 和 GSP 之间传输的密文结果（执行 SPA、SPM、PPFC 和 PAX 协议获得）。然而，这些数据在传输过程中是加密的，由于 PCTD 的语义安全性，$\mathcal{A}^*$在不知道攻击者 HP 私钥的情况下无法解密密文。假设$\mathcal{A}^*$已经破坏 CSC（或 FS）获得了攻击者 HP 的部分强私钥，但是$\mathcal{A}^*$无法恢复出攻击者 HP 的私钥来解密密文，因为私钥是通过 PCTD 的 KeyS 算法随机分割的。即使敌手$\mathcal{A}^*$破坏了 GSP（或 LSP），$\mathcal{A}^*$也无法获得有用的信息，因为所有协议使用了“盲化”明文[21]技术，即已知加密消息，使用 PCTD 的加法同态性质向明文添加随机消息，因此，原始明文被“盲化”了。综上所述，可以保证 HPCS 框架的安全性。

3.5.7 性能评估

本节介绍 HPCS 框架的性能分析，包含运行时间和通信开销的评估与分析。

1. **实验分析**

采用 Java 内置的自定义模拟器对 HPCS 框架的运行时间和通信开销进行评估，设置N为 1 024 bit，以达到 80 bit 的安全级别[49]。

（1）基本协议的性能

在 PC 测试机（3.6 GHz，8 核处理器，12 GB RAM 内存）上对影响基本协议性能的因素进行评估。首先，将 SOIP 协议与现有的 SM 协议进行比较，结果如图 3-27 所示。从图 3-27 可以看出，SOIP 和 SM 协议的运行时间和通信开销都随着向量长度的增加而增加，但是 SOIP 协议的效率更高。影响 PPFC 协议性能的因素有 2 个：子多项式的个数z和子多项式的次数k。从图 3-28 可以看出，基本 PPFC 协议的运行时间和通信开销都随着这 2 个因素的增加而增加，而增强 PPFC 协议的运行时间和通信开销几乎没有变化，这是因为增强 PPFC 协议在计算过程中使用了固定的z和k。

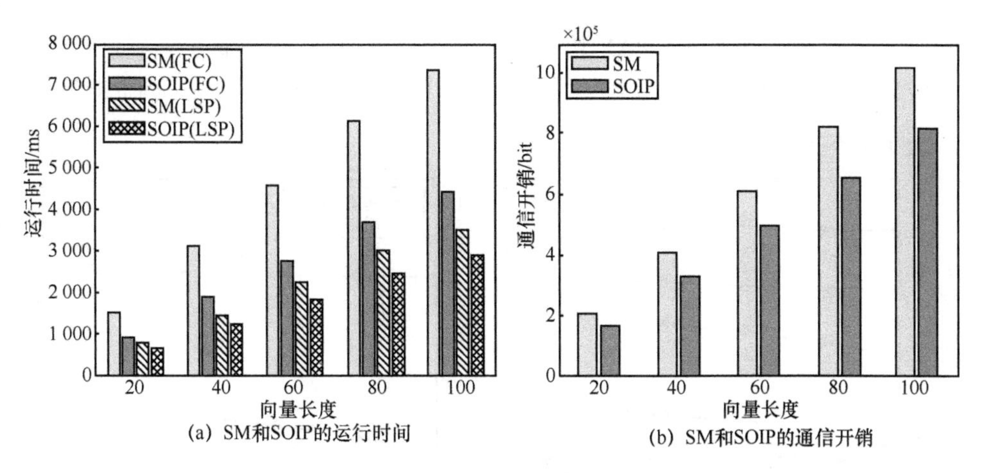

(a) SM和SOIP的运行时间　　(b) SM和SOIP的通信开销

图 3-27　SM 和 SOIP 的运行时间与通信开销

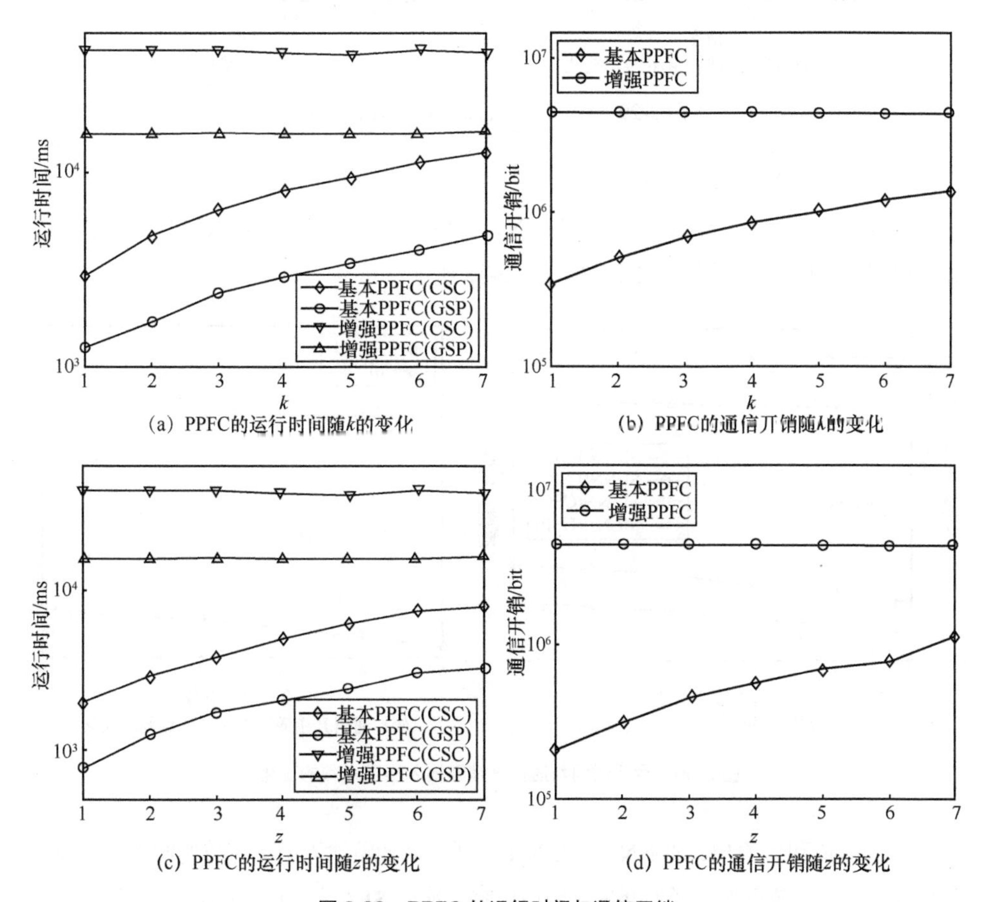

(a) PPFC的运行时间随k的变化　　(b) PPFC的通信开销随k的变化

(c) PPFC的运行时间随z的变化　　(d) PPFC的通信开销随z的变化

图 3-28　PPFC 的运行时间与通信开销

如图 3-29 所示，基本 PAX 协议和增强 PAX 协议的开销都随着精度的增加而增加（$y_j^{\downarrow}$为 10～20）。由于增强 PAX 协议使用了 SDIV 协议，因此其开销远高于基本 PAX 协议。

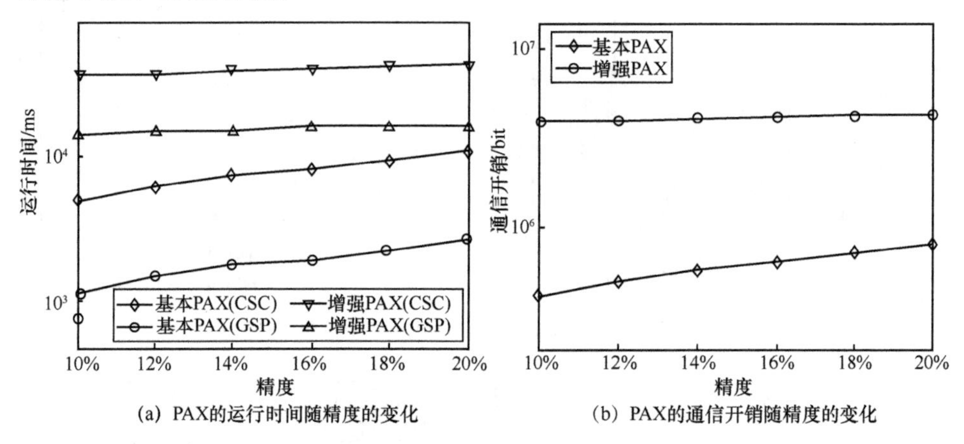

(a) PAX的运行时间随精度的变化　　(b) PAX的通信开销随精度的变化

图 3-29　PAX 的运行时间与通信开销

（2）隐私保护神经网络的性能

影响神经网络（包括 SLNN 和 MLNN）性能的因素有 3 个：输入层的节点数、隐藏层数和隐藏层的节点数，如图 3-30～图 3-32 所示。

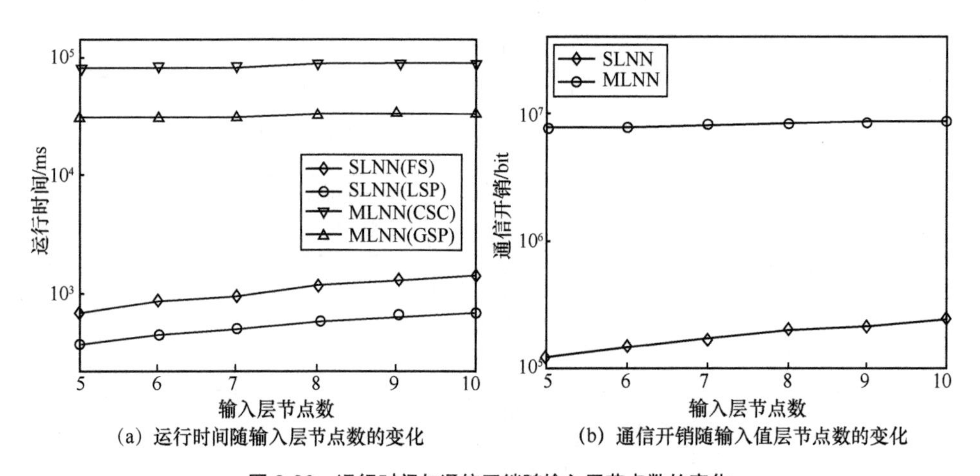

(a) 运行时间随输入层节点数的变化　　(b) 通信开销随输入值层节点数的变化

图 3-30　运行时间与通信开销随输入层节点数的变化

从图 3-30 可以看出，SLNN 和 MLNN 的开销都随着输入层节点数的增加而增加，这是因为输入层节点数的增加会导致使用更多轮次的 SFA 和 SFM 协议。从图 3-31 中可以看出，MLNN 的开销随着隐藏层数的增加而增加，而 SLNN 的开销基本不变，这是因为 SLNN 不包含隐藏层。从图 3-32 可以看出，MLNN 的开销随着隐藏层节点数的增加而增加，而 SLNN 的开销基本不变，这是因为隐藏层节点越多，需要执行更多轮次的 PPFC 协议，增加了 MLNN 的运行时间和通信开销，而 SLNN 不包含隐藏层，因此不需要执行 PPFC 协议。

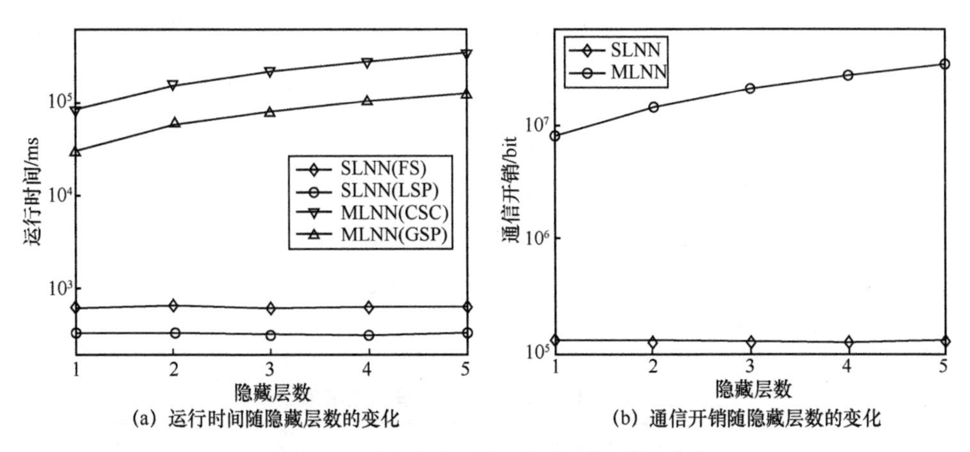

(a) 运行时间随隐藏层数的变化　　(b) 通信开销随隐藏层数的变化

图 3-31　运行时间与通信开销随隐藏层数的变化

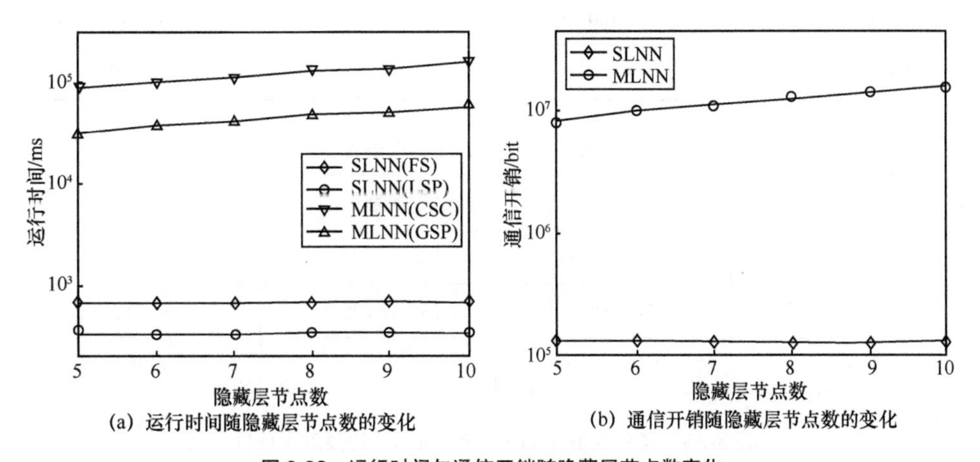

(a) 运行时间随隐藏层节点数的变化　　(b) 通信开销随隐藏层节点数的变化

图 3-32　运行时间与通信开销随隐藏层节点数变化

（3）真实数据集测试

使用 UCI 机器学习库中的真实数据集[82]测试 HPCS 框架的性能，该数据集包含 699 个实例，每个实例包含 9 个特征，每个特征值均在 1～10 之间。分类结果取 2 和 4（2 为良性，4 为恶性）。首先将每个特征值乘以 0.1，使特征值为[0, 1]，并将分类输出转化为 0 或 1，如果实例属于类别 1（良性），那么输出 0；如果实例属于类别 2（恶性），那么输出 1。HPCS 框架的效率测试结果如表 3-21 所示，准确性测试结果如表 3-22～表 3-24 所示。在测试中，SLNN 包含 9 个输入节点和一个输出节点，MLNN 的输入和输入节点数与 SLNN 相同，此外，MLNN 还包含一层 10 个节点的隐藏层。隐含层节点的激活函数为双曲正切函数，输出层节点的激活函数为 Softmax 函数 $\frac{1}{1+e^{-t}}$，仅使用基本 PPFC 协议进行测试。从表 3-21 可以看出，雾服务器的预测效率(总时间开销为 1.772 s)比云服务器的预测效率(总时间开销为 238.7 s)高 99.26%，而 SLNN 的预测准确性（表 3-22 中总体预测率为 96.1%）与 MLNN（表 3-24 中总体预测率为 97.4%）相比也是合理的。关于 MLNN，使用数据集来测试原始双曲正切函数和分段函数之间的错误率，如表 3-23 和表 3-24 所示。可以得出结论，使用分段函数近似计算原始双曲正切函数输出，并没有带来较多的总体错误率，错误率仅增加了 0.2%。

表 3-21　HPCS 框架的效率测试结果

诊断	CSC/FS 运行时间/s	GSP/LSP 运行时间/s	通信开销
SLNN（雾环境）	1.180	0.592	27.697 KB
MLNN （云环境）	175.5	63.2	1.994 MB

表 3-22　SLNN 的预测准确性

输出/决策	类别 1	类别 2	总准确率
类别 1	433（62.0%）	2（0.3%）	99.5%
类别 2	25（3.6%）	239（34.2%）	89.5%
总准确率	94.5%	99.1%	96.1%

表 3-23　使用双曲正切函数的 MLNN 的预测准确性

输出/决策	类别 1	类别 2	总准确率
类别 1	444（63.5%）	3（0.4%）	99.3%
类别 2	14（2%）	238（34.0%）	94.4%
总准确率	96.9%	98.8%	97.6%

表 3-24　使用分段函数的 MLNN 的预测有效性

输出/决策	类别 1	类别 2	总准确率
类别 1	444（63.5%）	4（0.6%）	99.1%
类别 2	14（2%）	237（33.9%）	94.4%
总准确率	96.9%	98.3%	97.4%

2. 理论分析

（1）运行时间

假设计算一个指数长度为$\|N\|$的指数运算需要$1.5\|N\|$次乘法[98]（例如，指数r的长度为$\|N\|$，计算g^r需要$1.5\|N\|$次乘法），因为指数运算的开销远远大于加法和乘法运算，所以在理论分析中忽略固定的加法和乘法。对于 PCTD，Enc 算法加密消息需要$1.5\|N\|$次乘法，Dec 算法解密密文需要$1.5\|N\|$次乘法，PDec1 和 PDec2 算法处理密文需要$3\|N\|$次乘法，CR 算法刷新密文需要$1.5\|N\|$次乘法。

运行 SCP 协议，FS 需要$7.5\|N\|$次乘法，LSP 需要$4.5\|N\|$次乘法。为了比较 SM 协议和 SOIP 协议，假设输入向量的长度为δ_1。运行一次 SM 协议，FS 需要$15\|N\|$次乘法，LSP 需要$7.5\|N\|$次乘法；使用 SM 协议实现安全内积计算，FS 需要$15\delta_1\|N\|$次乘法，LSP 需要$7.5\delta_1\|N\|$乘法。相比之下，使用 SOIP 协议实现安全内积计算，FS 需要$(12\delta_1+1.5)\|N\|$次乘法，LSP 需要$(6\delta_1+1.5)\|N\|$次乘法。

对于安全分数计算，运行 SFA 协议，CSC 需要$45\|N\|$次乘法，GSP 需要$22.5\|N\|$次乘法；运行 SFM 协议，CSC 需要$30\|N\|$次乘法，GSP 需要$15\|N\|$次乘法；运行 SFC 协议，CSC 需要$37.5\|N\|$次乘法，GSP 需要$19.5\|N\|$次乘法。运行 SSBA 协议，CSC 需要$6\|N\|$次乘法，GSP 需要$4.5\|N\|$次乘法。运行 PMIN 协议，CSC 需要$54\|N\|$次乘法，GSP 需要$25.5\|N\|$次乘法。运行基本 PAX 协议，CSC 和 GSP 均需要$O(\gamma\|N\|)$次乘法；运行增强 PAX 协议，CSC 和 GSP 分别需要$O((\gamma+\mu^2)\|N\|+\mu^3)$次乘法和$O((\gamma+\mu^2)\|N\|)$次乘法 GSP，其中明文域大小为$\mu$。运行基本 PPFC 协议，CSC 和 GSP 均需要$O(kz\|N\|)$次乘法；运行增强 PPFC 协议，CSC 和 GSP 均需要$O(k'z'\|N\|)$次乘法。

对于雾环境下的实时预测，FS 和 LSP 运行 SLNN 算法需要$O(\delta_1\delta_2\|N\|)$次乘法；对于云环境下的高精度预测，CSC 和 GSP 运行 MLNN 算法需要$O(kz\theta(\delta_{\max})^2\|N\|)$次乘法，其中$\delta_{\max}$是特定网络层的节点数量上界。

（2）通信开销

在 PCTD 中，传输密文$[\![x]\!]$和$CT^{(1)}$需要$2\|N\|$ bit。对于基本的安全计算，运行 SCP 和 SSBA 协议需要$6\|N\|$ bit，运行 PMIN 协议需要$22\|N\|$ bit，运行基本 PAX 协议需要$O(\gamma\|N\|)$ bit，运行增强 PAX 协议需要$O((\gamma+\mu^2)\|N\|)$ bit。为了实现安全内积计算，使用 SM 协议需要$10\delta_1\|N\|$ bit，而使用 SOIP 协议只需要$(8\delta_1+1)\|N\|$ bit。

对于安全分数计算，运行 SFA 协议需要$30\|N\|$ bit，运行 SFM 协议需要$20\|N\|$ bit，运行 SFC 协议需要$26\|N\|$ bit，运行基本 PPFC 协议需要$O(kz\|N\|)$ bit，而运行增强 PPFC 协议需要$O(kz'\|N\|)$。对于雾环境下的实时预测，执行 SLNN 算法需要$O(\delta_1\delta_2\|N\|)$ bit；对于云环境下的高精度预测，执行 MLNN 算法需要$O(kz\theta(\delta_{\max})^2\|N\|)$ bit。

3. **对比分析**

本节将 HPCS 框架与现有的隐私保护外包计算框架[70,72-75]进行比较。Rahulamathavan 等[70]基于高斯核函数分类器构建了一种隐私保护 CDSS 方案，总体准确率高达 97.21%（低于的 97.4%），然而，其只能实现安全指数计算，而 HPCS 可以计算任何非线性函数。随后，文献[72]基于朴素贝叶斯分类器提出了一种隐私保护 CDSS 方案，用于患者疾病预测，然而，它只能对比特值（0 或 1）症状数据进行预测，如果症状数据是非比特值格式，例如温度，那么在进行预测之前，需要将数据扩展为长比特串。此外，在文献[70,72]的工作中，患者需要与存储服务器进行多轮通信，而 HPCS 框架实现预测只需要一轮通信。为了解决通信开销问题，文献[73]构建了一种处理水平分区分布式数据库的概率神经网络，文献[74]利用垂直分区数据训练多层神经网络解决了隐私问题，文献[75]在任意分区数据上同样解决了隐私问题。然而，这些方案要么需要多个服务器来存储数据，要么只支持低精度的计算。上述方案的对比如表 3-25 所示。

表 3-25 对比总结

函数/算法	通信轮数（用户&服务器）	数据存储服务器	解决溢出问题	高精度计算	处理非整数数据	支持非线性函数
文献[70]方案	>1	>1	×	×	×	×
文献[72]方案	>1	1	×	×	√	×
文献[73]方案	>1	>1	×	×	×	√

（续表）

函数/算法	通信轮数（用户&服务器）	数据存储服务器	解决溢出问题	高精度计算	处理非整数数据	支持非线性函数
文献[74]方案	>1	>1	×	×	×	√
文献[75]方案	>1	>1	×	×	×	√
HPCS	1	1	√	√	√	√

3.6　本章小结

3.1 节提出了一种隐私保护的外包计算有理数框架。通过实现 POCR 框架，可以安全地将有理数数据的存储和处理外包给云服务器，而不会损害原始数据和计算结果的安全性。具体来说，3.1 节提出了 POCR 框架的系统架构，以及在涉及整数和有理数的隐私保护计算中所需要的相关工具包，以确保常用的外包操作可以实时处理，因此使用 POCR 框架能安全地进行数据外包；通过实验仿真验证了该框架的有效性和实用性。

3.2 节提出了一种隐私保护的外包计算浮点数框架。通过 POCF 框架，可以将浮点数的存储和处理外包给云服务器，而不会损害原始数据和计算结果的安全性。具体来说，3.2 节首先提出了隐私保护整数处理协议，服务于常用的整数运算；然后，提出了一种以隐私保护的方式外包浮点数用于存储的方法，并能安全地动态处理常用的浮点数运算；通过仿真验证了 POCF 框架的实用性和效率。

3.3 节提出了一种支持多密钥且高效的隐私保护外包计算框架。通过 EPOM 框架，大规模的用户可以安全地外包他们的数据给云服务器进行存储，此外，可以处理多个用户的加密数据，而不会损害单个用户原始的数据和最终计算结果的安全性。具体来说，为了减少 EPOM 框架中关联密钥管理成本和私钥泄露风险，3.3 节提出了一种分布式双陷门公钥密码系统，即核心密码原语；也提出了一种整数计算工具包，可以跨不同加密域安全地处理常用的整数运算；证明了所提出的工具包可以实现安全处理整数的目标，而不会向未授权方泄露数据隐私；通过仿真解释了 EPOM 框架的实用性和高效性。

3.4 节提出了一种隐私保护的外包计算工具包，它允许数据所有者安全地将数据外包给云存储。云服务器可以对外包的加密数据进行处理，实现常用的明文算术运算，不需要额外的服务器。具体地说，3.3 节使用完全同态加密方案设计了有符号整数电路和无符号整数电路，构造了一种新的封装技术，并将安全电路扩展到它的封装版本；证明了所提出的 POCkit 在不向未经授权方泄露隐私的情况下，达到了安全计算的目的，并证明了 POCkit 的实用性和有效性。

3.5 节提出了一种用于混合隐私保护的临床决策支持系统。在 HPCS 中，雾服务器采用轻量级数据挖掘方法，实时安全监控患者的健康状况，并将新检测到的异常症状以隐私保护的方式进一步发送到云服务器进行高精度预测。针对雾服务器，3.5 节设计了一种新的安全外包内积协议，实现了安全的轻量级单层神经网络；此外，提出了一个隐私保护的分段多项式函数计算协议，允许云服务器安全地在多层神经网络中执行任何激活函数；为解决计算溢出问题，设计了一种新的隐私保护分数近似协议；通过仿真验证了 HPCS 在不向未授权方泄露隐私的情况下，实现了患者健康状态监测的目的，实现了实时、高精度的预测。

参考文献

[1] CHEN C L P, ZHANG C Y. Data-intensive applications, challenges, techniques and technologies: a survey on big data[J]. Information Sciences, 2014, 275: 314-347.

[2] QUICK D, CHOO K K R. Impacts of increasing volume of digital forensic data: a survey and future research challenges[J].Digital Investigation, 2014, 11(4):273-294.

[3] GANTZ J, REINSEL D. The digital universe in 2020: big data, bigger digital shadows, and biggest growth in the far east[J]. IDC iView: IDC Analyze the Future, 2012, 2007(2012): 1-16.

[4] CHAMBERLIN B. IoT (Internet of things) will go nowhere without cloud computing and big data analytics[R]. 2014.

[5] WANG D P. Influences of cloud computing on Ecommerce businesses and industry[J]. Journal of Software Engineering and Applications, 2013, 6(6): 313-318.

[6] DIKAIAKOS M D, KATSAROS D, MEHRA P, et al. Cloud computing: distributed Internet computing for IT and scientific research[J]. IEEE Internet Computing, 2009, 13(5): 10-13.

[7] WANG L Z, TAO J, KUNZE M, et al. Scientific cloud computing: early definition and experience[C]//Proceedings of 2008 10th IEEE International Conference on High Performance Computing and Communications. Piscataway: IEEE Press, 2008: 825-830.

[8] QUICK D, MARTINI B, CHOO R. Cloud storage forensics[M]. Amsterdam: Elsevier, 2013.

[9] HIDAKA A, SASAZUKI S, GOTO A, et al. Plasma insulin, C-peptide and blood glucose and the risk of gastric cancer: The Japan public health center-based prospective study[J]. International Journal of Cancer, 2015, 136(6): 1402-1410.

[10] DO Q, MARTINI B, CHOO K K. A forensically sound adversary model for mobile devices[J]. PLoS One, 2015, 10(9): e0138449.

[11] BRESSON E, CATALANO D, POINTCHEVAL D. A simple public-key cryptosystem with a double trapdoor decryption mechanism and its applications[C]//International Conference on the Theory and Application of Cryptology and Information Security. Berlin: Springer, 2003: 37-54.

[12] FOUQUE P A, POUPARD G, STERN J. Sharing decryption in the context of voting or lotteries[C]//International Conference on Financial Cryptography. Berlin: Springer, 2000: 90-104.

[13] FOUQUE P A, POINTCHEVAL D. Threshold cryptosystems secure against chosen-ciphertext attacks[C]//International Conference on the Theory and Application of Cryptology and Information Security. Berlin: Springer, 2001: 351-368.

[14] CRAMER R, SHOUP V. Universal hash proofs and a paradigm for adaptive chosen ciphertext secure public-key encryption[C]//International Conference on the Theory and Applications of Cryptographic Techniques. Berlin: Springer, 2002: 45-64.

[15] PEI D, SALOMAA A, DING C. Chinese remainder theorem: applications in computing, coding, cryptography[M]. Singapore: World Scientific, 1996.

[16] SAMANTHULA B K, ELMEHDWI Y, JIANG W. K-nearest neighbor classification over semantically secure encrypted relational data[J]. IEEE Transactions on Knowledge and Data Engineering, 2014, 27(5): 1261-1273.

[17] SMART N P, VERCAUTEREN F. Fully homomorphic encryption with relatively small key and ciphertext sizes[C]//International Workshop on Public Key Cryptography. Berlin: Springer, 2010: 420-443.

[18] MORRIS L. Analysis of partially and fully homomorphic encryption[R]. Rochester Institute of Technology, 2013.

[19] KAMARA S, MOHASSEL P, RAYKOVA M. Outsourcing multi-party computation[J]. IACR Cryptol. Eprint Arch., 2011, 2011: 272.

[20] LIU X, QIN B, DENG R H, et al. An efficient privacy-preserving outsourced computation over public data[J]. IEEE Transactions on Services Computing, 2015, 10(5): 756-770.

[21] PETER A, TEWS E, KATZENBEISSER S. Efficiently outsourcing multiparty computation under multiple keys[J]. IEEE Transactions on Information Forensics and Security, 2013, 8(12): 2046-2058.

[22] BARKER E, BARKER W, BURR W, et al. NIST special publication 800-57[J]. NIST Special Publication, 2007, 800(57): 1-142.

[23] KNUTH D. The art of computer programming 2: Seminumerical algorithms[M]. Hoboken: Addison-WesleyPublication Company, 1969.

[24] ABUKHOUSA E, MOHAMED N, AL-JAROODI J. e-Health cloud: opportunities and challenges[J]. Future Internet, 2012, 4(3): 621-645.

[25] WICKREMASINGHE B, CALHEIROS R N, BUYYA R. CloudAnalyst: a CloudSim-based visual modeller for analysing cloud computing environments and applications[C]// Proceedings of 2010 24th IEEE International Conference on Advanced Information Networking and Applications. Piscataway: IEEE Press, 2010: 446-452.

[26] ARCHONDAKIS S, VAVOULIDIS E, NASIOUTZIKI M, et al. Mobile health applications and cloud computing in cytopathology: benefits and potential[M]. IGI Global, 2019: 165-202.

[27] LIU X, LU R, MA J, et al. Privacy-preserving patient-centric clinical decision support system on naive Bayesian classification[J]. IEEE Journal of Biomedical and Health Informatics, 2015, 20(2): 655-668.

[28] HIDAKA A, SASAZUKI S, GOTO A, et al. Plasma insulin, C-peptide and blood glucose and the risk of gastric cancer: the Japan Public Health Center-based prospective study[J]. International journal of cancer, 2015, 136(6): 1402-1410.

[29] ALIASGARI M, BLANTON M, ZHANG Y, et al. Secure computation on floating point numbers[C]//The Network and Distributed System Security Symposium. Reston: Internet Society, 2013: 405.

[30] LIU Y C, CHIANG Y T, HSU T S, et al. Floating point arithmetic protocols for constructing secure data analysis application[J]. Procedia Computer Science, 2013, 22: 152-161.

[31] KAMM L, WILLEMSON J. Secure floating point arithmetic and private satellite collision analysis[J]. International Journal of Information Security, 2015, 14(6): 531-548.

[32] KRIPS T, WILLEMSON J. Hybrid model of fixed and floating point numbers in secure multiparty computations[C]//International Conference on Information Security. Berlin: Springer, 2014: 179-197.

[33] PULLONEN P, SIIM S. Combining secret sharing and garbled circuits for efficient private IEEE 754 floating-point computations[C]//International Conference on Financial Cryptography and Data Security. Berlin: Springer, 2015: 172-183.

[34] GE T, ZDONIK S. Answering aggregation queries in a secure system model[C]//Proceedings of the 33rd International Conference on Very Large Data Bases. New York: ACM Press, 2007: 519-530.

[35] PAILLIER P. Public-key cryptosystems based on composite degree Residuosity classes[C]// International Conference on the Theory and Applications of Cryptographic Techniques. Berlin: Springer, 1999: 223-238.

[36] CORPORATE The Unicode Consortium. The Unicode Standard, Version 2.0[M]. Hoboken: Addison-Wesley Publication Company, 1997.

[37] BARKER E, BARKER W, BURR W, et al. Recommendation for key management: Part 1: General[M]. Gaithersburg: National Institute of Standards and Technology, 2006.

[38] KNUTH D E. The art of computer programming-seminumerical algorithms (volume 2)[M].

Hoboken: Addison-Wesley Publication Company, 1981.
[39] MULLER J M, BRISEBARRE N, DE-DINECHIN F, et al. Software implementation of floating-point arithmetic[M]. Boston: Birkhäuser Boston, 2009.
[40] GOLDBERG D. What every computer scientist should know about floating-point arithmetic[J]. ACM Computing Surveys, 1991, 23(1): 5-48.
[41] LIU X, YANG Y, CHOO K K R, et al. Security and privacy challenges for Internet-of-things and fog computing[J]. Wireless Communications and Mobile Computing, 2018, 2018:1-3.
[42] KUNDRA V. Federal cloud computing strategy[M]. New York: Nova Science Publishers, 2012.
[43] FISCHER E A , FIGLIOLA P M . Overview and issues for implementation of the federal cloud computing initiative: Implications for federal information technology reform management[J]. Journal of Current Issues in Media and Telecommunications, 2013, 5(1):1-27.
[44] BADGER L, BERNSTEIN D, BOHN R, et al. US government cloud computing technology roadmap[R]. National Institute of Standards and Technology, 2014.
[45] VELTE T, VELTE A, ELSENPETER R. Cloud computing, a practical approach[M]. New York: McGraw-Hill, 2009.
[46] LÓPEZ-ALT A, TROMER E, VAIKUNTANATHAN V. On-the-fly multiparty computation on the cloud via multikey fully homomorphic encryption[C]//Proceedings of the Forty-Fourth Annual ACM Symposium on Theory of Computing. 2012: 1219-1234.
[47] HOFFMAN L J, LAWSON-JENKINS K, BLUM J. Trust beyond security: an expanded trust model[J]. Communications of the ACM, 2006, 49(7): 94-101.
[48] LAMPORT L. Password authentication with insecure communication[J]. Communications of the ACM, 1981, 24(11): 770-772.
[49] LIU X, CHOO K K R, DENG R H, et al. Efficient and privacy-preserving outsourced calculation of rational numbers[J]. IEEE Transactions on Dependable and Secure Computing, 2016, 15(1): 27-39.
[50]GEIST A, BEGUELIN A, DONGARRA J, et al. PVM: Parallel virtual machine: a users' guide and tutorial for networked parallel computing[M]. Massachusetts: MIT Press, 1994.
[50] NULL. PVM: Parallel virtual machine: a users' guide and tutorial for networked parallel computing[J]. Computers and Mathematics With Applications, 1995, 30(9): 122.
[51] SUNDERAM V S. PVM: a framework for parallel distributed computing[J]. Concurrency: Practice and Experience, 1990, 2(4): 315-339.
[52] CLEAR M, MCGOLDRICK C. Multi-identity and multi-key leveled FHE from learning with errors[C]//Annual Cryptology Conference. Berlin: Springer, 2015: 630-656.
[53] MUKHERJEE P, WICHS D. Two round multiparty computation via multi-key FHE[C]// Annual International Conference on the Theory and Applications of Cryptographic Techniques. Berlin: Springer, 2016: 735-763.
[54] OWENS J D, HOUSTON M, LUEBKE D, et al. GPU computing[J]. Proceedings of the IEEE,

2008, 96(5): 879-899.

[55] NICKOLLS J, DALLY W J. The GPU computing era[J]. IEEE Micro, 2010, 30(2): 56-69.

[56] GENTRY C. Fully homomorphic encryption using ideal lattices[C]//Proceedings of the Forty-first Annual ACM Symposium on Theory of Computing. 2009: 169-178.

[57] Networking C V. Cisco global cloud index: Forecast and methodology, 2014–2019[R]. Cisco, 2013.

[58] GANESAN D, GREENSTEIN B, PERELYUBSKIY D, et al. An evaluation of multi-resolution storage for sensor networks[C]//Proceedings of the 1st International Conference on Embedded Networked Sensor Systems. 2003: 89-102.

[59] LINDEN G, SMITH B, YORK J. Amazon.com recommendations: item-to-item collaborative filtering[J]. IEEE Internet Computing, 2003, 7(1): 76-80.

[60] LECUN Y, BENGIO Y, HINTON G. Deep learning[J]. Nature, 2015, 521(7553): 436-444.

[61] SCHMIDHUBER J. Deep learning in neural networks: an overview[J]. Neural Networks, 2015, 61: 85-117.

[62] CRUZ-ROA A A, OVALLE J E A, MADABHUSHI A, et al. A deep learning architecture for image representation, visual interpretability and automated basal-cell carcinoma cancer detection[C]//International Conference on Medical Image Computing and Computer-Assisted Intervention. Berlin: Springer, 2013: 403-410.

[63] AGRAWAL R, SRIKANT R. Privacy-preserving data mining[C]//Proceedings of the 2000 ACM SIGMOD International Conference on Management of Data. New York: ACM Press, 2000: 439-450.

[64] WU X, ZHU X, WU G Q, et al. Data mining with big data[J]. IEEE Transactions on Knowledge and Data Engineering, 2013, 26(1): 97-107.

[65] HE D, KUMAR N, WANG H, et al. A provably-secure cross-domain handshake scheme with symptoms-matching for mobile healthcare social network[J]. IEEE Transactions on Dependable and Secure Computing, 2016, 15(4): 633-645.

[66] ALAM Q, MALIK S U R, AKHUNZADA A, et al. A cross tenant access control (CTAC) model for cloud computing: Formal specification and verification[J]. IEEE Transactions on Information Forensics and Security, 2016, 12(6): 1259-1268.

[67] KAMARA S, LAUTER K. Cryptographic cloud storage[C]//International Conference on Financial Cryptography and Data Security. Berlin: Springer, 2010: 136-149.

[68] LIU X, DENG R H, CHOO K K R, et al. An efficient privacy-preserving outsourced calculation toolkit with multiple keys[J]. IEEE Transactions on Information Forensics and Security, 2016, 11(11): 2401-2414.

[69] CHEON J H, KIM M. Optimized search-and-compute circuits and their application to query evaluation on encrypted data[J]. IEEE Transactions on Information Forensics and Security, 2015, 11(1): 188-199.

[70] RAHULAMATHAVAN Y, VELURU S, PHAN R C W, et al. Privacy-preserving clinical deci-

sion support system using gaussian kernel-based classification[J]. IEEE Journal of Biomedical and Health Informatics, 2013, 18(1): 56-66.

[71] BRAKERSKI Z, GENTRY C, VAIKUNTANATHAN V. (Leveled) fully homomorphic encryption without bootstrapping[J]. ACM Transactions on Computation Theory (TOCT), 2014, 6(3): 1-36.

[72] HALEVI S, SHOUP V. Bootstrapping for Helib[C]//Annual International conference on the theory and applications of cryptographic techniques. Berlin: Springer, 2015: 641-670.

[73] SMART N P, VERCAUTEREN F. Fully homomorphic SIMD operations[J]. Designs, Codes and Cryptography, 2014, 71(1): 57-81.

[74] GENTRY C, HALEVI S, SMART N P. Fully homomorphic encryption with polylog overhead[C]//Annual International Conference on the Theory and Applications of Cryptographic Techniques. Springer, Berlin, Heidelberg, 2012: 465-482.

[75] DENOEUX T. A k-nearest neighbor classification rule based on Dempster-Shafer theory[M]. Berlin: Springer, 2008.

[76] MOHANDES M, DERICHE M, LIU J. Image-based and sensor-based approaches to Arabic sign language recognition[J]. IEEE Transactions on Human-Machine Systems, 2014, 44(4): 551-557.

[77] CALLAHAN P B, KOSARAJU S R. A decomposition of multidimensional point sets with applications to k-nearest-neighbors and n-body potential fields[J]. Journal of the ACM, 1995, 42(1): 67-90.

[78] POTAMIAS M, BONCHI F, GIONIS A, et al. K-nearest neighbors in uncertain graphs[J]. Proceedings of the VLDB Endowment, 2010, 3(1-2): 997-1008.

[79] PINKAS B, REINMAN T. Oblivious RAM revisited[C]//Annual Cryptology Conference. Berlin: Springer, 2010: 502-519.

[80] GOODRICH M T, MITZENMACHER M. Privacy-preserving access of outsourced data via oblivious RAM simulation[C]//International Colloquium on Automata, Languages, and Programming. Berlin: Springer, 2011: 576-587.

[81] NAEHRIG M, LAUTER K, VAIKUNTANATHAN V. Can homomorphic encryption be practical?[C]//Proceedings of the 3rd ACM Workshop on Cloud Computing Security Workshop. 2011: 113-124.

[82] GENTRY C, HALEVI S, SMART N P. Homomorphic evaluation of the AES circuit[C]//Annual Cryptology Conference. Berlin: Springer, 2012: 850-867.

[83] LOFTUS J, MAY A, SMART N P, et al. On CCA-secure somewhat homomorphic encryption[C]//International Workshop on Selected Areas in Cryptography. Berlin: Springer, 2011: 55-72.

[84] KORTUEM G, KAWSAR F, SUNDRAMOORTHY V, et al. Smart objects as building blocks for the Internet of Things[J]. IEEE Internet Computing, 2009, 14(1): 44-51.

[85] ATZORI L, IERA A, MORABITO G. The Internet of Things: a survey[J]. Computer Net-

works, 2010, 54(15): 2787-2805.[LinkOut]

[86] ARMBRUST M, FOX A, GRIFFITH R, et al. A view of cloud computing[J]. Communications of the ACM, 2010, 53(4): 50-58.

[87] LI M, YU S, ZHENG Y, et al. Scalable and secure sharing of personal health records in cloud computing using attribute-based encryption[J]. IEEE Transactions on Parallel and Distributed Systems, 2012, 24(1): 131-143.

[88] BONOMI F, MILITO R, ZHU J, et al. Fog computing and its role in the Internet of things[C]//Proceedings of the First Edition of the MCC Workshop on Mobile Cloud Computing. 2012: 13-16.

[89] BONOMI F, MILITO R, NATARAJAN P, et al. Fog computing: A platform for internet of things and analytics[M]. Berlin: Springer, 2014: 169-186.

[90] BIEBER G, HAESCHER M, VAHL M. Sensor requirements for activity recognition on smart watches[C]//Proceedings of the 6th International Conference on Pervasive Technologies Related to Assistive Environments. 2013: 1-6.

[91] BALLERSTÄDT R, EHWALD R. Suitability of aqueous dispersions of dextran and concanavalin A for glucose sensing in different variants of the affinity sensor[J]. Biosensors and bioelectronics, 1994, 9(8): 557-567.

[92] HORNIK K, STINCHCOMBE M, WHITE H. Multilayer feedforward networks are universal approximators[J]. Neural networks, 1989, 2(5): 359-366.

[93] LISBOA P J G. A review of evidence of health benefit from artificial neural networks in medical intervention[J]. Neural networks, 2002, 15(1): 11-39.

[94] KONG G, XU D L, YANG J B. Clinical decision support systems: a review on knowledge representation and inference under uncertainties[J]. International Journal of Computational Intelligence Systems, 2008, 1(2): 159-167.

[95] CASOLA V, CASTIGLIONE A, CHOO K K R, et al. Healthcare-related data in the cloud: challenges and opportunities[J]. IEEE Cloud Computing, 2016, 3(6): 10-14.

[96] NEPAL S, RANJAN R, CHOO K K R. Trustworthy processing of healthcare big data in hybrid clouds[J]. IEEE Cloud Computing, 2015, 2(2): 78-84.

[97] BANSAL A, CHEN T, ZHONG S. Privacy preserving back-propagation neural network learning over arbitrarily partitioned data[J]. Neural Computing and Applications, 2011, 20(1): 143-150.

[98] CRAIG G, SHAI H, NIGEL P. Smart, better bootstrapping in fully homomorphic encryption[C]// International Workshop on Public Key Cryptography. Berlin: Springer, 2012: 1-16.

第4章 密态计算应用

本章围绕在线网约车隐私服务、远程身份认证服务和密态数据查询服务等密态计算应用展开讨论，分别介绍了一种高效和隐私保护的网约车服务动态空间查询系统、一种基于生物特征的隐私保护远程用户认证模型，以及一种基于密态数据的可搜索加密查询系统。这些模型和系统为密态计算理论的应用与发展提供了支撑与推动作用，同时为密态计算理论走向更多的应用领域提供了方法与指导。

| 4.1 在线网约车隐私服务 |

4.1.1 引言

目前，网约车服务作为一种基于地理位置的服务（LBS，Location-Based Service），在全球范围应用十分广泛。与传统的地铁、公交车等交通工具相比，网约车服务可以使乘客出行更加方便灵活。如图 4-1 所示，网约车服务系统一般由三部分组成：网约车服务提供商、注册用户、注册车辆。如果需要网约车服务，用户选择上/下车位置，并将乘车请求发送至网约车服务提供商，随后服务提供商将请求转发给上车位置附近的车辆。为了提供更加友好的用户服务，网约车服务提供商通常将一个较大的区域划分为若干个较小的子区域，分析用户约车行为的分布情况，动态检测地图上的车辆密度，以实时提供车辆调度信息。

然而，由于用户位置和存储在服务提供商的数据的敏感性，目前的网约车服务[1]面临许多挑战。一方面，如果网约车用户和车辆的位置信息被攻击者获取，可能导致计算机辅助犯罪。另一方面，为了减少用户等待时间和提供更好的服务，服务提供商需要分析约车行为的分布情况，将网约车分布区域划分为子区域来检测车辆密度并根据用户位置数据不断地优化空间划分，然而，如果空间划分信息被泄露

给恶意敌手，那么将使服务提供商受到拒绝服务攻击并造成巨大经济损失。因此，在提供网约车服务的过程中，不能泄露用户和车辆的准确位置，服务提供商的空间划分信息也应该严格保密[2]。然而，传统的网约车服务中，用户往往需要向服务提供商提供准确位置，存在数据泄露的风险。因此，如何为乘车服务系统设计一种安全高效的隐私保护动态空间查询方案，是当前的研究热点。

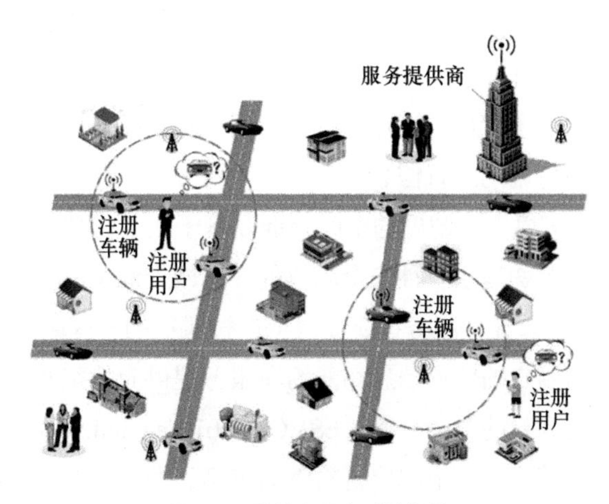

图 4-1　网约车服务系统架构

为了应对这些挑战，研究者们相继提出了许多基于匿名的 LBS 位置隐私保护方案[3]和基于加密技术的隐私保护方案[4]。具体而言，基于匿名的位置隐私保护方案通常是将某用户的准确位置模糊为包含 k 个用户的匿名区域，并且 k 个用户的位置难以区分，识别该用户真实位置的概率不大于 $\frac{1}{k}$。但是，如果 k 个用户处于相同的敏感位置，例如某个秘密会议室，则可能泄露他们的位置隐私。同时，匿名技术的使用给用户带来了巨大的通信开销，导致移动设备能耗过大。基于密码学的位置隐私保护方案一般采用同态加密或安全多方计算（SMPC，Secure Multiparty Computation），这些算法对用户的准确位置数据进行加密，加密后的位置数据仍然能生成准确的空间查询结果，但一般情况下，基于密码学的保护方案包含大量复杂的算术运算，不适合在移动终端使用。因此，尽管大部分位置隐私保护方案能在一定程度上保护用户的位置隐私，但难以应用于网约车服务系统。

本节介绍一种高效和隐私保护的网约车服务动态空间查询系统，将其命名为 Trace 系统。网约车服务提供商可以获得车辆所在的子区域和约车用户的上/下车位置，同时可以保护网约车服务提供商和用户的敏感位置信息。此外，约车用户可以查询到乘车地点附近的车辆，而不会泄露用户的敏感查询范围车辆的准确位置。具体地，Trace 系统的主要创新可分为以下 3 个方面。

（1）Trace 系统为网约车服务提供一种高效的隐私保护动态空间查询方案，可以有效地保护网约车用户和车辆的准确位置信息，以及服务提供商的空间划分信息。具体来说，数据拥有者将敏感位置数据加密后发送至网约车提供商的服务器，在空间查询过程中进行密态计算，用户、车辆和网约车服务器均无法获得彼此的敏感位置信息。此外，即使攻击者可以通过窃听获得用户和服务器之间传输的所有密文数据，他们也无法获得可用的位置信息。

（2）Trace 系统可以实现精确的空间查询。基于四叉树数据结构和轻量级的多方随机隐匿技术，本节构建了一种安全高效的子区域查询（FSSQ，Fast and Secure Subregion Query）算法，允许服务提供商获得车辆所在的子区域和约车用户的上/下车位置，而不会泄露用户的位置信息和网约车服务提供商的空间划分信息。同时，本节介绍了一种安全高效的车辆查询（ESVQ，Efficient and Secure Vehicle Query）算法，允许约车用户精确搜索上车位置附近的车辆，而不会泄露用户和车辆的精确位置信息。

（3）Trace 系统具有较低的计算复杂度和通信开销。Trace 是一种轻量级的隐私保护空间查询方案，主要依赖于加法和乘法运算，可以保证计算效率。同时，借助于四叉树数据结构，大大缩短了空间查询时间。此外，Trace 系统还采用了 BLS 短签名技术[5]，提高了通信效率。为了评估 Trace 的效率，本节开发了一种演示应用程序，并利用真实数据集在智能手机和 PC 端进行了测试。大量测试结果表明，Trace 系统在实际应用环境中具有较高的效率。

4.1.2 问题描述

本节介绍了 Trace 系统的系统模型和安全需求，并介绍了 Trace 系统的设计目标。

1. 系统模型

Trace 系统模型主要关注如何为用户和网约车服务提供商提供精确且高效的隐私保护网约车服务。假设每个用户或车辆都配备了智能手机，可以与网约车服务提供商的服务器连接，从而实现网约车服务。Trace 系统由 3 个部分组成：网约车服务器（RS，Ride-Hailing Server）、注册用户（RC，Registered Consumer）和注册车辆（RV，Registered Vehicle），如图 4-2 所示。

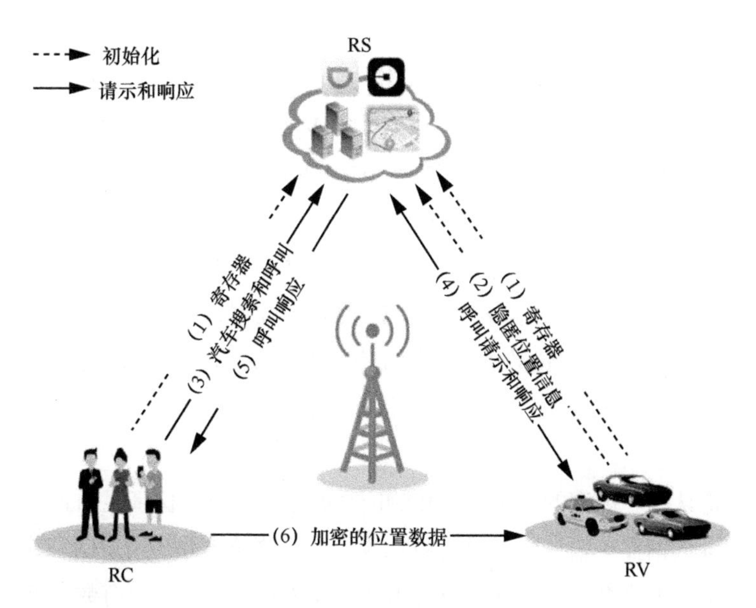

图 4-2　Trace 系统模型

（1）RS 是网约车服务器，主要实现 3 个功能：①实时检测约车行为的分布情况和注册车辆的密度；②转发用户之间的车辆查询和呼叫请求/响应；③提供车辆调度信息。在 Trace 系统中，RS 利用获得的加密位置数据动态查询车辆所在的子区域和约车用户的上/下车地点，进而实现上述 3 种功能。

（2）RC 是在 RS 注册的用户，RC 可以利用网约车应用程序输入上/下车地点，并将乘车请求发送给 RS，然后由 RS 将乘车请求转发给上车地点附近的车辆。

（3）RV 是在 RS 注册的车辆，在网约车服务过程中，RV 定期向 RS 提交其隐匿位置信息，便于 RS 进行动态子区域查询，并且 RV 可以从 RS 访问车辆调度信息。

2. **安全需求**

Trace 系统的目标是保护 RC 和 RV 的位置隐私，因此，RS 的空间划分信息对于服务提供商来说至关重要。在安全模型中，通常认为 RS、RC 和 RV 是诚实且好奇的。RS 会诚实地执行密态计算，可信地转发乘车请求和响应，但是对 RC 和 RV 的准确位置信息感到好奇。RC 和 RV 不会发送虚假信息，但是 RC 会试图通过网约

车响应分析RV的准确位置,RV同样希望通过乘车请求获得RC的位置或上车地点。此外，RC和RV都希望在空间查询过程中获得RS的空间划分信息，攻击者也可能篡改和伪造数据，或者伪装成合法用户访问服务。考虑到上述安全问题，Trace 系统应该满足以下安全需求。

（1）隐私性。保护用户的位置信息不泄露给 RS 和其他用户。在网约车服务过程中，RC 的上/下车地点应对 RS 和未租用的 RV 保密，RV 的准确位置也不能泄露给 RS 和 RC。也就是说，即使 RS 能够从 RC 和 RV 中获取所有的乘车请求和响应，也只能检测到 RV 位置和 RC 上/下车地点近似区域，而不能获得准确的位置信息。

（2）保密性。保证网约车服务中 RS 敏感数据的安全。为了获得 RV 的密度和约车行为的分布情况,RS 需要将一个较大的区域划分为若干个较小的子区域，通过收集和分析用户的位置数据，不断地优化空间划分。然而，空间划分信息的泄露会给网约车服务商带来经济损失。因此，在空间查询过程中，不能泄露空间划分信息。

（3）身份认证。加密的乘车请求和响应需要进行认证，保证是由合法用户发送的，并且保证数据在传输过程中没有被篡改，即需要防止非法用户伪装成合法 RV 窃取 RC 的上车地点数据。此外，RC、RV 和 RS 互相传输的所有数据都需要身份验证，进而保证用户能够访问真实可靠的网约车服务。

3. 设计目标

根据 Trace 系统模型和安全需求，其目标是为网约车服务设计一种高效的隐私保护动态空间查询系统。具体来说，Trace 系统应实现以下 3 个目标。

（1）实现安全和隐私保护。如果 Trace 不考虑安全问题，那么系统有可能泄露用户和服务提供商的敏感信息。因此，Trace 系统需要同时实现保密性和身份验证。

（2）保证动态空间查询结果的准确性。用户体验对于 Trace 系统是至关重要的，在该系统中，动态空间查询是网约车服务的基本功能，直接影响用户体验。因此，在保护网约车服务提供商和用户隐私的同时，不能降低空间查询的准确性。

（3）低计算复杂度和通信开销。虽然智能手机性能在不断提高，但其电池容量仍然有限。此外，考虑到网约车服务用户数量庞大，对服务实时性响应要求高，在设计时必须保证较高的计算和通信效率，尽可能降低网约车服务时延和智能手机由于使用服务所产生的能耗。

4.1.3　Trace 系统构造

Trace 系统工作主要包括 3 个阶段：系统初始化、隐私保护动态子区域查询、安全车辆查询和网约车服务，Trace 系统概述如图 4-3 所示。系统初始化后，RS 将网约车二维空间划分为满足四叉树数据结构的子区域，并协同 RV 和 RC 执行 FSSQ 算法，查询 RV 所在的子区域和 RC 的上/下车地点。在访问网约车服务阶段，RC 首先输入上/下车地点，查询上车地点附近的 RV，然后发送乘车请求给 RS，RS 转发乘车请求给上车地点附近的 RV。在查询过程中，RS 分析整个乘车空间中的约车行为分布生成 RV 的调度信息，表 4-1 列出 Trace 系统中的符号及其描述。

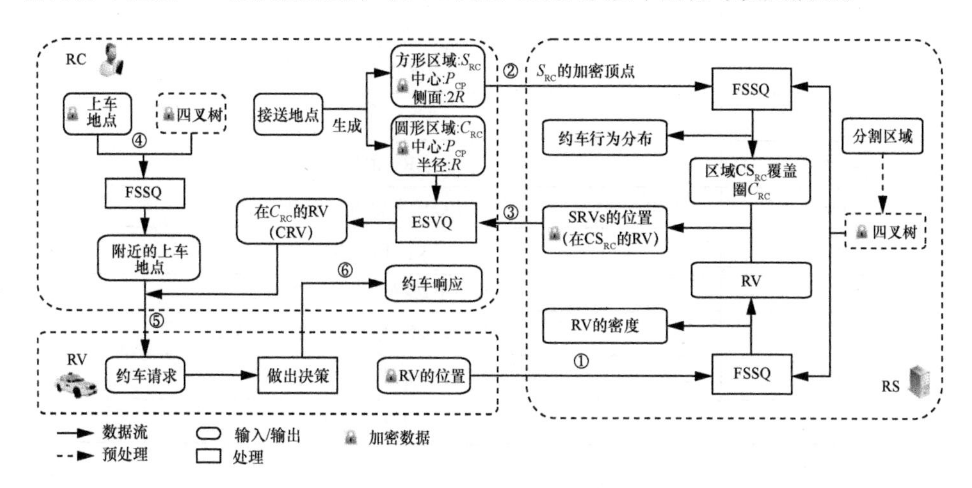

图 4-3　Trace 系统概述

表 4-1　Trace 系统中的符号及其描述

符号	描述
k, k_1, k_2, k_3, k_4	Trace 系统的安全参数
$q, g, \mathbb{G}, \mathbb{G}_T, e$	双线性对的参数
α, p	RS 设置的 2 个大素数
α', p'	RC 设置的 2 个大素数
s, s', a_{ji}, d_i	用于隐匿区域数据的随机数，即 RS 的划分子区域
r_k	用于隐匿 RV 位置的随机数
SK	RS、RC 和 RV 的会话密钥，例如 SK_{SC_k} 是 RC 和 RS 的会话密钥

（续表）

符号	描述
N	空间划分的四叉树
EN	空间划分的加密四叉树
$(x_{N_{ij}}, y_{N_{ij}})$	四叉树节点 N_i 的第 j 个顶点
$(x_{\mathrm{CP}}, y_{\mathrm{CP}})$	RC 期望的上车地点
$(x_{\mathrm{CT}}, y_{\mathrm{CT}})$	RC 期望的下车地点
(x_V, y_V)	RV 的位置坐标
$A, C_1, \cdots, C_5$	位置信息的聚合数据以及加密四叉树
C_{RC}	上车地点 $(x_{\mathrm{CP}}, y_{\mathrm{CP}})$ 附近的圆形区域
S_{RC}	覆盖 C_{RC} 的方形区域
$\mathrm{CS}_{\mathrm{RC}}$	包含覆盖 S_{RC} 区域的 4 个四叉树节点的区域
SRV	$\mathrm{CS}_{\mathrm{RC}}$ 内的 RV
$(x_{\mathrm{SV}}, y_{\mathrm{SV}})$	SRV 的位置
VQP	RC 的车辆查询信息
CRV	C_{RC} 内的 RV
ATP	RS 随机选择的下车近似地点
$E(\cdot)$	安全对称加密算法，即 AES 加密算法
$H(\cdot)$	安全加密哈希函数
$\pi(\cdot)$	随机置换函数

1．***系统初始化***

RS 首先选择安全参数 k，运行 $\mathrm{Gen}(k)$ 算法生成双线性对的参数 $(q, g, \mathbb{G}, \mathbb{G}_{\mathrm{T}}, e)$。然后从 $\mathbb{Z}_q^*$ 中选择一个随机数作为它的私钥 $\mathrm{SK}_{\mathrm{RS}}$，计算得到公钥 $\mathrm{PK}_{\mathrm{RS}} = g^{\mathrm{SK}_{\mathrm{RS}}}$。RS 选择安全参数 k_1, k_2, k_3, k_4（满足 $k_4 + 2k_2 < k_1, k_2 + k_3 < k_1$，$k_3 + k_4 < k_2$），以及一个对称加密算法 $E(\cdot)$（即 AES 加密算法）和一个安全加密哈希函数 $H(\cdot)$（$H: \{0,1\}^* \to \mathbb{G}$）。然后，RS 随机选择 2 个大素数（满足 $\|p\| = k_1, \|\alpha\| = k_2$），$s \in \mathbb{Z}_p^*$，$\|a_{ji}\| = k_3$（$i = 1, 2, \cdots, 6$；$j = 1, 2, \cdots, 4$）。最后，RS 向外对私钥 $\mathrm{SK}_{\mathrm{RS}}$ 保密，公布系统参数 $< q, g, \mathbb{G}, \mathbb{G}_{\mathrm{T}}, e, k_1, k_2, k_3, k_4, \mathrm{PK}_{\mathrm{RS}}, E(\cdot), H(\cdot) >$。

当 RC 在 RS 进行注册时，需要从 $\mathbb{Z}_q^*$ 中选择一个随机数作为他的私钥 $\mathrm{SK}_{\mathrm{RC}_k}$，计算得到公钥 $\mathrm{PK}_{\mathrm{RC}_k} = g^{\mathrm{SK}_{\mathrm{RC}_k}}$。然后，RC 随机选择 2 个大素数（满足

$\|p'\|=k_1,\|\alpha'\|=k_2$），$s'\in\mathbb{Z}_p^*$，$\|d_j\|=k_3$（$j=1,2,\cdots,4$）。最后，RC 将公钥 $\mathrm{PK}_{\mathrm{RC}_k}$ 提交给 RS，并和 RS 协商会话密钥 $\mathrm{SK}_{\mathrm{RC}_k}=\mathrm{PK}_{\mathrm{RS}}^{\mathrm{SK}_{\mathrm{RC}_k}}=g^{\mathrm{SK}_{\mathrm{RS}}\mathrm{SK}_{\mathrm{RC}_k}}$。

当 RV 在 RS 进行注册时，首先需要生成私钥 $\mathrm{SK}_{\mathrm{RV}_k}$ 和对应的公钥 $\mathrm{PK}_{\mathrm{RV}_k}=g^{\mathrm{SK}_{\mathrm{RV}_k}}$，然后选择随机数 $\|r_k\|=k_4$，其中 $k=ij$，i 是四叉树的节点数，在 FSSQ 算法中 $j=1,2,\cdots,4$，在 ESVQ 算法中 $k=1,2,\cdots,5$。最后，RV 将公钥 $\mathrm{PK}_{\mathrm{RV}}$ 提交给 RS，并和 RS 协商会话密钥 $\mathrm{SK}_{\mathrm{SV}_k}=\mathrm{PK}_{\mathrm{RS}}^{\mathrm{SK}_{\mathrm{RV}_k}}=g^{\mathrm{SK}_{\mathrm{RS}}\mathrm{SK}_{\mathrm{RV}_k}}$。

2. 隐私保护动态子区域查询

在子区域查询阶段，通过添加随机数 s、a_{ji} 和 r_{ij} 来隐匿 RS 的空间划分数据和用户的准确位置，进而可以保护 RS 和用户的敏感信息。同时，通过消除查询结果中多余的随机数，RS 可以找到 RV 所在的子区域或 RC 期望的上/下车地点。

（1）生成加密的空间划分数据。首先，RS 利用四叉树数据结构，将二维乘车空间划分为若干个正方形或长方形的子区域。假设四叉树节点个数为 m，则四叉树可以用数组 $N=\{N_1,N_2,\cdots,N_m\}$ 表示。显然，每个元组 N_i 表示一个正方形或长方形的子区域，存储在 N_i 中的顶点可以定义为 $\langle(x_{N_{i1}},y_{N_{i1}}),(x_{N_{i2}},y_{N_{i2}}),(x_{N_{i3}},y_{N_{i3}}),(x_{N_{i4}},y_{N_{i4}})\rangle$，其中 $i=1,2,\cdots,m$。

RS 按照逆时针方向选择 N_i 中的 2 个相邻顶点 $(x_{N_{ij}},y_{N_{ij}})$ 和 $(x_{N_{ij'}},y_{N_{ij'}})$，执行下述计算来隐匿位置坐标。

$$\begin{aligned}&\mathrm{EN}_{ij1}=s(x_{N_{ij}}\alpha+a_{j1})\bmod p;\mathrm{EN}_{ij2}=s(y_{N_{ij}}\alpha+a_{j2})\bmod p;\mathrm{EN}_{ij3}=s(x_{N_{ij'}}\alpha+a_{j3})\bmod p\\&\mathrm{EN}_{ij4}=s(y_{N_{ij'}}\alpha+a_{j4})\bmod p;\mathrm{EN}_{ij5}=s(x_{N_{ij}}y_{N_{ij'}}\alpha+a_{j5})\bmod p;\mathrm{EN}_{ij6}=s(x_{N_{ij}}y_{N_{ij}}\alpha+a_{j6})\bmod p\end{aligned}\tag{4-1}$$

其中，$i=1,2,\cdots,m$，$j=1,2,\cdots,4$，$j'=(j+1)\bmod 4$。

然后，RS 计算 $\mathrm{EN}_{ij}=\mathrm{EN}_{ij1}\|\mathrm{EN}_{ij2}\|\mathrm{EN}_{ij3}\|\mathrm{EN}_{ij4}\|\mathrm{EN}_{ij5}\|\mathrm{EN}_{ij6}$ 和 $\mathrm{EN}_i=\mathrm{EN}_{i1}\|\mathrm{EN}_{i2}\|\mathrm{EN}_{i3}\|\mathrm{EN}_{i4}$，得到加密的四叉树 $\mathrm{EN}=\{\mathrm{EN}_1,\mathrm{EN}_2,\cdots,\mathrm{EN}_m\}$。为了抵抗潜在的重放攻击，RS 生成签名 $\mathrm{Sig}_{\mathrm{RS}}=H(\alpha\|p\|\mathrm{EN}\|\mathrm{RS}\|\mathrm{TS}\|\mathrm{SI})^{\mathrm{SK}_{\mathrm{RS}}}$，其中，TS 是时间戳，SI 是会话 ID。最后，RS 保密 $s^{-1}\bmod p$，将 $\mathrm{E}_{\mathrm{SK}_{\mathrm{users}}}(\alpha\|p\|\mathrm{EN}\|\mathrm{RS}\|\mathrm{TS}\|\mathrm{SI}\|\mathrm{Sig}_{\mathrm{RS}})$ 发送给 RC 和 RV，其中 $\mathrm{SK}_{\mathrm{users}}$ 表示 RS 和用户（RC 和 RV）之间的会话密钥。特别地，加密的四叉树 EN 由用户端进行存储，直到更新空间划分信息。

（2）提交加密的车辆位置信息。收到 RS 发送的 $\mathrm{E}_{\mathrm{SK}_{\mathrm{SV}_k}}(\alpha\|p\|\mathrm{EN}\|\mathrm{RS}\|\mathrm{TS}\|\mathrm{SI}\|\mathrm{Sig}_{\mathrm{RS}})$ 后，RV 首先使用会话密钥 $\mathrm{SK}_{\mathrm{SV}_k}$ 解密得到 $\alpha\|p\|\mathrm{EN}\|\mathrm{RS}\|\mathrm{TS}\|\mathrm{SI}\|\mathrm{Sig}_{\mathrm{RS}}$，并验证 TS、SI

和 Sig_{RS} 是否有效，即判断等式 $e(g,\text{Sig}_{\text{RS}})=e(\text{PK}_{\text{RS}},H(\alpha\|p\|\text{EN}\|\text{RS}\|\text{TS}\|\text{SI}))$ 是否成立。如果等式成立，则传输的数据是有效的。假设 RV 的位置信息为 (x_V,y_V)，RV 执行如下计算。

$$\begin{aligned}A_{ij1}&=r_{ij}\alpha(x_V\text{EN}_{ij4}+y_V\text{EN}_{ij1}+\text{EN}_{ij6})\bmod p\\A_{ij2}&=r_{ij}\alpha(x_V\text{EN}_{ij2}+y_V\text{EN}_{ij3}+\text{EN}_{ij5})\bmod p\end{aligned}\tag{4-2}$$

其中，$i=1,2,\cdots,m$，$j=1,2,\cdots,4$。

RV 计算得到 $A_{ij}=A_{ij1}\,\|\,A_{ij2}(j=1,2,\cdots,4)$ 之后，运行随机置换函数 $\pi(A_{ij})$ 扰乱 j 的排列顺序。然后，RV 计算 $A_i=A_{i1}\,\|\,A_{i2}\,\|\,A_{i3}\,\|\,A_{i4}$ 和 $A=\{A_1,A_2,\cdots,A_m\}$，生成签名 $\text{Sig}_{\text{RV}_k}=H(A\|\text{RV}\|\text{TS}\|\text{SI})^{\text{SK}_{\text{RV}_k}}$。最后，为了让 RS 实现动态的子区域查询，RV 定期（间隔 30 s）向 RS 发送 $E_{\text{SK}_{\text{SV}_k}}(A\,\|\,\text{RV}\,\|\,\text{TS}\,\|\,\text{SI}\,\|\,\text{Sig}_{\text{RV}_k})$。

（3）动态查询车辆子区域。收到 RV 定期发送的 $E_{\text{SK}_{\text{SV}_k}}(A\,\|\,\text{RV}\,\|\,\text{TS}\,\|\,\text{SI}\,\|\,\text{Sig}_{\text{RV}_k})$ 后，RS 首先使用会话密钥 SK_{SV_k} 解密得到 $A\,\|\,\text{RV}\,\|\,\text{TS}\,\|\,\text{SI}\,\|\,\text{Sig}_{\text{RV}_k}$，并验证 TS、SI 和 Sig_{RV_k} 是否有效。注意，$\{A_1,A_2,\cdots,A_m\}$ 分别对应于四叉树的 m 个节点。然后，RS 需要判断 RV 是否在节点 N_i 表示的子区域内，执行如下计算。

$$B_{ij1}=s^{-1}A_{ij1}\bmod p=s^{-1}r_{ij}\alpha(x_V\text{EN}_{ij4}+y_V\text{EN}_{ij1}+\text{EN}_{ij6})\bmod p=$$
$$s^{-1}r_{ij}s[\alpha^2(x_Vy_{N_{ij'}}+y_Vx_{N_{ij}}+x_{N_{ij'}}y_{N_{ij}})+\alpha(x_Va_{j4}+y_Va_{j1}+a_{j6})]\bmod p$$
$$B'_{ij1}=\frac{B_{ij1}-B_{ij1}\bmod\alpha^2}{\alpha^2}=$$
$$r_i(x_Vy_{N_{ij'}}+y_Vx_{N_{ij}}+x_{N_{ij'}}y_{N_{ij}})$$
$$B_{ij2}=s^{-1}A_{ij2}\bmod p=s^{-1}r_{ij}\alpha(x_V\text{EN}_{ij2}+y_V\text{EN}_{ij3}+\text{EN}_{ij5})\bmod p=$$
$$s^{-1}r_{ij}s[\alpha^2(x_Vy_{N_{ij}}+y_Vx_{N_{ij'}}+x_{N_{ij}}y_{N_{ij'}})+\alpha(x_Va_{j2}+y_Va_{j3}+a_{j5})]\bmod p$$
$$B'_{ij2}=\frac{B_{ij2}-B_{ij2}\bmod\alpha^2}{\alpha^2}=$$
$$r_i(x_Vy_{N_{ij}}+y_Vx_{N_{ij'}}+x_{N_{ij}}y_{N_{ij'}})$$
$$B_{ij}=B'_{ij2}-B'_{ij1}=$$
$$r_i[(x_Vy_{N_{ij}}+y_Vx_{N_{ij'}}+x_{N_{ij}}y_{N_{ij'}})-(x_Vy_{N_{ij'}}+y_Vx_{N_{ij}}+x_{N_{ij'}}y_{N_{ij}})]$$

RS 得到 $B_{ij}(j=1,2,\cdots,4)$，如果所有的 $B_{ij}\geqslant 0$，则 RS 可以确定 RV 在 N_i 中；否则可以确定 RV 不在子区域内。最后，从四叉树 $N=\{N_1,N_2,\cdots,N_m\}$ 的根节点递归至叶节点，RS 可以查询到 RV 所在的子区域。因此，RS 对所有 RV 执行上述计算，可以得到所有 RV 所在的子区域，从而可以动态查询到整个乘车空间的车辆密度。FSSQ 算法具体步骤如算法 4.1 所示。

算法 4.1　安全高效的子区域查询算法

输入　RS 的空间划分四叉树$\{N_1, N_2, \cdots, N_m\}$，RV 的位置坐标$(x_V, y_V)$

输出　RV 所在的子区域

① RS 加密该四叉树为$\{EN_1, EN_2, \cdots, EN_m\}$

② for i=1 to m do

③　　RV 利用 EN_i 和(x_V, y_V)计算 A_i

④ end for

⑤ function judge(A_i)　　　　#判断 RV 是否在区域 N_i 内

⑥ for $j=1$ to 4 do

⑦　　RS 计算 B_{ij}

⑧　　if $B_{ij}<0$ then

⑨　　　return false　　　　#RV 不在区域 N_i 内

⑩　　end if

⑪ end for

⑫ return true　　　　#RV 在区域 N_i 内

⑬ end function

⑭ for 根节点 to 叶子节点 do

⑮　　RS 利用 judge(·)函数确定 RV 所在的节点区域

⑯　return N_i

⑰ end for

FSSQ 算法的正确性。基于k_1, k_2, k_3和k_4之间的关系，显然 FSSQ 算法满足下述约束条件。

$$\begin{cases} r_i\left[\alpha^2(x_V y_{N_{ij'}} + y_V x_{N_{ij}} + x_{N_{ij'}} y_{N_{ij}}) + \alpha(x_V a_{i4} + y_V a_{i1} + a_{i6})\right] < p \\ r_i\left[\alpha^2(x_V y_{N_{ij}} + y_V x_{N_{ij'}} + x_{N_{ij}} y_{N_{ij'}}) + \alpha(x_V a_{i2} + y_V a_{i3} + a_{i5})\right] < p \\ r_i\alpha(x_V a_{i4} + y_V a_{i1} + a_{i6}) < \alpha^2 \\ r_i\alpha(x_V a_{i2} + y_V a_{i3} + a_{i5}) < \alpha^2 \end{cases}$$

由于算法中的坐标值不是很大，可以很容易地选择合适的安全参数（例如，$k_1=512$，$k_2=160$，$k_3=75$，$k_4=75$）。注意，$B_{ij}=r_i[(x_V y_{N_{ij}} + y_V x_{N_{ij'}} + x_{N_{ij}} y_{N_{ij'}}) - (x_V y_{N_{ij'}} + y_V x_{N_{ij}} + x_{N_{ij'}} y_{N_{ij}})]$由 2 个因式组成，一个是随机数$r_i$，另一个是$\langle P_j, p, P_j\rangle$的

叉积。由于 r_i 是一个正数，因此结果的正负很容易判断。然后，RS 可以通过 $\langle P_j, p, P_j \rangle (j=1,2,\cdots,4)$ 的方向确定 RV 是否在凸多边形内。

为了获得约车行为的分布情况和提高车辆搜索的效率，RS将协同RC执行FSSQ算法查询覆盖 RC 上/下车地点的子区域，具体介绍如下。

3. ***安全车辆查询和网约车服务***

车辆查询阶段通过添加随机数 s', d', r_k 来隐匿 RC 的查询范围和 RV 的准确位置信息，可以很好地保护 RC 和 RV 的敏感信息。同时，通过消除查询结果中多余的随机数，RC 可以准确查询到上车地点附近的 RV。

（1）生成车辆查询请求。RC 首先输入上车地点 $(x_{\mathrm{CP}}, y_{\mathrm{CP}})$，然后设置查询半径 R（$R \geqslant 1$ km），进而可以生成查询范围圆形区域 C_{RC}，以及覆盖 C_{RC} 的正方形区域 S_{RC}（边长为 $2R$）。假定 S_{RC} 的顶点为 $\langle (x_{S1}, y_{S1}), (x_{S2}, y_{S2}), (x_{S3}, y_{S3}), (x_{S4}, y_{S4}) \rangle$，RC 运行 FSSQ 算法聚合 S_{RC} 的 4 个顶点和加密的四叉树 EN，计算得到 $C = C_1 \| C_2 \| C_3 \| C_4$。RC 计算

$$D_1 = s'(x_{\mathrm{CP}}\alpha' + d_1) \bmod p'; D_2 = s'(y_{\mathrm{CP}}\alpha' + d_2) \bmod p'$$
$$D_3 = s'd_3 \bmod p'; \quad D_4 = s'd_4 \bmod p'$$

然后，RC 计算 $D = D_1 \| D_2 \| \mathrm{D}_3 \| \mathrm{D}_4$ 和 $E = x_{\mathrm{CP}}^2 + y_{\mathrm{CP}}^2 - R^2$，生成签名 $\mathrm{Sig}_{\mathrm{RC}_k} = H(\alpha' \| p' \| D \| E \| \mathrm{RC} \| \mathrm{TS} \| \mathrm{SI})^{\mathrm{SK}_{\mathrm{RC}_k}}$ 和车辆查询数据 $\mathrm{VQP} = \alpha' \| p' \| D \| E \| \mathrm{RC} \| \mathrm{TS} \| \mathrm{SI} \| \mathrm{Sig}_{\mathrm{RC}_k}$，生成签名 $\mathrm{Sig}'_{RC_k} = H(C \| \mathrm{VSQ} \| \mathrm{RC} \| \mathrm{TS} \| \mathrm{SI})^{\mathrm{SK}_{\mathrm{RC}_k}}$，并计算 $E_{\mathrm{SK}_{\mathrm{SC}_k}}(C \| \mathrm{VSQ} \| \mathrm{RC} \| \mathrm{TS} \| \mathrm{SI} \| \mathrm{Sig}'_{\mathrm{RC}_k})$。最后，RS 保存 $s'^{-1} \bmod p'$ 数据，并将 $E_{\mathrm{SK}_{\mathrm{SC}_k}}(C \| \mathrm{VSQ} \| \mathrm{RC} \| \mathrm{TS} \| \mathrm{SI} \| \mathrm{Sig}'_{\mathrm{RC}_k})$ 发送给 RS。

（2）分析约车行为分布。收到 RC 发送的 $E_{\mathrm{SK}_{\mathrm{SC}_k}}(C \| \mathrm{VSQ} \| \mathrm{RC} \| \mathrm{TS} \| \mathrm{SI} \| \mathrm{Sig}'_{\mathrm{RC}_k})$ 后，首先，RS 使用会话密钥 $\mathrm{SK}_{\mathrm{SC}_k}$ 将其解密，得到 $C \| \mathrm{VSQ} \| \mathrm{RC} \| \mathrm{TS} \| \mathrm{SI} \| \mathrm{Sig}'_{\mathrm{RC}_k}$，并验证 TS、SI 和 $\mathrm{Sig}'_{\mathrm{RC}_k}$ 是否有效，即判断等式 $e(g, \mathrm{Sig}'_{\mathrm{RC}_k}) = e(\mathrm{PK}_{\mathrm{RC}}, H(C \| \mathrm{VSQ} \| \mathrm{RC} \| \mathrm{TS} \| \mathrm{SI}))$ 是否成立。如果等式成立，则传输的数据是有效的。然后，RS 使用 C 运行 FSSQ 算法得到 S_{RC} 的 4 个顶点对应的 4 个四叉树节点，进而构造覆盖正方形区域 S_{RC} 的区域 $\mathrm{CS}_{\mathrm{RC}}$。特别地，通过定期在地图上收集和分析 RC 在区域 $\mathrm{CS}_{\mathrm{RC}}$ 内的车辆查询请求，RS 可以获得 RC 约车行为的动态分布，生成 RV 的调度信息。显然，RS 知道所有 RV 的分布，因此 RS 可以获得区域 $\mathrm{CS}_{\mathrm{RC}}$ 内的 RV，表示为 SRV。最后，RS 计算 $E_{\mathrm{SK}_{\mathrm{SRV}_s}}(\mathrm{VSQ})$，并将结果转发给 SRV，其中 $\mathrm{SK}_{\mathrm{SRV}_s}$ 为 RS 和 SRV

的会话密钥。

（3）生成车辆查询响应。收到 $E_{\mathrm{SK}_{\mathrm{SRV}_s}}(\mathrm{VSQ})$ 后，每个 SRV 首先使用会话密钥 $\mathrm{SK}_{\mathrm{SRV}_s}$ 解密得到 $\mathrm{VQP}=\alpha'\|p'\|D\|E\|\mathrm{RC}\|\mathrm{TS}\|\mathrm{SI}\|\mathrm{Sig}_{\mathrm{RC}_k}$，并验证 TS、SI 和 $\mathrm{Sig}_{\mathrm{RC}_k}$ 是否有效。此外，SRV 计算

$$
\begin{aligned}
&F_1 = x_{\mathrm{SV}}\alpha D_1 \bmod p'; F_2 = y_{\mathrm{SV}}\alpha D_2 \bmod p' \\
&F_3 = r_3 D_3 \bmod p'; F_4 = r_4 D_4 \bmod p'
\end{aligned}
$$

其中，$\langle x_{\mathrm{SV}}, y_{\mathrm{SV}}\rangle$ 是 SRV 的位置坐标。

然后，SRV 计算 $F=r_5\sum_{i=1}^{i=4}F_i$，$I=r_5(x_{\mathrm{SV}}^2+y_{\mathrm{SV}}^2+E)$，生成签名 $\mathrm{Sig}_{\mathrm{SRV}_k}=H(I\|F\|\mathrm{SRV}\|\mathrm{TS}\|\mathrm{SI})^{\mathrm{SK}_{\mathrm{SRV}_k}}$。最后，SRV 将 $E_{\mathrm{SK}_{\mathrm{SRV}_k}}(I\|F\|\mathrm{SRV}\|\mathrm{TS}\|\mathrm{SI}\|\mathrm{Sig}_{\mathrm{SRV}_k})$ 发送给 RS 进行解密，RS 将 $E_{\mathrm{SK}_{\mathrm{SC}_k}}(I\|F\|\mathrm{SRV}\|\mathrm{TS}\|\mathrm{SI}\|\mathrm{Sig}_{\mathrm{SRV}_k})$ 转发给 RC。

（4）读取车辆查询结果。收到 $E_{\mathrm{SK}_{\mathrm{SC}_k}}(I\|F\|\mathrm{SRV}\|\mathrm{TS}\|\mathrm{SI}\|\mathrm{Sig}_{\mathrm{SRV}_k})$ 后，RC 首先使用会话密钥 $\mathrm{SK}_{\mathrm{SC}_s}$ 解密得到 $I\|F\|\mathrm{SRV}\|\mathrm{TS}\|\mathrm{SI}\|\mathrm{Sig}_{\mathrm{SRV}_k}$，并验证 TS 和 $\mathrm{Sig}_{\mathrm{SRV}_k}$ 是否有效。然后，RC 需要确定 SRV 是否在区域 C_{RC} 中，执行如下计算。

$$
\begin{aligned}
&J = s'^{-1}F \bmod p' = s'^{-1}s'r_5[\alpha'^2(x_{\mathrm{CP}}x_{\mathrm{SV}}+y_{\mathrm{CP}}y_{\mathrm{SV}})+ \\
&\alpha(x_{\mathrm{SV}}d_1+y_{\mathrm{SV}}d_2)+r_3d_3+r_4d_4] \bmod p' \\
&J' = \frac{J-(J \bmod \alpha'^2)}{\alpha'^2} = r_5(x_{\mathrm{SV}}x_{\mathrm{SV}}+y_{\mathrm{CP}}y_{\mathrm{SV}}) \\
&K = F-2J' = r_5[x_{\mathrm{CP}}^2+y_{\mathrm{CP}}^2+x_{\mathrm{SV}}^2+y_{\mathrm{SV}}^2- \\
&2(x_{\mathrm{CP}}x_{\mathrm{SV}}+y_{\mathrm{SV}}y_{\mathrm{SV}})-R^2]= \\
&r_5[(x_{\mathrm{SV}}-x_{\mathrm{CP}})^2+(y_{\mathrm{SV}}-y_{\mathrm{CP}})^2-R^2]
\end{aligned}
\tag{4-3}
$$

显然，当 $K\leqslant 0$ 时，RC 可以确定 RSV 在查询范围区域 C_{RS} 内，否则可以确定 RSV 不在 C_{RS} 内。因此，RC 可以通过上述运算查询到所有 SRV_s，表示为 CRV_s。

（5）生成乘车请求。获得期望上车地点附近的车辆 CRV 后，RC 通过 RS 向 CRV 广播乘车请求。首先，RC 在地图上选择下车地点$(x_{\mathrm{CT}}, y_{\mathrm{CT}})$，通过执行 FSSQ 算法聚合$(x_{\mathrm{CT}}, y_{\mathrm{CT}})$和加密的四叉树 EN 并生成 C_5。然后，RC 生成签名 $\mathrm{Sig}''_{\mathrm{RC}_k}=H(\mathrm{CRV}_s\|C_5\|\mathrm{RC}\|\mathrm{TS}\|\mathrm{SI})^{\mathrm{Sig}_{\mathrm{RC}_k}}$，并将 $E_{\mathrm{SK}_{\mathrm{SC}_k}}(\mathrm{CRV}_s\|C_5\|\mathrm{RC}\|\mathrm{TS}\|\mathrm{SI}\|\mathrm{Sig}''_{\mathrm{RC}_k})$ 发送给 RS。

（6）传输乘车请求。首先，RS 使用会话密钥 $\mathrm{SK}_{\mathrm{SC}_k}$ 解密 $E_{\mathrm{SK}_{\mathrm{SC}_k}}(\mathrm{CRV}_s\|C_5\|\mathrm{RC}$

$\|TS\|SI\|Sig''_{RC_k})$，并验证密文的有效性。然后，RS 利用 C_5 运行 FSSQ 算法获得 RC 下车地点所在的子区域，在子区域内随机选择一个点 ATP。最后，RS 生成签名 $Sig''_{RS}=H(ATP\|RS\|TS\|SI)^{SK_{RS}}$，并广播 $E_{SK_{CRV_s}}(ATP\|RS\|TS\|SI\|Sig''_{RS})$ 给 CRV，其中 SK_{CRV_s} 为 RS 和 CRV 的会话密钥。

（7）响应乘车请求和决策。收到 RS 广播的 $E_{SK_{CRV_s}}(ATP\|RS\|TS\|SI\|Sig''_{RS})$ 后，每个 CRV 均使用各自的会话密钥 SK_{CRV_s} 将其解密，得到 $ATP\|RS\|TS\|SI\|Sig''_{RS}$，并验证其是否有效。因此，每个 CRV 可以凭借 RC 的近似下车地点 ATP 来决定是否接受乘车任务，而接受任务的 CRV 需要将“接受响应”发送给 RS。RS 向 RC 返回接收乘车请求的 CRV 列表，由 RC 自行选择一个合适的 CRV，并通过 RS 转发乘车请求给该 CRV。

然后，RC 需要和选择的 CRV 协商会话密钥 $SK_{HC}=g^{SK_{RC_k}\cdot SK_{CRV_k}}$，RC 通过 RS 将 $E_{SK_{HC}}(P_{CP}\|PI\|Sig'''_{RC_k}$ 发送给 CRV，其中 P_{CP} 是上车地点(x_{CP}, y_{CP})的位置坐标，PI 是 RC 的个人信息（包括手机号码、声誉值等），$Sig'''_{RC_k}=H(P_{CP}\|PI)^{SK_{RC_k}}$。最后，CRV 在验证传输数据包的有效性之后，将地图上的实时位置共享给 RC。ESVQ 算法具体步骤如算法 4.2 所示。

算法 4.2 安全高效的车辆查询算法

输入 圆心为(x_{CP}, y_{CP})、半径为 R 的查询范围圆形区域 C_{RC}，RV 的位置

输出 区域 C_{RC} 中的 RV(CRV)

① RC 生成一个覆盖 C_{RC} 的正方形区域 S_{RC}（边长为 $2R$）
② RC 将 S_{RC} 的顶点作为输入，协同 RS 运行 FSSQ 算法
③ RS 获得一个覆盖 C_{RC} 的子区域和 SRV
④ function decide SRV　　　　#SRV 是否在区域 C_{RC} 内
⑤ 　　RC 计算 D_i
⑥ 　　SRV 计算 F，I
⑦ 　　RC 计算 K
⑧ 　　if K>0 then
⑨ 　　　　return false　　　　#SRV 不在区域 N_i 内
⑩ 　　else
⑪ 　　　　return true　　　　# SRV 在区域 N_i 内
⑫ 　　end if

⑬ end funtcion

ESVQ 算法的正确性。基于上述 k_1, k_2, k_3 和 k_4 之间的关系，显然，FSSQ 算法满足以下约束条件

$$\begin{cases} r_5[\alpha'^2(x_{CP}x_{SV} + y_{CP}y_{SV}) + \alpha'(x_{SV}d_1 + y_{SV}d_2) + (r_3d_3 + r_4d_4)] < p' \\ r_5[\alpha'(x_{SV}d_1 + y_{SV}d_2) + (r_3d_3 + r_4d_4)] < \alpha'^2 \end{cases}$$

由于上车地点的坐标值不是很大，可以很容易地选择合适的安全参数（例如，k_1=512，k_2=160，k_3=575，k_4=75）。注意，$K = r_5[(x_{RV} - x_{CP})^2 + (y_{RV} - y_{CP})^2 - R^2]$ 中，$(x_{RV} - x_{CP})^2 + (y_{RV} - y_{CP})^2 - R^2$ 表示 RC 选择的 SRV 至区域 C_{RC} 中心的距离，r_5 是一个正的随机数。因此，可以利用 K 的正负判断 SRV 是否在区域 CRC 内。

4.1.4　安全性分析

本节对 Trace 系统的安全性进行分析。具体来说，依据先前讨论的安全需求，主要分析如何在网约车服务过程中保护用户的位置信息隐私、服务提供商数据的保密性以及身份认证。

1．保证用户敏感信息隐私

在 Trace 系统中，用户敏感信息由三部分组成：RV 的位置坐标(x_V, y_V)、RC 上车地点附近的圆形搜索区域 C_{RC} 和 RC 的下车地点位置坐标(x_{CT}, y_{CT})。

首先，Trace 系统可以保证 RS 无法获取这些用户敏感信息。具体来说，在网约车服务过程中，(x_V, y_V)和(x_{CT}, y_{CT})通过加密四叉树计算得到，并在发送给 RS 进行位置检测前隐匿了位置。此外，将圆形区域 C_{RC} 转换为正方形区域 S_{RC}，并且对 S_{RC} 的顶点(x_{S1}, y_{S1}), (x_{S2}, y_{S2}), (x_{S3}, y_{S3}), (x_{S4}, y_{S4})执行类似(x_V, y_V)和(x_{CT}, y_{CT})的操作后，再发送给 RS。以(x_V,y_V)为例，RV 计算 $A_i = A_{i1} \| A_{i2} \| A_{i3} \| A_{i4}$，其中 $A_{ij} = A_{ij1} \| A_{ij2}$，$A_{ij1} = r_{ij}\alpha(x_V \text{EN}_{ij4} + y_V \text{EN}_{ij1} + \text{EN}_{ij6}) \bmod p$，$A_{ij2} = r_{ij}\alpha(x_V \text{EN}_{ij2} + y_V \text{EN}_{ij3} + \text{EN}_{ij5}) \bmod p$。因为随机数 r_{ij} 是由 RV 保密的，所以 RS 不能获得(x_V,y_V)。RV 运行随机置换函数 $\pi(A_{ij})$ 扰乱了 j 的顺序，RS 也无法推断出(x_V, y_V)和子区域的任意边 N_i 之间的位置关系。类似地，RS 无法获得(x_{CT}, y_{CT})，(x_{S1}, y_{S1}), (x_{S2}, y_{S2}), (x_{S3}, y_{S3}), (x_{S4}, y_{S4})，所以 RS 无法获得 RC 和 RV 的任何准确的位置信息，但是从子区域查询结果 B_{ij} 中，RS 可以获得一些商业调度信息，例如约车行为的分布情况和 RV 的密度。

其次，Trace 系统可以保证 RC 和 RV 在完成网约车任务之前不能获取对方的敏感信息。在车辆查询过程中，RC 查询圆形区域 C_{RC}（圆心为$(x_{\mathrm{CP}}, y_{\mathrm{CP}})$，半径为 R）内的 RV。在发送上车位置给 RV 之前，RC 利用秘密随机数 s'和 d_i 隐匿$(x_{\mathrm{CP}}, y_{\mathrm{CP}})$，从而得到 $D=D_1\|D_2\|D_3\|D_4$，其中 $D_1 = s'(x_{\mathrm{CP}}\alpha' + d_1) \bmod p', D_2 = s'(y_{\mathrm{CP}}\alpha' + d_2) \bmod p', D_3 = s'd_3 \bmod p'$，$D_4 = s'd_4 \bmod p'$。由于 s'和 d_i 是由 RC 保密的，因此 RV 不可能得到$(x_{\mathrm{CP}}, y_{\mathrm{CP}})$。此外，RC 发送 $E = x_{\mathrm{CP}}^2 + y_{\mathrm{CP}}^2 - R^2$ 给 RV，显然，RV 也无法从 E 中获得 RC 的查询范围半径 R。接下来，RV 计算车辆查询响应 $F = s'r_5[\alpha'^2(x_{\mathrm{CP}}x_{\mathrm{SV}} + y_{\mathrm{CP}}y_{\mathrm{SV}}) + \alpha(x_{\mathrm{SV}}d_1 + y_{\mathrm{SV}}d_2) + r_3d_3 + r_4d_4] \bmod p'$和$I = r_5(x_{\mathrm{SV}}^2 + y_{\mathrm{SV}}^2 + E)$。

由于保密的随机数 r_i 只有 RV 知道，因此 RC 无法获得 RV 的精确位置坐标(x_V, y_V)。同时，车辆查询响应 F 中包含了 RC 选择的秘密随机数 s'和 d_i，只有 RC 才能恢复车辆查询结果 K。此外，F_3 和 F_4 确保查询结果 F 中至少包含 2 个随机数，可以抵抗 RC 的穷搜索攻击，并且 $R \geqslant 1$ km，使攻击者不能通过选择较小的圆形搜索区域来推断 RV 的准确位置。即使攻击者可以获得用户数据，也无法获得有用的信息。

2. **保证服务提供商空间划分信息的机密性**

为了分析地图上约车行为的分布情况以及车辆密度，RS 将乘车空间划分为若干个子区域，利用四叉树 $N=\{N_1, N_2, \cdots, N_m\}$ 进行表示，其中 m 是四叉树的节点个数。在发送给用户之前，RS 利用秘密随机数 s 和 a_{ji} 加密存储在四叉树每个节点中的原始顶点数据。为了获得 $\mathrm{EN}_{ij} = \mathrm{EN}_{ij1}\|\mathrm{EN}_{ij2}\|\mathrm{EN}_{ij3}\|\mathrm{EN}_{ij4}\|\mathrm{EN}_{ij5}\|\mathrm{EN}_{ij6}$ 和$\mathrm{EN}_i = \mathrm{EN}_{i1}\|\mathrm{EN}_{i2}\|\mathrm{EN}_{i3}\|\mathrm{EN}_{i4}$，对于每一个节点 N_i，RS 计算 $\mathrm{EN}_{ij1} = s(x_{N_{ij}}\alpha + a_{j1}) \bmod p$, $\mathrm{EN}_{ij2} = s(y_{N_{ij}}\alpha + a_{j2}) \bmod p, \cdots, \mathrm{EN}_{ij6} = s(x_{N_{ij}}y_{N_{ij}}\alpha + a_{j6}) \bmod p$。如果不知道随机数 s 和 a_{ji}，显然不能恢复节点中的原始顶点数据，即 RC 和 RV 无法获取 RS 的空间划分信息。此外，加密的车辆位置信息 $A = A_{ij1}\|A_{ij2}$ 也包含随机数 s 和 a_{ji}，其中 $A_{ij1} = r_{ij}\alpha(x_V\mathrm{EN}_{ij4} + y_V\mathrm{EN}_{ij1} + \mathrm{EN}_{ij6}) \bmod p, A_{ij2} = r_{ij}\alpha(x_V\mathrm{EN}_{ij2} + y_V\mathrm{EN}_{ij3} + \mathrm{EN}_{ij5}) \bmod p$。因此，只有 RC 才能恢复车辆子区域查询结果 B_{ij}。值得注意的是，引入随机数 a_j 扩大了四叉树的数据空间，可以抵抗攻击者的穷尽搜索攻击。由于安全链路传输的四叉树是以加密形式存在的，因此任何攻击者都无法获得 RS 的空间划分信息。

3. **实现了数据包认证**

在 Trace 系统中，RC、RV 和 RS 之间传输的数据包采用了 BLS 短签名[5]方案。由于 BLS 短签名在随机预言机模型的 Diffie-Hellman 问题[6]下是可证明安全的，因此可以提供数据源认证。因为任何未注册的用户缺少会话密钥，所以不能发送有效的数据包给 RS 或 RV。因此，如果未注册的用户在系统中发送伪造的数据包，那么该行为会被检测为恶意行为。

通过上述分析可以得出结论，Trace 系统对用户和 RS 来说都是安全的，可以实现预定的安全目标。

4.1.5　性能评估

本节首先根据 RC、RV 和 RS 的计算复杂度来评估 Trace 系统的性能；然后，将在实际环境中 Trace 系统部署，进而对其集成性能进行有效评估。

1. 评估环境

为了测量集成性能，在智能手机和 PC 端利用真实 LBS 数据集实现 Trace 系统。具体地，选择两台配置 2.2 GHz 八核处理器、6 GB RAM、安卓 7.1.1 系统的智能手机和一台配置 2.0 GHz 六核处理器、64 GB RAM、Windows 10 系统的 PC 机，分别评估通过 802.11g WLAN 连接的 RC、RV 和 RS。基于 Trace 系统，利用 Java 语言构建一种应用程序(Trace.apk)，将其安装在智能手机上来模拟 RC 和 RV，在 PC 机上部署 RS 模拟器。用户可以在 RS 中注册、访问乘车服务。RC 可以输入上车地点，设置查询区域半径，并可以通过 RS 向上车地点附近的 RV 发送乘车请求，获得可约车辆列表。RV 可以接收附近 RC 的乘车请求，获得 RC 近似下车地点。

2. 计算复杂度

Trace 系统主要由 FSSQ 算法和 ESVQ 算法构成，分别用于 RS 的动态子区域查询和 RC 的车辆查询。下面分别对 RC、RV 和 RS 在这 2 个过程中的计算复杂度进行评估。

在动态子区域查询过程中，假设四叉树节点数、RV、RC 的请求分别为 M,N,N'。RS 需要 $56M$ 次乘法运算加密四叉树，需要 $16(N+5N')$次乘法运算分析每个节点的子区域查询结果；在利用加密四叉树和随机数模糊 RC 的上/下车地点和 RV 的位置坐标时，每一个 RC 和 RV 都需要 $32M$ 次乘法运算。t_{mul} 表示计算一次乘法的时间复杂度。因此，RC/RV、RS 加密四叉树和 RS 分析检测结果的计算复杂度分别为 $32Mt_{mul}$、$56Mt_{mul}$ 和 $16(N+5N')t_{mul}$。

在车辆查询过程中，RC 首先运行 FSSQ 算法获取 SRV，这需要 128M 次乘法运算。假设 SRV 的个数为 L，那么在隐匿查询范围区域时，RC 需要 6 次乘法运算。在接收到 RC 的查询请求后，每个 SRV 在聚合计算中需要 8 次乘法运算，RC 分析查询结果需要 2+5L 次乘法运算。因此，RC 和 SRV 的总计算复杂度分别为 $(8+5L+128M)\ t_{\text{mul}}$ 和 8 t_{mul}。

不同于其他耗时的同态加密技术，本节介绍的 FSSQ 算法和 ESVQ 算法采用了轻量级的多方随机隐匿技术，在提供准确子区域和车辆查询结果的同时，可以大大减少运行时间。为了与 Trace 系统进行比较，本节选择 PDCP[7]和 CSSF[7]实现任意凸多边形查询，使用 Paillier[8]和 ElGamal[9]加密系统进行圆形区域查询。假设四叉树节点的平均域大小用 l 表示，一次指数计算的时间复杂度用 t_{exp} 表示。一方面，在子区域查询过程中，RC 和 RV 运行 PDCP、RS 加密四叉树和 RS 分析查询结果的计算复杂度分别为 $(57+16l+4l^2)Mt_{\text{mul}}+(25+16l)Mt_{\text{exp}}, 24Mt_{\text{mul}}+12Mt_{\text{exp}}$ 和 $(14N+70N'+16lN+80lN')t_{\text{exp}}+(8+28N+140N'+4lN+20lN')t_{\text{mul}}$。另一方面，在车辆查询过程中，RC 和 RV 运行 CSSF[7]的计算复杂度分别为 $(8+L)t_{\text{exp}}+(8+4L+128M)t_{\text{mul}}$ 和 $12t_{\text{mul}}+4t_{\text{exp}}$。

表 4-2 和表 4-3 分别比较了 Trace 系统与 PDCP[7]和 CSSF[7]的计算复杂度，显然，Trace 系统能够以较低的运行时间实现隐私保护网约车服务。

表 4-2　子区域查询中的计算复杂度

系统	RC/RV	RS（加密四叉树）	RS（分析查询结果）
Trace 系统	$32M\,t_{\text{mul}}$	$56M\,t_{\text{mul}}$	$16(N+5N')t_{\text{mul}}$
PDCP[7]	$(57+16l+4l^2)t_{\text{mul}}+(25+16l)Mt_{\text{exp}}$	$24M\,t_{\text{mul}}+12M\,t_{\text{exp}}$	$(8+28N+140N'+4lN+20lN')t_{\text{mul}}+(14N+70N'+16lN+80lN')t_{\text{exp}}$

表 4-3　车辆查询中的计算复杂度

系统	RC	RV
Trace 系统	$(8+5L+128M)t_{\text{mul}}$	$8t_{\text{mul}}$
CSSF[7]	$(8+4L+128M)t_{\text{mul}}+(8+L)\,t_{\text{exp}}$	$12t_{\text{mul}}+4t_{\text{exp}}$

在子区域查询过程中，影响 RC、RV 和 RS 运行时间的主要因素是四叉树节点数量和查询点数量。本节选择 28～84 个四叉树节点，1 000～2 400 个查询点进行实验。Trace 系统和 PDCP 查询子区域、加密四叉树、分析子区域查询结果的运行时

间对比如图 4-4 所示。可以明显看出，随着四叉树节点的增加，PDCP[7]的运行时间明显增加，而且运行时间远高于 Trace 系统。

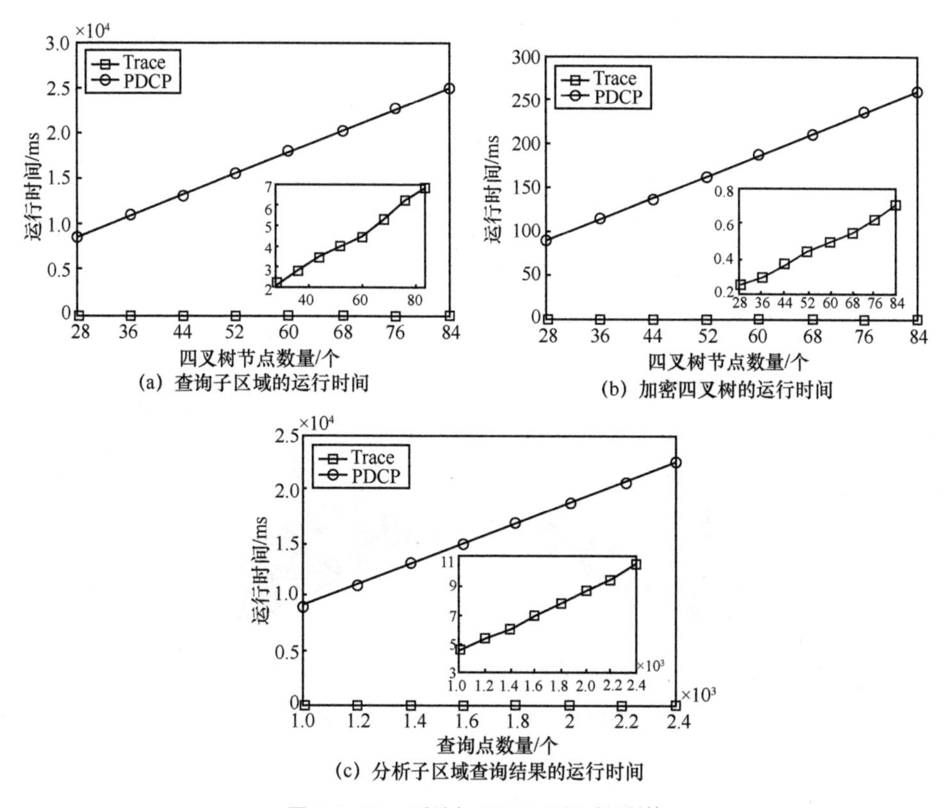

图 4-4 Trac 系统与 PDCP 运行时间对比

在车辆查询过程中，SRV 的数量会影响 RC 的运行时间。选择 200～550 个 SRV，令四叉树节点数量为 60，Trace 系统与 CSSF 查询车辆的运行时间对比如图 4-5 所示。从图 4-5 可以看出，CSSF 的运行时间远高于 Trace 系统。尽管当 SRV 的数量增加时，Trace 系统的运行时间也会随之增加，但其增量远低于 CSSF 的增加的运行时间。图 4-6 所示为 RS 查询子区域的运行时间，可以看出，即使用户数量很大，运行时间也在可以接受的范围。图 4-7 所示为 RC 查询车辆的运行时间。通过上述运行时间的比较分析可知，Trace 系统在 RC、RV 和 RS 中的运行时间具有更高的计算效率。

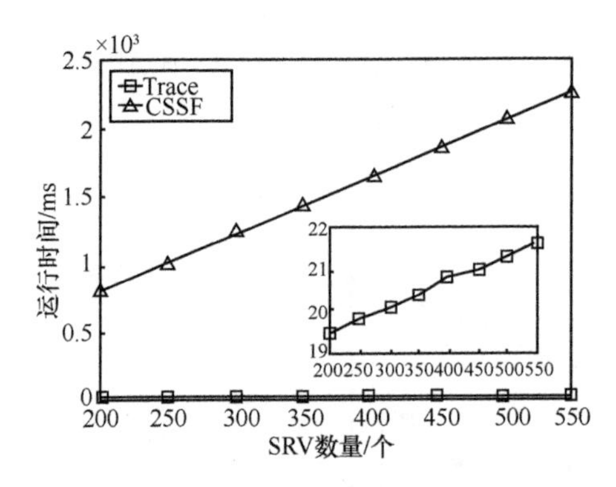

图 4-5　Trace 系统与 CSSF 查询车辆的运行时间对比

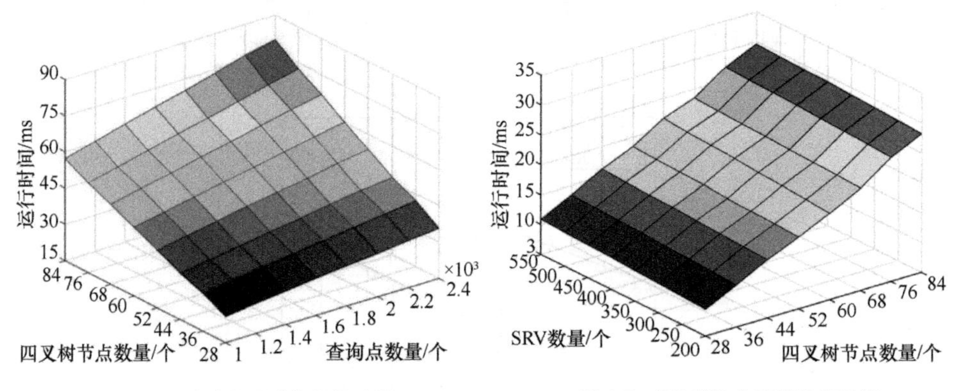

图 4-6　RS 查询子区域的运行时间　　　　图 4-7　RC 查询车辆的运行时间

3. 通信开销

对于 Trace 系统，在子区域查询过程中，首先 RS 将广播加密的四叉树 $E_{\mathrm{SK}_{\mathrm{users}}}(\alpha \| p \| \mathrm{EN} \| \mathrm{RS} \| \mathrm{TS} \| \mathrm{SI} \| \mathrm{Sig}_{\mathrm{RS}})$ 发送给用户，然后 RV 将子区域查询响应 $E_{\mathrm{SK}_{\mathrm{SV}_k}}(A \| \mathrm{RV} \| \mathrm{TS} \| \mathrm{SI} \| \mathrm{Sig}_{\mathrm{RV}_k})$ 提交给 RS，RC 将加密的车辆查询请求 $E_{\mathrm{SK}_{\mathrm{SC}_k}}(C \| \mathrm{VSQ} \| \mathrm{RC} \| \mathrm{TS} \| \mathrm{SI} \| \mathrm{Sig}'_{\mathrm{RC}_k})$ 和加密的乘车请求 $E_{\mathrm{SK}_{\mathrm{SC}_k}}(\mathrm{CRV}_s \| C_5 \| \mathrm{RC} \| \mathrm{TS} \| \mathrm{SI} \| \mathrm{Sig}_{\mathrm{RV}_k})$ 发送给 RS。在车辆查询过程中，RC 与 RV 之间需要传输车辆查询数据 VSQ 和车辆查询响应 $E_{\mathrm{SK}_{\mathrm{SC}_k}}(I \| F \| \mathrm{SRV} \| \mathrm{TS} \| \mathrm{SI} \| \mathrm{Sig}_{\mathrm{RV}_k})$。影响 RC、RV 和 RS 之间通信开销的主要因素是四叉树节点数量和查询点数量，通信开销性能评估如图 4-8 所示。从图 4-8（a）～图 4-8（c）可以看出，随着四叉树节点数量的增加，PDCP 的通信开销显著增加，且通信开销远远高于 Trace 系统。SRV 的数量也会影响 RC 的通信开销，从图 4-8（d）可以看出，随着 SRV 数量增加，CSSF 的通信开销显著增加，

远远高于 Trace 系统。从图 4-8（e）可以看出，即使用户数量较大，RS 的通信开销也在可以接受的范围。从图 4-8（f）可以看出，RC 维持较低的通信开销。综上所述，Trace 系统在 RC、RV 和 RS 中的通信开销具有更高的通信效率。

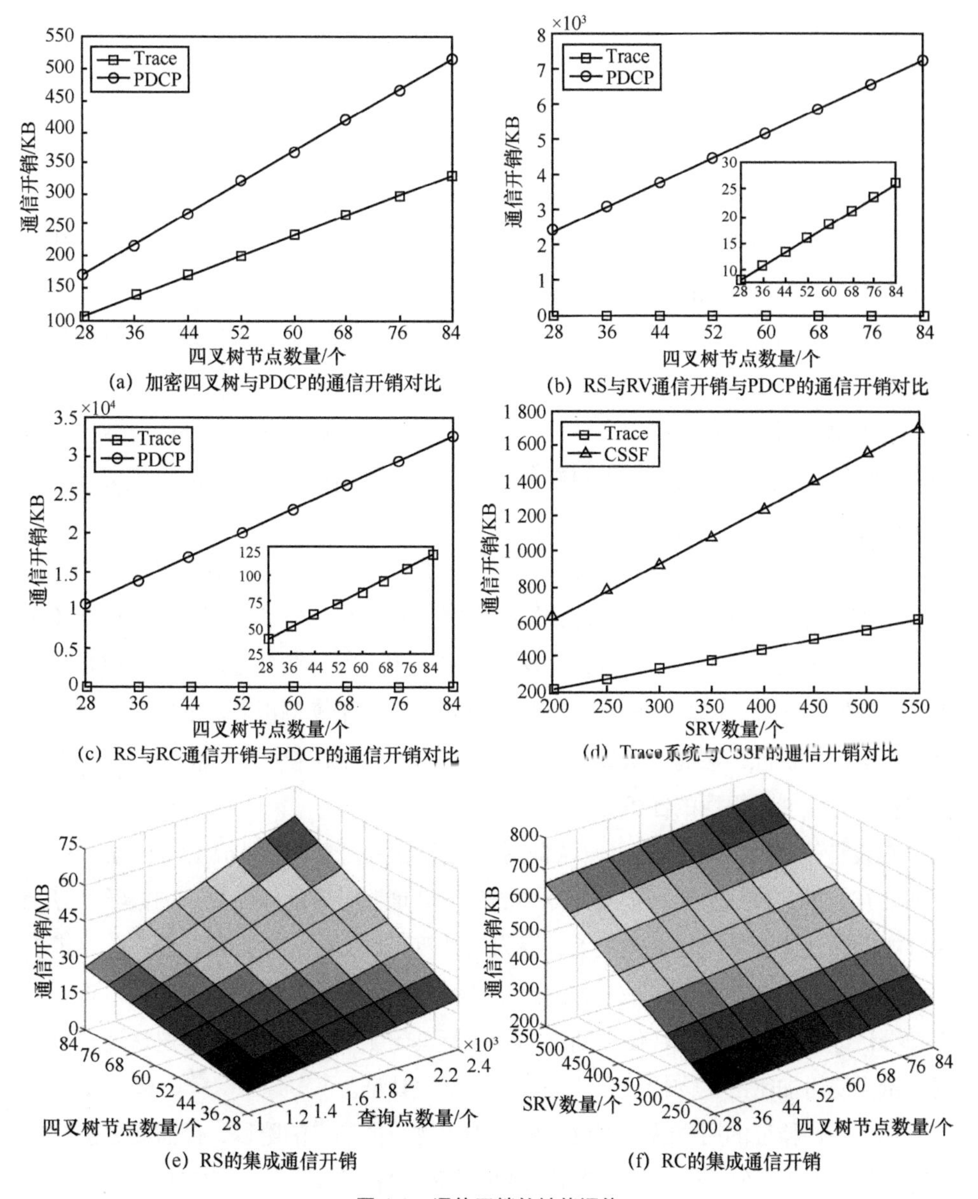

图 4-8　通信开销的性能评估

| 4.2 远程身份认证服务 |

4.2.1 引言

基于生物特征的用户身份认证已有广泛应用，如移动安全、金融交易和智慧医疗[10]。与传统密码相比，使用生物特征具有一些特殊的优势。例如，为了安全起见，人们需要记住许多不同账户的安全密码，并经常更新密码。相比之下，生物特征是与个人永久且唯一关联的，因此，个人可以使用生物特征对用户进行身份认证。但基于生物特征的用户身份认证也会导致一些安全和隐私问题。首先，生物特征是不可撤销的，如果生物特征被泄露，那么用户将永久地失去该生物特征的安全性，特别是对于单因素生物特征的用户认证；其次，授权用户可能关心认证服务器上存储的生物特征隐私，由于生物特征可能包含大量的个人信息，因此不应以明文形式存储生物特征。

为了保护生物特征信息，相关文献中主要介绍了 3 种方法：不可逆变换[11]、模糊提取器[12]和同态加密[13]。不可逆变换依赖于静态密钥，它本质上是一个双因素（生物特征加上密钥）用户身份认证，无法跨平台应用，因为在身份认证时密钥必须可用，才能转换请求的生物特征供后续用户身份认证。基于模糊提取器的用户认证[14-15]是单因素用户认证，然而，从具有高稳定性、高熵的生物特征和其他噪声数据中提取密钥是一项非常艰巨的任务。

在设计基于生物特征的用户认证时，使用同态加密[13]来保护生物特征信息是一种很有前景的方法。特别是云计算中的身份认证服务器能够在复杂的数学计算上执行加密算法（即生物特征匹配），因为云计算可以提供无处不在、动态、可扩展和按需的服务。也就是说，基于云的生物特征有利于高效的生物特征匹配以进行用户身份认证。本节主要关注使用同态加密执行基于生物特征的远程用户认证，授权用户希望使用加密的生物特征在认证服务器远程认证。

基于生物特征的用户认证不仅需要保护生物特征信息的隐私，也需要保护非生物特征信息（如身份、行为和交互记录）的隐私。身份隐藏是一个重要的隐私属性，由一些广泛标准化和部署的加密协议（如 TLS1.3 和 QUIC[16]）推荐，身份隐藏意味

着协议执行的记录不应该泄露授权用户的身份信息。此外，用户认证还需要不可链接性，这样身份认证服务器就无法链接同一授权用户的多个会话。本节基于同态加密技术设计了一种身份隐藏和不可链接（BRUA，Blind Register and Unaccess）方法。

在加密协议（如 QUIC[16]）执行过程中，可以使用同态加密对授权用户的身份信息进行加密。但是，如果同一匿名用户对一个认证服务器进行两次认证，那么身份认证服务器仍然可以在存储所有注册用户记录的数据库中将匿名身份认证用户和其特定记录链接在一起。注意，授权用户和数据库记录之间的不可链接性是敏感设施（如个人记录管理系统[17]）的一个重要特征。

由于 BRUA 的生物特征匹配可以处理各种距离计算（如欧几里得距离、汉明距离或切比雪夫距离），因此，合适的同态加密原语对于用户认证的成功是至关重要的。全同态加密可以简单地支持上述距离计算，具体来说，当执行生物特征匹配时，它可以同时进行加法和乘法。然而，由于其运行时间和系统复杂性[18-19]，它在一些实际环境（如资源有限的设备）中并不适用。

相比于开销较大的全同态加密，本节方法使用部分同态加密，如 Paillier 密码系统。然而，Paillier 密码系统只能对加密的生物特征进行加法运算。有时，在应用欧几里得距离进行生物特征匹配时，必须使用乘法运算。因此，如何利用 Paillier 密码系统来支持生物特征匹配的复杂数学运算，是设计远程用户认证系统面临的第一个挑战。

此外，用户通常使用自己的公钥对生物特征进行加密，并存储在认证服务器中。由于生物特征匹配在同一公钥下采用不同的密文作为输入，认证服务器必须将不同公钥下的密文转换为同一公钥下的密文。当识别授权用户时，这种转换很容易。然而，这与保护用户隐私相矛盾。因此，实现匿名和不可链接的用户身份认证是一项具有挑战性的任务。

本节介绍了一种基于生物特征的隐私保护远程用户认证（PribioAuth）模型，允许授权用户使用加密的生物特征在认证服务器远程认证。PribioAuth 模型在系统中使用了两台（非共谋的）诚实且好奇的云服务器[20-21]，一台作为认证服务器；另一台作为计算服务器，与认证服务器协同工作以完成生物特征匹配。对于匿名和不可链接的 PribioAuth 模型，本节首先介绍了一种匿名密钥转换（Akeytrans）协议，使认证服务器以匿名方式执行密钥转换；同时，受无意识访问控制[22-23]概念的启发，PribioAuth 模型允许经过认证的用户以无意识的方式对认证服务器进行身份认证。基于匿名密钥转换和无意识访问控制，PribioAuth 模型可以保证用户隐私，其主要贡献总结如下。

（1）安全和隐私保证。给出基于生物特征的隐私保护远程用户认证协议的形式化安全性要求，包括生物特征隐私、访问控制、身份隐藏（匿名）和不可链接性等各种安全和隐私属性。

（2）实用结构。为了使认证服务器能够进行高效的生物特征匹配，介绍了一种基于生物特征的远程用户认证实用方案，该方案使用两台非共谋的服务器：一台认证服务器和一台计算服务器。

（3）安全生物特征匹配。认证服务器与计算服务器为生物特征匹配共同执行各种数学计算，提供一套安全多方计算子协议，以保证成功进行基于生物特征的远程用户认证，包括小于、相等和乘法计算协议。特别地，生物特征匹配不需要用户交互。

（4）使用的可扩展性。在跨平台环境中使用本节的解决方案很容易，因为 PribioAuth 模型是一种单因素用户认证，且在认证时不会生成额外的密钥。

本节旨在利用 DT-PKC 的一些固有特征进行远程用户认证，这种同态加密[20-21]具有密钥隐私[24]属性，这将在 4.2.3 节进行形式化定义和分析。

4.2.2 问题描述

本节介绍了 PribioAuth 模型的系统模型与威胁模型。相关的符号及其描述如表 4-4 所示。

表 4-4 符号及其描述

符号	描述
PK_i、SK_i	用户 i 的公、私钥
ID_i	用户 i 的身份
$\mathrm{dist}(\boldsymbol{x}, \boldsymbol{y})$	向量 $\boldsymbol{x}$ 和向量 $\boldsymbol{y}$ 的距离
$t \in \mathbb{R}^+$	门限值（正实数）
$\mathcal{B}$	普通生物特征
$\mathcal{C}$	参考生物特征
$\mathbb{N}$	生物特征的维度
$\mathbb{Z}$	有限域
n	用户数

（续表）

符号	描述
k	秘密证书数
$[\![x]\!]([\![x]\!]_{\mathrm{PK}})$	使用公钥 PK 加密 x 的密文
(N,g)	DT-PKC 的公共参数
S	DT-PKC 的拆分算法
Enc	DT-PKC 的加密算法
Dec	DT-PKC 的解密算法
$\mathrm{PD}\left(\frac{1}{2}\right)$	DT-PKC 的部分解密算法

1．系统模型

基于生物特征的远程用户认证模型涉及 3 种类型的实体：密钥生成中心、请求用户和认证服务器（可能包括一个额外的计算云服务器）。本节定义了一种基于生物特征的远程用户身份认证方案，它由以下算法组成。

（1）Setup 初始化。KGC 以安全参数 $\mho$ 作为输入，输出主公/私钥对 $(\mathrm{MPK},\mathrm{MSK})$。此外，KGC 输出一组证书 $\{\mathrm{MSK}^{(i)}\}^k$，并安全地分发给相应的 CP 和 CSP_i。

（2）KeyGen 密钥生成。用户以主公钥 MPK 作为输入，输出一组公/私钥对 $(\mathrm{PK},\mathrm{SK})$。

（3）Registration 注册。用户在 CP 注册其身份 ID 和参考生物特征 $\mathcal{C}$。在云端，CP 和 CSP_i 之间可能存在交互算法，用户注册后成为 RU。

（4）Authentication 身份认证。RU 向认证服务器 CP 发送其身份 ID 和候选生物特征识别码 $\mathcal{C}'$，然后，当且仅当 $\mathrm{dist}(\mathcal{C}',\mathcal{C})\leqslant t$ 时，CP 才接受该身份。在云端，CP 和 CSP_i 之间可能存在交互算法。

注意，普通和参考生物特征是加密后以密态形式存在，更具体地，它们是使用用户的个人公钥加密的。

2．威胁模型

（1）生物特征隐私

系统中的敌手试图学习用户的普通生物特征，敌手 $\mathcal{A}$ 和模拟器 $\mathcal{S}$ 之间的生物特征隐私游戏如下所示。

① 初始化阶段。首先，$\mathcal{S}$ 分别为系统的 n 个用户和 m 台服务器生成公/私钥对

$(\mathrm{PK}_i,\mathrm{SK}_i)$（$i\in[1,n]$），为 $k(k\leqslant m)$ 台服务器生成一套秘密证书 $\{\mathrm{SK}^{(j)}\}_{j=1}^{k}$，生成用户的普通生物特征 $\{\mathcal{B}_j\}$ 和参考生物特征 $\{\mathcal{C}_j\}$，并返回所有参考生物特征给 $\mathcal{A}$。最后，$\mathcal{S}$ 随机抛硬币决定 b 的取值，供游戏后续使用。

② 训练阶段。$\mathcal{A}$ 可以按照任意顺序对 $\mathcal{S}$ 进行以下查询。

发送。如果 $\mathcal{A}$ 以 $(\mathrm{ID},i,\mathrm{msg})(\mathrm{resp.}(\mathrm{CP},i,\mathrm{msg}))$ 的形式发起查询，来模拟用户 ID 的第 i 个会话的网络消息 $(\mathrm{resp.\ server\ CP})$，$\mathcal{S}$ 将在收到 msg 后模拟实例的响应 $\Pi_{\mathrm{ID}}^{i}(\mathrm{resp.}\Pi_{\mathrm{CP}}^{i})$，将生成的响应 $\Pi_{\mathrm{ID}}^{i}(\Pi_{\mathrm{CP}}^{i})$ 返回给 $\mathcal{A}$。如果 $\mathcal{A}$ 以 $(\mathrm{ID}','\mathrm{start}')\cdot(\mathrm{resp.}(\mathrm{CP}','\mathrm{start}'))$ 的形式发起 Send 查询，那么 $\mathcal{S}$ 会创建一个新的实例 $\Pi_{\mathrm{ID}'}^{i}(\mathrm{resp.}\Pi_{\mathrm{CP}'}^{i})$，且返回第一个协议消息给 $\mathcal{A}$。

私钥泄露。如果 $\mathcal{A}$ 向用户 i 发起私钥泄露查询，那么 $\mathcal{S}$ 将用户 i 的密钥 SK_i 返回给 $\mathcal{A}$。注意，$\mathcal{A}$ 至多向 $\mathcal{S}$ 发出 $n-1$ 次私钥泄露查询，将诚实用户集合表示为 $\mathcal{U}'$。

秘密证书泄露。如果 $\mathcal{A}$ 向 CP 发出秘密证书泄露查询，则 $\mathcal{S}$ 将 CP 的秘密证书 $\mathrm{SK}^{(j)}$ 返回给 $\mathcal{A}$。

③ 挑战阶段。$\mathcal{A}$ 随机选择挑战用户 $\mathrm{ID}_i\in\mathcal{U}$ 的 2 个挑战生物特征 $(\mathcal{B}_0,\mathcal{B}_1)(\notin\{\mathcal{B}_i\})$，发送挑战特征给 $\mathcal{S}$。$\mathcal{S}$ 模拟用户 U_i 的参考生物特征，如果 $b=0$，那么 $\mathcal{C}_b^*=F(\mathrm{PK}_i,\mathcal{B}_0)$；如果 $b=1$，那么 $\mathcal{C}_b^*=F(\mathrm{PK}_i,\mathcal{B}_1)$。

注意，允许 $\mathcal{A}$ 泄露 k–1 份秘密证书（通过破坏服务器），F 表示概率算法。最后，$\mathcal{A}$ 输出 b' 作为对 b 的猜测。如果 $b'=b$，则 $\mathcal{S}$ 输出 1；否则，$\mathcal{S}$ 输出 0。在上述游戏中，敌手 $\mathcal{A}$ 的优势可以定义为

$$\mathrm{Adv}_{\mathcal{A}}(\mathfrak{D},k)=\left|\Pr[\mathcal{S}\to 1]-\frac{1}{2}\right|$$

定义 4.1 如果对于任意概率多项式时间敌手 $\mathcal{A}$，$\mathrm{Adv}_{\mathcal{A}}(\mathfrak{D},k)$ 是安全参数 $\mathfrak{D}$ 的可忽略函数，那么 PribioAuth 模型可以保证生物特征隐私。

（2）用户隐私

非正式地，敌手试图识别参与基于生物特征的远程用户身份认证协议的用户。敌手 $\mathcal{A}$ 和模拟器 $\mathcal{S}$ 之间的用户隐私游戏如下所示。

① 初始化阶段。首先，$\mathcal{S}$ 分别为系统的 n 个用户和 m 台服务器生成公/私钥对 $(\mathrm{PK}_i,\mathrm{SK}_i)$（$i\in[1,n]$），为 $k(k\leqslant m)$ 台服务器生成一套秘密证书 $\{\mathrm{SK}^{(j)}\}_{j=1}^{k}$，生成用户的普通生物特征 $\{\mathcal{B}_j\}$ 和参考生物特征 $\{\mathcal{C}_j\}$，返回所有公共信息（包括 $\{\mathcal{C}_j\}$）给

$\mathcal{A}$。最后，$\mathcal{S}$ 随机抛硬币决定 b 的取值，供游戏后续使用。

② 训练阶段。允许 $\mathcal{A}$ 发起 Send 查询，最多 $n-2$ 次私钥泄露查询和 $k-1$ 次秘密证书泄露查询。将诚实（即未损坏）的用户集表示为 $\mathcal{U}'$。

③ 挑战阶段。$\mathcal{A}$ 随机选择 2 个用户 $\mathrm{ID}_i, \mathrm{ID}_j \in \mathcal{U}'$ 作为候选的攻击者，然后 $\mathcal{S}$ 将其从 $\mathcal{U}'$ 中移除，模拟 ID_b^* 为 $\mathcal{A}$，如果 $b=0$，那么 $\mathrm{ID}_b^* = \mathrm{ID}_i$；如果 $b=1$，那么 $\mathrm{ID}_b^* = \mathrm{ID}_j$。

$$\mathcal{A} \Leftrightarrow \mathrm{ID}_b^* = \begin{cases} \mathrm{ID}_i & b=0 \\ \mathrm{ID}_j & b=1 \end{cases}$$

让 $\mathcal{A}$ 与 ID_b^* 交互，$\mathcal{A}$ 输出 b' 作为对 b 的猜测。如果 $b'=b$，则 $\mathcal{S}$ 输出 1；否则，$\mathcal{S}$ 输出 0。在上述游戏中，敌手 $\mathcal{A}$ 的优势可以定义为

$$\mathrm{Adv}_{\mathcal{A}}(\mho, k) = \left| \Pr[\mathcal{S} \to 1] - \frac{1}{2} \right|$$

定义 4.2　如果对于任何 PPT 敌手 $\mathcal{A}$，$\mathrm{Adv}_{\mathcal{A}}(\mho, k)$ 是安全参数 $\mho$ 的可忽略函数，那么 PribioAuth 模型可以保证用户隐私。

假设系统中存在潜在的被动敌手，可以监视或窃听（但不能修改或篡改）网络上发送的所有记录。此外，在工作中需考虑一类诚实且好奇的敌手模型，其在一些现有的研究工作[20,25-27]中是典型的。具体而言，假设请求用户和认证按照预定的方式执行协议，敌手只能尝试在协议执行期间从数据记录和中间结果中获取更多信息。

4.2.3　PribioAuth 模型构造

1. 基础知识

本节简要介绍文献[21]中描述的一些安全计算协议，这些协议将在 PribioAuth 模型中使用。

（1）安全小于协议。假设有 2 个加密整数 $[\![x]\!]$ 和 $[\![y]\!]$，SLT 协议将得到加密结果 $[\![u]\!]$，来表示 2 个加密整数对应明文之间的关系（即 $x>y$ 或 $x \leqslant y$），$u=0$ 表示 $x>y$；$u=1$ 表示 $x \leqslant y$。

（2）安全等价性测试协议。给定 2 个加密整数 $[\![x]\!]$ 和 $[\![y]\!]$，SEQ 协议将得到加密结果 $[\![f]\!]$，用来表示 2 个加密整数对应明文是否相等（即 $x \overset{?}{=} y$），$f=1$ 表示 $x=y$；

$u=0$ 表示 $x \neq y$ 。

（3）安全乘法计算协议。给定 2 个加密整数 $[\![x]\!]$ 和 $[\![y]\!]$ ，SMT 协议可以利用 2 个不共谋的云服务器 CP 和 CSP 来得到加密结果 $[\![x \cdot y]\!]$ 。

2. 模型构造

下面介绍隐私保护下基于生物特征的远程用户认证模型。在 PribioAuth 模型中，KGC 生成 2 个秘密证书，分别分发给 CP 和 CSP。RU 使用自己的公钥对 ID 和生物特征进行加密，并将其发送给 CP 进行注册。关于认证，RU 向 CP 发送加密 ID 和候选生物特征，仅当候选生物特征与 RU 的参考生物特征“足够接近”时，CP 同意 RU 的注册。特别地，假设 CP 在注册后存储一组加密身份和生物特征信息。

问题陈述。在认证阶段，应该将候选生物特征与数据库中的参考生物特征进行比较。显然，一组注册的生物特征使用不同的公钥进行加密，而底层的 DT-PKC 需要在同一公钥下进行同态加密计算。此外，CP 应该在数据库中的一条记录和候选身份/生物特征之间执行生物特征匹配。换句话说，CP 需要将经过匿名身份认证的 RU 和数据库中的特定记录链接起来。

详细描述。为了解决上述问题，在 CP 和 CSP 之间进行实际生物特征匹配之前，首先需要进行额外的操作修复这些多样的加密数据。具体地，CP 使用分布式秘密证书来部分解密参考数据，并将其发送到 CSP，进而对参考数据进行完全解密。然后，CSP 随机选择公钥 PK^* ， $\mathrm{PK}^* \neq \{\mathrm{PK}_i, \mathrm{PK}_{\mathrm{CP}}\}$ ，并使用 PK^* 重新加密数据。

在认证过程中，进行匿名密钥转换后，CP 和 CSP 对候选身份和参考身份执行相应的 SLT 和 SEQ 协议。因此，CP 和 CSP 执行 SEDC 和 SLT 协议来获得候选生物特征和参考生物特征之间的关系。如果 SLT 和 SEQ 协议都输出“$[\![1]\!]_*$”（即使用 PK^* 加密的密文），则 CP 可以对请求用户 RU 进行身份认证。

为了实现定义的用户隐私，当对 RU 进行认证时，CP 将检查数据库中的所有记录。更准确地说，CP 在检查整个数据库后，得到一组单独的加密结果 $\{[\![0]\!]_*, [\![1]\!]_*, \cdots, [\![0]\!]_*\}$ ；然后，CP 可以得到加密的最终结果 $[\![1]\!]_* (= [\![0]\!]_*, [\![1]\!]_*, \cdots, [\![0]\!]_*)$ 。与 CSP 交互后，仅当候选身份/生物特征与数据库中的一条记录匹配时，CP 输出最后的认证结果“1”。PribioAuth 模型详细介绍如下。

（1）Setup。KGC 将安全参数作为输入，输出主公/私钥对 $(\mathrm{MPK}, \mathrm{MSK})$ 。此外，KGC 输出 2 个秘密证书 $\left(\mathrm{MSK}^{(1)}, \mathrm{MSK}^{(2)}\right)$ ，并将它们分别分配给 CP 和 CSP。

（2）KeyGen。用户将主公钥 MPK 作为输入，输出公/私钥对 $(\mathrm{PK}, \mathrm{SK})$ 。

（3）Registration。首先，用户随机选择即时 r；然后，计算参考身份 $\llbracket \mathrm{ID} \rrbracket$、生物特征 $\llbracket \mathcal{B} \rrbracket$（即 $\mathrm{Enc}_{\mathrm{PK}}(\mathcal{B})$）和 2 个加密的即时码 $\llbracket r \rrbracket$、$\llbracket r \rrbracket_*$（$\llbracket r \rrbracket_*$ 使用公钥 PK^* 加密）；最后，用户将身份 ID 和所有加密值发送给 CP。特别地，CP 协同 CSP 执行的 Akeytrans 协议，如图 4-9 所示。

CP		CSP
$(r_1, \{r_{(j,2)}\}) \xleftarrow{R} \mathbb{Z}$		pk^*
$\llbracket m_1 \rrbracket = \llbracket \mathrm{ID} \rrbracket \llbracket r \rrbracket^{r_1}$		
$\{\llbracket m_{(j,2)} \rrbracket = \llbracket v_j \rrbracket \llbracket r \rrbracket^{r}(j,2)\}$		
$\mathrm{CT} = (\llbracket m_1 \rrbracket, \{\llbracket m_{(j,2)} \rrbracket\})$		
$\mathrm{CT}_1^{(1)} \leftarrow \mathrm{PD1}_{\mathrm{msk}^{(1)}} \llbracket m_1 \rrbracket$		
$\{\mathrm{CT}_{(j,2)}^{(1)} \leftarrow \mathrm{PD1}_{\mathrm{msk}^{(1)}} \llbracket m_{(j,2)} \rrbracket\}$	$\mathrm{CT}, \mathrm{CT}^{(1)}$ →	$m_1 \leftarrow [\mathrm{CT}_1^{(1)};$
$\mathrm{CT}^{(1)} = (\mathrm{CT}_1^{(1)}, \{\mathrm{CT}_{(j,2)}^{(1)}\})$		$\mathrm{PD2}_{\mathrm{msk}^{(2)}} \llbracket m_1 \rrbracket]$
		$\{m_{(j,2)} \leftarrow [\mathrm{CT}_{(j,2)}^{(1)};$
		$\mathrm{PD2}_{\mathrm{msk}^{(2)}} \llbracket m_{(j,2)} \rrbracket]\}$
	← $\llbracket m_1 \rrbracket_*$	$\llbracket m_1 \rrbracket_* \leftarrow$
		$\mathrm{Enc}_{\mathrm{pk}}^*(m_1)$
	← $\{\llbracket m_{(j,2)} \rrbracket_*\}$	$\llbracket m_{(j,2)} \rrbracket_* \leftarrow$
$\llbracket \mathrm{ID} \rrbracket_* \leftarrow \llbracket m_1 \rrbracket_* \cdot \llbracket r \rrbracket_*^{(N-r_1)}$		$\mathrm{Enc}_{\mathrm{pk}^*}(m_{(j,2)})$
$\{\llbracket v_j \rrbracket_* \leftarrow \llbracket m_{(j,2)} \rrbracket_* \cdot \llbracket r \rrbracket_*^{(N-r_{(j,2)})}\}$		

图 4-9　公钥 pk*下的 Akeytrans 协议

注意，$\mathcal{B} = (v_1, \cdots, v_{\mathbb{N}}) = \{v_j\}_{j=1}^{\mathcal{N}}$，CP 拥有一组用公钥 PK^* 加密的参考身份/生物特征 $\{(\mathrm{ID}_i, \llbracket \mathrm{ID}_i \rrbracket_*, \llbracket \mathcal{B}_i \rrbracket_*)\}$。

（4）Authentication。首先，RU 使用上述方法生成候选请求，并向 CP 发送 $(\llbracket \mathrm{ID} \rrbracket, \llbracket \mathcal{B}' \rrbracket, \llbracket r_{\mathrm{RU}} \rrbracket, \llbracket r_{\mathrm{RU}} \rrbracket_*)$ 作为身份认证请求。然后，CP 和 CSP 在数据库中取一条记录 $(\llbracket \mathrm{ID}_i \rrbracket_*, \llbracket \mathcal{B}_i \rrbracket_*)$ 作为参考输入，并执行图 4-10 中特定的用户身份认证。如果最终结果为“1”，则 CP 同意认证 RU；否则 CP 输出“⊥”。

为了防止重放攻击，PribioAuth 模型不需要与用户交互，并且使用时间戳，有以下 2 种方法。（1）RU 生成一个加密的时间戳 $\llbracket \mathrm{TS}' \rrbracket_*$ 并发送给 CP，其余过程将遵循图 4-10 描述的协议。（2）CP 存储所有可视的 RU 请求值（特定的时间窗口中一个额外的即时码值），以便检测和拒绝具有相同值和即时码值的重复请求。

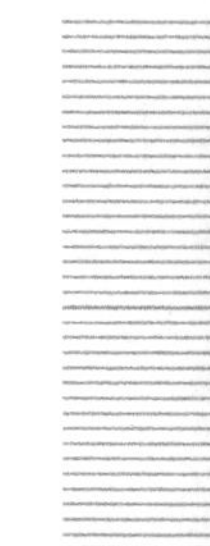

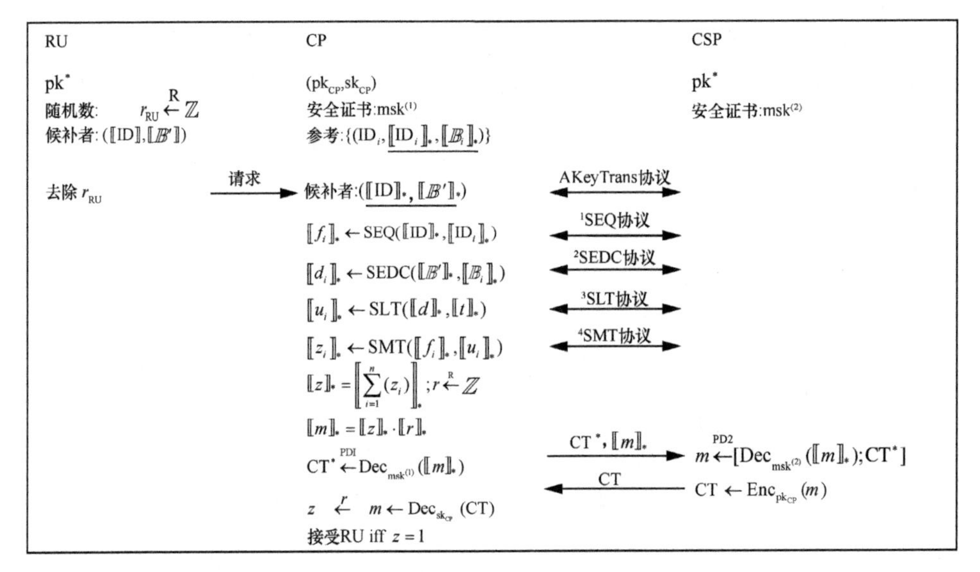

图 4-10 使用相应的子计算协议的身份认证

可以使用打包技术[25-26]节省 RU 和 CP 之间的运行时间和带宽。假设 RU 向 CP 发送加密的生物特征$[\![\mathcal{B}]\!]=\left\{[\![v_{j+\mathrm{K}}]\!]\right\}$（$K$ 表示“打包”到一个密文中的记录数目）。根据文献[25,26]中的打包密文可知，如果在 Paillier 密码系统中使用的模数为 1 024 bit，那么$K=20$。考虑到“打包”密文，CP 协同 CSP 运行 SEDC 协议。

然而，该模型可能存在一个严重的问题。如果“打包”的候选生物特征与“打包”的参考生物特征存在 1 bit 不匹配信息，那么两者间的欧氏距离将可能超过阈值t。为了让 CP 和 CSP 成功地执行 SEDC 协议，PribioAuth 模型可以使用安全多比特提取（MBE）协议[28]和安全密文拆分（SCP）协议[29]，针对单个整数提取正确的切片密文。

4.2.4 安全性分析

定理 4.1 如果底层 DT-PKC 方案是在语义上是安全的，那么 PribioAuth 模型可以保证生物特征隐私。

证明 生物特征隐私的证明是显然的，因为如果攻击者能够破坏生物特征隐私安全，那么可以构造一种有效的算法来破坏底层 DT-PKC 的 IND-CPA 安全。证毕。

定理 4.2 如果底层 DT-PKC 方案是在语义上是安全的，那么 PribioAuth 模型可以保证用户隐私。

证明　定义一系列游戏$\mathcal{G}_i(i=0,\cdots,3)$，$\mathrm{Adv}_i^{\mathrm{PriBioAuth}}$为游戏$\mathcal{G}_i$中攻击敌手的优势。

- $\mathcal{G}_0$，表示用户隐私的原始游戏。
- $\mathcal{G}_1$，与游戏$\mathcal{G}_0$大致相同，只是在挑战阶段，将第一条消息的内容$[\![\mathrm{ID}_i]\!]$替换成了$[\![\mathrm{ID}_i]\!]_R$，其中R为随机公钥。

下面将说明在假设 DT-PKC 是 IND-CPA 安全的情况下，$\mathcal{G}_0$和$\mathcal{G}_1$之间的差异可以忽略不计。记$\mathcal{A}$为攻击 DT-PKC 的敌手，它拥有挑战公钥$(\mathrm{PK}_0,\mathrm{PK}_1)$，目的是破坏 DT-PKC 的 IND-CPA 安全。利用模拟器$\mathcal{S}$模拟游戏如下。

（1）Setup 初始化阶段。首先，$\mathcal{S}$分别为$n-1$个用户和 2 台服务器（CP 和 CSP）生成公/私钥对$(\mathrm{PK}_j,\mathrm{SK}_j)$，此外，$\mathcal{S}$为匿名密钥转换生成公/私钥对$(\mathrm{PK}^*,\mathrm{SK}^*)$，分别为 CP 和 CSP 生成秘密证书$\mathrm{SK}^{(1)}$和$\mathrm{SK}^{(2)}$，生成用户的普通生物特征$\{\mathcal{B}_j\}$和对应的参考生物特征$\{[\![\mathcal{B}_j]\!]_{\mathrm{PK}_j}\}$。然后，$\mathcal{S}$为用户$i(i\neq j)$分配公钥$\mathrm{PK}_0$。显然，$\mathcal{S}$可以回复除了用户$i$发出的其他所有请求。下面主要关注用户$i$的模拟过程。

（2）Training 训练阶段。$\mathcal{S}$回复敌手$\mathcal{A}$的请求如下。

如果$\mathcal{A}$以$(\mathrm{ID}','stat')$的形式向$\mathcal{S}$发送查询，那么$\mathcal{S}$返回$([\![\mathrm{ID}']\!]_{\mathrm{PK}'},[\![\mathcal{B}']\!]_{\mathrm{PK}'})$给$\mathcal{A}$。注意，$\mathrm{ID}'$和$\mathcal{B}'(\notin\{\mathcal{B}_i\})$是使用$\mathrm{ID}'$的公钥加密的。

如果$\mathcal{A}$以$(\mathrm{CSP},i,\mathrm{msg})$的形式向$\mathcal{S}$发送查询，那么$\mathcal{S}$将解密 msg（使用秘密证书），并向$\mathcal{A}$返回用公钥$\mathrm{PK}^*$加密的密文。msg 表示部分解密的随机密文，特别地，如果随机密文为$[\![z+r]\!]_{\mathrm{PK}^*}$，其中$r$是由$\mathcal{A}$随机选择的，那么$\mathcal{S}$将获得消息$z+r$，并向$\mathcal{A}$返回用公钥$\mathrm{PK}_{\mathrm{CP}}$加密的密文。注意，如果$\mathcal{A}$以$(\mathrm{CP},i,\mathrm{msg})$的形式向$\mathcal{S}$发送查询，那么$\mathcal{S}$采用相同的方法来模拟信息传输。此外，发送查询主要用于模拟 CP 和 CSP 之间所有相应子协议（如 SEQ、SEDC、SLT 等）的消息传输。

如果$\mathcal{A}$向用户i发送私钥泄露查询，那么$\mathcal{S}$将中止执行。这是因为敌手$\mathcal{A}$有如下约束：①$\mathcal{A}$至多可以破坏$n-2$个用户；②$\mathcal{A}$能够破坏 CP 或 CSP（秘密证书泄露）；③$\mathcal{A}$不能破坏密钥对$(\mathrm{PK}^*,\mathrm{SK}^*)$。

（3）Challenge 挑战阶段。首先，$\mathcal{S}$执行下述用户隐私游戏来选择挑战用户ID_b。如果ID_b不是用户i，那么$\mathcal{S}$中止；否则$\mathcal{S}$设定 IK-CPA（Indistinguishability of Keys Chosen Plaintext Attack）游戏的挑战明文$m=\mathrm{ID}_i$，并且接收攻击者发送的挑战密文C^*。最后，$\mathcal{S}$生成完整的记录$(C^*,[\![\mathcal{B}_i]\!],[\![r_i]\!],[\![r_i]\!]_{\mathrm{PK}^*})$（其中$r_i$由$\mathcal{S}$选择），并且发送记录给$\mathcal{A}$，作为 RU 发送的 CP 的模拟信息传输。

如果是C^*是使用公钥PK_0进行加密的，那么模拟过程与游戏$\mathcal{G}_0$一致；否则，模拟过程与游戏$\mathcal{G}_1$一致。如果$\mathcal{A}$在游戏$\mathcal{G}_0$和$\mathcal{G}_1$中的优势有很大区别，那么$\mathcal{S}$可以破坏 DT-PKC 的 IK-CPA 安全。因此，有

$$\left|\text{Adv}_1^{\text{PriBioAuth}} - \text{Adv}_2^{\text{PriBioAuth}}\right| \leqslant n\,\text{Adv}_{\mathcal{S}}^{\text{IK-CPA}}(\mathfrak{D})$$

- $\mathcal{G}_2$，与游戏$\mathcal{G}_0$大致相同，只是在挑战阶段，将$[\![\mathcal{B}_i]\!]$替换成了$[\![\mathcal{B}_i]\!]_R$，其中r是随机公钥。与$\mathcal{G}_1$分析相同，有

$$\left|\text{Adv}_2^{\text{PriBioAuth}} - \text{Adv}_3^{\text{PriBioAuth}}\right| \leqslant n\,\text{Adv}_{\mathcal{S}}^{\text{IK-CPA}}(\mathfrak{D})$$

- $\mathcal{G}_3$，与游戏$\mathcal{G}_0$大致相同，只是在挑战阶段，将$[\![r_i]\!]$替换成了$[\![r_i]\!]_R$，其中r是随机公钥。与$\mathcal{G}_1$分析相同，有

$$\left|\text{Adv}_2^{\text{PriBioAuth}} - \text{Adv}_3^{\text{PriBioAuth}}\right| \leqslant n\,\text{Adv}_{\mathcal{S}}^{\text{IK-CPA}}(\mathfrak{D})$$

组合以上结果，有如下结论。

$$\text{Adv}_{\mathcal{A}}^{\text{PriBioAuth}} \leqslant 3n\text{Adv}_{\mathcal{S}}^{\text{IK-CPA}}(\mathfrak{D})$$

证毕。

4.2.5 性能分析

PribioAuth 模型的仿真实验在虚拟机（3.6 GHz 单核处理器和 6 GB RAM 内存）上进行，假设用户的生物特征信息已转换为所需的格式。生物特征数据的表示（取决于特征提取算法）可能有所不同，运行时间和通信开销主要取决于其长度 N，另外还需要考虑 2 个因素，分别是向量维数 $\mathcal{N}$ 和评估 PribioAuth 模型的用户数 $\boldsymbol{n}$ 。评估结果如图 4-11 所示，综合性能分析如下。

（1）SEDC 子协议。SEDC 子协议对 PribioAuth 模型的效率是十分重要的。如图 4-11（a）和图 4-11（b）所示，运行时间和通信开销均随 N 和 $\mathcal{N}$ 的增加而增加，SEDC 子协议的效率将随着 $\mathcal{N}$ 的增加线性增长。

（2）PribioAuth 模型。如图 4-11（c）～图 4-11（e）所示，运行时间和通信开销将随着 $\mathcal{N}$ 、$n(10 \leqslant n \leqslant 50)$ 和 N 的增加而增加，PribioAuth 模型与上述参数呈线性关系，尤其是 CP 和 CSP 在认证阶段需要比注册阶段执行更多的加密操作，因为需要执行相应的计算子协议。

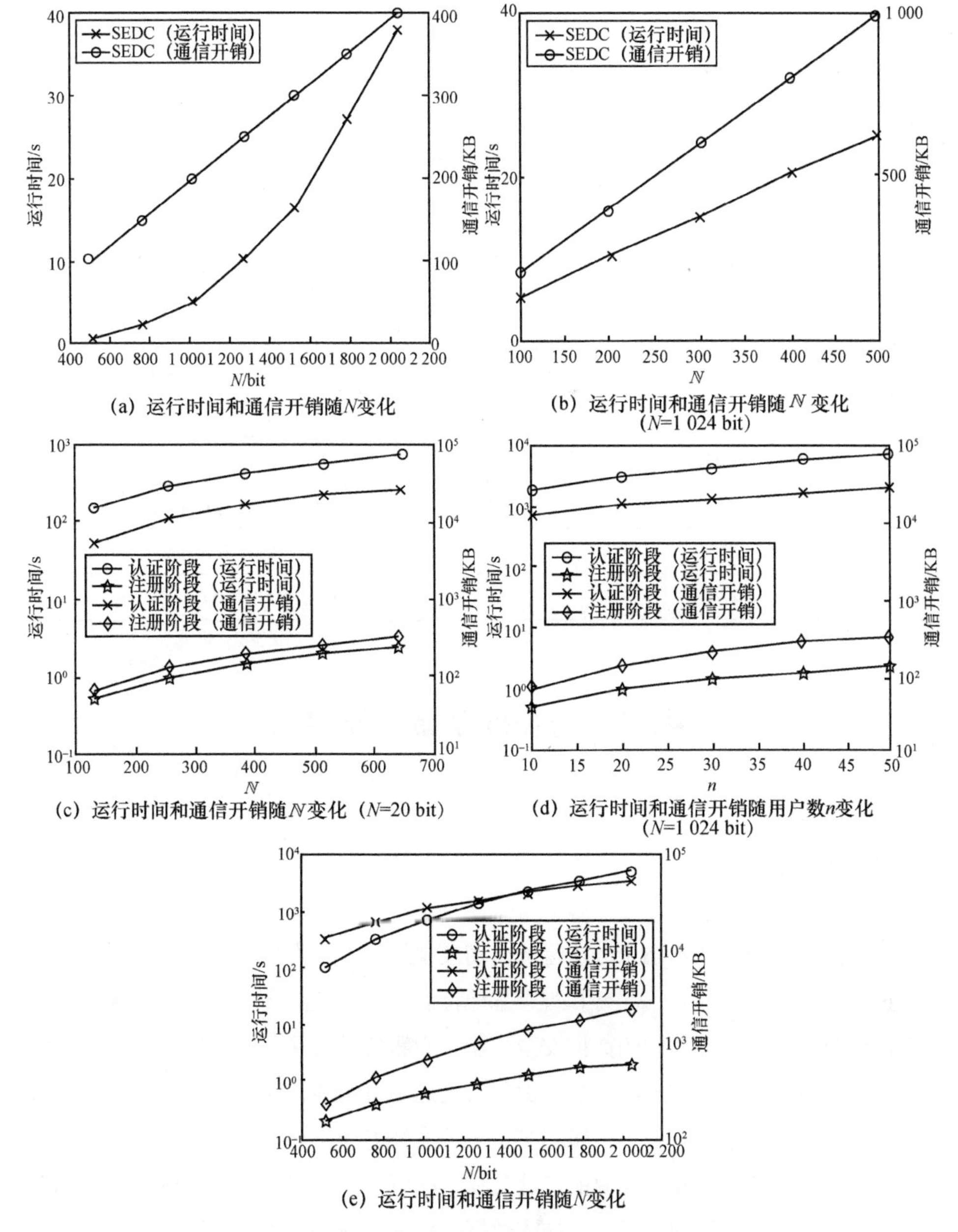

图 4-11 PribioAuth 框架和相应的子协议的评估结果

（3）时间复杂度。时间复杂度取决于 N、n 以及加法、乘法和求幂运算的次数。记 $\mathcal{O}(N)$ 为多项式时间算法，$\mathcal{O}(N^{\alpha})$ 表示 α 阶的多项式时间算法，设 $\alpha=3$。注意，检索（retrieval）意味着CP从CSP处检索认证结果。RU（即一个资源有限的设备，不存储任何密钥）的作用只是对ID和普通生物特征进行简单的加密，而云中的CP和CSP协同执行相应的子协议，不与RU进行交互。PribioAuth模型的运行时间如表4-5所示。

表4-5 PribioAuth模型的运行时间

PribioAuth模型处理过程	PribioAuth模型运行时间
注册	RU的开销$\mathcal{O}(N^3)$
密钥变换	CP和CSP的开销$\mathcal{O}(N^3)$
SEQ	CP和CSP的开销$n\mathcal{O}(N^3)$
SEDC	CP和CSP的开销$n\mathcal{O}(N^3)$
SLT	CP和CSP的开销$n\mathcal{O}(N^3)$
SMT	CP和CSP的开销$n\mathcal{O}(N^3)$
检索	CP和CSP的开销$\mathcal{O}(N^3)$

4.3 密态数据查询服务

4.3.1 引言

云数据存储服务在当下十分流行，公司或组织可以将大批量数据外包至云服务器中进行存储，进而节省了部署和管理本地存储基础设施的高额开销。随着数据泄露事件逐渐增多，云计算中的数据安全和隐私问题备受关注，使数据用户在外包数据之前需要对数据进行加密。但是，由于密文的不可读性，将会严重影响用户对加密数据的搜索查询结果。可搜索加密[30]是一种支持对加密数据进行关键词搜索的有效方法，受到了学术界和工业界的广泛关注。在可搜索加密中，为了检索包含特定关键词模式（也称为查询模式）的加密数据，数据用户根据关键词模式生成查询陷门，并将陷门发送给云服务器，云服务器使用测试算法检索所有满足关键词模式的加密文档，然后返回结果给数据用户。

理想的可搜索加密系统应该支持表达式查询模式，如连接关键词查询、范围

查询、布尔查询和混合布尔查询。例如，EHR 包含关键词患者姓名、年龄、血压、性别和疾病，如表 4-6 所示。如果某医生想要检索所有符合查询条件的加密 EHR：患者年龄在 40 到 60 之间且血压大于 140 mmHg，那么他需要向云服务器提交范围查询{(40≤年龄≤60)∧(血压>140)}，然后返回文档 1 作为搜索结果。假设某医生想要检索所有符合查询条件的加密 EHR：患者是男性或者患糖尿病，且患者年龄不是 50 岁，那么他需要向云服务器提交布尔查询{[(性别=男) ∨(疾病=糖尿病)]∧[¬(年龄=50)]}，然后返回文档 2 和文档 3 作为搜索结果。可见，支持灵活的搜索模式是增强安全远程存储系统中用户体验的一个极其重要的方面。

表 4-6　电子健康档案实例

文档	患者姓名	年龄/岁	血压/mmHg	性别	疾病
文档 1	患者 1	57	153	女	高血压
文档 2	患者 2	47	115	女	糖尿病
文档 3	患者 3	24	107	男	骨折
…	…	…	…	…	…

然而，现有的可搜索加密系统还存在一些缺陷。

第一，现有的系统不能同时支持所有类型的查询模式，这是因为这些系统中加密关键词索引的结构完全不同，彼此间不兼容，不能被集成于规范的加密数据存储平台，进而不能支持通用的搜索查询模式。

第二，现有的可搜索加密系统只能执行单域关键词搜索，即查询陷门只能用于搜索来自单个数据所有者的加密文档。如果数据用户想执行多域关键词搜索，即搜索多个数据所有者的加密文档，则必须使用不同的陷门分别搜索每个数据所有者的数据，这对于支持多域搜索的大型存储系统来说效率低下。

第三，在现有的可搜索加密系统中，云服务器知道搜索结果，从而可以获得文档的使用频率。此外，现有系统中的测试结果可用于离线关键词猜测（KG，Keyword Guess）攻击[31-32]，其中敌手可以利用关键词的低熵特性，使用测试算法离线猜测关键词。为了防止统计信息泄露和抵御离线 KG 攻击，在可搜索加密系统搜索结果时向云服务器和敌手隐藏测试结果是非常重要的。

为了克服现有系统的局限性，本节介绍一种基于密态数据的可搜索加密查询（EQOED，Encrypted Query on Encrypted Data）系统，该系统支持单/连接关键词查

询、多维范围查询、子集查询、布尔查询和混合布尔查询等表达式搜索查询模式，均采用单加密索引结构。接收到用户查询请求之后，云服务器首先计算相关性分数，将分数前 k 名的结果返回给用户。EQOED 系统是目前加密数据搜索系统中功能最完善的，具体而言，EQOED 系统应当具有以下特性。

（1）表达式搜索查询模式。系统支持多种搜索查询模式，如数据检索中最常用的单/连接关键词查询、支持灵活数值类型数据搜索的相等和多维范围查询、确定加密元素是否属于特定集合的子集查询、支持关键词搜索的布尔查询，其中关键词由布尔运算符“AND-OR-NOT”连接。

（2）排序搜索。在数据加密期间，数据所有者根据关键词的重要性为每个关键词分配权重。为了对加密文档进行关键词搜索，数据用户对查询的关键词设置不同的偏好分数，并使用陷门生成算法生成查询陷门。接收到查询陷门后，云服务器以加密形式计算搜索结果的相关性分数，并将分数前 k 名的查询结果返回给数据用户。

（3）灵活的用户授权与撤销。系统允许数据所有者将搜索授权委托给数据用户，而不会泄露数据所有者的私钥。该授权只在预先设定的时间周期内有效，同时，数据所有者在有效期内可以撤销授权，避免授权给恶意的数据用户。

（4）多域数据搜索。系统允许数据用户独立生成查询陷门，不需要数据所有者或可信第三方协助。此外，系统允许授权的数据用户进行多域搜索，使用单个查询陷门搜索多个数据所有者的加密文档。相比之下，在现有的可搜索加密方案中，数据用户必须生成 n 个不同的查询陷门来搜索 n 个数据所有者的加密文档。

（5）抵抗离线关键词猜测攻击。在现有的可搜索加密方案中，测试算法会泄露搜索结果，即泄露了查询陷门与加密索引中相同的关键词，而攻击者可以借助搜索结果发起离线 KG 攻击。如果云服务器或敌手不知道搜索结果，那么他们将无法发动离线 KG 攻击，因为他们无法测试猜测的关键词是否正确。在该系统中，搜索结果是以密文形式存在的，只有授权的数据用户才能解密搜索结果，因此可以抵抗离线 KG 攻击。

本节后面的内容将详细分析 EQOED 系统的安全性，并设计大量实验测试该系统的计算和通信效率，最后将其与现有的公钥可搜索加密系统进行全方位的比较分析以突出 EQOED 系统的优势。

4.3.2 问题描述

本节介绍 EQOED 的系统模型、系统形式化描述、攻击模型与安全模型。

1. **系统模型**

EQOED 系统模型如图 4-12 所示，包含下列实体。

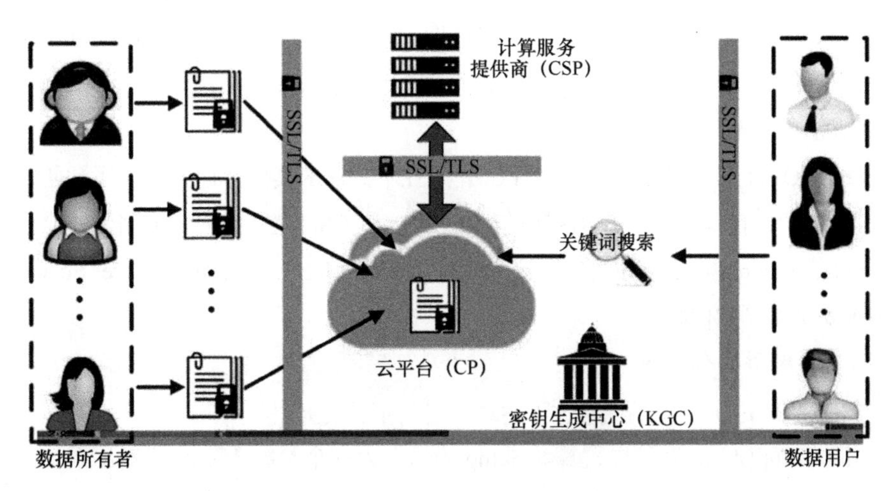

图 4-12　EQOED 系统模型

（1）密钥生成中心（KGC）。KGC 是一个完全可信的实体，负责为系统生成公共参数和主公/私钥，为 CP 和 CSP 生成私钥，KGC 还为数据所有者和数据用户生成公/私钥对。

（2）云平台（CP）。CP 的任务是为数据所有者提供存储服务并响应数据用户的搜索查询。在接收到搜索查询要求后，CP 验证数据用户是否有搜索授权，如果没有授权，则 CP 拒绝数据用户的搜索要求；否则，CP 协同计算服务提供商（CSP）执行测试协议，然后将搜索结果返回给数据用户。

（3）计算服务提供商（CSP）。CSP 提供在线计算服务，并与 CP 交互执行所需的密态计算。在测试协议中，CSP 协同 CP 计算搜索结果。

（4）数据所有者。数据所有者使用自己的公钥加密数据，并将密态数据外包至 CP 进行存储。在加密阶段，数据所有者从文档中提取关键词，并对关键词和文档进行加密，然后，数据所者将加密关键词索引和加密文档上传至 CP 进行远程存储。

如果数据用户需要搜索加密数据的授权，那么数据所有者为该数据用户生成授权证书和授权的公/私钥对，并且数据所有者可以在证书有效期内撤销授权。

（5）数据用户。数据用户生成一个查询陷门，然后将其发送给 CP，用于搜索加密数据。如果数据用户想搜索数据所有者的加密数据，他需要向该数据所有者申请搜索授权；如果数据用户想同时搜索多个数据所有者的加密数据，他必须向每一个数据所有者申请搜索授权，然后将授权证书提交给 KGC，进而获得同时搜索的授权证书和授权的公/私钥对。在查询阶段，数据用户将关键词陷门和授权证书发送给 CP，用于提交搜索要求，收到搜索结果密文后，数据用户可以解密出相应的明文结果。

在 EQOED 系统中，假设 CP 和 CSP 为互不共谋的实体。此外，为了预防篡改攻击，数据所有者与 CP、数据用户与 CP、CP 和 CSP 之间的通信链路受安全套接层（SSL，Secure Socket Layer）协议或传输层安全（TLS，Transport Layer Security）协议等安全机制的保护。

2. **系统形式化描述**

定义 4.3 EQOED 系统通过下述算法进行形式化描述。

（1）Setup($\mathcal{K}$)。系统设置算法 Setup 的输入为安全参数 $\mathcal{K} \in N$，输出系统公共参数 PP、主私钥 MSK 和主公钥 MPK，为 KGC 生成签名/验证密钥对 $\text{ssk}_{\text{KGC}} / \text{svk}_{\text{KGC}}$，为数据所有者 A_i 生成公/私钥对 $\text{pk}_{A_i} / \text{sk}_{A_i}$ 和签名/验证密钥对 $\text{ssk}_{A_i} / \text{svk}_{A_i}$，为数据用户 B_j 生成公/私钥对 $\text{pk}_{B_j} / \text{sk}_{B_j}$ 和签名/验证密钥对 $\text{ssk}_{B_j} / \text{svk}_{B_j}$，为 CP 和 CSP 分别生成私钥 SK_1 和 SK_2。

（2）$\text{Auth}_{\text{Single}}(A_1, B, \text{VP}, \text{ssk}_{A_1})$。当数据用户 B 在有效期 VP 内向数据所有者 A_1 请求搜索授权时，单授权算法 $\text{Auth}_{\text{Single}}$ 将 $(A_1, B, \text{VP}, \text{ssk}_{A_1})$ 作为输入，输出一份授权证书 $\text{CER}_{A_1,B}$（证书编号为 CN）和授权公钥/密钥对 $\text{pk}_\Sigma / \text{sk}_\Sigma$。

（3）$\text{Revoke}_{\text{Single}}(A_1, B, \text{CN}, \text{ssk}_{A_1})$。当 KGC 想要撤销授权证书 $\text{CER}_{A_1,B}$（证书编号为 CN）时，单撤销算法 $\text{Revoke}_{\text{Single}}$ 将（$A_1, B, \text{CN}, \text{ssk}_{A_1}$）作为输入，输出一份撤销证书 $\text{RVK}_{A_1,B}$。

（4）$\text{Auth}_{\text{Multiple}}(\text{CER}_{A_1,B}, \cdots, \text{CER}_{A_m,B}, \text{ssk}_{\text{KGC}})$。当数据用户 B 向数据所有者 AS=$(A_1, \cdots, A_m)$ 请求搜索授权时，多授权算法 $\text{Auth}_{\text{Multiple}}$ 将证书 $(\text{CER}_{A_1,B}, \cdots, \text{CER}_{A_m,B})$ 和 KGC 的签名私钥 ssk_{KGC} 作为输入，输出一份授权证书 $\text{CER}_{\text{AS},B}$（证书编号为 CN）和授权公钥/密钥对 $\text{pk}_\Sigma / \text{sk}_\Sigma$。

（5）$\text{Revoke}_{\text{Multiple}}(A_1, B, \text{CN}, \text{ssk}_{A_1})$。当 KGC 想要撤销授权证书 $\text{CER}_{\text{AS},B}$（证书编号为 CN）时，多撤销算法 $\text{Revoke}_{\text{Multiple}}$ 将 $(\text{AS}, B, \text{CN}, \text{ssk}_{\text{KGC}})$ 作为输入，输出一份撤销证书 $\text{RVK}_{\text{AS},B}$。

（6）$\text{Enc}(\text{pk}_A, M, (\text{kw}_1, \cdots, \text{kw}_{n_1}), (\alpha_1, \cdots, \alpha_{n_1}))$。加密算法 Enc 将数据所有者 A 的公钥 pk_A、文档 M、提取的关键词 $(\text{kw}_1, \cdots, \text{kw}_{n_1})$ 和相应的关键词权重 $(\alpha_1, \cdots, \alpha_{n_1})$ 作为输入，输出文档密文 C 和加密索引 $\mathbb{EI}$。

（7）$\text{Trapdoor}((\text{qw}_1, \cdots, \text{qw}_n), \text{pk}_B, \text{ssk}_B, \text{CER})$。陷门生成算法 Trapdoor 将查询关键词 $(\text{qw}_1, \cdots, \text{qw}_n)$、数据用户 B 的公钥 pk_B、签名密钥 ssk_B 和授权证书 CER（$\text{CER}_{A,B}$ 用于单个数据所有者，$\text{CER}_{\text{AS},B}$ 用于多个数据所有者）作为输入，输出查询陷门 TK 和搜索查询 Υ。

（8）$\text{Test}(\Upsilon, \mathbb{EI}, \text{SK}_1, \text{SK}_2, \text{pk}_\Sigma, \text{svk}_B)$。测试算法 Test 将数据用户 B 的搜索查询 Υ、加密索引 $\mathbb{EI}$、CP 的私钥 SK_1、CSP 的私钥 SK_2、授权公钥 pk_Σ 和数据用户 B 的验证公钥钥 svk_B 作为输入，输出 $(\llbracket u^* \rrbracket_{\text{pk}_\Sigma}, \llbracket s^* \rrbracket_{\text{pk}_\Sigma}, \llbracket \text{ID}^* \rrbracket_{\text{pk}_\Sigma})$，其中 u^* 表示搜索结果，s^* 表示相关性分数，ID^* 表示文档身份。

（9）$\text{Dec}(\llbracket u^* \rrbracket_{\text{pk}_\Sigma}, \llbracket s^* \rrbracket_{\text{pk}_\Sigma}, \llbracket \text{ID}^* \rrbracket_{\text{pk}_\Sigma}), \text{kw}_\Sigma, C$。解密算法将测试结果 $(\llbracket u^* \rrbracket_{\text{pk}_\Sigma}, \llbracket s^* \rrbracket_{\text{pk}_\Sigma}, \llbracket \text{ID}^* \rrbracket_{\text{pk}_\Sigma})$、授权私钥 sk_Σ 和密文 C 作为输入，输出文档明文 M。

3. 攻击模型

EQOED 系统采用文献[33-34]中的攻击模型。特别地，假设 KGC 是一个完全可信的实体，CP 和 CSP 是“诚实且好奇”的实体，他们诚实地执行协议，同时也好奇用户数据，试图获取用户敏感信息。在攻击模型中，定义敌手 $\mathcal{A}^*$，目标是获取数据所有者的明文文档和数据用户的明文搜索结果，$\mathcal{A}^*$ 具有以下能力。

（1）$\mathcal{A}^*$ 可以窃听所有通信链路。

（2）$\mathcal{A}^*$ 可以破坏 CP，试图获得数据所有者和 CSP 传输的加密文档对应的明文信息。

（3）$\mathcal{A}^*$ 可以破坏 CSP，试图获得 CP 通过交互协议发送的密文对应的明文信息。

（4）$\mathcal{A}^*$ 可以破坏数据拥有者或数据用户（除了挑战用户）来获取他们的解密能力，目标是获取挑战用户的明文信息。

然而，攻击敌手 $\mathcal{A}^*$ 存在一些约束：①不能同时破坏 CP 和 CSP；②不能破坏挑战用户。这些是安全协议中典型的约束条件[35]。

4. 安全模型

针对半可信非共谋的敌手，安全协议（如外包多方计算[36]、增强线性同态加密[37]等）可以安全实现理想的功能而不会泄露隐私[38-39]。简单起见，EQOED 系统应用场景包含 4 个实体，分别是系统用户(D_1)、两台服务器 CP(S_1)和 CSP(S_2)，一般情况的定义详见文献[37]。

假设 $\mathcal{P}(D_1,S_1,S_2)$ 为协议参与方集合，考虑 3 种分别破坏 D_1,S_1,S_2 的敌手 $(\mathcal{A}_{D_1},\mathcal{A}_{S_1},\mathcal{A}_{S_2})$。在实际执行过程中，输入 x 和 y 运行 D_1（以 z_x 和 z_y 作为额外的辅助输入），而 S_1 和 S_2 分别以 z_1 和 z_2 作为辅助输入。假设 $H\in\mathcal{P}$ 作为诚实参与方集合，对于每一个 $P\in H$，令 out_P 作为参与方 P 的输出。如果 P 被破坏，即 $P\in\mathcal{P}\backslash H$，则 out_P 表示协议 Π 中 P 的视图。

考虑每个 $P^*\in\mathcal{P}$，针对敌手 $\mathcal{A}=(\mathcal{A}_{D_1},\mathcal{A}_{S_1},\mathcal{A}_{S_2})$，在协议 Π 实际执行的过程中，P^* 的部分视图可定义为

$$\text{REAL}_{\Pi,\mathcal{A},H,z}^{P^*}(\mathcal{K},x,y)=\{\text{out}_P:P\in H\}\bigcup\text{out}_{P^*} \tag{4-4}$$

其中，$\mathcal{K}\in\mathbb{N}$ 是安全参数。

理想执行中存在一种理想函数 f，参与方只通过 f 进行交互。这里，挑战用户发送 x 和 y 给 f，如果存在 x 或 y 是 $\perp$，那么 f 返回 $\perp$，最后 f 返回 $f(x,y)$ 给挑战用户。同理，假设 $H\subseteq\mathcal{P}$ 作为诚实参与方集合，对于每一个 $P\subset H$，令 out_P 作为 f 返回给 P 的输出。如果 P 被破坏，则 P 返回的 out_P 值保持不变。

考虑每个 $P^*\in\mathcal{P}$，针对相互独立的模拟器 $\text{Sim=}(\text{Sim}_{D_1},\text{Sim}_{S_1},\text{Sim}_{S_2})$，在协议 Π 理想执行过程中，P^* 的部分视图可定义为

$$\text{IDEAL}_{\text{f},\text{Sim},H,z}^{P^*}(\mathcal{K},x,y)=\{\text{out}_P:P\in H\}\bigcup\text{out}_{P^*} \tag{4-5}$$

非正式地，如果在实际执行中可以模拟执行理想函数 f，那么针对半可信非共谋的敌手，协议 Π 是安全的。更正式地，有如下定义。

定义 4.4 假设 f 为 $\mathcal{P}$ 中各实体之间的决策函数，令 $H\subseteq\mathcal{P}$ 为 $\mathcal{P}$ 中诚实参与方集合，针对所有半可信 PPT 敌手 $\mathcal{A}=(\mathcal{A}_{D_1},\mathcal{A}_{S_1},\mathcal{A}_{S_2})$、所有输入 x 和 y、辅助输入 z 以及所有参与方 $P\in\mathcal{P}$ 而言，如果存在模拟器 $\text{Sim=}(\text{Sim}_{D_1},\text{Sim}_{S_1},\text{Sim}_{S_2})$，那么协议 Π 可以安全实现 f 函数，且满足

$$\{\text{REAL}_{\Pi,\mathcal{A},H,z}^{P^*}(\mathcal{K},x,y)\}_{\mathcal{K}\in\mathbb{N}}\overset{c}{\approx}\{\text{IDEAL}_{f,\text{Sim},H,z}^{P^*}(\mathcal{K},x,y)\}_{\mathcal{K}\in\mathbb{N}} \tag{4-6}$$

其中，$\stackrel{c}{\approx}$表示计算上不可区分。

4.3.3　系统架构

本节介绍 EQOED 系统架构，包括系统初始化、用户管理、规范的索引结构，系统操作流程如图 4-13 所示。EQOED 系统支持两类常用的查询方式：范围查询和布尔查询，范围查询操作详见 4.3.4 节，而布尔查询操作详见 4.3.5 节。关于本节其余部分，将 g 表示为 $\mathrm{ord}(g)=\dfrac{(p-1)(q-1)}{2}$ 阶的生成元，假设所有指数都取自 $\mathbb{Z}_N$，那么可以省略 $\bmod N^2$，例如用 g^r 表示 $g^r \bmod N^2$。

EQOED 系统的基本思想介绍如下。

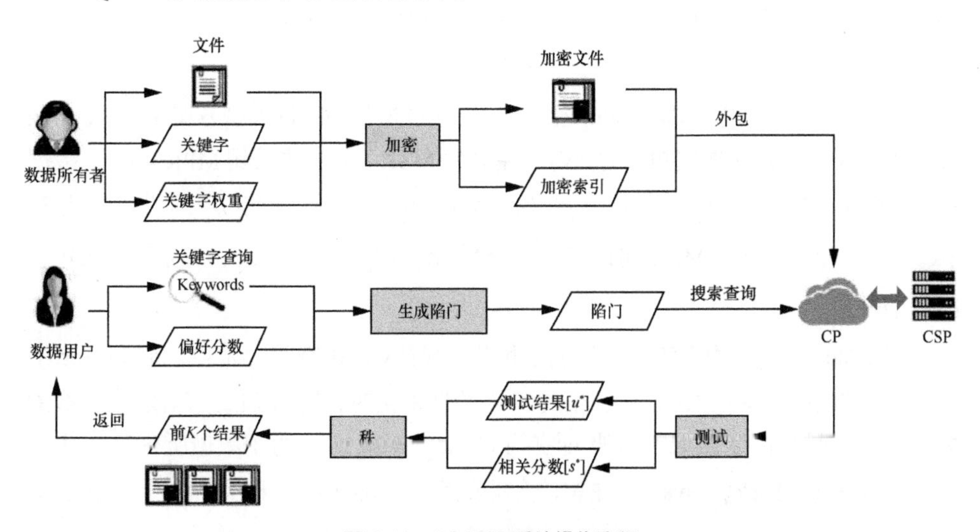

图 4-13　EQOED 系统操作流程

首先，KGC 进行系统设置，为系统生成公共参数和主公/私钥，为数据所有者和数据用户生成公/私钥对。系统的主私钥可以随机拆分为两部分，分别发送给 CP 和 CSP 作为私钥。

其次，讨论 2 种对数据用户进行搜索授权的应用场景。在单个数据所有者场景中，数据用户向单数据所有者请求搜索授权，数据所有者生成一份搜索授权证书和授权公/私钥对，然后发送给数据用户。在多个数据所有者场景中，数据用户希望可以同时搜索多个数据所有者的加密数据。首先，数据用户向每个数据所有者请求搜索授权，然后将获得的授权证书提交给 KGC。根据每个数据所有者的授权证书，KGC 生成一份允许同时搜索的授权证书和授权公/私钥对，并将其发送给数据用户。在这 2 种方案中，都提供了证书撤销机制。

再次，数据所有者从 EHR 文档中提取关键词并设置关键词权重，并将加密的关键词、权重和 EHR 文档上传至 CP 进行存储。之后，数据用户设定查询关键词及其偏好分数，并为它们生成一个查询陷门。最后，数据用户向 CP 发出搜索请求，提交查询陷门、搜索授权证书和签名。

最后，CP 验证接收到的证书和签名，防止未授权的数据用户访问。如果验证有效，则 CP 和 CSP 交互执行测试协议。由于 CP 和 CSP 均不能解密测试结果密文，因此保护了测试结果的隐私。然后，它们将测试结果返回给数据用户。最后，数据用户使用授权私钥解密检索结果，从而得到匹配的明文 EHR。

1．系统设置

KGC 运行系统设置算法 Setup 生成参数，通过执行 PCPD 加密方案中的 KeyGen 算法，生成系统公共参数 $\mathrm{PP}=(g,N)$ 、主私钥 $\mathrm{MSK}=\lambda$ 、主公钥 $\mathrm{MPK}=g^{\lambda}$ 、数据所有者 A_i 的公/私钥对 $\mathrm{pk}_{A_i}=g^{\theta_i}/\mathrm{sk}_{A_i}=\theta_i$ 和数据所有者 B_j 的公/私钥对 $\mathrm{pk}_{B_j}=g^{\theta_j}/\mathrm{sk}_{B_j}=\theta_j$ 。MSK 可以随机拆分为 $\mathrm{SK}_1=\lambda_1$ 和 $\mathrm{SK}_2=\lambda_2$ ，分别作为 CP 和 CSP 的私钥。

将 SEnc/SDec 作为系统的对称加密和解密算法（密钥空间为 $\mathcal{K}$ ），将 Sig/Verify 作为签名和验证算法，KGC 分别生成签名/验证密钥对，记为 $\mathrm{ssk}_{\mathrm{KGC}}/\mathrm{svk}_{\mathrm{KGC}}$ 。KGC 为每个数据所有者 A_i 生成签名/验证密钥对 $\mathrm{ssk}_{A_i}/\mathrm{svk}_{A_i}$ ，为每个数据所有者 B_j 生成签名/验证密钥对 $\mathrm{ssk}_{B_j}/\mathrm{svk}_{B_j}$ 。注意，验证公钥在系统中是公开的，而签名私钥是个人隐私。此外，使用 2 个密码学中的安全哈希函数 H_1 和 H_2 ，分别记为 $H_1:\{0,1\}^*\rightarrow\mathbb{Z}_N$ 和 $H_2:\mathbb{Z}_N\rightarrow\mathcal{K}$ 。

2．用户授权和撤销

（1）单个数据所有者场景

假设数据用户 B 在有效周期 VP（例如 VP=“20170501～20171201”）内向数据所有者 A_1 请求搜索授权，数据所有者 A_1 将运行 $\mathrm{Auth}_{\mathrm{Single}}$ 算法，生成的授权证书 $\mathrm{CER}_{A_1,B}$ 为

$$\left\langle \mathrm{cer}=(A_1,B,\mathrm{CN},\mathrm{VP},\mathrm{pk}_{\Sigma}),\mathrm{Sig}(\mathrm{cer},\mathrm{ssk}_{A_1})\right\rangle \tag{4-7}$$

其中，CN 为证书编号，授权公钥 $\mathrm{pk}_\Sigma = g^{\mathrm{sk}_\Sigma}$，授权私钥 $\mathrm{sk}_\Sigma = H_1(A_1, B, \mathrm{CN}, \mathrm{ssk}_{A_1})$，$A_1$ 秘密发送 sk_Σ 给数据用户 B，并公开授权证书。当 VP 过期后，证书失效。

数据所有者 A_1 在有效期 VP 内运行 $\mathrm{Revoke}_{\mathrm{Single}}$ 算法可以撤销数据用户 B 的搜索授权，撤销证书 $\mathrm{RVK}_{A_1,B}$ 可被生成为

$$\langle \mathrm{rvk}{=}(\mathrm{revoke}, A_1, B, \mathrm{CN}), \mathrm{Sig}(\mathrm{rvk}, \mathrm{ssk}_{A_1}) \rangle \tag{4-8}$$

撤销证书在系统中是公开的。

（2）多个数据所有者场景

假设 $\mathrm{AS}{=}(A_1,\cdots,A_m)$ 为数据所有者集合，数据用户 B 向 AS 请求搜索授权。首先，数据用户需要获得每个数据所有者的授权证书 $\mathrm{CER}_{A_i,B}(1 \leqslant i \leqslant m)$，然后向 KGC 申请同时搜索授权证书，KGC 接收到请求后运行 $\mathrm{Auth}_{\mathrm{Multiple}}$ 算法来计算有效期 $\mathrm{VP}_\Sigma = \mathrm{VP}_1 \cap \cdots \cap \mathrm{VP}_m$ 和生成证书 $\mathrm{CER}_{\mathrm{AS},B}$，即

$$\langle \mathrm{cer}{=}(\mathrm{KGC}, \mathrm{AS}, B, \mathrm{CN}, \mathrm{VP}_\Sigma, \mathrm{pk}_\Sigma), \mathrm{Sig}(\mathrm{cer}, \mathrm{ssk}_{\mathrm{KGC}}) \rangle \tag{4-9}$$

其中，授权公钥 $\mathrm{pk}_\Sigma = g^{\mathrm{sk}_\Sigma}$，授权私钥 $\mathrm{sk}_\Sigma = H_1(\mathrm{KGC}, B, \mathrm{CN}, \mathrm{MSK})$，KGC 秘密发送 sk_Σ 给数据用户 B，并公开授权证书。

KGC 在有效期 VP_Σ 内运行 $\mathrm{Revoke}_{\mathrm{Multiple}}$ 算法可以撤销用户 B 的搜索授权，撤销证书 $\mathrm{RVK}_{\mathrm{AS},B}$ 可被生成为

$$\langle \mathrm{rvk}{=}(\mathrm{revoke}, \mathrm{KGC}, B, \mathrm{CN}), \mathrm{Sig}(\mathrm{rvk}, \mathrm{ssk}_{\mathrm{KGC}}) \rangle \tag{4-10}$$

撤销证书在系统中是公开的。

3. 加密

数据所有者 $A \in \mathrm{AS}$ 的文档 M 需要外包至 CP 进行存储，$(\mathrm{kw}_1,\cdots,\mathrm{kw}_{n_1})$ 是从 M 中提取的关键词，$(\alpha_1,\cdots,\alpha_{n_1})$ 表示相应关键词的权重。数据所有者 A 运行加密算法 Enc，计算得到密文 $\mathrm{KW}_i = ([\![\mathrm{kw}_i]\!]_{\mathrm{pk}_A}, [\![\alpha_i]\!]_{\mathrm{pk}_A})(1 \leqslant i \leqslant n_1)$ 和 $\mathbb{KW} = (\mathrm{KW}_1,\cdots,\mathrm{KW}_{n_1})$。

然后，数据所有者 A 随机选择 $K \in \mathbb{Z}_N$ 作为文档的加密密钥，并加密 K 为 $[\![K]\!]_{\mathrm{pk}_A}$，文档 M 被加密为 $C = \mathrm{SEnc}(M, K')$，其中 $K' = H_2(K) \in \mathcal{K}$，随之发送加密索引 $\mathbb{EI}{=}(\mathbb{KW}, [\![\mathrm{ID}]\!]_{\mathrm{pk}_A}, [\![K]\!]_{\mathrm{pk}_A})$ 和加密文档 C 给 CP。

4. 陷门生成

数据用户 B 运行陷门算法 Trapdoor 生成查询陷门。系统支持多种类型的搜索模式，查询类型如表 4-7 所示。4.3.4 节将具体介绍如何构造不同的查询陷门。

表 4-7 查询类型

查询类型	查询公式($\mathcal{F}$)	查询陷门	测试协议
范围	$\mathrm{kw} \leqslant \mathrm{qw}$	$\{\mathcal{F},\mathrm{QW}\}$	安全小于或相等协议
	$\mathrm{kw} < \mathrm{qw}$	$\{\mathcal{F},\mathrm{QW}\}$	安全小于协议
	$\mathrm{kw} \geqslant \mathrm{qw}$	$\{\mathcal{F},\mathrm{QW}\}$	安全大于或相等（SGE，Secure Greater or Equal）协议
	$\mathrm{kw} > \mathrm{qw}$	$\{\mathcal{F},\mathrm{QW}\}$	安全大于（SGT，Secure Greater Than）协议
	$\mathrm{qw}_1 \leqslant \mathrm{kw} \leqslant \mathrm{qw}_2$	$\{\mathcal{F},\mathrm{QW}_1,\mathrm{QW}_2\}$	安全范围测试-类型 1（SRT1，Secure Range Test Type-1）协议
	$\mathrm{qw}_1 \leqslant \mathrm{kw} < \mathrm{qw}_2$	$\{\mathcal{F},\mathrm{QW}_1,\mathrm{QW}_2\}$	安全范围测试-类型 2（SRT2，Secure Range Test Type-2）协议
	$\mathrm{qw}_1 < \mathrm{kw} \leqslant \mathrm{qw}_2$	$\{\mathcal{F},\mathrm{QW}_1,\mathrm{QW}_2\}$	安全范围测试-类型 3（SRT3，Secure Range Test Type-3）协议
	$\mathrm{qw}_1 < \mathrm{kw} < \mathrm{qw}_2$	$\{\mathcal{F},\mathrm{QW}_1,\mathrm{QW}_2\}$	安全范围测试-类型 4（SRT4，Secure Range Test Type-4）协议
	$\{(\mathrm{qw}_1 \leqslant \mathrm{kw}_1 \leqslant \mathrm{qw}_2) \wedge \mathrm{qw}_3 < \mathrm{kw}_2 \leqslant \mathrm{qw}_4)\}$ $\wedge \{(\mathrm{kw}_3 \geqslant \mathrm{qw}_5\} \vee (\mathrm{kw}_3 < \mathrm{qw}_6)\}$ $\wedge \{\neg(\mathrm{qw}_7 \leqslant \mathrm{kw}_4 < \mathrm{qw}_8)\}$	$\{\mathcal{F},\mathrm{QW}_1,\cdots,\mathrm{QW}_8\}$	安全混合范围测试（MRT，Secure Mixed Range Test）协议
单关键词	$\mathrm{qw} \in \{\mathrm{kw}_1,\cdots,\mathrm{kw}_{n_1}\}$	$\{\mathcal{F},\mathrm{QW}\}$	安全单关键词搜索（SKS，Secure Single Keyword Search）协议
相等	$\mathrm{kw} = \mathrm{qw}$	$\{\mathcal{F},\mathrm{QW}\}$	安全相等测试协议
逻辑与	$\wedge(\mathrm{qw}_1,\cdots,\mathrm{qw}_{n_2})$	$\{\mathcal{F},\mathrm{QW}_1,\cdots,\mathrm{QW}_{n_2}\}$	安全与（AND）协议
逻辑或	$\vee(\mathrm{qw}_1,\cdots,\mathrm{qw}_{n_2})$	$\{\mathcal{F},\mathrm{QW}_1,\cdots,\mathrm{QW}_{n_2}\}$	安全或（OR）协议
逻辑非	$\neg(\mathrm{qw}_1,\cdots,\mathrm{qw}_{n_2})$	$\{\mathcal{F},\mathrm{QW}_1,\cdots,\mathrm{QW}_{n_2}\}$	安全非（NOT）协议
布尔	$\{\wedge(\mathrm{qw}_{1,1},\cdots,\mathrm{qw}_{1,\tau_1})\} \wedge \{\vee,(\mathrm{qw}_{2,1},\cdots,\mathrm{qw}_{2,\tau_2})\}$ $\wedge \{\neg,(\mathrm{qw}_{3,1},\cdots,\mathrm{qw}_{3,\tau_3})\}$	$\{\mathcal{F},\mathrm{QW}_{1,1},\cdots,\mathrm{QW}_{3,\tau_3}\}$	安全布尔（BL，Secure Boolean）协议
子集	$\mathrm{kw} \in (\mathrm{qw}_1,\cdots,\mathrm{qw}_{n_2})$	$\{\mathcal{F},\mathrm{QW}_1,\cdots,\mathrm{QW}_{n_2}\}$	SKS
混合布尔	$\{(\mathrm{qw}_1 \leqslant \mathrm{kw}_1 \leqslant \mathrm{qw}_2) \wedge$ $(\mathrm{kw}_2 \in \{\mathrm{qw}_5,\cdots,\mathrm{qw}_7\})\} \wedge$ $\{(\mathrm{kw}_3 < \mathrm{qw}_5) \vee (\mathrm{kw}_3 \geqslant \mathrm{qw}_3)\} \wedge$ $\{\neg(\mathrm{kw}_4 = \mathrm{qw}_4)\}$	$\{\mathcal{F},\mathrm{QW}_1,\cdots,\mathrm{QW}_7\}$	混合布尔（MIX，MIX Boolean Search）协议

将 qw 作为查询关键词，β 表示 qw 的偏好分数，加密 qw 和 β 为 $\mathrm{QW}=([\![\mathrm{qw}]\!]_{\mathrm{pk}_B},[\![\beta]\!]_{\mathrm{pk}_B})$，查询陷门记为 TK。如果数据用户 B 想搜索数据所有者 A 的加密文档，那么需要向云服务器提交查询请求 $\langle \Upsilon=(\mathrm{TK},\mathrm{CER}_{A,B}),\mathrm{Sig}(\Upsilon,\mathrm{ssk}_B)\rangle$；如果数据用户 B 想同时搜索 AS 的加密文档，那么需要向云服务器提交查询请求 $\langle \Upsilon=(\mathrm{TK},\mathrm{CER}_{\mathrm{AS},B}),\mathrm{Sig}(\Upsilon,\mathrm{ssk}_B)\rangle$。

5. **测试**

测试算法 Test 由 CP 和 CSP 协同执行，处理搜索查询如下。

（1）接收到数据用户 B 的搜索查询请求之后，CP 首先核对 CER 授权证书是否在证书撤销列表内，如果存在，那么拒绝 B 的搜索查询。

（2）如果 CER 证书没有被撤销，那么 CP 将使用数据所有者的验证公钥 svk_A 验证 $\mathrm{CER}_{A,B}$（单个数据所有者），或者使用 KGC 的验证公钥 $\mathrm{svk}_{\mathrm{KGC}}$ 验证 $\mathrm{CER}_{\mathrm{AS},B}$（多个数据所有者）。如果证书无效，那么拒绝 B 的搜索查询。

（3）如果数据用户 B 提交的授权证书 CER 是有效的，那么 CP 使用 B 的验证公钥 svk_B 验证签名 $\mathrm{Sig}(\Upsilon,\mathrm{ssk}_B)$，进而可以确保查询陷门 TK 和授权证书 CER 不会受到敌手的影响，并且可以证实搜索查询请求是由 B 提交的。

（4）如果签名 $\mathrm{Sig}(\Upsilon,\mathrm{ssk}_B)$ 是有效的，那么 CP 协同 CSP 执行相应的测试协议（如表 4-7 所示）计算搜索结果。

所有测试协议均会输出加密元组 $\left([\![u^*]\!]_{\mathrm{pk}_\Sigma},[\![s^*]\!]_{\mathrm{pk}_\Sigma},[\![\mathrm{ID}^*]\!]_{\mathrm{pk}_\Sigma}\right)$，其中 u^* 表示搜索结果，s^* 表示相关性分数，$[\![\mathrm{ID}^*]\!]_{\mathrm{pk}_\Sigma}$ 等价于 $\mathrm{SAD}\left([\![\mathrm{ID}^*]\!]_{\mathrm{pk}_A},[\![0]\!]_{\mathrm{pk}_B}\right)$。

6. **解密**

解密算法 Dec 由数据用户 B 执行，接收到搜索结果后，数据用户 B 使用 sk_Σ 解密 u^*、s^* 和 ID^*。如果 $u^*=1$，意味着文档 ID^* 是匹配的搜索结果；否则 $u^*=0$，文档 ID^* 与搜索结果不匹配。B 依据相关性分数将这些搜索结果进行排序，要求 CP 返回前 k 个分数最高的结果 $\{(C_{\rho_1},[\![K_{\rho_1}]\!]_{\mathrm{pk}_\Sigma}),\cdots,(C_{\rho_k},[\![K_{\rho_k}]\!]_{\mathrm{pk}_\Sigma})\}$，其中 $[\![K_{\rho_i}]\!]_{\mathrm{pk}_\Sigma}$ $(1\leqslant i\leqslant k)$ 通过计算 $\mathrm{SAD}([\![K]\!]_{\mathrm{pk}_A},[\![0]\!]_{\mathrm{pk}_B})$ 获得。

接收到 CP 发送的加密文档之后，B 使用 sk_Σ 解密 K，然后使用私钥 $K'=H_2(K)$ 恢复出明文文档 M。

在系统中，CP 必须将所有文档的搜索结果返回给用户，当文档数目很多时，会导致很大的通信开销。一种解决方法是让 CP 利用隐私保护 top-k 协议直接对搜索结果进行排序，并将这些结果返回给用户。这种方法可以减少 CP 和数据用户之间的

通信开销，但会增加 CP 和 CSP 的计算成本。因此，读者需要根据实际应用场景选择合适的密文排序方法。

为了简化表示，本节其余部分将 A 作为 $\mathrm{AS}=(A_1,\cdots,A_m)$ 中的一个数据所有者，将 B 作为数据用户。更具体地说，由于 4.3.4 节和 4.3.5 节有很多测试协议，简便起见，将 A 表示为 AS 中任意的数据所有者。当 A 被 $A_i \in \mathrm{AS}$ 替换后，数据用户 B 可以使用一个查询陷门搜索多个数据所有者的文档。

4.3.4 范围查询协议

本节将介绍表 4-7 中列出的各种范围查询类型。首先回顾 4.3.3 节中定义的符号，提取关键词 kw 及其权重 α 的密文记为 $\mathrm{KW}=([\![\mathrm{kw}]\!]_{\mathrm{pk}_A},[\![\alpha]\!]_{\mathrm{pk}_A})$，查询关键词 qw 及其偏好分数 β 的密文记为 $\mathrm{QW}=([\![\mathrm{qw}]\!]_{\mathrm{pk}_B},[\![\beta]\!]_{\mathrm{pk}_B})$。在下述协议中，如果没有特殊说明，都认定加密关键词索引为 kw。

1. **安全小于或相等协议**

数据用户 B 生成查询公式 $\mathcal{F}:\mathrm{kw}\leqslant\mathrm{qw}$ 和查询陷门 $\mathrm{TK}=\{\mathcal{F},\mathrm{QW}\}$，然后将其发送给 CP 进行搜索查询。已知 $[\![\mathrm{kw}]\!]_{\mathrm{pk}_A}$ 和 $[\![\mathrm{qw}]\!]_{\mathrm{pk}_B}$，安全小于或相等协议输出 $([\![u^*]\!]_{\mathrm{pk}_\Sigma},[\![s^*]\!]_{\mathrm{pk}_\Sigma})$，用来表示 kw 和 qw 之间的大小关系（即 kw≤qw 或 kw>qw）。同时，SLE 协议也需要满足 $\mathcal{L}(\mathrm{kw}),\mathcal{L}(\mathrm{qw})<\dfrac{\mathcal{L}(N)}{8}$，具体描述如下。

步骤 1 CP 计算 $[\![\mathrm{kw}']\!]_{\mathrm{pk}_A}=([\![\mathrm{kw}]\!]_{\mathrm{pk}_A})^2=[\![2\mathrm{kw}]\!]_{\mathrm{pk}_A}$ 和 $[\![\mathrm{qw}']\!]_{\mathrm{pk}_B}=([\![\mathrm{qw}]\!]_{\mathrm{pk}_B})^2[\![1]\!]_{\mathrm{pk}_B}=[\![2\mathrm{qw}+1]\!]_{\mathrm{pk}_B}$，选择随机数 r_1 和 r_2，满足 $\mathcal{L}(r_1)<\dfrac{\mathcal{L}(N)}{4}-1$ 和 $\mathcal{L}(r_2)<\dfrac{\mathcal{L}(N)}{8}$。然后，CP 随机抛硬币决定 $s\in\{0,1\}$ 的取值，CP 协同 CSP 执行下述运算：如果 s=1，则计算 $[\![\gamma]\!]_{\mathrm{pk}_\Sigma}\leftarrow\mathrm{SAD}(([\![\mathrm{qw}']\!]_{\mathrm{pk}_B})^{r_1},[\![\mathrm{kw}']\!]_{\mathrm{pk}_A})^{N-r_1})$；如果 s=0，则计算 $[\![\gamma]\!]_{\mathrm{pk}_\Sigma}\leftarrow\mathrm{SAD}(([\![\mathrm{kw}']\!]_{\mathrm{pk}_A})^{r_1},[\![\mathrm{qw}']\!]_{\mathrm{pk}_B})^{N-r_1})$。然后，CP 计算 $l=[\![\gamma]\!]_{\mathrm{pk}_\Sigma}[\![r_2]\!]_{\mathrm{pk}_\Sigma}$ 和 $l'=\mathrm{PD1}_{\mathrm{SK}_1}(l)$，并发送 (l,l') 给 CSP。

步骤 2 CSP 解密 $l''=\mathrm{PD2}_{\mathrm{SK}_2}(l,l')$，如果 $\mathcal{L}(l'')>\dfrac{\mathcal{L}(N)}{2}$，CSP 记 $u'=0$；否则记 $u'=1$。然后，CSP 使用公钥 pk_Σ 加密 u'，并发送密文 $[\![u']\!]_{\mathrm{pk}_\Sigma}$ 给 CP。

步骤 3 接收到密文 $[\![u']\!]_{\mathrm{pk}_\Sigma}$ 之后，CP 计算如下：如果 s=1，CP 记 $[\![u^*]\!]_{\mathrm{pk}_\Sigma}=\mathrm{CR}([\![u']\!]_{\mathrm{pk}_\Sigma})$；否则，CP 计算 $[\![u^*]\!]_{\mathrm{pk}_\Sigma}=[\![1]\!]_{\mathrm{pk}_\Sigma}([\![u']\!]_{\mathrm{pk}_\Sigma})^{N-1}=[\![1-u']\!]_{\mathrm{pk}_\Sigma}$，CP 设定 $[\![s^*]\!]_{\mathrm{pk}_\Sigma}=[\![u^*]\!]_{\mathrm{pk}_\Sigma}$。

如果 $u^*=s^*=1$，则意味着 kw≤qw；否则 $u^*=s^*=0$，意味着 kw>qw。

2. **安全大于或相等协议**

数据用户 B 生成查询公式 $\mathcal{F}:\text{kw}\geqslant\text{qw}$ 和查询陷门 $\text{TK}=\{\mathcal{F},\text{QW}\}$，然后将其发送给 CP 进行搜索查询。已知 $[\![\text{kw}]\!]_{\text{pk}_A}$ 和 $[\![\text{qw}]\!]_{\text{pk}_B}$，SGE 协议输出 $([\![u^*]\!]_{\text{pk}_\Sigma},[\![s^*]\!]_{\text{pk}_\Sigma})$，用来表示 kw 和 qw 之间的大小关系（即 $\text{kw}\geqslant\text{qw}$ 或 $\text{kw}<\text{qw}$）。同时，SGE 协议也需要满足 $\mathcal{L}(\text{kw}),\mathcal{L}(\text{qw})<\dfrac{\mathcal{L}(N)}{8}$，描述如下。

步骤 1　CP 计算 $[\![\text{kw}']\!]_{\text{pk}_A}=([\![\text{kw}]\!]_{\text{pk}_A})^2[\![1]\!]_{\text{pk}_A}=[\![2\text{kw}+1]\!]_{\text{pk}_A}$ 和 $[\![\text{qw}']\!]_{\text{pk}_B}=([\![\text{qw}]\!]_{\text{pk}_B})^2=[\![2\text{qw}]\!]_{\text{pk}_B}$，选择随机数 r_1 和 r_2，满足 $\mathcal{L}(r_1)<\dfrac{\mathcal{L}(N)}{4}-1$ 和 $\mathcal{L}(r_2)<\dfrac{\mathcal{L}(N)}{8}$。然后，CP 随机抛硬币决定 $s\in\{0,1\}$ 的取值，CP 协同 CSP 执行下述运算：如果 $s=1$，则计算 $[\![\gamma]\!]_{\text{pk}_\Sigma}\leftarrow\text{SAD}(([\![\text{kw}']\!]_{\text{pk}_A})^{r_1},[\![\text{qw}']\!]_{\text{pk}_B})^{N-r_1})$；如果 $s=0$，则计算 $[\![\gamma]\!]_{\text{pk}_\Sigma}\leftarrow\text{SAD}(([\![\text{qw}']\!]_{\text{pk}_B})^{r_1},[\![\text{kw}']\!]_{\text{pk}_A})^{N-r_1})$。然后，CP 计算 $l=[\![\gamma]\!]_{\text{pk}_\Sigma}[\![r_2]\!]_{\text{pk}_\Sigma}$ 和 $l'=\text{PD1}_{\text{SK}_1}(l)$，并发送 (l,l') 给 CSP。

步骤 2 和步骤 3 与 SLE 协议相同。

如果 $u^*=s^*=1$，则意味着 kw≥qw；否则 $u^*=s^*=0$ 意味着 kw<qw。

3. **安全大于协议**

数据用户 B 生成 $\text{TK}=\{\mathcal{F},\text{QW}\}$ 作为查询陷门，其中 $\mathcal{F}:\text{kw}>\text{qw}$ 是查询公式。已知 $[\![\text{kw}]\!]_{\text{pk}_A}$ 和 $[\![\text{qw}]\!]_{\text{pk}_B}$，且 $\text{kw},\text{qw}\geqslant 0$，SGT 协议输出 $([\![u^*]\!]_{\text{pk}_\Sigma},[\![s^*]\!]_{\text{pk}_\Sigma})$，用来表示 kw 和 qw 之间的大小关系（即 $\text{kw}>\text{qw}$ 或 $\text{kw}\leqslant\text{qw}$）。同时，SGT 协议也需要满足 $\mathcal{L}(\text{kw}),\mathcal{L}(\text{qw})<\dfrac{\mathcal{L}(N)}{8}$，描述如下。

步骤 1 和步骤 2 与 SLE 协议相同。

步骤 3　接收到密文 $[\![u']\!]_{\text{pk}_\Sigma}$ 之后，CP 计算如下：如果 $s=1$，则 CP 记 $[\![u^*]\!]_{\text{pk}_\Sigma}=[\![1]\!]_{\text{pk}_\Sigma}([\![u']\!]_{\text{pk}_\Sigma})^{N-1}=[\![1-u']\!]_{\text{pk}_\Sigma}$；否则 CP 计算 $[\![u^*]\!]_{\text{pk}_\Sigma}=\text{CR}([\![u']\!]_{\text{pk}_\Sigma})$。CP 设定 $[\![s^*]\!]_{\text{pk}_\Sigma}=[\![u^*]\!]_{\text{pk}_\Sigma}$。

如果 $u^*=s^*=1$，则意味着 $\text{kw}>\text{qw}$；否则 $u^*=s^*=0$，意味着 $\text{kw}\leqslant\text{qw}$。

4. **安全相等测试协议**

数据用户 B 生成 $\text{TK}=\{\mathcal{F},\text{QW}\}$ 作为查询陷门，其中 $\mathcal{F}:\text{kw}=\text{qw}$ 是查询公式。已知 $[\![\text{kw}]\!]_{\text{pk}_A}$ 和 $[\![\text{qw}]\!]_{\text{pk}_B}$（$\text{kw},\text{qw}\geqslant 0$），SEQ 协议输出 $([\![u^*]\!]_{\text{pk}_\Sigma},[\![s^*]\!]_{\text{pk}_\Sigma})$，用来判断 kw 和 qw 是否相等。同时，SEQ 协议也需要满足 $\mathcal{L}(\text{kw}),\mathcal{L}(\text{qw})<\dfrac{\mathcal{L}(N)}{8}$，CP 协同 CSP

计算 $[\![u_1]\!]_{\mathrm{pk}_\Sigma}=\mathrm{SLE}([\![\mathrm{kw}]\!]_{\mathrm{pk}_A},[\![\mathrm{qw}]\!]_{\mathrm{pk}_B})$，$[\![u_2]\!]_{\mathrm{pk}_\Sigma}=\mathrm{SLE}([\![\mathrm{qw}]\!]_{\mathrm{pk}_B},[\![\mathrm{kw}]\!]_{\mathrm{pk}_A})$，$[\![u^*]\!]_{\mathrm{pk}_\Sigma}=\mathrm{SMD}([\![u_1]\!]_{\mathrm{pk}_\Sigma},[\![u_2]\!]_{\mathrm{pk}_\Sigma})$，$[\![s']\!]_{\mathrm{pk}_\Sigma}=\mathrm{SMD}([\![\alpha]\!]_{\mathrm{pk}_A},[\![\beta]\!]_{\mathrm{pk}_B})$，$[\![s^*]\!]_{\mathrm{pk}_\Sigma}=[\![\mathrm{qw}]\!]_{\mathrm{pk}_\Sigma}\cdot[\![s']\!]_{\mathrm{pk}_\Sigma}$）。

如果 $u^*=1$，则意味着 $\mathrm{kw}=\mathrm{qw}$ 和 $s^*=\alpha\beta$；否则 $u^*=s^*=0$，意味着 $\mathrm{kw}\neq\mathrm{qw}$。

SEQ 协议的正确性分析：①如果 $\mathrm{kw}=\mathrm{qw}$，有 $u_1=u_2=u^*=1$、$s'=\alpha\beta$ 和 $s^*=\alpha\beta$；②如果 $\mathrm{kw}<\mathrm{qw}$，有 $u_1=1$、$u_2=0$、$u^*=0$、$s'=\alpha\beta$ 和 $s^*=0$；③如果 $\mathrm{kw}>\mathrm{qw}$，有 $u_1=0$、$u_2=1$、$u^*=0$、$s'=\alpha\beta$ 和 $s^*=0$。总之，当 $\mathrm{kw}=\mathrm{qw}$ 时，有 $u^*=1$ 和 $s^*=\alpha\beta$；当 $\mathrm{kw}\neq\mathrm{qw}$ 时，有 $u^*=0$ 和 $s^*=0$。

5. 安全范围测试协议

本节将处理 4 种类型的范围查询：类型 1 $(\mathrm{qw}_1\leqslant\mathrm{kw}\leqslant\mathrm{qw}_2)$，类型 2 $(\mathrm{qw}_1\leqslant\mathrm{kw}<\mathrm{qw}_2)$，类型 3 $(\mathrm{qw}_1<\mathrm{kw}\leqslant\mathrm{qw}_2)$，类型 4 $(\mathrm{qw}_1<\mathrm{kw}<\mathrm{qw}_2)$。

（1）SRT 类型 1

数据用户 B 生成 $\mathrm{TK}=\{\mathcal{F},\mathrm{QW}_1,\mathrm{QW}_2\}$ 作为查询陷门，其中 $\mathcal{F}:\mathrm{qw}_1\leqslant\mathrm{kw}\leqslant\mathrm{qw}_2$ 是查询公式，安全范围测试类型 1 协议（SRT1）输出 $([\![u^*]\!]_{\mathrm{pk}_\Sigma},[\![s^*]\!]_{\mathrm{pk}_\Sigma})$。CP 协同 CSP 计算 $[\![u_1]\!]_{\mathrm{pk}_\Sigma}=\mathrm{SGE}([\![\mathrm{kw}]\!]_{\mathrm{pk}_A},[\![\mathrm{qw}_1]\!]_{\mathrm{pk}_B})$，$[\![u_2]\!]_{\mathrm{pk}_\Sigma}=\mathrm{SLE}([\![\mathrm{kw}]\!]_{\mathrm{pk}_B},[\![\mathrm{qw}_2]\!]_{\mathrm{pk}_A})$，$[\![u^*]\!]_{\mathrm{pk}_\Sigma}=\mathrm{SMD}([\![u_1]\!]_{\mathrm{pk}_\Sigma},[\![u_2]\!]_{\mathrm{pk}_\Sigma})$，$[\![s^*]\!]_{\mathrm{pk}_\Sigma}=[\![u^*]\!]_{\mathrm{pk}_\Sigma}$。

如果满足查询公式 $\mathcal{F}$，那么 $[\![u^*]\!]_{\mathrm{pk}_\Sigma}=[\![s^*]\!]_{\mathrm{pk}_\Sigma}=[\![1]\!]_{\mathrm{pk}_\Sigma}$；否则，$[\![u^*]\!]_{\mathrm{pk}_\Sigma}=[\![s^*]\!]_{\mathrm{pk}_\Sigma}=[\![0]\!]_{\mathrm{pk}_\Sigma}$。

SRT1 协议的正确性分析如下。①如果 $\mathrm{qw}_1\leqslant\mathrm{kw}\leqslant\mathrm{qw}_2$，有 $u_1=u_2=u^*=s^*=1$；②如果 $\mathrm{qw}_1>\mathrm{kw}$，有 $u_1=0$、$u^*=0$ 和 $s^*=0$；③如果 $\mathrm{kw}>\mathrm{qw}_2$，有 $u_2=0$、$u^*=0$ 和 $s^*=0$。总之，当 $\mathrm{qw}_1\leqslant\mathrm{kw}\leqslant\mathrm{qw}_2$ 时，有 $u^*=s^*=1$；否则 $u^*=s^*=0$。

（2）SRT 类型 2

数据用户 B 生成 $\mathrm{TK}=\{\mathcal{F},\mathrm{QW}_1,\mathrm{QW}_2\}$ 作为查询陷门，其中 $\mathcal{F}:\mathrm{qw}_1\leqslant\mathrm{kw}<\mathrm{qw}_2$ 是查询公式，安全范围测试类型 2 协议（SRT2）输出 $([\![u^*]\!]_{\mathrm{pk}_\Sigma},[\![s^*]\!]_{\mathrm{pk}_\Sigma})$。CP 协同 CSP 计算 $[\![u_1]\!]_{\mathrm{pk}_\Sigma}=\mathrm{SGE}([\![\mathrm{kw}]\!]_{\mathrm{pk}_A},[\![\mathrm{qw}_1]\!]_{\mathrm{pk}_B})$，$[\![u_2]\!]_{\mathrm{pk}_\Sigma}=\mathrm{SLT}([\![\mathrm{kw}]\!]_{\mathrm{pk}_B},[\![\mathrm{qw}_2]\!]_{\mathrm{pk}_A})$，$[\![u^*]\!]_{\mathrm{pk}_\Sigma}=\mathrm{SMD}([\![u_1]\!]_{\mathrm{pk}_\Sigma},[\![u_2]\!]_{\mathrm{pk}_\Sigma})$，$[\![s^*]\!]_{\mathrm{pk}_\Sigma}=[\![u^*]\!]_{\mathrm{pk}_\Sigma}$。

如果满足查询公式 $\mathcal{F}$，那么 $[\![u^*]\!]_{\mathrm{pk}_\Sigma}=[\![s^*]\!]_{\mathrm{pk}_\Sigma}=[\![1]\!]_{\mathrm{pk}_\Sigma}$；否则，$[\![u^*]\!]_{\mathrm{pk}_\Sigma}=[\![s^*]\!]_{\mathrm{pk}_\Sigma}=[\![0]\!]_{\mathrm{pk}_\Sigma}$。

SRT2 协议的正确性分析如下。①如果 $\mathcal{F}:\mathrm{qw}_1\leqslant\mathrm{kw}<\mathrm{qw}_2$，有 $u_1=u_2=u^*=s^*=1$；②如果 $\mathrm{qw}_1>\mathrm{kw}$，有 $u_1=0$、$u^*=0$ 和 $s^*=0$；③如果 $\mathrm{kw}\geqslant\mathrm{qw}_2$，有 $u_2=0$、$u^*=0$ 和 $s^*=0$。总之，当 $\mathcal{F}:\mathrm{qw}_1\leqslant\mathrm{kw}<\mathrm{qw}_2$ 时，有 $u^*=s^*=1$；否则 $u^*=s^*=0$。

（3）SRT 类型 3

数据用户 B 生成 $\mathrm{TK}=\{\mathcal{F},\mathrm{QW}_1,\mathrm{QW}_2\}$ 作为查询陷门，其中 $\mathcal{F}:\mathrm{qw}_1<\mathrm{kw}\leqslant\mathrm{qw}_2$ 是查询公式，安全范围测试类型 3 协议（SRT3）输出 $([\![u^*]\!]_{\mathrm{pk}_\Sigma},[\![s^*]\!]_{\mathrm{pk}_\Sigma})$。CP 协同 CSP 计算 $[\![u_1]\!]_{\mathrm{pk}_\Sigma}=\mathrm{SGT}([\![\mathrm{kw}]\!]_{\mathrm{pk}_A},[\![\mathrm{qw}_1]\!]_{\mathrm{pk}_B})$；$[\![u_2]\!]_{\mathrm{pk}_\Sigma}=\mathrm{SLE}([\![\mathrm{kw}]\!]_{\mathrm{pk}_B},[\![\mathrm{qw}_2]\!]_{\mathrm{pk}_A})$；$[\![u^*]\!]_{\mathrm{pk}_\Sigma}=\mathrm{SMD}([\![u_1]\!]_{\mathrm{pk}_\Sigma},[\![u_2]\!]_{\mathrm{pk}_\Sigma})$；$[\![s^*]\!]_{\mathrm{pk}_\Sigma}=[\![u^*]\!]_{\mathrm{pk}_\Sigma}$。

如果满足查询公式 $\mathcal{F}$，那么 $[\![u^*]\!]_{\mathrm{pk}_\Sigma}=[\![s^*]\!]_{\mathrm{pk}_\Sigma}=[\![1]\!]_{\mathrm{pk}_\Sigma}$；否则，$[\![u^*]\!]_{\mathrm{pk}_\Sigma}=[\![s^*]\!]_{\mathrm{pk}_\Sigma}=[\![0]\!]_{\mathrm{pk}_\Sigma}$。

SRT3 协议的正确性分析如下。①如果 $\mathcal{F}:\mathrm{qw}_1<\mathrm{kw}\leqslant\mathrm{qw}_2$，有 $u_1=u_2=u^*=s^*=1$；②如果 $\mathrm{qw}_1\geqslant\mathrm{kw}$，有 $u_1=0$、$u^*=0$ 和 $s^*=0$；③如果 $\mathrm{kw}>\mathrm{qw}_2$，有 $u_2=0$、$u^*=0$ 和 $s^*=0$。总之，当 $\mathcal{F}:\mathrm{qw}_1<\mathrm{kw}\leqslant\mathrm{qw}_2$ 时，有 $u^*=s^*=1$；否则 $u^*=s^*=0$。

（4）SRT 类型 4

数据用户 B 生成 $\mathrm{TK}=\{\mathcal{F},\mathrm{QW}_1,\mathrm{QW}_2\}$ 作为查询陷门，其中 $\mathcal{F}:\mathrm{qw}_1<\mathrm{kw}<\mathrm{qw}_2$ 是查询公式，安全范围测试类型 4 协议（SRT4）输出 $([\![u^*]\!]_{\mathrm{pk}_\Sigma},[\![s^*]\!]_{\mathrm{pk}_\Sigma})$。CP 协同 CSP 计算 $[\![u_1]\!]_{\mathrm{pk}_\Sigma}=\mathrm{SGT}([\![\mathrm{kw}]\!]_{\mathrm{pk}_A},[\![\mathrm{qw}_1]\!]_{\mathrm{pk}_B})$；$[\![u_2]\!]_{\mathrm{pk}_\Sigma}=\mathrm{SLT}([\![\mathrm{kw}]\!]_{\mathrm{pk}_B},[\![\mathrm{qw}_2]\!]_{\mathrm{pk}_A})$；$[\![u^*]\!]_{\mathrm{pk}_\Sigma}=\mathrm{SMD}([\![u_1]\!]_{\mathrm{pk}_\Sigma},[\![u_2]\!]_{\mathrm{pk}_\Sigma})$；$[\![s^*]\!]_{\mathrm{pk}_\Sigma}=[\![u^*]\!]_{\mathrm{pk}_\Sigma}$。

如果满足查询公式 $\mathcal{F}$，那么 $[\![u^*]\!]_{\mathrm{pk}_\Sigma}=[\![s^*]\!]_{\mathrm{pk}_\Sigma}=[\![1]\!]_{\mathrm{pk}_\Sigma}$；否则，$[\![u^*]\!]_{\mathrm{pk}_\Sigma}=[\![s^*]\!]_{\mathrm{pk}_\Sigma}=[\![0]\!]_{\mathrm{pk}_\Sigma}$。

SRT4 协议的正确性分析如下。①如果 $\mathcal{F}:\mathrm{qw}_1<\mathrm{kw}<\mathrm{qw}_2$，有 $u_1=u_2=u^*=s^*=1$；②如果 $\mathrm{qw}_1\geqslant\mathrm{kw}$，有 $u_1=0$、$u^*=0$ 和 $s^*=0$；③如果 $\mathrm{kw}\geqslant\mathrm{qw}_2$，有 $u_2=0$、$u^*=0$ 和 $s^*=0$。总之，当 $\mathcal{F}:\mathrm{qw}_1<\mathrm{kw}<\mathrm{qw}_2$ 时，有 $u^*=s^*=1$；否则 $u^*=s^*=0$。

6. 安全混合范围测试协议

假设加密关键词索引为 $(\mathrm{KW}_1,\cdots,\mathrm{KW}_4)$，数据用户 B 利用表达式 $\mathcal{F}=\{(\mathrm{qw}_1\leqslant\mathrm{kw}_1\leqslant\mathrm{qw}_2)\wedge(\mathrm{qw}_3<\mathrm{kw}_2\leqslant\mathrm{qw}_4)\}\wedge\{(\mathrm{kw}_3\geqslant\mathrm{qw}_5)\vee(\mathrm{kw}_3<\mathrm{qw}_6)\}\wedge\{\neg(\mathrm{qw}_7\leqslant\mathrm{kw}_4<\mathrm{qw}_8)\}$ 提交混合范围查询，其中 $\wedge$、$\vee$、$\neg$ 分别表示 AND、OR 和 NOT 操作。数据用户 B 提交查询陷门 $\mathrm{TK}=\{\mathcal{F},\mathrm{QW}_1,\cdots,\mathrm{QW}_8\}$ 给 CP，CP 协同 CSP 交互执行安全混合范围测试协议（见协议 4.1），输出 $([\![u^*]\!]_{\mathrm{pk}_\Sigma},[\![s^*]\!]_{\mathrm{pk}_\Sigma})$。如果满足查询公式 $\mathcal{F}$，那么输出 $[\![u^*]\!]_{\mathrm{pk}_\Sigma}=[\![s^*]\!]_{\mathrm{pk}_\Sigma}=[\![1]\!]_{\mathrm{pk}_\Sigma}$；否则输出 $[\![u^*]\!]_{\mathrm{pk}_\Sigma}=[\![s^*]\!]_{\mathrm{pk}_\Sigma}=[\![0]\!]_{\mathrm{pk}_\Sigma}$。

协议 4.1　安全混合范围测试协议

输入　$(\mathrm{KW}_1,\cdots,\mathrm{KW}_4)$ 和 TK

输出　$([\![u^*]\!]_{\mathrm{pk}_\Sigma},[\![s^*]\!]_{\mathrm{pk}_\Sigma})$

① $[\![u_1]\!]_{pk_\Sigma} = \mathrm{SRT1}\left([\![kw_1]\!]_{pk_A}, [\![qw_1]\!]_{pk_B}, [\![qw_2]\!]_{pk_B}\right)$；

② $[\![u_2]\!]_{pk_\Sigma} = \mathrm{SRT3}\left([\![kw_2]\!]_{pk_A}, [\![qw_3]\!]_{pk_B}, [\![qw_4]\!]_{pk_B}\right)$；

③ $[\![u_3]\!]_{pk_\Sigma} = \mathrm{SGE}\left([\![kw_3]\!]_{pk_A}, [\![qw_5]\!]_{pk_B}\right)$；

④ $[\![u_4]\!]_{pk_\Sigma} = \mathrm{SLT}\left([\![kw_3]\!]_{pk_A}, [\![qw_6]\!]_{pk_B}\right)$；

⑤ $[\![u_5]\!]_{pk_\Sigma} = \mathrm{SRT2}\left([\![kw_4]\!]_{pk_A}, [\![qw_7]\!]_{pk_A}, [\![qw_8]\!]_{pk_B}\right)$；

⑥ $[\![u_5']\!]_{pk_\Sigma} = [\![1]\!]_{pk_\Sigma}\left([\![u_5]\!]_{pk_\Sigma}\right)^{1-N}$；

⑦ $[\![u_6]\!]_{pk_\Sigma} = \mathrm{SMD}\left([\![u_1]\!]_{pk_\Sigma}[\![u_2]\!]_{pk_\Sigma}\right)$；

⑧ $[\![u_7]\!]_{pk_\Sigma} = [\![u_3]\!]_{pk_\Sigma}[\![u_4]\!]_{pk_\Sigma}$；

⑨ $[\![u_7]\!]_{pk_\Sigma} = \mathrm{SGE}\left([\![u_7]\!]_{pk_\Sigma}, [\![1]\!]_{pk_\Sigma}\right)$；

⑩ $[\![u_8]\!]_{pk_\Sigma} = \mathrm{SMD}\left([\![u_6]\!]_{pk_\Sigma}, [\![u_7]\!]_{pk_\Sigma}\right)$；

⑪ $[\![u^*]\!]_{pk_\Sigma} = \mathrm{SMD}\left([\![u_8]\!]_{pk_\Sigma}, [\![u_5']\!]_{pk_\Sigma}\right)$；

⑫ $[\![s^*]\!]_{pk_\Sigma} = [\![u^*]\!]_{pk_\Sigma}$；

⑬ $\mathrm{return}\left([\![u^*]\!]_{pk_\Sigma}, [\![s^*]\!]_{pk_\Sigma}\right)$。

MRT 协议的正确性分析如下。

第①行：如果$qw_1 \leqslant kw_1 \leqslant qw_2$，那么 u_1=1；否则 u_1=0。

第②行：如果$qw_3 < kw_2 \leqslant qw_4$，那么 u_2=1；否则 u_2=0。

第③行：如果$kw_3 \geqslant qw_5$，那么 u_3=1；否则 u_3=0。

第④行：如果$kw_3 < qw_6$，那么 u_4=1；否则 u_4=0。

第⑤行：如果$qw_7 \leqslant kw_4 < qw_8$，那么 u_5=1；否则 u_5=0。

第⑥行：如果$\neg(qw_7 \leqslant kw_4 < qw_8)$，那么$u_5' = 1 - u_5 = 1 - 0 = 1$；否则$u_5' = 1 - u_5 = 1 - 1 = 0$。

第⑦行：如果$qw_1 \leqslant kw_1 \leqslant qw_2$且$qw_3 < kw_2 \leqslant qw_4$，那么$u_1 = u_2 = 1$和$u_6 = u_1 u_2 = 1$；否则 u_6=0。这表明，如果$\{(qw_1 \leqslant kw_1 \leqslant qw_2) \wedge (qw_3 < kw_2 \leqslant qw_4)\}$为真，那么 u_6=1；否则 u_6=0。

第⑧～⑨行：如果$\{(kw_3 \geqslant qw_5) \vee (kw_3 < qw_6)\}$为真，那么 u_7=1；否则 u_7=0。

第⑩行：如果$\{(qw_1 \leqslant kw_1 \leqslant qw_2) \wedge (qw_3 < kw_2 \leqslant qw_4)\} \wedge \{(kw_3 \geqslant qw_5) \vee (kw_3 < qw_6)\}$为真，那么 $u_6=u_7=1$ 和 $u_8=u_6u_7=1$；否则 u_8=0。

第⑪行：如果$\mathcal{F} = \{(qw_1 \leqslant kw_1 \leqslant qw_2) \wedge (qw_3 < kw_2 \leqslant qw_4)\} \wedge \{(kw_3 \geqslant qw_5) \vee (kw_3 < qw_6)\} \wedge \{\neg(qw_7 \leqslant kw_4 < qw_8)\}$为真，那么$u_8 = u_5' = 1$和$u^* = u_8 u_5' = 1$；否则

$u^* = 0$。

进一步解释为，在 MRT 协议设计中，SMD 协议用于执行表达式之间的 AND 运算，加法运算用于执行 OR 运算，算法第 6 行($[\![u_5']\!]_{\mathrm{pk}_\Sigma} = [\![1]\!]_{\mathrm{pk}_\Sigma}([\![u_5]\!]_{\mathrm{pk}_\Sigma})^{1-N}$)用于执行 NOT 运算。

4.3.5 布尔查询

令 $\mathbb{KW} = (\mathrm{KW}_1, \cdots, \mathrm{KW}_{n_1})$ 和 $\mathbb{QW} = (\mathrm{QW}_1, \cdots, \mathrm{QW}_{n_2})$，其中 $n_1 \leqslant n_2$。接下来，介绍一些协议用于实现 AND、OR 和 NOT 运算以及布尔查询。在下述协议中，如果没有特殊说明，均假设加密关键词索引为 $\mathbb{KW}$。

1. **安全单关键词搜索协议**

数据用户 B 以偏好分数为 β 的关键词 qw 进行单关键词搜索，查询表达式为 $\mathcal{F}: \mathrm{qw} \in (\mathrm{kw}_1, \cdots, \mathrm{kw}_{n_1})$，然后将查询陷门 TK=$\{\mathcal{F}, \mathrm{QW}\}$ 提交给 CP。接收到查询陷门后，CP 协同 CSP 执行安全单关键词搜索协议（见协议 4.2），输出 $([\![u^*]\!]_{\mathrm{pk}_\Sigma}, [\![s^*]\!]_{\mathrm{pk}_\Sigma})$，其中 u^* 表示搜索结果，s^* 表示相关性分数。如果存在一个搜索关键词 $\mathrm{kw}_i \in (\mathrm{kw}_1, \cdots, \mathrm{kw}_{n_1})$ 与查询关键词 qw 匹配，那么 $u^* = 1$ 和 $s^* = \alpha_i \beta$；否则 $u^* = s^* = 0$。

协议 4.2 安全单关键词搜索协议

输入 $\mathbb{KW}$ 和 QW

输出 $([\![u^*]\!]_{\mathrm{pk}_\Sigma}, [\![s^*]\!]_{\mathrm{pk}_\Sigma})$

① 初始化 $[\![u^*]\!]_{\mathrm{pk}_\Sigma} = [\![0]\!]_{\mathrm{pk}_\Sigma}$ 和 $[\![s^*]\!]_{\mathrm{pk}_\Sigma} = [\![0]\!]_{\mathrm{pk}_\Sigma}$；

② for i=0 to $|\mathbb{KW}|$ do

③ $[\![u_i]\!]_{\mathrm{pk}_\Sigma} = \mathrm{SMD}\left([\![\mathrm{kw}_i]\!]_{\mathrm{pk}_A}, [\![\mathrm{qw}]\!]_{\mathrm{pk}_B}\right)$；

④ $[\![s_i']\!]_{\mathrm{pk}_\Sigma} = \mathrm{SMD}\left([\![\alpha_i]\!]_{\mathrm{pk}_A}, [\![\beta]\!]_{\mathrm{pk}_B}\right)$； $[\![s_i]\!]_{\mathrm{pk}_\Sigma} = \mathrm{SMD}\left([\![u_i]\!]_{\mathrm{pk}_\Sigma}, [\![s_i']\!]_{\mathrm{pk}_\Sigma}\right)$；

⑤ CP 计算 $[\![u^*]\!]_{\mathrm{pk}_\Sigma} = [\![u^*]\!]_{\mathrm{pk}_\Sigma} [\![u_i]\!]_{\mathrm{pk}_\Sigma}$

$[\![s^*]\!]_{\mathrm{pk}_\Sigma} = [\![s^*]\!]_{\mathrm{pk}_\Sigma} [\![s_i]\!]_{\mathrm{pk}_\Sigma}$；

⑥ end for

⑦ return $([\![u^*]\!]_{\mathrm{pk}_\Sigma}, [\![s^*]\!]_{\mathrm{pk}_\Sigma})$

SKS 协议也能用于子集查询，在子集查询中，查询表达式为 $\mathcal{F}: \mathrm{kw} \in (\mathrm{qw}_1, \cdots, \mathrm{qw}_{n_2})$，数据用户 B 向 CP 提交查询陷门 TK=$\{\mathcal{F}, \mathbb{QW}\}$。接收到查询请求后，CP 输入 $(\mathbb{QW}, \mathrm{KW})$ 执行 SKS 协议，输出 $([\![u^*]\!]_{\mathrm{pk}_\Sigma}, [\![s^*]\!]_{\mathrm{pk}_\Sigma})$。如果满足查

询表达式，那么 $u^* = 1$ 和 $s^* = \alpha\beta_j(j \in [1, n_2])$；否则 $u^* = s^* = 0$。

2. **安全与协议**

数据用户 B 在 $\mathbb{QW}$ 上进行“与”连接关键词搜索，查询表达式为 $\mathcal{F}:\wedge(\mathrm{qw}_1,\cdots,\mathrm{qw}_{n_2})$。数据用户 B 向 CP 提交查询陷门 TK=$\{\mathcal{F},\mathbb{QW}\}$，然后 CP 协同 CSP 交互执行安全与协议（见协议 4.3）输出 $([\![u^*]\!]_{\mathrm{pk}_\Sigma},[\![s^*]\!]_{\mathrm{pk}_\Sigma})$，如果 $(\mathrm{kw}_1,\cdots,\mathrm{kw}_{n_1})$ 包含所有的查询关键词 $(\mathrm{qw}_1,\cdots,\mathrm{qw}_{n_2})$，那么 $u^*=1$；否则 $u^*=0$。假设 $\mathrm{kw}_{\gamma j}$ 与 $\mathrm{qw}_j(1 \leqslant j \leqslant n_2)$ 匹配，如果 $u^*=1$，那么 $s^* = \sum_{1 \leqslant j \leqslant n_2} \alpha_{\gamma j}\beta_j$；否则 $s^* = 0$。注意，系统中连接关键词查询的测试算法是由 AND 协议执行的。

协议 4.3 安全与协议

输入 $\mathbb{KW}$ 和 $\mathbb{QW}$

输出 $([\![u^*]\!]_{\mathrm{pk}_\Sigma},[\![s^*]\!]_{\mathrm{pk}_\Sigma})$

① 初始化 $[\![u^*]\!]_{\mathrm{pk}_\Sigma} = [\![1]\!]_{\mathrm{pk}_\Sigma}$ 和 $[\![s^*]\!]_{\mathrm{pk}_\Sigma} = [\![0]\!]_{\mathrm{pk}_\Sigma}$；

② for j=0 to $|\mathbb{QW}|$ do

③ $\quad([\![u_j]\!]_{\mathrm{pk}_\Sigma},[\![s_j]\!]_{\mathrm{pk}_\Sigma}) = \mathrm{SKS}(\mathbb{KW},\mathrm{QW}_j)$；$([\![u^*]\!]_{\mathrm{pk}_\Sigma}) = \mathrm{SMD}([\![u^*]\!]_{\mathrm{pk}_\Sigma},[\![u_j]\!]_{\mathrm{pk}_\Sigma})$；

④ $\quad$CP 计算 $([\![s^*]\!]_{\mathrm{pk}_\Sigma}) = [\![s^*]\!]_{\mathrm{pk}_\Sigma},[\![s_j]\!]_{\mathrm{pk}_\Sigma}$；

⑤ end for

⑥ $([\![s^*]\!]_{\mathrm{pk}_\Sigma}) = \mathrm{SMD}([\![u^*]\!]_{\mathrm{pk}_\Sigma},[\![s^*]\!]_{\mathrm{pk}_\Sigma})$；

⑦ return $([\![u^*]\!]_{\mathrm{pk}_\Sigma},[\![s^*]\!]_{\mathrm{pk}_\Sigma})$。

3. **安全或协议**

数据用户 B 在 $\mathbb{QW}$ 上进行“或”连接关键词搜索，查询表达式为 $\mathcal{F}:\vee(\mathrm{qw}_1,\cdots,\mathrm{qw}_{n_2})$，数据用户 B 向 CP 提交查询陷门 TK=$\{\mathcal{F},\mathbb{QW}\}$，然后 CP 协同 CSP 交互执行安全或协议（见协议 4.4），输出 $([\![u^*]\!]_{\mathrm{pk}_\Sigma},[\![s^*]\!]_{\mathrm{pk}_\Sigma})$，如果 $(\mathrm{kw}_1,\cdots,\mathrm{kw}_{n_1})$ 包含查询关键词集合 $(\mathrm{qw}_1,\cdots,\mathrm{qw}_{n_2})$ 的元素，那么 $u^*=1$；否则 $u^*=0$。假设 $\mathrm{kw}_{\gamma j}$ 与 $\mathrm{qw}_j\left(1 \leqslant j \leqslant n_3, n_3 \leqslant n_2\right)$ 匹配，如果 $u^*=1$，那么 $s^* = \sum_{1 \leqslant j \leqslant n_2} \alpha_{\gamma j}\beta_j$；否则 $s^*=0$。

协议 4.4 安全或协议

输入 $\mathbb{KW}$ 和 $\mathbb{QW}$

输出 $([\![u^*]\!]_{\mathrm{pk}_\Sigma},[\![s^*]\!]_{\mathrm{pk}_\Sigma})$

① 初始化 $[\![u^*]\!]_{\mathrm{pk}_\Sigma} = [\![0]\!]_{\mathrm{pk}_\Sigma}$ 和 $[\![s^*]\!]_{\mathrm{pk}_\Sigma} = [\![0]\!]_{\mathrm{pk}_\Sigma}$；

② 赋值 $[\![u]\!]_{\mathrm{pk}_\Sigma} = [\![0]\!]_{\mathrm{pk}_\Sigma}$；

③ for j=1 to $|\mathbb{QW}|$ do

④ $\quad\left([\![u_j]\!]_{\mathrm{pk}_\Sigma},[\![s_j]\!]_{\mathrm{pk}_\Sigma}\right)=\mathrm{SKS}\left(\mathbb{KW},\mathrm{QW}_j\right)$；

⑤ $\quad$CP 计算$[\![u']\!]_{\mathrm{pk}_\Sigma}=[\![u']\!]_{\mathrm{pk}_\Sigma}[\![u_j]\!]_{\mathrm{pk}_\Sigma}$

$\qquad\qquad[\![s^*]\!]_{\mathrm{pk}_\Sigma}=[\![s^*]\!]_{\mathrm{pk}_\Sigma}[\![s_j]\!]_{\mathrm{pk}_\Sigma}$；

⑥ end for

⑦ $[\![u^*]\!]_{\mathrm{pk}_\Sigma}=\mathrm{SGE}\left([\![u']\!]_{\mathrm{pk}_\Sigma},[\![1]\!]_{\mathrm{pk}_\Sigma}\right)$；

⑧ return $([\![u^*]\!]_{\mathrm{pk}_\Sigma},[\![s^*]\!]_{\mathrm{pk}_\Sigma})$。

4. **安全非协议**

数据用户 B 在 $\mathbb{QW}$ 上进行“非”连接关键词搜索，查询表达式为 $\mathcal{F}:\neg(\mathrm{qw}_1,\cdots,\mathrm{qw}_{n_2})$，数据用户 B 向 CP 查询陷门提交 TK=$\{\mathcal{F},\mathbb{QW}\}$，然后 CP 协同 CSP 交互执行安全非协议（见协议 4.5），输出$([\![u^*]\!]_{\mathrm{pk}_\Sigma},[\![s^*]\!]_{\mathrm{pk}_\Sigma})$，如果$(\mathrm{kw}_1,\cdots,\mathrm{kw}_{n_1})$包含查询关键词集合$(\mathrm{qw}_1,\cdots,\mathrm{qw}_{n_2})$的元素，那么$u^*=s^*=0$；否则$u^*=s^*=1$。

协议 4.5　安全非协议

输入　$\mathbb{KW}$ 和 $\mathbb{QW}$

输出　$\left([\![u^*]\!]_{\mathrm{pk}_\Sigma},[\![s^*]\!]_{\mathrm{pk}_\Sigma}\right)$

① 初始化$[\![u^*]\!]_{\mathrm{pk}_\Sigma}=[\![1]\!]_{\mathrm{pk}_\Sigma}$；

② for j=1 to $|\mathbb{QW}|$ do

③ $\quad\left([\![u_j']\!]_{\mathrm{pk}_\Sigma},[\![s_j']\!]_{\mathrm{pk}_\Sigma}\right)=\mathrm{SKS}\left(\mathbb{KW},\mathrm{QW}_j\right)$；

④ $\quad$CP 计算$[\![u_j]\!]_{\mathrm{pk}_\Sigma}=[\![1]\!]_{\mathrm{pk}_\Sigma}\left([\![u_j']\!]_{\mathrm{pk}_\Sigma}\right)^{N-1}$；

⑤ $\quad$CP 计算$[\![u^*]\!]_{\mathrm{pk}_\Sigma}=\mathrm{SMD}\left([\![u^*]\!]_{\mathrm{pk}_\Sigma},[\![u_j]\!]_{\mathrm{pk}_\Sigma}\right)$；

⑥ $\quad[\![s^*]\!]_{\mathrm{pk}_\Sigma}=[\![u^*]\!]_{\mathrm{pk}_\Sigma}$；

⑦ end for

⑧ return $\left([\![u^*]\!]_{\mathrm{pk}_\Sigma},[\![s^*]\!]_{\mathrm{pk}_\Sigma}\right)$。

5. **安全布尔协议**

数据用户 B 在 $(\mathbb{QW}_1,\mathbb{QW}_2,\mathbb{QW}_3)$ 上进行布尔查询，其中 $\mathbb{QW}_1=\left(\mathrm{QW}_{1,1},\cdots,\mathrm{QW}_{1,\tau_1}\right)$、$\mathbb{QW}_2=\left(\mathrm{QW}_{2,1},\cdots,\mathrm{QW}_{2,\tau_2}\right)$、$\mathbb{QW}_3=\left(\mathrm{QW}_{3,1},\cdots,\mathrm{QW}_{3,\tau_3}\right)$，且 $\mathbb{QW}_1\cap\mathbb{QW}_2\cap\mathbb{QW}_3=\varnothing$，$\mathrm{QW}_j=\left([\![\mathrm{qw}_j]\!]_{\mathrm{pk}_B},[\![\beta_j]\!]_{\mathrm{pk}_B}\right)$，布尔查询表达式为 $\mathcal{F}:\left\{\wedge,\left(\mathrm{qw}_{1,1},\cdots,\mathrm{qw}_{1,\tau_1}\right)\right\}\wedge\left\{\vee,\left(\mathrm{qw}_{2,1},\cdots,\mathrm{qw}_{2,\tau_2}\right)\right\}\wedge\left\{\neg,\left(\mathrm{qw}_{3,1},\cdots,\mathrm{qw}_{3,\tau_3}\right)\right\}$，其中$\wedge$、$\vee$、$\neg$分别表示 AND、OR 和 NOT 运算，数据用户 B 生成查询陷门

$\text{TK}=\{\mathcal{F},\text{QW}_{1,1},\cdots,\text{QW}_{3,\tau_3}\}$。安全布尔协议输出$(\llbracket u^*\rrbracket_{\text{pk}_\Sigma},\llbracket s^*\rrbracket_{\text{pk}_\Sigma})$，具体描述如下。

步骤 1 CP 初始化$\llbracket u^*\rrbracket_{\text{pk}_\Sigma}=\llbracket 1\rrbracket_{\text{pk}_\Sigma}$和$\llbracket s^*\rrbracket_{\text{pk}_\Sigma}=\llbracket 0\rrbracket_{\text{pk}_\Sigma}$。

步骤 2 CP 协同 CSP 计算$(\llbracket u_1\rrbracket_{\text{pk}_\Sigma},\llbracket s_1\rrbracket_{\text{pk}_\Sigma})=\text{AND}(\mathbb{KW},\mathbb{QW}_1)$；$(\llbracket u_2\rrbracket_{\text{pk}_\Sigma},\llbracket s_2\rrbracket_{\text{pk}_\Sigma})=\text{OR}(\mathbb{KW},\mathbb{QW}_2)$；$(\llbracket u_3\rrbracket_{\text{pk}_\Sigma},\llbracket s_3\rrbracket_{\text{pk}_\Sigma})=\text{INV}(\mathbb{KW},\mathbb{QW}_3)$；$\llbracket u'\rrbracket_{\text{pk}_\Sigma}=\text{SMD}(\llbracket u_1\rrbracket_{\text{pk}_\Sigma},\llbracket u_2\rrbracket_{\text{pk}_\Sigma})$；$\llbracket u^*\rrbracket_{\text{pk}_\Sigma}=\text{SMD}(\llbracket u_3\rrbracket_{\text{pk}_\Sigma},\llbracket u'\rrbracket_{\text{pk}_\Sigma})$。

步骤 3 CP 计算$\llbracket s'\rrbracket_{\text{pk}_\Sigma}=\llbracket s_1\rrbracket_{\text{pk}_\Sigma}\llbracket s_2\rrbracket_{\text{pk}_\Sigma}$。

步骤 4 CP 协同 CSP 计算$\llbracket s^*\rrbracket_{\text{pk}_\Sigma}=\text{SMD}(\llbracket s'\rrbracket_{\text{pk}_\Sigma},\llbracket u^*\rrbracket_{\text{pk}_\Sigma})$。

6. **混合布尔协议**

假设加密关键词索引为$(\text{KW}_1,\cdots,\text{KW}_4)$，数据用户 B 发起混合布尔搜索查询（包括范围、子集、相等和布尔查询），用来测试查询表达式$\mathcal{F}=\{(\text{qw}_1\leqslant\text{kw}_1\leqslant\text{qw}_2)\wedge\text{kw}_2\in(\{\text{qw}_5,\cdots,\text{qw}_7\})\}\wedge\{(\text{kw}_3<\text{qw}_5)\vee(\text{kw}_3\geqslant\text{qw}_3)\}\wedge\{\neg(\text{kw}_4=\text{qw}_4)\}$是否成立。因此，数据用户 B 向 CP 提交查询陷门$\text{TK}=\{\mathcal{F},\text{QW}_1,\cdots,\text{QW}_7\}$，令$\llbracket S\rrbracket_{\text{pk}_B}=(\text{QW}_5,\cdots,\text{QW}_7)$。

MIX 协议输出$(\llbracket u^*\rrbracket_{\text{pk}_\Sigma},\llbracket s^*\rrbracket_{\text{pk}_\Sigma})$，如果查询表达式成立，那么$\llbracket u^*\rrbracket_{\text{pk}_\Sigma}=\llbracket s^*\rrbracket_{\text{pk}_\Sigma}=\llbracket 1\rrbracket_{\text{pk}_\Sigma}$；否则$\llbracket u^*\rrbracket_{\text{pk}_\Sigma}=\llbracket s^*\rrbracket_{\text{pk}_\Sigma}=\llbracket 0\rrbracket_{\text{pk}_\Sigma}$。CP 协同 CSP 计算$\llbracket u_1\rrbracket_{\text{pk}_\Sigma}=\text{SRT1}(\llbracket\text{kw}_1\rrbracket_{\text{pk}_A},\llbracket\text{qw}_1\rrbracket_{\text{pk}_B},\llbracket\text{qw}_2\rrbracket_{\text{pk}_B})$；$\llbracket u_2\rrbracket_{\text{pk}_\Sigma}=\text{SKS}(\text{KW}_2,\llbracket S\rrbracket_{\text{pk}_B})$；$\llbracket u_3\rrbracket_{\text{pk}_\Sigma}=\text{SLT}(\llbracket\text{kw}_3\rrbracket_{\text{pk}_A},\llbracket\text{qw}_5\rrbracket_{\text{pk}_B})$；$\llbracket u_4\rrbracket_{\text{pk}_\Sigma}=\text{SGE}(\llbracket\text{kw}_3\rrbracket_{\text{pk}_A},\llbracket\text{qw}_3\rrbracket_{\text{pk}_B})$；$\llbracket u_5\rrbracket_{\text{pk}_\Sigma}=\text{SEQ}(\llbracket\text{kw}_4\rrbracket_{\text{pk}_A},\llbracket\text{qw}_4\rrbracket_{\text{pk}_A})$；$\llbracket u_5'\rrbracket_{\text{pk}_\Sigma}=\llbracket 1\rrbracket_{\text{pk}_\Sigma}\cdot(\llbracket u_5\rrbracket_{\text{pk}_\Sigma})^{1-N}$；$\llbracket u_6\rrbracket_{\text{pk}_\Sigma}=\text{SMD}(\llbracket u_1\rrbracket_{\text{pk}_\Sigma},\llbracket u_2\rrbracket_{\text{pk}_\Sigma})$；$\llbracket u_7\rrbracket_{\text{pk}_\Sigma}=\llbracket u_3\rrbracket_{\text{pk}_\Sigma}\cdot\llbracket u_4\rrbracket_{\text{pk}_\Sigma}$；$\llbracket u_7\rrbracket_{\text{pk}_\Sigma}=\text{SGE}(\llbracket u_7\rrbracket_{\text{pk}_\Sigma},\llbracket 1\rrbracket_{\text{pk}_\Sigma})$；$\llbracket u_8\rrbracket_{\text{pk}_\Sigma}=\text{SMD}(\llbracket u_6\rrbracket_{\text{pk}_\Sigma},\llbracket u_7\rrbracket_{\text{pk}_\Sigma})$；$\llbracket u^*\rrbracket_{\text{pk}_\Sigma}=\text{SMD}(\llbracket u_8\rrbracket_{\text{pk}_\Sigma},\llbracket u_5'\rrbracket_{\text{pk}_\Sigma})$；$\llbracket s^*\rrbracket_{\text{pk}_\Sigma}=\llbracket u^*\rrbracket_{\text{pk}_\Sigma}$。

4.3.6 性能分析

本节使用 Intel(R) Core(TM) i5-6600T CPU@2.70GHz 8GB RAM Windows10 64 位操作系统配置的个人计算机，从计算和通信开销方面对 EQOED 系统进行评估，并利用多线程编程方法运行该系统。

1. **协议性能**

协议的运行时间和通信开销分别如表 4-8 和表 4-9 所示，$\mathcal{L}(N)$是影响协议性能最重要的参数，将其设置为 512、768、1 024、1 280、1 536、1 792 和 2 048，分

别测试 K2C 算法和各种协议的效率。在实际应用中，建议设置 $\mathcal{L}(N)=1\,024$，以达到 80 位的安全等级[40]。SKS、AND、OR 和 NOT 协议的性能依赖于 n_1 和 n_2 的取值，n_1 和 n_2 分别表示加密索引和查询陷门中的关键词数量。在表 4-8 和表 4-9 中，设置 n_1=6 和 n_2=3 来评估以上协议的性能，设置 n_1=6 和 $\tau_1=\tau_2=\tau_3=3$ 来评估 BL 协议的性能。

表 4-8　协议的运行时间

协议	运行时间/s						
	512	768	**1 024**	1 280	1 536	1 792	2 048
K2C	0.003	0.008	**0.019**	0.034	0.069	0.102	0.128
SLE	0.019	0.069	**0.147**	0.272	0.448	0.719	1.065
SLT	0.021	0.067	**0.153**	0.265	0.459	0.719	1.091
SGE	0.023	0.073	**0.155**	0.281	0.443	0.711	1.068
SGT	0.021	0.071	**0.142**	0.297	0.492	0.724	1.006
SRT1	0.057	0.191	**0.377**	0.745	1.442	1.826	2.664
SRT2	0.055	0.158	**0.384**	0.711	1.183	1.853	2.688
SRT3	0.054	0.177	**0.385**	0.719	1.155	1.885	2.692
SRT4	0.055	0.179	**0.376**	0.717	1.154	1.814	2.679
MRT	0.186	0.601	**1.374**	2.955	4.043	6.445	9.394
SEQ	0.054	0.181	**0.372**	0.749	1.162	1.835	2.747
SKS	0.196	0.488	**0.987**	1.835	3.316	4.75	7.376
AND	0.238	0.555	**1.099**	2.057	3.888	4.951	7.619
OR	0.221	0.551	**1.090**	1.981	3.795	4.905	7.375
NOT	0.246	0.567	**1.101**	2.069	3.895	4.979	7.709
BL	0.303	0.711	**1.688**	3.343	6.07	8.455	12.539
MIX	0.205	0.532	**1.219**	2.13	4.331	5.518	7.993

表 4-9　协议的通信开销

协议	通信开销/KB						
	512	768	**1 024**	1 280	1 536	1 792	2 048
SLE	0.683	0.958	**1.278**	1.597	1.918	2.237	2.558
SLT	0.638	0.959	**1.278**	1.598	1.917	2.238	2.558
SGE	0.637	0.958	**1.277**	1.598	1.917	2.237	2.557
SGT	0.639	0.959	**1.277**	1.599	1.918	2.238	2.558
SRT1	1.914	2.873	**3.835**	4.793	5.756	6.713	7.673
SRT2	1.915	2.872	**3.838**	4.798	5.752	6.715	7.675
SRT3	1.913	2.872	**3.834**	4.794	5.757	6.714	7.676

（续表）

协议	通信开销/KB						
	512	768	**1 024**	1 280	1 536	1 792	2 048
SRT4	1.913	2.872	**3.836**	4.796	5.756	6.713	7.674
MRT	10.069	15.137	**20.201**	25.257	30.295	35.379	40.431
SEQ	0.191	0.287	**0.383**	0.479	0.575	0.671	0.767
SKS	23.721	35.663	**47.542**	59.447	71.361	83.243	95.193
AND	21.445	32.193	**42.946**	53.712	64.461	75.232	85.951
OR	17.244	25.896	**34.481**	43.178	51.796	60.442	69.102
NOT	18.406	27.612	**36.816**	46.035	55.241	64.463	73.681
BL	21.191	31.836	**42.417**	53.082	63.672	74.336	84.929
MIX	33.095	49.643	**66.228**	82.777	99.346	115.961	132.525

（1）当 $\mathcal{L}(N)=1\,024$ 时，SLE 协议产生 0.147 s 的运行时间和 1.278 KB 的通信开销；SLT 协议产生 0.153 s 的运行时间和 1.278 KB 的通信开销；SGE 协议产生 0.155 s 的运行时间和 1.277 KB 的通信开销。SGT 协议产生 0.142 s 的运行时间和 1.277 KB 的通信开销。这 4 种协议有着类似的运行时间和通信开销。

（2）同样，范围查询协议 SRT1-SRT4 有着类似的性能。当 $\mathcal{L}(N)=1\,024$ 时，SRT1 协议产生 0.377 s 的运行时间和 3.835 KB 的通信开销；SRT2 协议产生 0.384 s 的运行时间和 3.838 KB 的通信开销；SRT3 协议产生 0.385 s 的运行时间和 3.834 KB 的通信开销；SRT4 协议产生 0.376 s 的运行时间和 3.836 KB 的通信开销。

（3）当 $\mathcal{L}(N)=1\,024$ 时，MRT 协议用于执行复杂的多维范围查询操作，产生 1.374 s 的运行时间和 20.201 KB 的通信开销；SET 协议对于评估 2 个关键词是否相等很重要，产生 0.372 s 的运行时间和 0.383 KB 的通信开销。

（4）当 $\mathcal{L}(N)=1\,024$ 时，SKS 协议产生 0.987 s 的运行时间和 47.542 KB 的通信开销；AND 协议产生 1.099 s 的运行时间和 42.946 KB 的通信开销；OR 协议产生 1.090 s 的运行时间和 34.481 KB 的通信开销；NOT 协议产生 1.101 s 的运行时间和 36.816 KB 的通信开销。

（5）当 $\mathcal{L}(N)=1\,024$ 时，BL 协议执行包含 AND、OR 和 NOT 运算的布尔查询，通过并行执行该协议可以提高效率，产生 1.688 s 的运行时间和 42.417 KB 的通信开销。

（6）当 $\mathcal{L}(N)=1\,024$ 时，MIX 协议执行包含范围、子集、相等和布尔查询和混合查询，通过并行执行该协议可以提高效率，产生 1.219 s 的运行时间和 66.228 KB 的通信开销。

2. 系统性能和比较

本节将对 EQOED 系统的性能进行分析，并将该系统与现有的公钥 SE 方案进行比较。由于该系统支持表达式查询模式，因此将对子集查询、连接查询和范围查询与不同的方案进行比较。因为现有的公钥 SE 方案均不支持布尔查询模式，所以未对布尔查询进行比较。在该系统中设置 $\mathcal{L}(N)=1\,024$，以达到 80 bit 安全级别[40]。

文献[41]方案是目前最具表现力的公钥 SE 方案，它支持子集查询、连接查询和范围查询，文献[42]方案支持连接查询和范围查询，文献[43]方案只支持连接关键词查询，文献[44]方案只支持范围查询。本节将 EQOED 系统与上述方案进行比较，系统运行时间和存储开销分别如表 4-10 和表 4-11 所示，其中，$|PP|$、$|CT|$、$|TK|$ 分别代表公共参数、密文和查询陷门的大小。

表 4-10　系统运行时间的比较

查询类型	方案	运行时间/s			
		Setup	Enc	Trapdoor	Test
子集查询	文献[41]	1.563×10^{37}	1.563×10^{37}	2.605×10^{37}	2.804×10^{37}
	EQOED	**≈0**	**0.027**	**0.147**	**0.987**
连接查询	文献[41]	1.563×10^{37}	1.563×10^{37}	2.605×10^{37}	2.804×10^{37}
	文献[42]	1.042×10^{37}	5.211×10^{37}	6.253×10^{37}	1.065×10^{34}
	文献[43]	≈0	0.504	0.103	0.392
	EQOED	**≈0**	**0.267**	**0.149**	**1.099**
范围查询	文献[41]	1.563×10^{37}	1.563×10^{37}	2.605×10^{37}	2.804×10^{37}
	文献[42]	1.042×10^{37}	5.211×10^{37}	6.253×10^{37}	1.065×10^{34}
	文献[44]	3.126×10^{37}	1.563×10^{37}	2.605×10^{37}	5.608×10^{37}
	EQOED	**≈0**	**0.027**	**0.056**	**0.377**

表 4-11　系统存储开销的比较

查询类型	方案	存储开销/KB		
		|PP|	|CT|	|TK|
子集查询	文献[41]	2.223×10^{38}	1.482×10^{38}	1.482×10^{38}
	EQOED	**0.255**	**0.256**	**1.536**
连接查询	文献[41]	2.223×10^{38}	1.482×10^{38}	1.482×10^{38}
	文献[42]	3.705×10^{38}	2.964×10^{38}	1.283
	文献[43]	0.128	0.768	0.384
	EQOED	**0.255**	**1.563**	**0.768**

（续表）

查询类型	方案	存储开销/KB		
		|PP|	|CT|	|TK|
范围查询	文献[41]	2.223×10^{38}	1.482×10^{38}	0.640×10^{38}
	文献[42]	3.705×10^{38}	2.964×10^{38}	1.283
	文献[44]	4.446×10^{38}	1.482×10^{38}	1.280×10^{38}
	EQOED	**0.255**	**0.256**	**0.512**

在表 4-10 中，EQOED 系统中 Setup 算法的运行时间几乎可以忽略不计，因为 KGC 生成系统公共参数和主公/私钥对只需要 0.09 ms，KGC 为每个用户生成公/私钥对只需要 0.04 ms。

（1）子集查询比较

只有极少数公钥 SE 方案支持子集查询，文献[41]方案利用隐藏向量加密（HVE，Hidden Vector Encryption）机制来设计子集查询功能，使用$\{0,1\}^n$形式的矢量 $\boldsymbol{V}_1$ 存储元素 $x\,(x<n)$，使用$\{0,*\}^n$形式的矢量 $\boldsymbol{V}_2$ 来存储集合 S，通配符*可代替任意值[41]。假设 S=(2,3,n)，那么 $\boldsymbol{V}_2$ 的第 2、3 和 n 位设置为*，其他位设置为 0。向量 $\boldsymbol{V}_1$ 和 $\boldsymbol{V}_2$ 分别使用“加密”和“陷门生成”算法加密以隐藏向量信息。

文献[41]方案利用 HVE 机制的显著缺点是计算复杂度会随着域大小 n 的增大而快速增长。在系统性能评估中，设置 $\mathcal{L}(N)=1\,024$ 来达到 80 bit 安全级别。为了正常运行 SKS 协议，设置关键词的位长度小于 $\frac{\mathcal{L}(N)}{8}=128$。如果关键词的位长度不超过 127，那么关键词域大小为 $n=2^{127}$。文献[41]方案的运行时间和存储开销随着 n 的增大而线性增长，开销数值太大，如表 4-10 和表 4-11 所示。当域大小 n 过大时，Boneh 等建议使用布隆过滤器，然而布隆过滤器会引入假正概率[45]。在对比分析中，设置集合 S 包含 3 个元素，并设置域大小 $n=2^{127}$。因此可以得出结论，该系统在运行时间和存储开销方面效率更高，且不会引入错误概率。

（2）连接查询比较

本节将对 EQOED 系统的连接关键词查询功能与文献[41-43]方案进行比较。在比较中，从索引中提取并加密了 6 个关键词，其中 3 个关键词用于连接查询，利用 AND 协议执行测试算法。由于文献[41-42]方案是基于 HVE 机制构建的，当域大小 n=2^{127}时，运行时间和存储开销几乎是天文数字。就连接查询而言，文献[43]方案的性能优于 EQOED 系统，但它只能实现连接搜索功能，不能实现其他功能。

（3）范围查询比较

将 EQOED 系统的范围查询功能与文献[41-42,44]方案进行比较,文献[41-42, 44]方案支持"≤"和"≥"比较，却不能实现多种查询模式 $\mathrm{kw}<\mathrm{qw},\mathrm{kw}>\mathrm{qw}$, $\mathrm{qw}_1\leqslant\mathrm{kw}<\mathrm{qw}_2,\mathrm{qw}_1<\mathrm{kw}<\mathrm{qw}_2$，这是因为这些查询包含">"或"<"的比较。为了方便比较，使用 $\mathrm{qw}_1\leqslant\mathrm{kw}<\mathrm{qw}_2$ 作为范围查询类型。由于文献[41-42，44]方案都是基于 HVE 机制构建的，实现范围查询功能时方案的运行时间和存储开销巨大；而 EQOED 系统不仅实现了高效的运行时间和存储开销，而且支持更加灵活的范围查询类型。

4.3.7　安全性分析

4.3.2 节定义的安全模型中介绍的协议是可证明安全的。接下来，对加密数据表达式查询系统的安全性进行分析。

1．**协议安全性证明**

定理 4.3　针对安全模型中定义的敌手 $\mathcal{A}=(\mathcal{A}_{D_1},\mathcal{A}_{S_1},\mathcal{A}_{S_2})$，SLE 协议可以安全测试 2 个密文之间的大小关系。

证明　如何构建 3 个相互独立的模拟器 $\left(\mathrm{Sim}_{D_1},\mathrm{Sim}_{S_1},\mathrm{Sim}_{S_2}\right)$。

Sim_{D_1} 接收输入 kw 和 qw，模拟 $\mathcal{A}_{D_1}$ 如下。分别生成 kw 和 qw 的密文 $[\![\mathrm{kw}]\!]_{\mathrm{pk}_A}$ 和 $[\![\mathrm{qw}]\!]_{\mathrm{pk}_B}$，由于 PCTD 在语义上是安全的，并且 $\mathcal{A}_{D_1}$ 的整个视图是以加密形式存在的，因此 $\mathcal{A}_{D_1}$ 的视图在实际执行和理想执行之间是不可区分的。

Sim_{S_1} 模拟 $\mathcal{A}_{S_1}$ 如下。首先随机选择 $\widehat{\mathrm{kw}},\widehat{\mathrm{qw}}\in\mathbb{Z}_N$，加密得到密文 $[\![\widehat{\mathrm{kw}}]\!]_{\mathrm{pk}_A}$ 和 $[\![\widehat{\mathrm{qw}}]\!]_{\mathrm{pk}_B}$，然后计算 $[\![\widehat{\mathrm{kw}'}]\!]_{\mathrm{pk}_B}=([\![\widehat{\mathrm{kw}}]\!]_{\mathrm{pk}_B})^2$ 和 $[\![\widehat{\mathrm{qw}'}]\!]_{\mathrm{pk}_A}=([\![\widehat{\mathrm{qw}}]\!]_{\mathrm{pk}_A})^2[\![1]\!]_{\mathrm{pk}_B}$。借鉴文献[39]中的工作，随机掷硬币决定 $s\in\{0,1\}$ 的取值，并将 s 作为 $\mathrm{Sim}_{S_1}^{\mathrm{SAD}}$ 的输入得到 l，然后使用 PD1 算法计算得到 l'，将 (l,l') 和 $\mathrm{Sim}_{S_1}^{\mathrm{SAD}}$ 的中间加密数据发送给 $\mathcal{A}_{S_1}$。如果 $\mathcal{A}_{S_1}$ 回复⊥，则 Sim_{S_1} 也回复⊥。由于 PCTD 在语义上是安全的，可以保证 $\mathcal{A}_{S_1}$ 的视图在实际执行和理想执行之间是不可区分的。

Sim_{S_2} 模拟 $\mathcal{A}_{S_2}$ 如下。首先随机选择 $\hat{u}'\in\{0,1\}$，并对其加密得到密文 $[\![\widehat{u'}]\!]_{\mathrm{pk}_\Sigma}$，然后发送给 $\mathcal{A}_{S_2}$。如果 $\mathcal{A}_{S_2}$ 返回⊥，则 Sim_{S_2} 也返回⊥。由于 PCTD 在语义上是安全的，可以保证 $\mathcal{A}_{S_2}$ 的视图在实际执行和理想执行之间是不可区分的。

证毕。

定理 4.4　针对攻击模型中定义的敌手$\mathcal{A}^*$，SLE 协议是安全的。

证明　假设敌手$\mathcal{A}^*$具有下述能力。

（1）假设$\mathcal{A}^*$是外部敌手，可以窃听所有通信链路来获得传输的密文信息，同时也意味着$\mathcal{A}^*$不能得到数据所有者 A 的私钥 sk_A、数据用户 B 的私钥 sk_B 和 B 的授权私钥 sk_Σ，$\mathcal{A}^*$也不能获得 CP 的部分强私钥 SK_1 和 CSP 的部分强私钥 SK_2。

如果$\mathcal{A}^*$窃听系统用户和 CP 之间的通信链路，那么在 SLE 协议开始执行时，$\mathcal{A}^*$可以获得传输的加密关键词$[\![\text{kw}]\!]_{\text{pk}_A}$和$[\![\text{qw}]\!]_{\text{pk}_B}$；在 SLE 协议执行结束时，$\mathcal{A}^*$可以获得传输的加密结果$\left([\![u^*]\!]_{\text{pk}_\Sigma},[\![s^*]\!]_{\text{pk}_\Sigma}\right)$。由于$[\![\text{kw}]\!]_{\text{sk}_A}$、$[\![\text{qw}]\!]_{\text{pk}_B}$、$[\![u^*]\!]_{\text{pk}_\Sigma}$和$[\![s^*]\!]_{\text{pk}_\Sigma}$是利用 PCTD 加密的，且 PCTD 是 IND-CPA 安全的，因此敌手$\mathcal{A}^*$不能恢复出明文 kw、qw、u^*和 s^*。

如果$\mathcal{A}^*$窃听 CP 和 CSP 之间的通信链路，那么当 SLE 协议的步骤 1 执行结束时，$\mathcal{A}^*$可以获得密文(l,l')，其中$l=[\![\gamma]\!]_{\text{pk}_\Sigma}[\![r_2]\!]_{\text{pk}_\Sigma}=[\![\gamma+r_2]\!]_{\text{pk}_\Sigma},l'=\text{PD1}_{\text{SK}_1}(l)$；当 SLE 协议的步骤 2 执行结束时，$\mathcal{A}^*$可以获得密文$[\![u']\!]_{\text{pk}_\Sigma}$。由于敌手$\mathcal{A}^*$不能获得数据用户 B 的授权私钥 sk_Σ 和 CSP 的部分强私钥 SK_2，因此$\mathcal{A}^*$不能恢复出明文$\gamma+r_2$，继而不能推断出 kw、qw 以及它们之间的大小关系。

（2）假设$\mathcal{A}^*$可以破坏 CP 并得到 CP 的部分强私钥 SK_1，但是$\mathcal{A}^*$不能获得 CSP 的部分强私钥 SK_2，也就不能获得数据所有者 A 的私钥 sk_A、数据用户 B 的私钥 sk_B 和 B 的授权私钥 sk_Σ。

在执行 SLE 协议的步骤 1 时，$\mathcal{A}^*$可以获得数据所有者 A 的$[\![\text{kw}]\!]_{\text{pk}_A}$和数据用户 B 的$[\![\text{qw}]\!]_{\text{pk}_B}$，但是$\mathcal{A}^*$不知道私钥 sk_A 和 sk_B，因此不能恢复出明文 kw 和 qw。在执行 SLE 协议步骤 3 时，$\mathcal{A}^*$可以获得 CSP 的$[\![u']\!]_{\text{pk}_\Sigma}$，但是$\mathcal{A}^*$不知道 sk_Σ，因此不能解密得到 u'。

（3）假设$\mathcal{A}^*$可以破坏 CSP 并得到 CSP 的部分强私钥 SK_2，但是$\mathcal{A}^*$不能获得 CP 的部分强私钥 SK_1，也就不能获得数据所有者 A 的私钥 sk_A、数据用户 B 的私钥 sk_B 和 B 的授权私钥 sk_Σ。

在执行 SLE 协议的步骤 2 时，$\mathcal{A}^*$可以获得 CP 传输的(l,l')。由于$\mathcal{A}^*$获得了 CSP 的部分强私钥 SK_2，因此$\mathcal{A}^*$可以解密得到$l''=\text{PD2}_{\text{SK}_2}(l,l')=\gamma+r_2$。如果$\mathcal{L}(1'')>\dfrac{\mathcal{L}(N)}{2}$，那么 CSP 设置$u'=0$；否则 CSP 设置$u'=1$。即使$\mathcal{A}^*$可以获得 $r+r_2$ 和 u'，但是$\mathcal{A}^*$也不能推测出 kw 和 qw 的大小关系，原因解释如下。

在步骤 1 中，CP 随机掷硬币决定 $s \in \{0,1\}$ 的取值，并根据 s 来计算 $[\![\gamma]\!]_{\mathrm{pk}_\Sigma}$。如果 s=1，则计算 $[\![\gamma]\!]_{\mathrm{pk}_\Sigma} = \mathrm{SAD}\left(([\![\mathrm{qw}']\!]_{\mathrm{pk}_B})^{r_1}, ([\![\mathrm{kw}']\!]_{\mathrm{pk}_A})^{N-r_1}\right) = [\![r_1(\mathrm{qw}' - \mathrm{kw}')]\!]_{\mathrm{pk}_\Sigma}$；如果 s=0，则计算 $[\![\gamma]\!]_{\mathrm{pk}_\Sigma} = \mathrm{SAD}\left(([\![\mathrm{kw}']\!]_{\mathrm{pk}_A})^{r_1}, ([\![\mathrm{qw}']\!]_{\mathrm{pk}_B})^{N-r_1}\right) = [\![r_1(\mathrm{kw}' - \mathrm{qw}')]\!]_{\mathrm{pk}_\Sigma}$。

然后，敌手 $\mathcal{A}^*$ 可以获得

$$l'' = \gamma + r_2 = \begin{cases} r_1\left(\mathrm{qw}' - \mathrm{kw}'\right) + r_2, & s = 1 \\ r_1\left(\mathrm{kw}' - \mathrm{qw}'\right) + r_2, & s = 0 \end{cases} \tag{4-11}$$

由于 s 是随机数，因此敌手 $\mathcal{A}^*$ 不能推测出 kw′ 与 qw′ 的大小关系，进而不能推测出 kw 和 qw 的大小关系。

（4）假设 $\mathcal{A}^*$ 是一组互相共谋的恶意用户 $(B_1,\cdots,B_n)$（除了挑战用户 B^*之外），$\mathcal{A}^*$ 拥有他们的私钥 $(\mathrm{sk}_{B_1},\cdots,\mathrm{sk}_{B_n})$，目标是获得挑战用户 B^*的信息。假设比较密文为 $([\![\mathrm{kw}]\!]_{\mathrm{pk}_A}, [\![\mathrm{qw}]\!]_{\mathrm{pk}_{B^*}})$，获得的密文结果为 $([\![u^*]\!]_{\mathrm{pk}_\Sigma}, [\![s^*]\!]_{\mathrm{pk}_{\Sigma^*}})$，其中 pk_{Σ^*} 是数据所有者 A 发送给挑战用户的授权公钥。由于用户私钥是独立生成的，因此敌手 $\mathcal{A}^*$ 利用 $(\mathrm{sk}_{B_1},\cdots,\mathrm{sk}_{B_n})$ 推测不出挑战用户 B^*的私钥 sk_{B^*}，继而不能获得授权私钥 sk_{Σ^*}。因此，$\mathcal{A}^*$ 不能恢复出明文 qw 和 (u^*, s^*)。

根据上述分析，针对攻击模型中定义的攻击敌手 $\mathcal{A}^*$，SLE 协议是安全的。

证毕。

针对安全模型中定义的半可信（不共谋）攻击敌手 $\mathcal{A}$=$(\mathcal{A}_{D_1}, \mathcal{A}_{S_1}, \mathcal{A}_{S_2})$ 和攻击模型中定义的攻击敌手 $\mathcal{A}^*$，SGE 和 SGT 协议的安全性证明类似于 SLE 协议。

定理 4.5　针对安全模型中定义的半可信（不共谋）攻击敌手 $\mathcal{A}$=$(\mathcal{A}_{D_1}, \mathcal{A}_{S_1}, \mathcal{A}_{S_2})$，SEQ 协议可以安全测试 2 个关键词密文是否相等。

证明　SEQ 协议只调用 SLE 和 SMD 作为子协议，所有数据都使用 PCTD 进行加密。由于 SLE 和 SMD 协议在定理 4.3 和文献[39]中已经被证明是安全的，因此，针对安全模型中定义的攻击敌手 $\mathcal{A}$=$(\mathcal{A}_{D_1}, \mathcal{A}_{S_1}, \mathcal{A}_{S_2})$，SEQ 协议是安全的。

证毕。

定理 4.6　针对攻击模型中定义的攻击敌手 $\mathcal{A}^*$，SEQ 协议是安全的。

证明　SEQ 协议只调用 SLE 和 SMD 作为子协议，所有数据都使用 PCTD 进行加密。由于 SLE 和 SMD 协议在定理 4.4 和文献[39]中已经被证明是安全的，因此，针对攻击模型中定义的攻击敌手 $\mathcal{A}^*$，SEQ 协议也是安全的。

证毕。

针对安全模型中定义的半可信（不共谋）攻击敌手 $\mathcal{A}$=$(\mathcal{A}_{D_1}, \mathcal{A}_{S_1}, \mathcal{A}_{S_2})$ 和攻击模

型中定义的攻击敌手 $\mathcal{A}^*$，SRT1、SRT2、SRT3、SRT4 和 MRT 协议的安全性证明类似于 SEQ 协议。

定理 4.7 针对安全模型中定义的半可信（不共谋）攻击敌手 $\mathcal{A}=(\mathcal{A}_{D_1},\mathcal{A}_{S_1},\mathcal{A}_{S_2})$，SKS 协议可以安全执行单关键词查询。

证明 SKS 协议只调用 SEQ 和 SMD 作为子协议，所有数据都使用 PCTD 进行加密。由于 SEQ 和 SMD 协议在定理 4.5 和文献[39]中已经被证明是安全的，因此，针对安全模型中定义的攻击敌手 $\mathcal{A}=(\mathcal{A}_{D_1},\mathcal{A}_{S_1},\mathcal{A}_{S_2})$，SKS 协议是安全的。

证毕。

定理 4.8 针对攻击模型中定义的攻击敌手 $\mathcal{A}^*$，SKS 协议是安全的。

证明 SKS 协议只调用 SEQ 和 SMD 作为子协议，所有数据都使用 PCTD 进行加密。由于 SEQ 和 SMD 协议在定理 4.6 和文献[39]中已经被证明是安全的，因此，针对攻击模型中定义的攻击敌手 $\mathcal{A}^*$，SKS 协议是安全的。

证毕。

定理 4.9 针对安全模型中定义的半可信（不共谋）攻击敌手 $\mathcal{A}=(\mathcal{A}_{D_1},\mathcal{A}_{S_1},\mathcal{A}_{S_2})$，AND 协议可以安全执行布尔查询中的 AND 运算。

证明 AND 协议只调用 SKS 和 SMD 作为子协议，所有数据都使用 PCTD 进行加密。由于 SKS 和 SMD 协议在定理 4.7 和文献[39]中已经被证明是安全的，因此，针对安全模型中定义的攻击敌手 $\mathcal{A}=(\mathcal{A}_{D_1},\mathcal{A}_{S_1},\mathcal{A}_{S_2})$，AND 协议是安全的。

证毕。

定理 4.10 针对攻击模型中定义的攻击敌手 $\mathcal{A}^*$，AND 协议是安全的。

证明 AND 协议只调用 SKS 和 SMD 作为子协议，所有数据都使用 PCTD 进行加密。由于 SEQ 和 SMD 协议在定理 4.8 和文献[39]中已经被证明是安全的，因此针对攻击模型中定义的攻击敌手 $\mathcal{A}^*$，AND 协议是安全的。

证毕。

针对安全模型中定义的半可信（不共谋）攻击敌手 $\mathcal{A}=(\mathcal{A}_{D_1},\mathcal{A}_{S_1},\mathcal{A}_{S_2})$ 和攻击模型中定义的攻击敌手 $\mathcal{A}^*$，OR、NOT、BL 和 MIX 协议的安全性证明类似于 AND 协议。

2. *系统安全性分析*

EQOED 系统的安全性分析如下。

（1）密钥生成。离散对数问题的困难性可以保证用户私钥的安全性，PCTD[39]

的安全性可以保证 CP 和 CSP 私钥的隐私性。此外，假设 CP 和 CSP 是不共谋的，因此大整数因子分解问题的困难性可以保证主私钥的安全性。

（2）用户授权与撤销。签名方案 Sig 在密码学意义上是强不可伪造的，并且用户的私钥是保密的，因此敌手不能伪造授权和撤销证书。

（3）加密。由于关键词和关键词权重是采用 PCTD 加密的，因此 PCTD 的安全性可以保证加密索引的隐私性。此外，假设对称加密算法 SEnc 在密码学意义上是安全的，因此可以保证加密文档的隐私性。

（4）查询。PCTD 的安全性可以保证查询陷门的隐私性。

（5）搜索。根据查询类型，采用表 4-7 中的各种协议执行搜索算法，而这些协议在前文中已经进行了分析证明。

针对敌手 $\mathcal{A}^*$，4.3.2 小节中定义的攻击模型可用于证明系统的安全性。

（1）假设 $\mathcal{A}^*$ 可以窃听数据用户与 CP 之间以及 CP 与 CSP 之间的所有通信链路，但是所有数据均是利用 PCTD 进行加密的，因此 $\mathcal{A}^*$ 不能推测得到任何明文信息。

（2）假设 $\mathcal{A}^*$ 可以破坏 CP 或 CSP，从而可以获得 λ_1 或 λ_2。然而，$\mathcal{A}^*$ 不能同时破坏 CP 和 CSP，因此不能恢复出主私钥 λ。即使 $\mathcal{A}^*$ 可以破坏 CSP，$\mathcal{A}^*$ 也无法从协议中推断出有用的信息，因为 CP 和 CSP 之间传输的中间数据采用了“盲化技术”[20]，即向明文添加随机数。

（3）假设 $\mathcal{A}^*$ 可以破坏数据所有者和数据用户（除了挑战用户之外），进而可以获得他们的私钥，但是不同用户的私钥是随机选择的，因此 $\mathcal{A}^*$ 仍然不能解密挑战用户的密文。

此外，对离线关键词猜测攻击进行了分析，但它并不适用于该系统。在 KG 攻击中[31-32]，攻击者可以观察到，常用的关键词往往是从较小的关键词集合中选取的，并且是在搜索查询中经常使用的关键词。然后，恶意对手可以尝试猜测几个候选关键词，并使用测试算法离线验证猜测是否正确。文献[31]中指出，关键词猜测攻击的漏洞来自查询陷门仅仅是由关键词和私钥组合而成的，也就是说，任何内部/外部攻击者都可以通过配对操作将公钥进行组合，从而发起 KG 攻击。然而，从查询陷门和公钥中删除冗余并不是一项容易的任务，而且要在保证明文安全性的前提下防止 KG 攻击更不容易。

在许多可搜索的加密方案中，方案的构造都采用了双线性对计算，内/外攻击者能够去除查询陷门中的一些冗余元素，然后利用双线性配对映射的性质检测所猜测的关键词是否正确。在该系统中，基于加密数据的安全查询机制并不依赖于双线性配对计算，而是采用与双线性映射完全不同的 PCTD，攻击者不能利用双线性对的性质向系统发起离线 KG 攻击。

离线 KG 攻击的成功完全依赖于敌手能否验证自己猜测关键词的正确性，如果对手不能获得测试结果，那么他就不能成功猜测出关键词。在本节的系统中，测试结果是一个加密的密文$[\![u^*]\!]_{pk_\Sigma}$，这也进一步说明，如果 CP、CSP 和攻击者无法获得数据用户 B 的授权密钥sk_Σ，那么对于他们来说，匹配结果实际上是未知的。如果攻击者无法验证其猜测的正确性，则无法向系统发起离线 KG 攻击。因此可以得出结论，系统能抵抗离线 KG 攻击。

4.4 本章小结

本章围绕密态计算理论的应用展开介绍。4.1 节介绍了一种高效的隐私保护在线网约车服务动态空间查询系统——Trace。在 Trace 系统中，基于随机隐匿技术和多边形策略，用户可以在不泄露准确位置信息的情况下访问网约车服务。具体来说，在信息发送之前，所有与位置相关的数据都被其所有者加密成密文，并且在空间查询过程中不需要解密就可以进行密态计算。因此，RC、RV 和 RS 无法获取彼此的敏感信息。同时，Trace 方案基于四叉树数据结构，大大提高了动态空间查询的效率。详细的安全分析论证了其安全强度和隐私保护能力，大量的实验验证其有效性。

4.2 节基于同态加密算法介绍了一种隐私保护下基于生物特征的远程用户认证模型——PribioAuth，并为生物特征隐私和用户隐私定义了新的形式化安全模型，同时在标准模型中证明了 PribioAuth 模型的安全性。

在外包存储系统中，支持对加密数据进行关键词搜索是一个非常理想的功能。4.3 节介绍了一种基于密态数据的查询系统——EQOED，该查询系统支持现有可搜索加密系统中最灵活的查询模式，包括连接查询、范围查询、布尔查询和混合查询。安全分析表明，EQOED 系统是安全的，可以抵御关键词猜测攻击。通过性能分析和实验，可以验证 EQOED 系统优于其他现有的公钥搜索加密系统。

本章是密态计算理论在网约车、身份认证和数据搜索等方面的成功应用，为密态计算理论的应用与发展提供了支撑与推动作用，同时为密态计算理论走向更多的应用领域提供了方法指导。

参考文献

[1] FEI N, ZHUANG Y, GU J, et al. Privacy-preserving relative location based services for mobile users[J]. China Communications, 2015, 12(5): 152-161.

[2] XIONG J, BI R, ZHAO M, et al. Edge-assisted privacy-preserving raw data sharing framework for connected autonomous vehicles[J]. IEEE Wireless Communications, 2020, 27(3): 24-30.

[3] GRUTESER M, GRUNWALD D. Anonymous usage of location-based services through spatial and temporal cloaking[C]//Proceedings of the 1st International Conference on Mobile Systems, Applications and Services. New York: ACM Press, 2003: 31-42.

[4] ASHOURI-TALOUKI M, BARAANI-DASTJERDI A. Homomorphic encryption to preserve location privacy[J]. International Journal of Security and Its Applications, 2012, 6(4): 183-189.

[5] BONEH D, LYNN B, SHACHAM H. Short signatures from the Weil pairing[C]//Proceedings of the International Conference on the Theory and Application of Cryptology and Information Security. Berlin: Springer, 2001: 514-532.

[6] ZHANG F, WANG P. On relationship of computational Diffie-Hellman problem and computational square-root exponent problem[C]//Proceedings of the International Conference on Coding and Cryptology. Berlin: Springer, 2011: 283-293.

[7] MU B, BAKIRAS S. Private proximity detection for convex polygons[J]. Tsinghua Science and Technology, 2016, 21(3): 270-280.

[8] PAILLIER P. Public-key cryptosystems based on composite degree residuosity classes[C]//Proceedings of the International Conference on the Theory and Applications of Cryptographic Techniques. Berlin: Springer, 1999: 223-238.

[9] ELGAMAL T. A public key cryptosystem and a signature scheme based on discrete logarithms[J]. IEEE Transactions on Information Theory, 1985, 31(4): 469-472.

[10] JAIN A K, NANDAKUMAR K, ROSS A. 50 years of biometric research: accomplishments, challenges, and opportunities[J]. Pattern Recognition Letters, 2016, 79: 80-105.

[11] JAIN A K, NANDAKUMAR K, NAGAR A. Biometric template security[J]. EURASIP Journal on Advances in Signal Processing, 2008, 2008: 1-17.

[12] DODIS Y, REYZIN L, SMITH A. Fuzzy extractors: How to generate strong keys from biometrics and other noisy data[C]//Proceedings of the International Conference on the Theory and Applications of Cryptographic Techniques. Berlin: Springer, 2004: 523-540.

[13] GENTRY C. Fully homomorphic encryption using ideal lattices[C]//Proceedings of the Forty-First Annual ACM Symposium on Theory of Computing. New York: ACM Press, 2009: 169-178.

[14] BOYEN X. Reusable cryptographic fuzzy extractors[C]//Proceedings of the 11th ACM Conference on Computer and Communications Security. New York: ACM Press, 2004: 82-91.

[15] LI N, GUO F, MU Y, et al. Fuzzy extractors for biometric identification[C]//Proceedings of the 37th IEEE International Conference on Distributed Computing Systems. Piscataway: IEEE Press, 2017: 667-677.

[16] ZHAO Y. Identity-concealed authenticated encryption and key exchange[C]//Proceedings of the ACM SIGSAC Conference on Computer and Communications Security. New York: ACM Press, 2016: 1464-1479.

[17] MAFFEI M, MALAVOLTA G, REINERT M, et al. Privacy and access control for outsourced personal records[C]//Proceedings of the IEEE Symposium on Security and Privacy. Piscataway: IEEE Press, 2015: 341-358.

[18] HALEVI S, SHOUP V. HElib-an implementation of homomorphic encryption[J]. Cryptology ePrint Archive, Report 2014/039, 2014.

[19] LIU X, DENG R, CHOO K K R, et al. Privacy-preserving outsourced calculation toolkit in the cloud[J]. IEEE Transactions on Dependable and Secure Computing, 2018, PP(99): 1.

[20] PETER A, TEWS E, KATZENBEISSER S. Efficiently outsourcing multiparty computation under multiple keys[J]. IEEE Transactions on Information Forensics and Security, 2013, 8(12): 2046-2058.

[21] LIU X, DENG R H, CHOO K K R, et al. An efficient privacy-preserving outsourced calculation toolkit with multiple keys[J]. IEEE Transactions on Information Forensics and Security, 2016, 11(11): 2401-2414.

[22] CAMENISCH J, DUBOVITSKAYA M, NEVEN G. Oblivious transfer with access control[C]//Proceedings of the 16th ACM Conference on Computer and Communications Security. New York: ACM Press, 2009: 131-140.

[23] HAN J, SUSILO W, MU Y, et al. AAC-OT: accountable oblivious transfer with access control[J]. IEEE Transactions on Information Forensics and Security, 2015, 10(12): 2502-2514.

[24] BELLARE M, BOLDYREVA A, DESAI A, et al. Key-privacy in public-key encryption[C]//Proceedings of the International Conference on the Theory and Application of Cryptology and Information Security. Berlin: Springer, 2001: 566-582.

[25] SADEGHI A, SCHNEIDER T, WEHRENBERG I. Efficient privacy-preserving face recognition[C]//Proceedings of the International Conference on Information Security and Cryptology. Berlin: Springer, 2009: 229-244.

[26] EVANS D, HUANG Y, KATZ J, et al. Efficient privacy-preserving biometric identification[C]//Proceedings of the 17th Conference Network and Distributed System Security Symposium. Saarland: DBLP, 2011: 68.

[27] ERKIN Z, FRANZ M, GUAJARDO J, et al. Privacy-preserving face recognition[C]// Proceedings of the International Symposium on Privacy Enhancing Technologies Symposium. Berlin: Springer, 2009: 235-253.

[28] LIU X, LU R, MA J, et al. Privacy-preserving patient-centric clinical decision support system on naive Bayesian classification[J]. IEEE Journal of Biomedical and Health Informatics, 2015, 20(2): 655-668.

[29] YANG Y, LIU X, DENG R H, et al. Flexible wildcard searchable encryption system[J]. IEEE Transactions on Services Computing, 2017, 13(3): 464-477.

[30] BONEH D, DI CRESCENZO G, OSTROVSKY R, et al. Public key encryption with keyword search[C]//Proceedings of the International Conference on the Theory and Applications of Cryptographic Techniques. Berlin: Springer, 2004: 506-522.

[31] BYUN J W, RHEE H S, PARK H A, et al. Off-line keyword guessing attacks on recent keyword search schemes over encrypted data[C]//Proceedings of the Workshop on secure data management. Berlin: Springer, 2006: 75-83.

[32] YAU W, HENG S, GOI B. Off-line keyword guessing attacks on recent public key encryption with keyword search schemes[C]//Proceedings of the International Conference on Autonomic and Trusted Computing. Berlin: Springer, 2008: 100-105.

[33] LIU X, DENG R, DING W, et al. Privacy-preserving outsourced calculation on floating point numbers[J]. IEEE Transactions on Information Forensics and Security, 2016, 11(11): 2513-2527.

[34] LIU X, CHOO K, DENG R, et al. Efficient and privacy-preserving outsourced calculation of rational numbers[J]. IEEE Transactions on Dependable and Secure Computing, 2016, 15(1): 27-39.

[35] DO Q, MARTINI B, CHOO K. A forensically sound adversary model for mobile devices[J] PloS one, 2015, 10(9): e0138449.

[36] KAMARA S, MOHASSEL P, RAYKOVA M. Outsourcing multi-party computation[J]. IACR Cryptol Eprint Arch, 2011, 2011: 272.

[37] CATALANO D, FIORE D. Using linearly-homomorphic encryption to evaluate degree-2 functions on encrypted data[C]//Proceedings of the 22nd ACM SIGSAC Conference on Computer and Communications Security. New York: ACM Press, 2015: 1518-1529.

[38] LIU X, QIN B, DENG R, et al. An efficient privacy-preserving outsourced computation over public data[J]. IEEE Transactions on Services Computing, 2015, 10(5): 756-770.

[39] LIU X, DENG R H, WU P, et al. Lightning-fast and privacy-preserving outsourced computation in the cloud[J]. arXiv Preprint, arXiv: 1909.12540,2019.

[40] BARKER E, BARKER W, BURR W, et al. NIST special publication 800-57[J]. NIST Special publication, 2007, 800(57): 1-142.

[41] BONEH D, WATERS B. Conjunctive, subset, and range queries on encrypted data[C]//Proceedings of the Theory of Cryptography Conference. Berlin: Springer, 2007:

535-554.

[42] WEN M, LU R, ZHANG K, et al. PaRQ: a privacy-preserving range query scheme over encrypted metering data for smart grid[J]. IEEE Transactions on Emerging Topics in Computing, 2013, 1(1): 178-191.

[43] LIU Q, WANG G, WU J. Secure and privacy preserving keyword searching for cloud storage services[J]. Journal of Network and Computer Applications, 2012, 35(3): 927-933.

[44] WANG B, HOU Y, LI M, et al. Maple: scalable multi-dimensional range search over encrypted cloud data with tree-based index[C]//Proceedings of the 9th ACM Symposium on Information, Computer and Communications Security. New York: ACM Press, 2014: 111-122.

[45] BLOOM B H. Space/time trade-offs in hash coding with allowable errors[J]. Communications of the ACM, 1970, 13(7): 422-426.

名词索引